工业和信息化职业教育“十二五”规划教材

计算机应用基础

顾　谦 谢玲莉　主　编

胡彦军 宋军营 孙承秀　副主编

電子工業出版社

Publishing House of Electronics Industry

北京 • BEIJING

内 容 简 介

本书是一本讲述计算机基础知识和应用的教材，以计算机初学者为对象，系统地介绍计算机的基础知识和基本操作。

全书共分 9 章，主要介绍计算机基础知识、Windows XP 操作系统的基本知识和操作、文字处理软件 Word 2003、电子表格制作软件 Excel 2003、电子演示文稿制作软件 PowerPoint 2003、计算机网络与 Internet、多媒体基础与软件应用及计算机安全等知识。这些内容都是大学生应掌握的知识和技能，是培养大学生信息素养的基本保证，具有基础性和先导性的作用。

本书内容安排以掌握应用技能为重点，力图在阐明基本原理的前提下，注重实践操作能力的培养。

图书在版编目（CIP）数据

计算机应用基础 / 顾谦，谢玲莉主编. ——北京：电子工业出版社，2011.8
工业和信息化职业教育“十二五”规划教材
ISBN 978-7-121-14346-5

Ⅰ.①计… Ⅱ.①顾… ②谢… Ⅲ.①电子计算机－高等职业教育－教材 Ⅳ.①TP3

中国版本图书馆 CIP 数据核字（2011）第 165497 号

策划编辑：徐建军
责任编辑：徐建军
印　　刷：北京市海淀区四季青印刷厂
装　　订：三河市鹏成印业有限公司
出版发行：电子工业出版社
　　　　　北京市海淀区万寿路 173 信箱　邮编 100036
开　　本：787×1092　1/16　印张：21.25 字数：544 千字
印　　次：2011 年 8 月第 1 次印刷
印　　数：6 000 册　　定价：35.00 元

凡所购买电子工业出版社图书有缺损问题，请向购买书店调换。若书店售缺，请与本社发行部联系，联系及邮购电话：（010）88254888。

质量投诉请发邮件至 zlts@phei.com.cn，盗版侵权举报请发邮件至 dbqq@phei.com.cn。

服务热线：（010）88258888。

前　言

计算机基础是高等学校针对非计算机专业大学生开设的一门公共基础课程，其主要目的是培养大学生的信息技术素养，提高学生利用计算机分析和解决实际问题的能力，使他们能够把计算机作为一种有效的工具应用到各自的专业中。同时，该课程也是一门实践性很强的课程，初学者想要真正掌握计算机基础知识，一个重要的环节就是亲自上机实践。本书是《计算机应用基础》配套使用的上机指导教材，以便更好地对读者的上机环节提供指导与帮助，提高动手能力。其中精心设计的课后习题及参考答案，可帮助学生深入掌握基础知识。

全书分为上机实验、习题与解答两个部分。上机实验部分包含了 Windows XP 操作系统实验、文字处理软件 Word 2003 实验、电子表格软件 Excel 2003 实验、演示文稿软件 PowerPoint 2003 实验、计算机网络与 Internet 应用实验和多媒体基础与软件应用实验。上机实验是本书的核心内容，实验内容循序渐进、由浅入深，既有基础又有提高，层次清晰，便于分级教学。习题与解答部分给出了与配套教材各章节内容密切相关的练习，作为课后的书面复习材料，加强学生对计算机的基础知识和主要概念的理解。

本教材集编者多年从事大学计算机基础教育的教学经验，其特点如下：

（1）每一章都包含相关知识介绍，便于学生预习相关知识。

（2）本教材将实例教学和任务驱动教学结合起来。每个实验都是以一个具体的可以操作的实例开始，便于学生在学习过程中自主地完成实验任务，也便于教师操作演示。每个实验结束都有一个操作练习作为独立完成的实验任务，强化学生的动手能力和应用能力。

（3）本教材中既有基础性实验，也有综合应用的提高性实验，满足不同层次读者的学习要求，便于采用分级教学。

本书由郑州电力职业技术学院组织编写，顾谦、谢玲莉担任主编并统稿，吕晓芳、胡彦军、宋军营担任副主编。参加编写的人员还有张应桂、李静静、庞丽伟、宋娟娟和孙承秀。在本书的编写过程中，参考了一些文献资料和网站资源，在此表示衷心的感谢。

本书可作为高校各专业计算机公共课的教材，也可作为各类计算机基础知识的培训教材和自学的参考教材。

由于编者水平有限，书中难免存在不妥或不足之处，恳请广大读者批评指正。

编　者

前 言

目　录

第 1 章　计算机概述

计算机的产生和发展是 20 世纪科学技术最伟大的成就之一。半个世纪以来，计算机飞速发展，广泛应用于国民经济和社会生活的各个方面，有力地推进了社会信息化的发展。利用计算机获取、控制、应用信息解决实际问题的能力已成为社会对个人的基本要求，它标志着人们文化素质的高低，而计算机科学技术的发展水平和应用程度也影响着一个国家的现代化水平。本章介绍计算机的发展历程及未来可能的发展趋势，说明计算机在各个领域的应用情况，使读者初步了解计算机；然后介绍计算机的特点和分类，最后向读者介绍信息在计算机中的表示和存储方式。

本章主要内容

- 计算机的发展和展望
- 计算机的特点及应用
- 计算机中信息的表示与存储

1.1　计算机的发展和展望

计算机是一种能快速而高效地完成信息处理的数字化电子设备，它能按照人们事先编写和存储的程序，自动、高速、精确地进行信息处理，提高社会生产率和改善人们的生活质量。计算机由一系列电子元器件组成，在处理信息时完全采用数字形式，所有信息都必须转换成数字形式才能由计算机来处理。

计算机诞生于 20 世纪 40 年代。从它诞生至今，计算机获得了突飞猛进的发展，迅速普及到社会生活的各个领域，对整个社会和科学技术产生了影响深远，计算机已经成为人们生产劳动和日常生活中必备的重要工具。

1.1.1　计算机的产生与发展

世界上第一台计算机是 1946 年在美国问世的，它的出现对人类社会产生了巨大的影响。1946 年 2 月，在美国宾夕法尼亚大学，由 John Mauchly 和 J.P.Eckert 领导的研制小组制成并在美国费城公开展示了世界上第一台电子计算机——ENIAC（Electronic Numerical Integrator And Calculator，电子数字积分计算机）。如图 1-1 所示为第一台电子计算机 ENIAC 的照片。

图 1-1　世界上第一台电子计算机（ENIAC）

ENIAC 使用了 18 800 只电子管，1 500 多个继电器，功耗 150kW/h，占地面积约 160m^2，质量达 30t，当时价值 40 万美元，每秒钟能完成 5 000 次加法运算。使用 ENIAC 解决问题时，科学家需要按照解决的步骤编好指令，再按照指令连接好外部线路，然后启动它让其自动运行并输出结果。当题目或问题发生一点变化时，人们又要重复上述过程。尽管存在着许多缺点，但是它的问世，标志着电子计算机时代的到来，开创了计算机的新纪元。

从第一台电子计算机诞生至今的短短数十年来，计算机技术以前所未有的速度迅猛发展。在计算机的发展过程中，电子元器件的发展起着决定性的作用。人们根据计算机所使用的元器件，将计算机的发展过程分成 4 代，每一代在技术上都是一次新的突破，在性能上都是一次质的飞跃。

1. 第一代电子计算机——电子管计算机（1946 年—1957 年）

第一代电子计算机使用的元器件是电子管，内存储器采用水银延迟线，外存储器采用磁鼓、纸带、卡片等；输入/输出设备落后，主要使用穿孔卡片机；没有系统软件，只能用机器语言或者汇编语言编程。其特点是：运算速度慢，只有每秒几千到几万次；内存容量非常小，仅达到 1 000～4 000 字节；并且体积大，功耗大，价格昂贵，使用不方便，寿命短。第一代电子计算机主要用于数值计算领域。

2. 第二代电子计算机——晶体管计算机（1958 年—1964 年）

第二代电子计算机使用的元器件是晶体管，内存储器采用磁心，外存储器采用磁盘、磁带。计算机的体积缩小、质量变轻、能耗降低、成本下降，计算机的可靠性提高，运算速度大幅度增加，可达到每秒几十万次，存储容量增大；同时软件技术也有了很大发展，开始有了监控程序，出现了高级语言，如 FORTRAN、ALGOL_60、COBOL 等，提高了计算机的工作效率。计算机的应用范围从数值计算扩大到数据处理、工业过程控制等领域。

3. 第三代电子计算机——中、小规模集成电路计算机（1965 年—1970 年）

第三代电子计算机使用的元器件是小规模集成电路 SSI（Small Scale Integration）和中规模集成电路 MSI（Medium Scale Integration），内存储器采用半导体存储器。集成电路是用特殊工艺将大量的晶体管和电子线路组合在一块硅晶片上，故又称芯片。集成电路计算机的体积、质量、功耗进一步减小，运算速度提高到每秒几十万次至几百万次，可靠性提高。同时软件技术进一步发展，出现了功能完备的操作系统，结构化、模块化的程序设计思想被提出，而且出现了结构化的程序设计语言 PASCAL。计算机的应用领域和普及程度迅速扩大。

4. 第四代电子计算机——大规模、超大规模集成电路计算机（1971 年至今）

第四代电子计算机使用的元器件是大规模集成电路和超大规模集成电路。大规模集成电路 LSI（Large Scale Integration）每片能集成 1 000～10 000 片电子元件，超大规模集成电路 VLSI（Very Large Scale Integration）每片能集成 10 000 片以上电子元件，内存储器使用大容量的半导体存储器；外存储器的存储容量和存储速度都大幅度地增长，使用磁盘、磁带和光盘等存储设备；各种使用方便的输入/输出设备相继出现。计算机的运算速度可达每秒几百万次至上亿次，而其体积、质量和功耗则进一步减小，计算机的性能价格比基本上以每 18 个月翻一番的速度上升，此即著名的摩尔定律。在软件技术上，操作系统的功能进一步完善，出现了并行处理、多级系统、分布式计算机系统和计算机网络系统。计算机的应用领域扩展到社会的各行各业中。

值得注意的是，微型计算机也是这个阶段的发展产物。1971 年美国 Intel 公司研制成功第一台微型计算机，它把计算机的运算器和控制器集成在一块芯片上组成微处理器（MPU），然后通过总线连接起计算机的各个部件，组成第一台 4 位的微型计算机，从而拉开了微机发展的序幕。Intel 公司 1972 年研制出 8 位微处理器 Intel 8008，由它装备起第一代微机；第二代微处理器是在 1973 年研制的，采用 N 沟道 MOS 技术的 8 位微处理器，如 Intel 公司的 Intel 8085、Zilog 公司的 Z80 等；第三代微处理器是在 1978 年研制的，采用 H-MOS 新工艺的 16 位微处理器，如 Intel 8086、Z8000、M6800 等；1980 年 IBM 公司与微软公司合作，为微型计算机配置了专门的操作系统，1981 年，使用 Intel 微处理芯片和微软操作系统的 IBM PC 诞生，此后一系列类似的产品陆续问世。1985 年起采用超大规模集成电路的 32 位微处理器，标志着第四代微处理器的诞生，如 Intel 公司的 Intel 80386、Zilog 公司的 Z800000 和惠普公司的 HP-32 等。1993 年 Intel 公司推出第五代 32 位微处理器芯片 Pentium（奔腾），它的外部数据总线为 64 位，1998 年 Intel 公司推出 PentiumⅡ，后来又推出 PentiumⅢ，PentiumⅣ。

时至今日，微型计算机的速度越来越快，容量越来越大，性能越来越强，其主频可以达到几千兆，内存容量也可达到 1、2 千兆，而硬盘容量可达几百千兆，不仅能处理数值、文本信息，还能处理图形、图像、音频、视频等信息。操作系统功能完善，开发工具和高级语言众多、功能强大，开发出各种各样方便实用的应用软件，加上通信技术、计算机网络技术和多媒体技术的飞速发展，计算机日益完善和普及，已经成为社会生活中不可缺少的工具。

计算机的发展阶段如表 1-1 所示。

表 1-1　计算机的发展阶段

代　别	年　份	元 器 件	软　件	应 用 领 域
一	1946—1957	电子管	机器语言、汇编语言	科学计算
二	1958—1964	晶体管	高级语言	数据处理、工业控制
三	1965—1970	中、小规模集成电路	操作系统	文字处理、图形处理
四	1971 年至今	大规模和超大规模集成电路	数据库、网络等	社会的各个领域

1.1.2 计算机的分类

计算机种类繁多，从不同角度对计算机有不同的分类方法，通常从工作原理、应用范围和性能三个不同的角度对电子计算机进行分类。

1. 按照工作原理分类

根据计算机内部信息表示形式和数据处理方式的不同，可以将计算机分为数字计算机、模拟计算机和数字模拟混合计算机。

数字计算机处理的是在时间上离散的数字量，非数字量必须经过编码后方可处理，其基本运算部件是数字逻辑电路，因此，运算精度高、通用性强。当前使用的计算机多数是电子数字计算机。

模拟计算机采用模拟技术，用于处理连续量，其基本运算部件是由运算放大器构成的各类运算电路，计算精度低，但解决问题速度快。

数字模拟混合计算机是将数字技术和模拟技术相结合，兼有数字计算机和模拟计算机的功能及优点。

2. 按照应用范围分类

根据计算机的应用范围不同，计算机可以分为专用计算机和通用计算机。

专用计算机是针对某种特殊的要求和应用而设计的计算机，适用于特殊应用领域。

通用计算机则是为满足大多数应用场合而推出的计算机，用途广泛，适用于各个领域。通常所说的计算机均指通用计算机。

3. 按照性能分类

计算机的性能是指计算机的字长、运算速度、存储容量、外设的配置、输入/输出能力等主要技术指标，按其分类大体可将计算机分为巨型机、大型机、中型机、小型机和微型机。

巨型机是运算速度最快、存储容量最大、处理能力最强、价格也最高的超级计算机，主要用于航天、气象和军事等尖端科学领域，它体现着一个国家的综合科技实力，如我国的银河机、曙光机，美国 IBM 公司的“深蓝”等。

微型机又称为个人计算机（Personal Computer，PC）或微机，其体积小、价格低，但性能也很高，普遍应用于各种民用、办公、娱乐等领域，普及率高。微型机又可以分为台式机、笔记本型、掌上型、笔式等类别。

大型机、中型机和小型机是指性能、规模、价格居于巨型机和微型机之间、允许多个用户同时使用的计算机，其主要用于大型企业、科研机构或大型数据库管理系统中。

1.1.3 计算机的发展趋势

今天，计算机在社会生活的各个方面越来越多地发挥着重要作用，计算机的发展和应用水平已经成为一个国家现代化水平的重要标志。展望未来，现代计算机从规模上看，将向着巨型化和微型化两个方向发展；从应用看，将向着多媒体化、网络化和智能化三个方向发展；从硬件构成方面看，计算机将是半导体技术、超导技术、光学技术、仿生技术等相结合的产物。

巨型化不是指计算机的体积大，而是指计算机的运算速度更快、存储容量更大且功能更完善，其运算速度通常在每秒上亿次，存储容量超过百万兆，应用于复杂的大型科学计算领域；微型化是指进一步提高集成度，研制质量更加可靠、性能更加优良、价格更加低廉、整机更加小巧的微型计算机。

多媒体化是指以数字技术为核心的图像、声音与计算机、通信等融为一体的信息环境，使人们可利用计算机以更接近自然的方式交换信息。网络化是用通信线路把各自独立的计算机连接起来，形成各计算机用户之间可以相互通信并使用公共资源的网络系统，使用户既能共享信息资源，又能互相传递信息进行通信，为用户提供方便、及时、可靠、广泛、灵活的信息服务。智能化就是使计算机具有人的智能，能够像人一样思考，让计算机能够进行图像识别、定理证明、研究学习、探索、联想、启发和理解人的语言等，可以越来越多地代替人类的脑力劳动。

1.2　计算机的特点及应用

1.2.1　计算机的特点

随着计算机技术的迅猛发展，计算机被广泛地应用到人类社会生活的方方面面。计算机之所以具有如此强大的功能，应用如此广泛，是由它的独特特点所决定的。概括地说，计算机主要具备以下 5 个方面的主要特点。

1. 运算速度快

计算机的运算速度是以每秒钟能完成的基本加法指令的数目来表示的，从几千次发展到几百万亿次。计算机运算速度的增加，提高了我们的工作效率，加快了科学技术的发展。目前巨型计算机的运算速度已经达到每秒几百万亿次，能够在很短的时间内解决极其复杂的运算问题；即使是微型计算机，其运算速度也已发展到每秒百亿次以上。在微型计算机中，运算速度是用 CPU 的主频来表示的，主频越高，速度越快。

2. 计算精度高

计算精度高是指用计算机计算的有效数字可以达到几十位、几百位，甚至上千位。计算机的精度是由这个数的二进制码位数决定的。由于计算机内部使用二进制数表示数据，因此数据的有效位数可以达到相当长，满足了人们对精确计算的需要。计算机的精度取决于计算机的字长，字长越大，精度越高，但造价也会越高。目前常用的有 32 位、64 位等。

3. 具有“记忆”能力

计算机的存储器能够保存原始数据、中间结果、最终结果和计算机程序，在用户需要时可以快速调出使用。人们把求解问题的程序输入计算机后就能永久保存，供以后使用。常用存储容量表示计算机记忆能力的大小。

4. 具有逻辑判断能力

计算机不但能高速进行算术运算，还能进行逻辑运算，实现判断、推理和证明，通过逻辑判断和推理自动决定下一步要执行的指令。由于计算机具有记忆功能和逻辑判断能力，所以俗称为电脑。

5. 存储程序控制下的自动操作

计算机的操作不需要人工干预，能自动进行运算。人们只要把处理问题的过程事先编写成程序，存放在机器内部作存储程序，当发布运行命令后，计算机就在存储程序的控制下高速、自动、连续地进行各种操作，直到输出操作结果。这是计算机和其他计算工具的本质区别。

1.2.2 计算机的应用

由于计算机具有运算速度快、计算精度高、记忆能力强、高度自动化等一系列特点，计算机的应用已经深入到社会生活实践的各个领域，如科学计算、数据处理、计算机辅助系统、人工智能及电子商务和电子政务等。

1. 科学计算

科学计算也就是数值计算，指计算机应用于解决科学研究和工程技术中所提出的数学问题，是计算机应用最早、最成熟的领域。在科学研究和实际工作中，许多问题最终都归结为某一数学问题，这些问题只要能精确地用数学公式描述，就可以在计算机的支持下解决。而且由于计算机的精度高、速度快，所以，科学计算仍是计算机应用的重要领域，如高能物理、工程设计、天气预报、卫星发射、工业生产过程中的参数计算等。

2. 数据处理

数据处理也叫信息处理，是指使用计算机系统对数据进行采集、加工、存储、分类、排序、检索和发布等一系列工作的过程。数据处理是计算机应用最广泛的领域，处理的数据量大，算术运算简单，结果要求以表格或文件存储、输出。近年来，纷纷出现的管理信息系统MIS（Management Information System）、决策支持系统 DSS（Decision Support System）、办公自动化系统 OA（Office Automation）等都属于数据处理。这些系统在企业管理、信息检索等方面的应用，大大提高了办公效率和管理水平，带来了巨大的经济效益和社会效益。

3. 过程控制

过程控制也叫实时控制或自动控制，就是用计算机对连续工作的控制对象进行自动控制。计算机能对被控对象及时地采集信号，进行计算处理，动态地发布命令，并在允许的时间范围内完成对被控对象的自动调节，以达到与被控对象的真实过程一致。用计算机实现实时控制，可以提高控制的准确性，降低生产成本，提高产品质量和生产效率。例如，生产流水线上的计算机自动控制系统、医院里患者病情的自动监控系统、交通信号灯的自动控制系统、指纹的自动识别系统、信用卡的识别系统、各种条码的识别系统等，都可以提高生产效率和产品质量。

4. 计算机辅助系统

计算机辅助系统是指用计算机来辅助人们进行工作，部分替代人完成许多工作，用以提高人们的工作效率和减少成本。常用的有计算机辅助设计 CAD（Computer Aided Design）、计算机辅助制造 CAM（Computer Aided Manufacturing）、计算机辅助工程 CAE（Computer Aided Engineering）、计算机辅助教学 CAI（Computer Aided Instruction）、计算机辅助测试 CAT（Computer Aided Testing）。CAD 和 CAM 的广泛应用，提高了企业的竞争能力和应变能力，提高了生产效益。

5. 人工智能

人工智能就是利用计算机模拟人类的感知、思维、推理等智能行为，使机器具有类似于人的行为。人工智能是一门研究如何构造智能机器人或智能系统，使其能模拟、延伸和扩展人类智能的学科。人工智能研究和应用的领域包括模式识别、自然语言理解与生成、专家系统、自动程序设计、定理证明、联想与思维的机理、数据智能检索等。人工智能的研究已取得了一些成果，如自动翻译、战术研究、密码分析、医疗诊断等，但离真正的智能还有很长的路要走。

6. 计算机网络

计算机网络是计算机技术和通信技术相结合的产物，就是用通信线路把各自独立的计算机连接起来，形成各计算机用户之间可以相互通信并使用公共资源的网络系统。现在的计算机网络是集文本、声音、图像及视频等多媒体信息于一身的全球信息资源系统。应用计算机网络，能够使一个地区、一个国家甚至全世界范围内的计算机与计算机之间实现信息、软硬件资源和数据共享，可以大大促进地区间、国际间的通信和各种数据的传输与处理。人们可以通过网络"漫游世界"、收发电子邮件、搜索信息、传输文件、共享资源、进行网上交流、网上购物及网上办公等。网络改变了人们的时空概念，现代计算机的应用已离不开计算机网络。

7. 电子商务和电子政务

电子商务和电子政务是指通过计算机网络进行的商务和政务活动。电子商务主要为电子商户提供服务，实现消费者的网上购物、商户之间的网上交易和在线电子支付的一种新型的商业运营模式。电子商务和电子政务是 Internet 技术与传统信息技术的结合，是网络技术应用的全新发展方向。它不仅会改变企业本身的生产、经营及管理活动，而且将影响到整个社会的经济运行结构。

总之，计算机已在各行各业广泛应用，并且深入到文化、娱乐和家庭生活等各个领域，发挥着任何其他工具均难以替代的作用。

1.3　计算机中信息的表示与存储

计算机能处理数字、字符、文字、图形、图像和声音等信息，但无论哪一种信息，都必须转换成二进制数据的形式后，才能在计算机中存储和处理。二进制数据只有 0 和 1 两个数字。采用二进制的主要原因是：计算机硬件的各组成部分由具有 2 个稳定状态的电子元件组成，易于用二进制表示；二进制数运算法则简单，能降低硬件成本；二进制数能与真和假对应，容易实现逻辑运算。

1.3.1　进位计数制

1. 进位计数制

进位计数制简称为数制，就是按进位的原则进行计数的方法。进位计数制总是用一组固定的数码和一个统一的计数规则表示数目，如日常生活中的十进制，计时采用的六十进制等。任何数制都有基数和位权两个基本要素。

基数：在某种数制中表示数时所能使用的数码的个数。十进制数有十个数码：0、1、2、3、4、5、6、7、8、9，因而基数为 10。

位权：在数制中每个数码所在的位置对应着一个固定常数，这个常数称为位权，该数码所表示的数值就是它乘以位权。位权是一个以基数为底的指数，即 R^i，R 代表基数，i 是数码位置的序号。十进制数个位的位权为 10^0，十位的为 10^1，百位的为 10^2，……；小数部分十分位的位权为 10^{-1}，百分位的为 10^{-2}，……，依次类推。

例如，十进制数 9 999.99，基数为 10，各数位对应的位权及数值如下。

十进制数	9	9	9	9	.	9	9
位权	10^3	10^2	10^1	10^0		10^{-1}	10^{-2}
该位的数值	9 000	900	90	9		0.9	0.09

因此，十进制数 9 999.99 就可以写成按位权展开的多项式之和：

$9\ 999.99=9\times10^3+9\times10^2+9\times10^1+9\times10^0+9\times10^{-1}+9\times10^{-2}$

$=9\ 000+900+90+9+0.9+0.09$

任一进制数都可以按位权展开成一个多项式之和。设有数 A，整数部分为 $A_{n-1}A_{n-2}\cdots A_1A_0$，小数部分为 $A_{-1}A_{-2}\cdots A_{-m}$，其中 n 和 m 分别代表 A 的整数和小数部分的位数，基数为 R，则 A 可以表示为：

$A=(A_{n-1}A_{n-2}\cdots A_1A_0A_{-1}A_{-2}\cdots A_{-m})_R$

$=A_{n-1}\times R^{n-1}+A_{n-2}\times R^{n-2}+\cdots+A_1\times R^1+A_0\times R^0+A_{-1}\times R^{n-1}+A_{-2}\times R^{-2}+\cdots+A_{-m}\times R^{-m}$

2．计算机中的数制

计算机内部的电子元器件只有两种状态，因此，计算机只能够直接识别二进制数。在计算机中所有信息必须表示成二进制数才能进行处理。当数字很大时，如果使用二进制数表示位数会很长，不方便用户书写、识别和记忆，因而常常把它们表示成十六进制数、八进制数或十进制数。下面介绍各种常用进制数的特点。

（1）十进制数（D）

十进制数的基数为 10，数码为 0、1、2、3、4、5、6、7、8、9，共十个，计数规则为“逢十进一、借一当十”。任一个十进制数 D 都可以按位权展开，形式为：

$D=(D_{n-1}D_{n-2}\cdots D_1D_0D_{-1}D_{-2}\cdots D_{-m})_{10}$

$=D_{n-1}\times10^{n-1}+D_{n-2}\times10^{n-2}+\cdots+D_1\times10^1+D_0\times10^0+D_{-1}\times10^{-1}+D_{-2}\times10^{-2}+\cdots+D_{-m}\times10^{-m}$

如十进制数 3 789.56 按位权展开的形式为：

$3\ 789.56=3\times10^3+7\times10^2+8\times10^1+9\times10^0+5\times10^{-1}+6\times10^{-2}$

（2）二进制数（B）

二进制数的基数为 2，数码只有 0 和 1 两个，计数规则是“逢二进一，借一当二”。二进制数的位权是以 2 为底的幂，如二进制数 1011.101 按位权展开的形式为：

$(1011.101)_2=1\times2^3+0\times2^2+1\times2^1+1\times2^0+1\times2^{-1}+0\times2^{-2}+1\times2^{-3}$

（3）八进制数（O 或 Q）

八进制数的基数为 8，数码由 0、1、2、3、4、5、6、7 八个组成，计数规则是“逢八进一”。八进制数的位权是以 8 为底的幂，如 7 261.04 按位权展开的形式为：

$(7\ 261.04)_8=7\times8^3+2\times8^2+6\times8^1+1\times8^0+0\times8^{-1}+4\times8^{-2}$

（4）十六进制数（H）

十六进制数的基数为 16，数码有十六个，使用 0、1、2、3、4、5、6、7、8、9 和 A、B、C、D、E、F，其中 A、B、C、D、E、F 分别表示数字 10、11、12、13、14、15，计数规则是“逢十六进一”。十六进制数的位权是以 16 为底的幂，如 2D8F.EA 按位权展开的形式为：

$(2D8F.EA)_{16}=2\times16^3+13\times16^2+8\times16^1+15\times16^0+14\times16^{-1}+10\times16^{-2}$

二进制数、八进制数、十进制数、十六进制数的对照表，如表 1-2 所示。

表 1-2　二进制数、八进制数、十进制数和十六进制数的对照表

十 进 制 数	二 进 制 数	八 进 制 数	十六进制数
0	0	0	0
1	1	1	1
2	10	2	2
3	11	3	3

续表

十进制数	二进制数	八进制数	十六进制数
4	100	4	4
5	101	5	5
6	110	6	6
7	111	7	7
8	1000	10	8
9	1001	11	9
10	1010	12	A
11	1011	13	B
12	1100	14	C
13	1101	15	D
14	1110	16	E
15	1111	17	F
16	10000	20	10

在表示数据时，为了区分不同进制的数，可以在数字的括号外面加数字下标。此外，还可在数字后面加写相应的英文字母作为标识，二进制数加 B（Binary），八进制数加 O（Octal）或 Q，十进制数加 D（Decimal）或省略，十六进制数加 H（Hexadecimal）。如数 100 表示为二、八、十、十六进制时的形式分别为：100B 或 $(100)_2$、100Q 或 $(100)_8$、100 或 100D 或 $(100)_{10}$、100H 或 $(100)_{16}$。

1.3.2 数制的相互转换

数制的相互转换就是将数字从一种数制表示转换为另一种数制的过程，在转换前后数字的值相同。

1. 非十进制数转换为十进制数

非十进制数转换为十进制数使用按权展开法，就是把各数位的数码乘以该位位权，再按十进制加法相加。

【例 1-1】将二进制数 1101.01 转换为十进制数。

$1101.01B=1\times2^3+1\times2^2+0\times2^1+1\times2^0+0\times2^{-1}+1\times2^{-2}=8+4+0+1+0+0.25=13.25$

【例 1-2】将十六进制数 1BA.C 转换为十进制数。

$1BA.CH=1\times16^2+11\times16^1+10\times16^0+12\times16^{-1}=256+176+10+0.75=442.75$

【例 1-3】将八进制数 157.4 转换为十进制数。

$157.4Q=1\times8^2+5\times8^1+7\times8^0+4\times8^{-1}=64+40+7+0.5=111.5$

2. 十进制数转换为非十进制数

十进制数转换为非十进制数时，整数部分和小数部分分别进行转换，整数部分使用除基取余法，小数部分则使用乘基取整法。

（1）十进制整数转换为非十进制整数

十进制整数转换为非十进制整数使用“除基取余”法，就是将十进制数除以需转换的数制的基数得到一个商和余数，再将得到的商除以需转换的数制的基数得到一个新的商和余数；

不断地用该基数继续去除所得的商，直至商为 0。最后按从后向前的顺序依次将每次相除得到的余数排列，即第一次得到的余数为最低位，最后得到的余数为最高位，得到的就是最后转换的结果。

【例 1-4】将十进制数 29 转换为二进制数。

该例是十进制整数转换为二进制数，应该用基数 2 去反复地除该数和商。

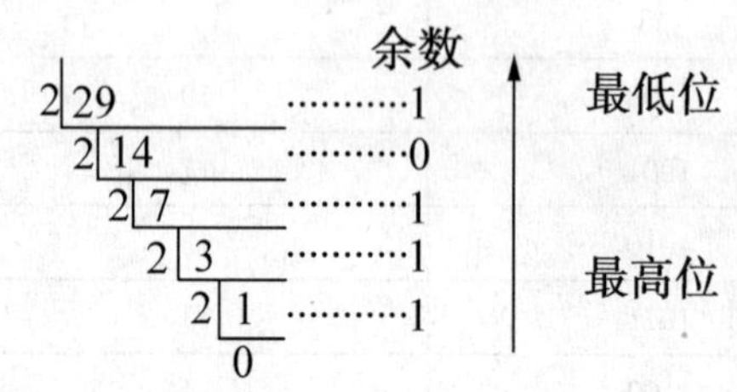

则得：（29）$_{10}$=（11101）$_{2}$

【例 1-5】将十进制数 29 转换为八进制数。

该例是十进制整数转换为八进制数，应该用基数 8 去反复地除该数和商。

余数

8|29 …………5　最低位

8|3 …………3　最高位

0

则得：（29）$_{10}$=（35）$_{8}$

【例 1-6】将十进制数 29 转换为十六进制数。

该例是十进制整数转换为十六进制数，应该用基数 16 去反复地除该数和商。

余数

16|29 ………… D　最低位

16|1 ………… 1　最高位

0

则得：（29）$_{10}$=（1D）$_{16}$

（2）十进制小数转换为非十进制小数

十进制小数转换为非十进制小数使用“乘基取整法”，就是将十进制小数不断地乘以需转换成的数制的基数，直到小数部分值为 0 或者达到所需的精度为止，最后按从前向后的顺序依次将每次相乘得到的数的整数部分排列，得到的就是最后转换的结果，转换结果仍然是小数。

【例 1-7】将十进制数 0.625 转换为二进制数。

该例是十进制小数转换为二进制小数，所以基数为 2。

	整数部分	
0.625 × 2 = 1.25	…… 1	最高位
0.25 × 2 = 0.5	…… 0	↓
0.5 × 2 = 1.0	…… 1	最低位

则得：$(0.625)_{10}=(0.101)_2$

【例 1-8】 将十进制数 0.84375 转换为八进制数和十六进制数。

	整数部分	
0.84375 × 8 = 6.75000	…… 6	最高位
0.75 × 8 = 6.00	…… 6	最低位

	整数部分	
0.84375 × 16 = 13.50000	…… D	最高位
0.5 × 16 = 8.0	…… 8	最低位

则得：$(0.84375)_{10}=(0.66)_8$　　$(0.84375)_{10}=(0.D8)_{16}$

【例 1-9】 将十进制数 29.625 转换为二进制数。

按照【例 1-4】和【例 1-7】所述：$(29)_{10}=(11101)_2$，$(0.625)_{10}=(0.101)_2$

所以：$(29.625)_{10}=(11101.101)_2$。

3．二进制数与八进制数、十六进制数之间的转换

（1）二进制数与八进制数之间的转换

① 二进制数转换成八进制数：以小数点为中心，整数部分从小数点左边第一位向左，小数部分从小数点右边第一位向右，每三位划分成一组，不足三位以 0 补足，每组分别转化为对应的一位八进制数，最后将这些数字从左到右连接起来即可。

② 八进制数转换成二进制数：将每一位八进制数转换成对应的三位二进制数。

【例 1-10】 将二进制数 10101100.0101 转换为八进制数，八进制数 276.53 转换为二进制数。

010	101	100	.	010	100
←	←	←		→	→
2	5	4	.	2	4

$(10101100.0101)_2=(254.24)_8$

2	7	6	.	5	3
010	111	110	.	101	011

$(276.53)_8=(10111110.101011)_2$

（2）二进制数与十六进制数之间的转换

十六进制数的基数为 16，由数码 0～9，A～F 组成，用四位二进制数即可表示一位十六进制数。这样，二进制数与十六进制数之间的转换规则是：一位十六进制数转换成四位二进制数，四位二进制数对应一位十六进制数。

【例 1-11】 将十六进制数 67F.68H 转换为二进制数，二进制数 10110010010.10101 转换为十六进制数。

6	7	F	.	6	8
0110	0111	1111	.	0110	1000

67F.68H=1100 1111111.01101B

0101	1001	0010	.	1010	1000
5	9	2	.	A	8

10110010010.10101B=592.A8H

1.3.3　二进制的简单运算

二进制数的运算分为算术运算和逻辑运算两类。

1．算术运算

二进制数的算术运算与十进制的相同，有加、减、乘、除四则运算，但运算更简单，只需遵循“逢二进一，借一当二”的计数规则。

二进制数的加法运算法则是：

0＋0=0　　0＋1=1　　1＋0=1　　1＋1=10

二进制数的减法运算法则是：

0－0=0　　0－1=1　　1－0=1　　1－1=0

二进制数的乘法运算法则是：

0×0=0　　0×1=0　　1×0=0　　1×1=1

二进制数的除法运算法则是：

0÷0 无意义　　0÷1=0　　1÷0 无意义　　1÷1=1

【例 1-12】(11001)2+(1101)2=(101110)2

【例 1-13】(1110)2-(101)2=(1001)2

```
      1  1  0  0  1             1  1  1  0
  +  1  11  1  0  11         －     1  0  1
  ─────────────────         ──────────────
   1  0  0  1  1  0             1  0  0  1
```

【例 1-14】(1011)2×(110)2=(1000010)$_2$

【例 1-15】(1000010)$_2$÷(110)2=(1011)2

```
              1  0  1  1
          ×      1  1  0
  ──────────────────────
              0  0  0  0
           1  0  1  1
    +  1  0  1  1
  ──────────────────────
    1  0  0  0  0  1  0
```

2．逻辑运算

二进制数的逻辑运算有四种：逻辑与、逻辑或、逻辑非和逻辑异或。逻辑值只有两个：逻辑“真”(用 1 表示）和逻辑“假”(用 0 表示)。逻辑运算是按位进行的，没有进位和借位。

（1）逻辑与

逻辑与又称为逻辑乘，运算符用“×”或者“∧”表示，其运算规则如下：

0∧0=0　　0∧1=0　　1∧0=0　　1∧1=1

即只有当参与逻辑与运算的两个数均为 1 时，结果才为 1，否则结果为 0。

例：11011∧10101=10001

（2）逻辑或

逻辑或又称为逻辑加，运算的符用“+”或者“∨”表示，其运算规则如下：

0∨0=0　　　　0∨1=1　　　　1∨0=1　　　　1∨1=1

即只有当参与逻辑或运算的两个数均为 0 时，结果才为 0，否则结果为 1。

例：11001∨10101=11101

（3）逻辑非

逻辑非又称为逻辑否定。如果变量为 A，则它的逻辑非运算结果为 $\overline{A}$，其运算规则如下：

$\overline{0}=1$　　　　$\overline{1}=0$

（4）逻辑异或

逻辑异或的运算符用“-∨”表示，其运算规则如下：

0-∨0=0　　　　0-∨1=1　　　　1-∨0=1　　　　1-∨1=0

即只有当两个数取值不同时，结果才为 1，否则结果为 0。

例：11001－∨10101=01100

1.3.4　原码、反码和补码

在生活中人们使用的数据有正数和负数，但计算机只能直接识别和处理用 0 和 1 表示的二进制数据，所以就需要用二进制代码 0 和 1 来表示正号和负号。在计算机中，采用二进制表示的连同符号位一起代码化了的数据，称为机器数或机器码。而与机器数对应的用正号和负号加绝对值来表示的实际数值称为机器数的真值。

1．数的符号数值化

在计算机中，机器数规定数的最高位为符号位，用 0 表示正号（+），1 表示负号（－），余下各位表示数值。这类编码方法，常用的有原码、反码和补码三种。

（1）原码

原码就是机器数，规定最高位为符号位，0 表示正数，1 表示负数，数值部分在符号位后面，并以绝对值形式给出。

例如：规定机器的字长为 8 位，则数值 103 的原码表示法为 01100111B，因为它是正数，则符号位是 0，数值位为 1100111；而数值-103 的原码表示应为 11100111B，因为它是负数，则符号位是 1，数值位是原数本身，为 1100111。

在原码表示法中，0 可以表示为+0 和-0，+0 的原码为 00000000B，而-0 的原码为 10000000B，也就是说，0 的原码有 2 个。

（2）反码

正数的反码就是它的原码，负数的反码是将除符号位以外的各位取反得到的。

如[103]反=[103]原=01100111B，而[-103]反=10011000B。

在反码中，0 也可以表示为+0 和-0，[+0]反=00000000B，[-0]反=11111111B。

（3）补码

正数的补码就是它的原码，负数的补码是将它的反码在末位加 1 得到的。

如[103]补=[103]原=01100111B，而[-103]补= [-103]反+1=10011000+1 =10011001B。

在补码中，0 只有一种表示法，即[0]补=[+0]补=[−0]补=00000000。

2. 机器数中小数点的位置

在计算机中没有专门表示小数点的位，采用两种方法表示小数点：一种规定小数点位置固定不变，称为定点数；另一种规定小数点位置可以浮动，称为浮点数。

（1）定点数

定点数中的小数点位置是固定的。根据小数点的位置不同，定点数分为定点整数和定点小数两种。对于定点整数，小数点约定在最低位的右边，表示纯整数；定点小数约定小数点在符号位之后，表示纯小数。例如，−65 在计算机内用定点整数的原码表示时，是 11000001；而−0.6875 用定点小数表示时，是 11011000。

定点小数只能表示绝对值小于 1 的纯小数，绝对值大于或等于 1 的数不能用定点小数表示，否则会产生溢出。如果机器的字长为 m 位，则定点小数的绝对值不能超过 $1-2^{-(m-1)}$，如 8 位字长的定点小数 x 的表示范围为$|x|\leqslant 127/128$。定点整数表示的数绝对值只在某一范围内。如果机器的字长为 m 位，则定点整数的绝对值不能超过 $2^{m-1}-1$，否则也会产生溢出，如 8 位字长的定点整数 x 的表示范围为$|x|\leqslant 127$。

由上可见，定点数虽然表示简单和直观，但它能表示的数的范围有限，不够灵活方便。

（2）浮点数

浮点数是小数点位置可以变动的数。为了增大数值的表示范围，以及表示既有整数部分、又有小数部分的数，可采用浮点数。

浮点数分为阶码和尾数两个部分，其中阶码一般用补码定点整数表示，尾数用补码或原码定点小数表示。浮点数在计算机内部的存储形式如图 1-2 所示。

阶码符号	阶码	尾数符号	尾数

图 1-2　浮点数的机内表示形式

其中阶码符号和阶码组成为阶码，尾数符号和尾数组成为尾数，则浮点数 N=尾数×阶码。通常规定尾数决定数的精度，阶码决定数的表示范围。

例如：二进制数 $N=(10101100.01)_2$，用浮点数可以写成 0.1010110001×2^8。其尾数为 1010110001，阶码为 1000。这个数在机器中的格式（机器字长 32 位，阶码用 8 位表示，尾数为 24 位）如图 1-3 所示。

0	0001000	0	00000000000001010110001
阶码符号	阶码	尾数符号	尾数

图 1-3　浮点数$(10101100.01)_2$在机器中的一种表示形式

1.3.5　计算机中数据的存储单位

计算机中采用二进制表示信息，常用的信息存储单位有位、字节和字长。

1. 位（bit）

位是计算机中数据存储的最小单位，通常叫做比特（bit），它是二进制数的一个数位。一个二进制位可表示两种状态（0 或 1），两个二进制位可表示 4 种状态（00，01，10，11）。n 个二进制位可表示 2^n 种状态。

2. 字节（byte）

字节是表示计算机存储容量大小的单位，用 B 表示。1 个字节由 8 位二进制数组成。由于计算机存储和处理的信息量很大，人们常用千字节（KB）、兆字节（MB）、吉字节（GB）和太字节（TB）作为容量单位。所谓存储容量指的是存储器中能够包含的字节数。

它们之间存在下列换算关系：

1B=8bits

1KB=2^{10}B=1 024B

1MB=2^{10}KB=1 024KB

1GB=2^{10}MB=1 024MB

1TB=2^{10}GB=1 024GB

3. 字长

字长是计算机一次操作处理的二进制位数的最大长度，是计算机存储、传送、处理数据的信息单位。字长是计算机性能的重要指标，字长越长，计算机的功能就越强。不同档次的计算机字长不同，如 8 位机、16 位机（如 286 机、386 机）、32 位机（如 586 机）、64 位机等。

1.3.6　字符在计算机中的表示

计算机只能处理二进制数，所以计算机中的各种信息都需要按照一定的规则用若干位二进制码来表示，这种处理数据的方法就叫编码，也叫做字符编码。目前，世界上最通用的字符编码是 ASCII 码。

ASCII 码的全称为美国标准信息交换代码（American Standard Code for Information Interchange），用于给西文字符编码。ASCII 码由 7 位二进制数组合而成，可以表示 128 个字符。其中包括：34 个通用控制字符，10 个阿拉伯数字，26 个大写英文字母，26 个小写英文字母，32 个标点符号、运算符。

计算机的基本存储单位是字节，7 位 ASCII 编码在计算机内仍然占用了 8 位，该字符编码的第八位（最高位）自动为 0，也就是说 1 个字符占用 1 个字节。

后来，又出现了扩充 ASCII 码，即用 8 位二进制数构成一个字符编码，共有 256 个符号。扩充 ASCII 码在原有的 128 个字符基础上，又增加了 128 个字符来表示一些常用的科学符号和表格线条。

1.3.7　汉字在计算机中的表示

我们国家使用计算机时，要用计算机处理汉字，支持汉字的输入、输出和处理，需要对汉字进行二进制编码。但汉字的数量多，字形复杂，有很多同音字，在计算机系统里汉字的输入、内部处理、存储和输出过程中就不能使用同一种代码，而应该根据汉字处理的不同环节使用不同的汉字编码，并能按照不同的处理层次和不同的处理要求，进行代码转换。汉字信息的处理过程及使用的编码如图 1-4 所示。

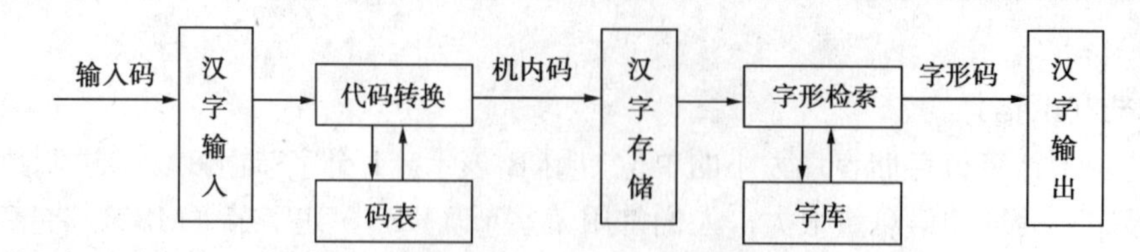

图 1-4　汉字信息的处理过程及使用的编码

（1）国标码（GB 2312—80 汉字编码字符集）

国标码（GB 2312—80）是我国国家标准总局于 1981 年颁布的《中华人民共和国国家标准信息交换用汉字编码》，它是目前国内计算机普遍采用的标准汉字交换码。国标码共收录了汉字、图形、符号等 7 445 个。汉字依据其常用程度分为一级汉字和二级汉字。其中一级汉字为常用字，共 3 755 个，按汉语拼音字母顺序排列，同音字按笔画（横、竖、撇、点、折）排列，首笔画相同再按第二笔为序。二级汉字共 3 008 个，一般不常用，按部首的笔画顺序排列。另外，还收录了 682 个图形符号。

国标码用 2 个字节表示一个汉字或符号，但每个字节都只使用了低 7 位，最高位为 0。

（2）汉字输入码

汉字输入码是为用户由键盘输入汉字时设计的汉字编码，又称为汉字外码。汉字输入码的编码原则应该是编码尽可能短、简单，容易记忆和掌握，利于提高输入速度。根据用户输入汉字时使用的输入设备不同，汉字输入有键盘输入、手写输入和语音输入三大类。目前使用最广泛的是键盘输入法。根据编码原理的不同，键盘输入码可分为音码、形码、音形码和数字编码 4 种。

① 音码：根据汉语拼音方案进行编码，如全拼、智能 ABC、双拼等，优点是简单易学，缺点是重码多、输入速度慢。

② 形码：根据汉语的字形结构进行编码，如五笔字型、表形码等，优点是重码少、输入速度快，缺点是比较难掌握、需专门学习。

③ 音形码：以汉字的基本形（音）为主、以读音为辅的一种编码，如自然码，集中了音、形两种码的特点。

④ 数字编码：根据各种编码表进行编码，用“对号入座”的方式输入汉字，如区位码。

（3）汉字机内码

汉字机内码是计算机内部存储、处理和传输汉字时使用的汉字代码，简称汉字内码。尽管每个汉字的输入码可以不同，但其机内码是唯一的。汉字机内码也是用 2 字节来存储一个汉字，但是它把汉字国标码每个字节的最高位变为 1 来标识。汉字国标码与汉字机内码有如下关系：汉字机内码=汉字国标码+8080H。例如，“中”字的国标码为“5650H”，则其机内码为 D6D0H。

（4）汉字字形码

汉字字形码是输出汉字时表示汉字字形信息的编码。目前常用的汉字字形码有点阵字形码和矢量字形码。

① 点阵字形码：汉字的字形用点阵表示。它将每个汉字分解为若干个点组成的阵列来进行编码。如 32×32 点阵，表示一个汉字每行有 32 个点，一共有 32 行。每个点用一位二进制 0 或 1 表示不同的状态，如白、黑特征，从而表现字的形和体。点阵不同，需要的存储空间也不同，32×32 点阵需占 64 字节的存储空间。点阵越大，字形质量越好，但所占存储空间

也越大。

所有不同汉字字体的字形构成汉字库，一般存储在硬盘上，当要显示输出时，才调入内存，检索到要输出的字形即送到显示器输出。

② 矢量字形码：将汉字视为用一组折线笔画组成的图形。把汉字字形分布在精密点阵上，抽取这个汉字每个笔画的特征坐标值，组合起来得到该汉字字形的矢量信息。它的特点是不占用存储空间，字形美观，还可以无限放大或缩小。

1.4 本章小结

本章主要介绍了关于计算机的一些基本概念和基础知识，包括计算机的定义、特点、分类及应用领域，计算机中使用的数制的概念及不同数制之间的相互转换，以及计算机中的数据表示等。

1.5 思考与练习

1. 选择题

（1）人们习惯将计算机的发展划分为四代。划分的主要依据是_______。

A．计算机的应用领域　　B．计算机的运行速度

C．计算机的配置　　D．计算机主机所使用的元器件

（2）最大的十位无符号二进制数转换成十进制数是_______。

A．511　　B．512

C．1 023　　D．1 024

（3）个人计算机属于_______。

A．小型计算机　　B．巨型计算机

C．微型计算机　　D．中型计算机

（4）早期的计算机主要应用于_______。

A．科学计算　　B．信息处理

C．实时控制　　D．辅助设计

（5）计算机能够处理中文信息，涉及汉字字符集和编码的概念。在 GB 2312—80 的系统中，下面叙述不正确的是_______。

A．不同的汉字用不同的输入法输入，其机内码也不同

B．同一汉字可用不同的输入法输入，其机内码不相同

C．同一汉字可用不同的输入法输入，但其对应的机内码是相同的

D．不同的汉字用相同的输入法输入，其机内码也不相同

（6）在下面有关进制的描述中，不正确的是_______。

A．所有信息在计算机中均用二进制表示

B．二进制数的逻辑运算有三种基本类型，分别是“与”、“或”、“非”

C．任何一种进制表示的数都可以用其他进制来精确表示

D．任何一种进制表示的数都可以写成按位权展开的多项式之和

（7）计算机之所以能按人们的意志自动进行工作，最直接的原因是因为采用了_______。

A．二进制数制　　B．高速电子元件
C．存储程序控制　　D．程序设计语言

（8）五笔字型码输入法属于________。

A．音码输入法　　B．形码输入法
C．音形结合的输入法　　D．联想输入法

（9）一个 GB 2312 编码字符集中的汉字其机内码长度是________。

A．32 位　　B．24 位
C．16 位　　D．8 位

（10）计算机能处理的最小数据单位是________。

A．ASCII 码　　B．字符字节
C．字符串　　D．比特（bit）

2．填空题

（1）目前所使用的计算机都是基于一个美国科学家提出的原理进行工作的，他就是__________。

（2）世界上公认的第一台电子计算机于 1946 年在宾夕法尼亚大学诞生，它叫__________。

（3）将二进制数 1111111 转换成八进制数是__________，转换成十六进制数是__________，将 A8H 转换成十进制数是__________。

（4）将十进制数 0.625 转换成二进制数是__________，转换成八进制数是__________，转换成十六进制数是__________。

（5）如果计算机的字长是 8 位，那么 68 的补码是__________，-68 的补码是__________。

（6）带符号数有原码、反码和补码等表示形式，其中用__________表示时，+0 和-0 的表示形式是一样的。

（7）存储 1 024 个 32×32 点阵的汉字字型信息需要的字节数是____________。

（8）在中文 Windows 环境下，设有一串汉字的内码是 B5C8BCB3BFBDCAD6H，则这串文字中包含____________个汉字。

3．问答题

（1）计算机的发展经历了哪几代？每一代计算机采用的主要元器件是什么？

（2）电子计算机的主要特点有哪些？

（3）举例说明计算机的主要应用领域。

（4）列出表示计算机存储容量的 B、KB、MB、GB 与 TB 之间的关系。

（5）简述计算机采用二进制数的好处有哪些。

第 2 章　微型计算机系统组成

随着集成电路技术的发展及计算机应用的需要，计算机技术得到了飞速发展，计算机的结构变得越来越复杂，计算机的普及及应用也越来越广泛。因此，在学习和使用计算机时，必须掌握和建立计算机系统的观点。计算机系统由硬件系统和软件系统组成，硬件系统提供计算机工作的物质基础，软件系统是硬件功能的扩充和完善。了解计算机系统，不仅能掌握计算机系统的基本组成和工作原理，也可以理解想扩充计算机系统的功能就必须依靠计算机软件。

本章主要内容

- 计算机系统的组成和工作原理
- 微型计算机的硬件系统
- 微型计算机的软件系统

2.1　计算机系统的组成和工作原理

2.1.1　计算机系统的组成

一个完整的计算机系统包括硬件系统和软件系统两大部分。

硬件系统是计算机系统的物理设备。只有硬件系统的计算机叫裸机，裸机是无法运行的，需要软件的支持。所谓计算机软件，是指为解决问题而编制的程序及其文档。软件包括计算机本身运行所需要的系统软件和用户完成任务所需要的应用软件。计算机是依靠硬件系统和软件系统的协同工作来完成各项任务的。

在计算机系统中，硬件和软件相互渗透、相互促进，构成一个有机的整体。硬件是基础，软件则是指挥中枢，只有将硬件和软件结合成统一的整体，才能称其为一个完整的计算机系统。完整的计算机系统组成如图 2-1 所示。

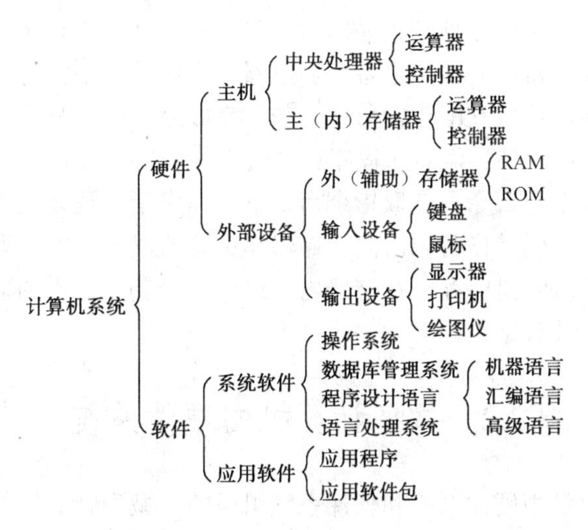

图 2-1　计算机系统组成

2.1.2 计算机系统的工作原理

计算机发展至今，基本结构仍属冯·诺依曼结构，即计算机硬件由运算器、控制器、存储器、输入设备和输出设备五大功能部件组成。计算机在存储程序的控制下实现自动、高速的计算和进行信息处理。计算机的基本组成和工作原理如图 2-2 所示。

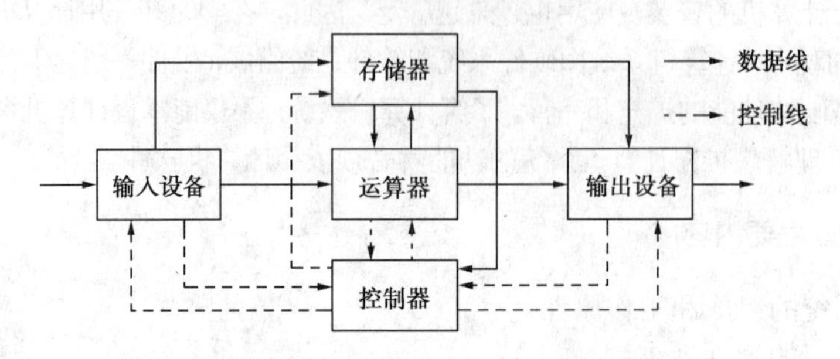

图 2-2 计算机的基本组成和工作原理

1. 输入设备

输入设备是用来把人们需要处理的程序、数据等信息送入计算机内部的设备。常用的输入设备有键盘、鼠标、光笔、扫描仪、数字化仪、麦克风等。

2. 存储器

存储器是存储各种程序和数据的部件。存储器分为主存储器（或称内存储器，简称内存）和辅助存储器（或称外存储器，简称外存）。

3. 运算器

运算器又称算术逻辑部件（Arithmetic Logic Unit，ALU）。它是对信息或数据进行处理和运算的部件，用以实现算术运算和逻辑运算。

4. 控制器

控制器是计算机的控制中心，负责从存储器中读取程序指令并进行分析，然后按时间先后顺序向计算机各部件发出相应的控制信号，以协调、控制输入/输出操作和对内存的访问。

5. 输出设备

输出设备负责将计算机的处理结果输出给用户，或在屏幕上显示，或在打印机上打印，或在外部存储器中存放。常用的输出设备有显示器、打印机、磁盘等。

计算机的五大功能部件相互配合，协同工作，完成用户的各种操作要求。其简单工作原理为：首先由输入设备接收外界信息（程序和数据），控制器发出指令将数据送入内存储器，然后向内存储器发出取指令命令。在取指令命令下，程序指令逐条送入控制器。控制器对指令进行译码，并根据指令的操作要求，向存储器和运算器发出存数、取数命令和运算命令，经过运算器计算并把计算结果保存在存储器内。最后在控制器发出的取数和输出命令的作用下，通过输出设备输出计算结果。

2.2 微型计算机的硬件系统

微型计算机系统也是由硬件系统和软件系统组成的。微型计算机的硬件系统由主机和外部设备构成。主机包括中央处理器和主存储器，外部设备由输入设备、输出设备、辅助存储设备、输入/输出接口和系统总线组成。微型计算机的硬件系统组成如图 2-3 所示。

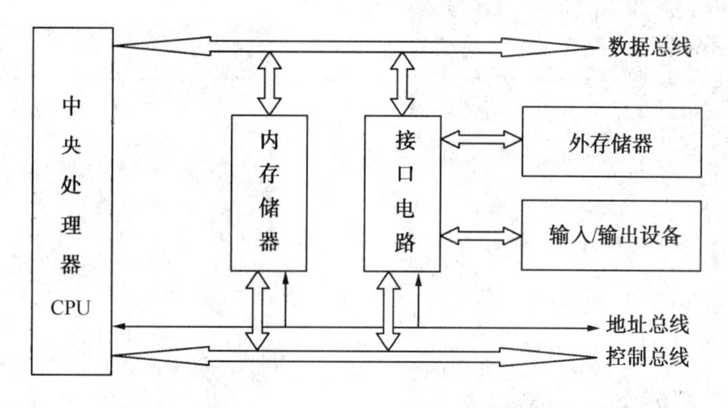

图 2-3　微型计算机的硬件系统组成

2.2.1　主机系统

1. 中央处理器

中央处理器（Central Processing Unit，CPU）由运算器和控制器组成，是计算机系统的核心部件。它是微型计算机内部对数据进行处理并对过程进行控制的部件，起到控制计算机工作的作用。运算器是对数据进行加工处理的部件，它在控制器的作用下与内存交换数据，负责进行各类基本的算术运算、逻辑运算和其他操作。控制器是整个计算机系统的指挥中心，负责对指令进行分析，并根据指令的要求，有序、有目的地向各个部件发出控制信号，使计算机的各部件协调一致地工作。

CPU 的主要功能是：

① 实现数据的算术运算和逻辑运算；

② 实现取指令、分析指令和执行指令操作的控制；

③ 实现异常处理、中断处理等操作。

CPU 性能的高低决定了微型计算机系统的档次，CPU 的主要性能指标是主频和字长。

主频是 CPU 工作时的时钟频率，决定 CPU 的工作速度，主频越高，CPU 的运算速度越快。CPU 的主频以兆赫兹（MHz）、吉赫兹（GHz）为单位。

字长是指计算机一次所能同时处理的二进制信息位数。字长越长，计算精度越高，CPU 的档次就越高，它的功能也越强，但其内部结构也就越复杂。人们常说的 16 位机、32 位机和 64 位机，是指该计算机中的 CPU 可以同时处理 16 位、32 位或是 64 位的二进制数据。

市面上的 CPU 产品除了 Intel 公司的 Pentium（奔腾）系列和 Celeron（赛扬）系列外，还有 AMD、VIA（威盛）公司的 AMD、Cyrix 系列 CPU，它们通常具有更高的性价比，如图 2-4 所示。

图 2-4　AMD 的 CPU 和 Intel 的 CPU

2. 内存储器

存储器是计算机系统内最主要的记忆装置，能够把大量计算机程序和数据存储起来，称为可写，此外也能从其中取出数据或程序，称为可读。存储器是计算机的记忆核心，是程序和数据的收发集散地。存储器按功能可分为内存储器（简称内存）和辅助存储器（简称辅存）。

内存储器也称为主存储器，读/写速度快，可直接与 CPU 交换数据，一般存放当前正在运行的程序和正在使用的数据，如图 2-5 所示。

图 2-5　内存条

内存储器按工作方式的不同，可以分为随机存储器（Random Access Memory，RAM）、只读存储器（Read-Only Memory，ROM）和高速缓冲存储器（Cache）。

随机存储器中的信息可以随机读出与写入，但断电后其中的信息会消失，再次通电也不能恢复。计算机工作时使用的程序和数据都存储在 RAM 中，所以如果对程序或数据进行了修改，就应该保存到外存储器中，否则关机后信息将丢失。通常所说的内存大小就是指 RAM 的大小，现在一般以 MB 或 GB 为单位。

只读存储器中的信息只能读出而不能写入，计算机断电后，存储器中的信息不会丢失。ROM 一般用来存放计算机启动的引导程序、启动后的检测程序、系统最基本的输入/输出程序、时钟控制程序，以及计算机的系统配置和磁盘参数等重要信息。

ROM 中的内容是由厂家制造时用特殊方法写入的，或者要利用特殊的写入器才能写入。随着微电子技术的发展，为方便用户，出现了可编程只读存储器 PROM，可由用户用专门的写入设备将信息写入。但一经固化后，就只能读出，不能再改写，如果写入信息有错误，这种芯片就不能再使用。为此，又出现了可擦写的只读存储器 EPROM，用户利用固化设备，可多次重写，反复使用。但它需要专门的固化设备，于是又出现了电可擦写只读存储器 EEPROM，它可直接在线修改，而不需要其他设备。

高速缓冲存储器（Cache），是指设置在 CPU 和内存之间的高速小容量存储器。在计算机工作时，系统首先去 Cache 存取数据，如果 Cache 中存在计算机所需要的数据，就直接进行处理；如果没有，系统在将数据由外存读入 RAM 的同时送入到 Cache 中，然后 CPU 直接从 Cache 中取数据进行操作。实际上 Cache 中的数据是主存中的一部分内容被复制过去的，但由于 CPU 和 Cache 的速度相近，因此实现了数据存取的零等待，使 CPU 达到了理想的运行速度。设置高速缓存就是为了解决 CPU 速度与 RAM 速度不匹配的问题。

内存储器的主要性能指标有存取速度和存储容量。存取速度是以存储器的访问时间或存取时间来表示的，而存取时间是指内存储器完成一次读（取）或写（存）操作所需的时间，其单位为 ns（纳秒），数字越小，内存速度越快。现在常用的 DDR3 内存的速度已达到 5ns。存储容量是指计算机中所有内存条的容量总和，一般有 256MB、512MB、1G、2G 等。

3. 主板（mainboard）

主板，又叫主机板（mainboard）、系统板（systemboard）或母板（motherboard），是安装在主机箱底部的一块多层印制电路板，外表两层印制信号电路，内层印制电源和地线，如图 2-6 所示为华硕 M3A78 主板。主板在整个微机系统中扮演着举足轻重的角色，可以说，主板的类型和档次决定着整个微机系统的类型和档次，主板的性能影响着整个微机系统的性能。

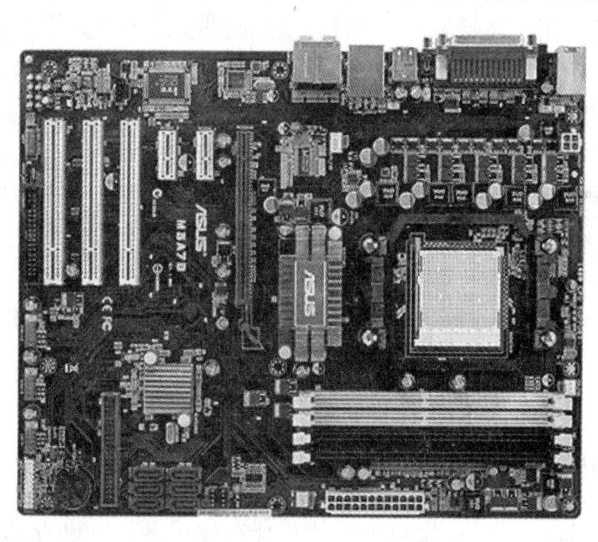

图 2-6　华硕 M3A78 主板

主板一般包括以下几个构成部分。

（1）芯片部分

① BIOS 芯片：是一块方块状的存储器，用来保存与该主板搭配的基本输入/输出系统程序，能够让主板识别各种硬件，还可以设置引导系统的设备，调整 CPU 外频等。BIOS 芯片是可以写入的，方便用户升级 BIOS。

② 芯片组：协助 CPU 完成各种功能的重要芯片，由北桥芯片和南桥芯片组成。北桥芯片一般位于 CPU 插槽旁边，被散热片盖住，主要负责处理 CPU、内存、显卡三者间的“沟通”。南桥芯片多位于 PCI 插槽的上面，负责硬盘等存储设备和 PCI 之间的数据流通。芯片组性能

的优劣，决定了主板的功能和性能优劣。

③ RAID 控制芯片：控制执行 RAID 功能的辅助芯片。所谓 RAID，也叫廉价磁盘冗余阵列，是一种由多块硬盘构成的冗余阵列，可支持多个硬盘，但是在操作系统下是作为一个独立的大型存储设备出现的。

（2）插槽部分（插拔部分）

所谓的“插拔部分”是指这部分的配件可以用“插”来安装，用“拔”来反安装。

① CPU 插槽：安装 CPU 的插槽，不同的 CPU 要求与对应的主板插槽相匹配，目前主要有 Socket 和 Slot 两种。

② 内存插槽：用来安装内存条的插槽，一般位于 CPU 插槽下方，目前常用的是 184 线的 DDR SDRAM 插槽。

③ 总线扩展槽：用来扩展微机功能的插槽，通常用来安装显示卡、声卡、网卡等。一般有 ISA 插槽、AGP 插槽、PCI 插槽、PCI Express 插槽、CNR 插槽等。

（3）数据线接口部分

① 硬盘接口：用来连接硬盘和光盘驱动器，有 IDE 接口、FDD 接口和 SATA 接口。

② 软驱接口：用来连接软盘驱动器，多位于 IDE 接口旁，现在已基本不用。

（4）外部设备接口部分

① 串行接口（COM 接口）：连接串行鼠标和外置 MODEM 等设备，大多数主板都有两个 COM 接口，分别为 COM1 和 COM2。

② PS/2 接口：仅能用于连接键盘和鼠标。鼠标的接口通常为绿色，键盘的为紫色。

③ USB 接口：USB 接口支持热拔插，应用非常广泛，最大可以支持 127 个外设。USB 接口分为 USB1.1 和 USB2.0 标准，可同时支持高速和低速 USB 外设的访问。

④ 并行接口（LPT 接口）：一般用来连接打印机或扫描仪。

⑤ MIDI 接口：声卡的 MIDI 接口和游戏杆接口是共用的。接口中的两个针脚用来传送 MIDI 信号，可连接各种 MIDI 设备。

（5）其他部分

① CMOS 电池：用来给 BIOS 芯片供电，当计算机切断电源后，提供主板部分工作的持续电力，保证 BIOS 中的信息不丢失。

② 控制指示接口：用来连接机箱前面板的各个指标灯、开关等。

2.2.2 辅助存储器及其工作原理

辅助存储器又叫外存储器，是作为主存的后援存储设备。辅助存储器具有容量大、速度慢、价格低、可脱机保存信息等特点，属“非易失性”存储器。外存储器不直接与 CPU 交换信息，外存中的数据应先调入内存，再由微处理器进行处理。计算机常用的外存是软磁盘（简称软盘）、硬磁盘（简称硬盘）、光盘和移动存储设备。

1. 软盘存储器

软盘存储器由软盘、软盘驱动器和软盘适配器组成。软盘是活动的存储介质，用来保存数据，软盘驱动器是读/写设备，软盘适配器是软盘驱动器与主机的接口。目前计算机常用的是 3.5 英寸、存储容量为 1.44MB 的软盘。

软盘是一种涂有磁性物质的聚酯薄膜圆形盘片，它被封装在一个方形的保护套中，构成一个整体。软盘在使用前需要进行格式化，所谓格式化就是规定软盘的数据存储格式。软盘存储数据是按磁道和扇区来存储的，格式化的目的是对磁盘进行磁道和扇区的划分，同时还将磁盘划分为引导扇区、文件分配表、文件目录表和数据区四个区域。磁道是指软盘的每面盘片由外向内被分成的一个个同心圆，由外向内从 0 开始顺序编号，共 80 道，信息记录在磁道上。每条磁道分割成 18 个扇区，每个扇区存储 512 字节，所以其容量是 1.44MB（2×80×18×512B）。软盘在读/写时，总是读/写一个完整的扇区。

2. 硬盘存储器

硬盘存储器简称硬盘，如图 2-7 所示。硬盘是微机配置的大容量外部存储器，是计算机的主要外部设备，操作系统、各种应用程序及用户文档等都以文件的形式存储在硬盘中。

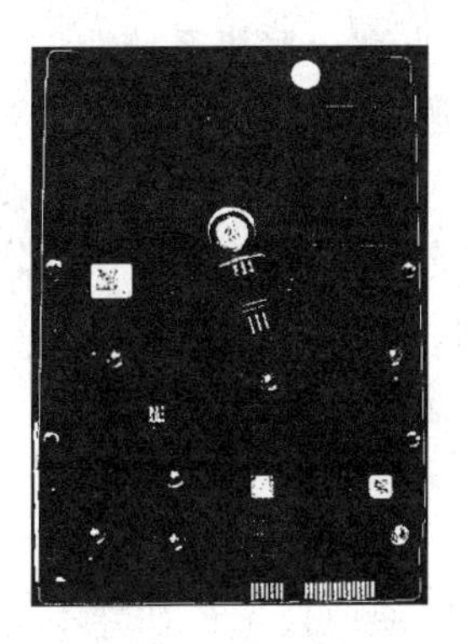

图 2-7　希捷 500GB 硬盘正、反面

（1）硬盘的结构

硬盘的磁性材料是涂在金属、陶瓷或玻璃制成的硬盘基片上的，用来存储数据。磁盘片被固定在电动机的转轴上，由电机带动其一起转动。每个磁盘片的上、下两面各有一个磁头，与磁盘片保持几微米的间距。

目前市场上常见的硬盘大多数为 3.25 英寸，从外观上看，硬盘的正面贴有产品标签，背面是一块电路板，侧面是一些接口。硬盘的内部主要由盘片、磁头组件、磁头驱动装置及主轴组件等组成，如图 2-8 所示。硬盘是一个非常精密的设备，所以采用了温彻斯特（Winchester）技术，把硬盘的所有组件全部密封起来作为一个整体，安装在主机箱中。

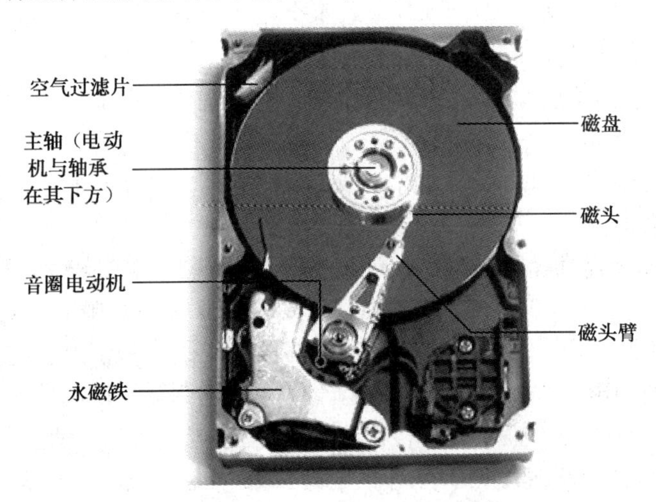

图 2-8　硬盘的内部结构

硬盘中的所有盘片都装在一个可旋转的轴上，每个盘片的盘面都有一个磁头，所有磁头连在磁头控制器上，加电后，控制电路中的初始化模块将磁头置于盘片中心位置，之后盘片开始高速旋转，磁头则沿着盘片的半径方向运动，开始读/写数据的过程。

（2）硬盘的接口

硬盘接口是硬盘与主机系统之间的连接装置，其作用是在硬盘与内存之间传输数据。硬盘接口可以分为 IDE 接口、SCSI 接口、SATA 接口和光纤通道。

IDE 接口硬盘称为电子集成驱动器（Integrated Drive Electronics），它将硬盘控制器与盘体集成在一起。IDE 接口具有价格低廉和兼容性强等优点。

SCSI 接口硬盘称为小型计算机系统接口（Small Computer System Interface），是一种广泛应用于小型机上的高速数据传输技术，具有应用范围广、多任务、CPU 占用率低及热插拔等优点，但其价格较高，主要应用于中、高档服务器和工作站中。

SATA 接口硬盘称为串口硬盘，全称为串行先进附加设备（Serial Advanced Technology Attachment），是由 Intel、IBM、DEL、APT、Maxtor、Seagate 等业界著名公司共同提出的硬盘接口标准。在数据传输中，既对数据进行校验，也对指令进行校验，提高了数据传输的可靠性。串行接口还具有结构简单（引脚少）、能耗低、速率高和支持热插拔等优点。SATA 是未来硬盘的发展趋势。

光纤通道硬盘：光纤通道技术最初并不是为硬盘设计的接口技术，而是专门为网络系统设计的。光纤通道技术提高了多硬盘存储系统的速度和灵活性，具有热插拔性、高速带宽、远程连接及连接设备数量多等优点。

（3）硬盘的使用

新硬盘在使用前必须进行格式化，然后才能被系统识别和使用。硬盘格式化分为三个步骤进行，即硬盘的低级格式化、分区和高级格式化。

低级格式化的主要目的是对一个新硬盘划分磁道和扇区，并在每个扇区的地址域上记录地址信息。低级格式化工作一般由硬盘生产厂家用专门的程序在硬盘出厂前完成。当硬盘受到外部强磁体、强磁场的影响，或因长期使用，出现大量“坏扇区”时，可以通过低级格式化来重新划分扇区。但低级格式化是一种损耗性操作，对硬盘寿命有一定的负面影响。

分区是操作系统把一个物理硬盘划分成若干个相互独立的逻辑存储区的操作，每一个逻辑存储区就是一个逻辑硬盘。只有分区后的硬盘才能被系统识别和使用。

高级格式化是对指定的逻辑硬盘进行初始化，建立文件分配表，以便用户保存文件。

（4）硬盘的性能指标

硬盘的性能指标是评价和购买硬盘时应该考虑的依据，主要有硬盘容量的大小、硬盘驱动器的转速和缓存大小。

① 硬盘容量：指硬盘存储数据时的容量大小。早期的硬盘容量较小，大多以 MB 为单位，现在都是以 GB 为单位，有 40G、80G、160G、200G、320G 等。随着硬盘技术的继续发展，更大容量的硬盘将不断推出。硬盘容量越大，能够保存的数据和信息就越多。

② 转速：是硬盘内电动机主轴的旋转速度，即盘片每分钟转动的圈数，单位为 r/m，是区分硬盘档次的重要标志，决定了硬盘的内部传输速度。硬盘的转速越快，硬盘寻找文件的速度也就越快，相对的硬盘的数据传输速度也就得到了提高。IDE 硬盘一般低端转速为 5 400r/m，高端转速为 7 200r/m；SCSI 硬盘转速一般为 7 200r/m、10 000r/m 和 15 000r/m。转速快的缺点是发热量大。

③ 高速缓存：是指硬盘内部的高速存储器，用以解决硬盘内部与接口数据之间存取速率不匹配的问题，能提高硬盘的读/写速度。缓存的大小与速度是直接关系到硬盘传输速度的重要因素，能够大幅度提高硬盘的整体性能。IDE 硬盘的缓存一般为 2MB，SCSI 硬盘的缓存一般为 8MB。

（5）硬盘的维护

硬盘是微机最重要的外部设备之一，保存着用户最重要的数据。用户应该正确使用硬盘，以减少硬盘坏道发生，提高硬盘使用寿命。使用硬盘时应注意以下原则：

➢ 不要发生物理上的冲击（摔跌和震动），这样会改变硬盘驱动器内部的机械结构，甚至使磁头脱落、难以修复。

➢ 防止强磁场的干扰。为确保磁头复位，每次开关电源必须间隔一定的时间，一般在 10～30s 为宜。

➢ 硬盘在工作时不能突然关机。硬盘工作时一般都处于高速旋转之中，如果中途突然关闭电源，会导致磁头与盘片猛烈摩擦而损坏硬盘，用户使用时应该通过操作系统正常关机。

➢ 在工作中不能移动硬盘，同时避免硬盘的震动。当硬盘处于读/写状态时，如果有较大的震动，可能造成磁头与盘片的撞击，导致盘片损坏。

➢ 定期整理硬盘上的信息。在硬盘中频繁地建立、删除文件会产生许多碎片，碎片积累多了，会使硬盘访问效率下降，甚至损坏磁道。

3．光盘存储器

光盘存储器由光盘和光盘驱动器组成，如图 2-9 所示。光盘存储器现在已经成为计算机的一种重要存储设备。光盘的主要特点是：存储容量大，可达 600MB 左右，可靠性高，只要存储介质不发生问题，光盘的数据就可长期保存。

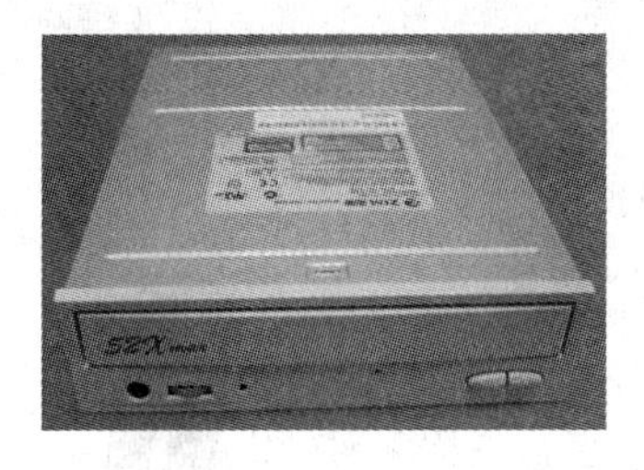

图 2-9　光盘存储器

光盘驱动器简称光驱，是用来读取光盘信息的设备，一般安装在主机箱内。光驱的盘径为 5.25 英寸，核心部分由激光头、光反射透镜、电动机系统和处理信号的集成电路组成。

当光驱在读盘时，激光头发射出激光束，照射到光盘上的凹坑和平面的地方，再反射回来。由平面反射回来的光无强度损失（代表“0”），而凹坑对光产生发散现象（代表“1”）。光驱内的光敏元件根据反射信号的强弱来识别数据“0”和“1”。光盘在光驱中高速转动，激光头在伺服电动机的控制下前后移动读取数据。

光驱的性能指标主要有数据传输率和平均访问时间。数据传输率是指光驱在 1s 的时间内所能读取的最大数据量，最初是以 150KB/s 的传输率为标准，后来出现了倍速光驱（2x）、52 倍速光驱（52x）等。平均访问时间又叫平均寻道时间，是指光驱的激光头从原来的位置移到一个新指定的目标位置并开始读取该扇区上的数据这个过程中所花费的时间，现在的光驱一般不超过 95ms。

光驱分为 CD-ROM 光驱和 DVD 光驱，它们对所使用的光盘有匹配方面的要求。一般来说，DVD 光驱可以兼容 CD-ROM 光驱，反之则不行。

（1） CD-ROM 驱动器及光盘

CD-ROM 驱动器包括只能读出光盘内容的普通 CD-ROM 驱动器和既能读又能写的 CD-RW 刻录机。能在 CD-ROM 驱动器上使用的光盘产品有 CD-DA、CD-ROM、Video-CD、CD-R、CD-RW 等。

① CD-DA：CD 唱片或音频 CD。

② CD-ROM：只读光盘。只能从光盘中读取数据，不能写入或擦除数据。

③ Video-CD：即小影碟，用于记录压缩了的带伴音的视频信息。

④ CD-R：可记录光盘。用户只能写一次数据，此后就只能读取数据。

⑤ CD-RW：可擦写光盘。可反复擦写和读取数据。

（2）DVD 光驱及光盘

DVD 光驱包括只能读出光盘内容的普通 DVD 光驱和既能读又能写的 DVD-RW 刻录机。能在 DVD 驱动器上使用的光盘产品有 DVD-ROM、DVD-Video、DVD-R、DVD-RW 等，这些产品的功能和用途与 CD 光盘相似，只不过容量要大得多。DVD 光盘定义了 4 种规格：单面单层、单面双层、双面单层和双面双层，其容量分别为 4.7GB、8.5GB、9.4GB 和 17GB。

4. 移动存储器

便携式移动存储器作为新一代的存储设备被广泛使用，常用的主要有移动硬盘和移动闪存盘（优盘或 U 盘），如图 2-10 和图 2-11 所示。移动存储器一般使用 USB 接口连接到计算机，实现了数据交换和共享。USB 接口支持热插、热拔，能够随时安全地连接或断开 USB 设备，达到真正的即插即用，方便用户使用。

图 2-10　USB 移动硬盘

图 2-11　U 盘

移动存储器使用快闪存储器（Flash Memory）技术，将存储介质和一些外围数字电路连接在电路板上，并封装在塑料壳内，保证了数据的非易失性，并且可以重复擦写 100 次以上。随着存储技术的不断成熟和制造成本的不断降低，移动存储器已经取代了软盘。

移动硬盘是以硬盘为存储介质的，通过相关设备将 IDE 接口转换成 USB 接口连接到计算机以完成数据的读/写，它不仅便于携带，而且容量大、数据传输速率高，真正方便了用户的使用。

U 盘是闪存类存储器，采用半导体电介质，数据具有非易失性，没有磁头和盘片，所以可靠性高、抗干扰能力强。U 盘具有内存的存储介质、外存的存储容量，常见的 U 盘容量为 64MB～8GB，是取代软盘的最好工具。

移动存储器的优点如下：

➢ 采用 USB 接口，无须外接电源，支持即插即用和热插拔。
➢ 具有高速度、大容量，能满足大容量文件的需求。
➢ 便于携带，体积小、质量轻、使用方便。

2.2.3 输入/输出设备

计算机的输入/输出设备是计算机系统与人（或其他系统）之间数据交互的设备。输入设备将各种信息输入计算机中，并转换成计算机可识别的数据形式；而输出设备则将计算机的处理结果进行转换并显示或打印出来。

在微机中，输入/输出设备是通过 I/O 接口来实现与主机交换数据的。I/O 接口是负责实现 CPU 通过系统总线把 I/O 电路和外部设备联系在一起的逻辑部件，由于输入/输出设备与主机在结构和工作原理上差异太大，所以要通过 I/O 接口来匹配主机，实现数据交换。I/O 接口必须具有以下功能：

➢ 能实现数据缓冲，使主机与外部设备在工作速度上达到匹配。
➢ 实现数据格式转换。接口在完成数据传输的同时，实现主机与外设数据格式的转换。
➢ 提供外围设备和接口的状态，为处理器提供帮助。
➢ 实现主机与外设之间的通信联络控制，包括设备的选择、操作时序的控制和协调及主机命令与外设状态的交换和传输等。

1. 输入设备

常用的输入设备主要有键盘、鼠标、扫描仪等，其他的还有声音识别器、条形读码器、数码相机等，用以将数据输入到计算机中进行处理。

（1）键盘

键盘是计算机必须具备的输入设备，用于文本的输入。键盘通过一根五芯电缆连接到主机的键盘插座内，它由一组开关矩阵组成，包括数字键、字母键、符号键、功能键和编辑控制键等，共有 100 多个，如图 2-12 所示。每个键在计算机中都有对应的唯一代码，当用户按下键后，键盘内部的键位扫描电路扫描该键，编码电路产生编码，并送到计算机的键盘控制电路，然后再将键位的编码送到计算机中。

图 2-12　键盘

键盘的分类为：按键盘上的键数分类，分为早期的 83 键和目前常用的 107 键、108 键；按键盘的功能分类，分为手写键盘、人体工程学键盘、多媒体键盘和无线键盘等；按键盘的工作方式分类，分为机械式键盘、电容式键盘、塑料薄膜式键盘和导电橡胶式键盘。

键盘的接口是指键盘和计算机主机之间的接口。早期的键盘接口是 AT 接口，也称大口，已经被淘汰。目前常用的键盘接口有 PS/2 接口（小口）、USB 接口和无线接口。

（2）鼠标

鼠标又称为鼠标器，简称为 Mouse，是一种手持式屏幕坐标定位设备，如图 2-13 所示。伴随着图形界面操作系统的出现，鼠标已经成为计算机用户不可缺少的输入设备。鼠标移动方便、定位准确，通过单击或者双击就可以完成各种操作。

图 2-13　鼠标

鼠标在移动过程中，将移动的距离和方向信息变成脉冲传递给计算机，由计算机将脉冲转换成光标的坐标数据，以指示光标的位置。

目前常用的鼠标有机械鼠标、光电鼠标和无线鼠标等。机械鼠标通过内部橡皮球的滚动带动其两侧的转轮来定位，结构简单，价格便宜，使用环境要求低，维修方便，但是灵敏度低，传输速度慢，寿命短，早已被淘汰。光电鼠标速度快，定位精度高，使用寿命也较长，但价格稍高。无线鼠标以红外或射频方式遥控鼠标操作，使用方便，价格较贵。

（3）扫描仪

扫描仪主要用于捕捉图像并将其转换为计算机能够处理的数据格式，如图 2-14 所示。扫描仪是图像处理、办公自动化及图文通信等领域不可缺少的设备。

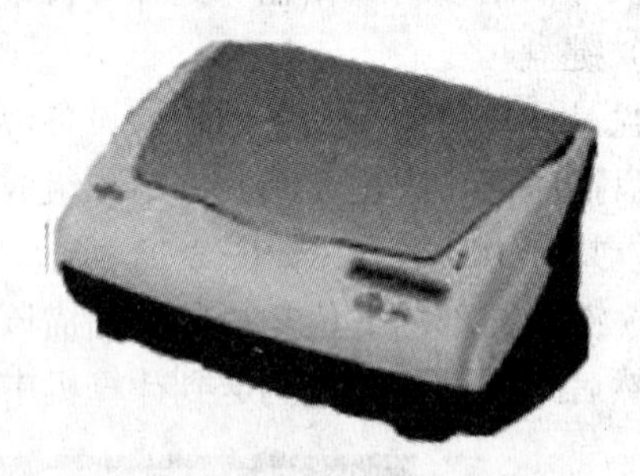

图 2-14　扫描仪

扫描仪工作时，扫描头与稿件进行相对运动，扫描仪内部的可移动光源就可以对稿件进行逐行扫描。每行的图像信息经过反射或者透射后，由感光器将光信号转换为电信号，再由电路部分对这些电信号进行模/数转换（A/D 转换）和处理，产生相应的数字信号传送给计算机。

扫描结果传送给计算机后，要选择不同的扫描处理软件来处理以满足用户的需要。典型的处理软件有图像处理软件和 OCR 处理软件。图像处理软件用于处理图像，把扫描结果作为图像来处理；OCR 处理软件是光学字符识别、用于处理字符内容的软件，它将扫描结果转换成文本供用户编辑处理。

2. 输出设备

输出设备是输出计算机处理结果的设备。常用的输出设备有显示器和打印机，其他的还有绘图仪、投影仪、音箱等。

（1）显示器

显示器又称为监视器，是计算机中必不可少的输出设备，直接影响到用户的视觉感受。计算机中的数据是由 0 和 1 组成的，通过显示卡输出到显示器上形成图形和数字，供用户浏览。

显示器按其所使用的显示器件分为阴极射线管显示器（CRT）、液晶显示器（LCD）和等离子体显示器。常用的有 CRT 和 LCD，如图 2-15 所示。

（a）CRT 显示器

（b）LCD 显示器

图 2-15　显示器

CRT 显示器是 PC 使用最早也是目前应用最为广泛的显示器。CRT 显示器由电子枪阴极发出电子束，在偏转线圈的控制下，打在一个三原色荧光粉层上使其发光，在电压控制下的电子束使荧光粉形成明暗不同的光点。电子枪周而复始地由右至左、由上至下扫描整个屏幕，形成连续的显示画面。CRT 显示器的主要性能指标有尺寸、点距、分辨率等。尺寸是指显像管对角线的尺寸，如 15 英寸、17 英寸。点距是指屏幕上两个相邻像素之间的距离，单位为 mm。点距越小，显示效果越好。目前常见的点距为 0.28～0.21mm。分辨率以水平方向的像素点数与垂直方向的像素点数相乘的方式表示屏幕上的像素点数，如 1 024×768，分辨率越高，显示效果越好。

LCD 显示器实现了真正的完全平面，具有无辐射、图像无色差和能耗低等特点。LCD 液晶的分子形状为细长棒形，在不同电流、电场作用下，液晶分子会产生扭曲，使得穿越其中的光线产生有规则的折射，最后经过过滤在屏幕上显示出来。LCD 依此原理控制每个像素的显示状态。

显示器必须经过显示卡才能连接到主机上，显示输出计算结果。显示卡又叫显示适配卡，简称显卡，是计算机主机与显示器之间进行数据交换的接口，对图形函数进行加速，如图 2-16 所示。

图 2-16　显示卡

（2）打印机

打印机可以帮助用户将计算机输出的各种文档、图形和图像等用纸质来保存。它可以永久保存，计算机输出结果已经成为各类计算机系统中除显示器外不可缺少的输出设备。

打印机的种类很多，按输出方式可分为串行打印机（字符逐字打印）、行式打印机（字符逐行打印）和页式打印机（以页为单位打印），按色彩可分为单色打印机和彩色打印机，按用途可分为专用打印机和通用打印机，按打字原理可分为针式打印机、喷墨打印机和激光打印机。

① 针式打印机。针式打印机也称为点阵式打印机，由走纸装置、打印头和色带组成，如图 2-17 所示。针式打印机一般按打印头上的钢针数进行分类，针数越多，针距越密，打印出来的字就越美观。针式打印机打印时由打印头上的钢针对应的电磁线圈驱动对应的钢针动作，通过色带在打印纸上形成点阵式字符。

图 2-17 针式打印机

针式打印机的主要优点是价格便宜、维护费用低，可复写打印，适合于打印蜡纸，缺点是打印速度慢、噪声大、打印质量稍差、易断针等，目前主要应用于银行、税务、商店等场所的票据打印。

针式打印机的性能指标有打印速度和分辨率等。

➢ 打印速度：指打印机在每秒钟内所打印的字符的个数，用 CPS（字/秒）表示。打印速度与字符点阵组成有关，字符点阵越大，打印速度越慢。

➢ 分辨率：指打印机在每平方英寸内所打印的印点数，用 DPI（印点数/平方英寸）表示。分辨率越高，打印机的输出质量就越好。准印刷质量：180～300DPI；印刷质量：400DPI 以上。

② 喷墨打印机。喷墨打印机属于非击打式打印机，如图 2-18 所示，它已经是家用打印机市场的主流产品。

图 2-18 喷墨打印机

喷墨打印机的打印头上包含数百个小喷嘴，每一个喷嘴内都装满了墨盒中流出的墨。利用控制指令来控制打印头上的喷嘴，从而将墨滴喷在打印纸上，实现字符或图形的输出。喷墨打印机有压电式和热喷式两种。

喷墨打印机的优点是打印精度较高、噪声低、价格便宜，可打印彩色图形，缺点是打印速度慢、日常维护费用高。

喷墨打印机的性能指标也是分辨率和打印速度。但它的打印速度是指每分钟打印的页数，单位为 PPM（页/分）。

③ 激光打印机。激光打印机是目前打印质量最好的打印机，已经成为办公自动化的主流产品，如图 2-19 所示。

激光打印机由激光扫描系统、电子照相系统和控制系统组成，主要采用电子成像技术进行打印。激光打印机通过调制激光束在硒鼓上进行沿轴扫描，使硒鼓鼓面上的像素点带上负电荷，当经过带正电的墨粉时，这些点就会吸附墨粉，在纸上形成色点。

图 2-19　激光打印机

激光打印机的优点是精度高、打印速度快、噪声低、分辨率高（一般在 600DPI 以上），缺点是打印机价格高，打印成本高。

3. 总线——BUS

在微机中，总线是指计算机中实现各个部件连接的一组物理信号线。总线包括地址总线、数据总线和控制总线，不同总线用于传送不同的信号和数据。

控制总线 CB（Control Bus）为双向线，传送各种控制信号。如 CPU 向存储器和外部设备发出的控制命令信号，或存储器和外部设备向 CPU 发出的请求信号及工作状态的标识信号等。

数据总线 DB（Data Bus）为双向线，传送数据信号，实现 CPU 和存储器或输入/输出设备之间数据的并行传输。DB 导线数由 CPU 的位数决定，一般由 8 位、16 位、32 位、64 位并行导线组成，称为总线宽度。

地址总线 AB（Address Bus）为单向线，传送的信号是 CPU 指示的存储器或输入/输出设备地址信息。AB 导线数由 CPU 的型号决定，不同的 CPU 提供的地址线数不同，决定了 CPU 能访问的存储空间大小。如 PIV 有 32 条地址线，它为内存器提供了 32 位地址码，能访问的存储空间为 2^{32}=4GB。

在计算机系统中，总线使各个部件协调地执行 CPU 发出的指令。在微机中，所有外部设备都通过适配卡连接在主板的扩展槽中与三类总线相连，在 CPU 的控制下实现各自的功能，如图 2-20 所示。微机总线结构直接影响数据传输的速度和微机的整体性能。目前微机的总线结构有 ISA 总线、EISA 总线、VESA 总线、PCI 总线等几种，以 PCI 总线为主流。

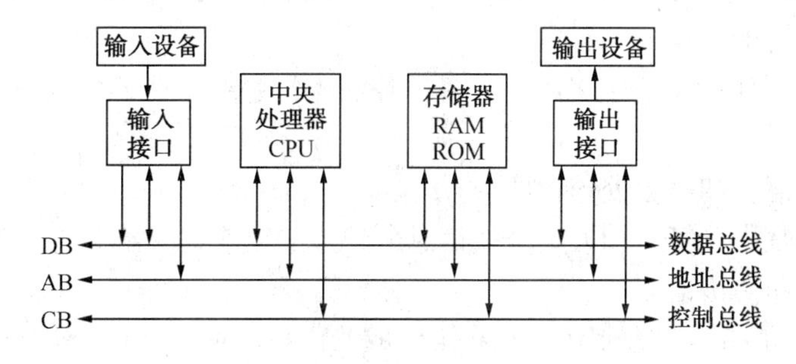

图 2-20　计算机总线示意图

2.3 微型计算机的软件系统

计算机软件是指运行、维护、管理及应用计算机所编制的所有程序，以及说明这些程序的有关资料和文档的总和。简单地说，计算机软件包括程序和文档两部分。程序是指适合于计算机处理的指令序列及所处理的数据；文档是与软件开发、维护和使用有关的文字材料。

计算机软件的主要作用是扩充计算机功能，提高计算机工作效率和方便用户使用。如果没有计算机软件，计算机只能是一堆“废铁”，没有任何用处，软件的使用和发展大大促进了硬件技术的合理利用。

计算机软件按用途分为系统软件和应用软件。

2.3.1 系统软件

系统软件是由计算机生产厂家或专门的软件开发公司研制的。它是为方便用户使用、管理、监控和维护计算机资源，以控制计算机系统协调、高效工作而设置的软件。系统软件是计算机正常运转不可缺少的，所有用户都要用到系统软件，其他程序都要在系统软件的支持下编写和运行。常见的系统软件包括操作系统、程序设计语言、语言处理系统和数据库管理系统，以及系统服务软件等。

（1）操作系统

操作系统（Operating System）简称 OS，是计算机中最重要的系统软件。操作系统是一个庞大的程序，它统一管理和控制计算机系统中的软、硬件资源，合理组织计算机工作流程，为用户提供一个良好的、易于操作的工作环境，最大限度地发挥计算机系统各部分的作用，使用户能够灵活、方便、有效地使用计算机。

操作系统是计算机软件系统的核心。对于用户来说，操作系统提供了一个清晰、简洁、易用的人机交互界面；对系统设计者而言，操作系统是一种功能强大的系统资源管理程序，管理计算机中所有的软、硬件资源。

目前微机使用的操作系统主要是 Windows 系列，如 Windows 98、Windows 2000、Windows NT、Windows XP 等，此外还有 DOS、OS/2、UNIX、Linux 等操作系统。

① Windows 操作系统：由 Microsoft 公司开发出的一种基于图形界面、多任务的操作系统，用户通过窗口就可以使用、控制和管理计算机。目前在微机操作系统中占主导地位。

② DOS 操作系统：也是由 Microsoft 公司开发出的一个单用户、单任务磁盘操作系统，现已基本不用。

③ UNIX 操作系统：是一个交互式的多用户、多任务的操作系统，可移植性好，广泛应用在小型机、大型机上。

④ Linux 操作系统：是一个多用户、多任务的操作系统，是一款免费软件，具有稳定、灵活和易用等特点。

（2）程序设计语言和语言处理程序

程序设计语言是指计算机和人类交换信息所使用的语言，又称为计算机语言，主要有机器语言、汇编语言和高级语言。

① 机器语言：是指由二进制代码 0 和 1 组成的语言，是机器唯一能识别的语言。其特点是执行效率高、速度快，但可读性不强，修改困难，不同的机器有不同的机器语言，通用性

很差。这是第一代计算机语言。

② 汇编语言：是指用助记符来代替机器指令中的操作码，并用符号代替操作数的地址的指令系统，是一种面向机器的低级语言。汇编语言程序不能被计算机直接识别和执行，必须经汇编程序将其翻译成机器语言。不同的机器有不同的汇编语言，通用性很差。

③ 高级语言：是一种更接近于人类自然语言和数学语言的计算机语言，它与计算机的指令系统无关，从根本上摆脱了计算机语言对机器的依赖。高级语言程序不能被计算机直接识别和执行，必须经编译或解释程序将其翻译成机器语言。它不受具体的机器限制，通用性强。

目前高级语言可分为面向过程和面向对象的两种语言，面向过程的高级语言有 FORTRAN、PASCAL、C 等，面向对象的高级语言有 Visual C++、Java 语言等。

使用不同程序设计语言完成 3+6 的运算过程如表 2-1 所示。

表 2-1　完成运算 3+6 的不同程序设计语言程序

机器语言程序	汇编语言程序	高级语言程序
00000000001111100000000100000011	MOV AL,03H	AL=3+4
00000010110001100000001100000110	ADD AL,06H	

语言处理程序是对各种语言源程序进行翻译，生成计算机可识别的二进制可执行程序的程序系统。无论高级语言还是汇编语言，都必须“翻译”成机器语言才能被计算机识别。常见的语言处理程序有汇编程序、编译程序和解释程序。汇编程序是将汇编语言源程序翻译成机器语言目标程序。编译程序是将高级语言源程序翻译成机器语言目标程序。解释程序是将高级语言源程序逐条翻译，翻译一条执行一条，直到翻译完也执行完。

（3）数据库管理系统

数据库管理系统是能够对数据库进行有效管理的一组计算机程序，它是位于用户与操作系统之间的一层数据管理软件，是一个通用的软件系统。数据库管理系统为用户提供了一个软件环境，使用户能快速、有效地组织、处理和维护大量数据信息。目前常见的数据库管理系统都是关系型数据库系统，有 Visual FoxPro、Oracle、Access、SQL Server 等。

（4）系统服务程序

系统服务程序也称支撑软件、工具软件，是一些日常使用的公用的工具性程序，如编辑程序（提供编辑环境）、连接装配程序、诊断调试程序、测试程序等。

2.3.2　应用软件

应用软件是指用户为解决某个实际问题而编制的程序，可分为通用应用软件和专用应用软件。通用应用软件是指软件公司为解决带有通用性的问题而精心研制的供用户使用的程序，如文字处理软件 Word、表处理软件 Excel、图形处理软件 Photoshop 等。专用应用软件是指为特定用户解决特定问题而开发的软件，它通常有特定的用户，如银行、税务等行业，具有专用性，如财务管理系统、计算机辅助设计（CAD）软件和本部门的应用数据库管理系统等。

2.4 本 章 小 结

本章主要介绍了计算机的基本结构及计算机系统的基本组成，最后介绍了计算机软件的分类和发展。

2.5 思考与练习

1. 选择题

（1）微型计算机的运算器、控制器和内存储器三部分的总称是_______。

A．主机　　B．ALU

C．CPU　　D．MODEM

（2）在使用计算机的过程中，有时会出现“内存不足”的提示，这主要是指_______不够。

A．CD-ROM 的容量　　B．RAM 的容量

C．硬盘的容量　　D．ROM 的容量

（3）微机中，ROM 指的是_______。

A．顺序存储器　　B．只读存储器

C．随机存储器　　D．高速缓冲存储器

（4）下列说法中，正确的是_______。

A．计算机中最核心的部件是 CPU，所以计算机的主机就是指 CPU

B．计算机程序必须装载到内存中才能执行

C．计算机必须具有硬盘才能工作

D．计算机键盘上字母的排列是随机的

（5）微机存储器系统中的 Cache 是_______。

A．只读存储器　　B．高速缓存存储器

C．可编程只读存储器　　D．可擦除可再编程只读存储器

（6）计算机中的总线由_______组成。

A. 逻辑总线、传输总线和通信总线

B. 地址总线、运算总线和逻辑总线

C. 数据总线、信号总线和传输总线

D. 数据总线、地址总线和控制总线

（7）C 语言编译系统是_______。

A．系统软件　　B．操作系统

C．用户软件　　D．应用软件

（8）为了提高机器的性能，PC 的系统总线在不断发展。在下列英文缩写中，_______与PC 的总线无关。

A．PCI　　B．ISA

C．EISA　　D．RISC

（9）计算机操作系统的作用是_______。

A．管理计算机系统的全部软、硬件资源，合理组织计算机的工作流程，以达到充分发

挥计算机资源的效率，为用户提供使用计算机的友好界面

B．对用户存储的文件进行管理，方便用户使用

C．执行用户输入的各类命令

D．为汉字操作系统提供运行的基础

（10）微型计算机中，控制器的基本功能是_______。

A．进行算术和逻辑运算　　B．存储各种控制信息

C．保持各种控制状态　　D．控制计算机各部件协调一致地工作

（11）CRT 显示器能够接收显卡提供的________信号。

A．数字　　B．模拟　　C．数字和模拟　　D．光

（12）________打印机是击打式，可用于打印复写纸。

A．激光　　B．喷墨　　C．红外　　D．针式

2. 填空题

（1）按照功能划分，软件可分为系统软件和_________两类。

（2）将汇编语言编译成目标程序称为____________。

（3）U 盘的接口称为__________接口。

（4）扫描仪是一种__________设备。

3. 问答题

（1）计算机硬件有哪几个组成部分？请详细说明。

（2）只读存储器与随机存储器有什么区别？

（3）计算机软件分为哪几类？试分别举例说明。

第 3 章　Windows XP 操作系统

Windows XP 是一个单用户多任务的操作系统，它是微软第一个专门针对 Web 服务进行过优化的操作系统，加入了许多与因特网和多媒体相关的新技术，是实现 Microsoft.NET 构想的重要步骤。“XP”来自“Experience”，意思是体验、经验或经历，Microsoft 公司希望这款操作系统能够在全新技术和功能的引导下，给 Windows 的广大用户带来全新的操作系统体验。根据用户对象的不同，中文版 Windows XP 可以分为家庭版的 Windows XP Home Edition 和办公扩展专业版的 Windows XP Professional。本书主要介绍后者。

本章主要内容

- Windows XP 系统概述
- Windows XP 的基本操作
- Windows XP 的文件管理
- Windows XP 的控制面板
- Windows XP 的附件

3.1　Windows XP 系统概述

3.1.1　Windows XP 概述

Windows XP 是 Microsoft 公司开发的综合了 Windows 98 易用性和 Windows NT 安全性的新一代视窗操作系统。由于它增强了桌面、任务栏和开始菜单的功能，因而可以更加迅速地打开快捷方式和应用程序；另外，它还使用了更优化的文件系统 NTFS 和更出色的多媒体特性，从而使系统的运行更加安全、稳定，并使计算机成为一个优良的“家庭影院”；它不仅充分发挥了 Windows 9x 的即插即用功能，而且使系统对于网络的管理更加简便易行，把在 Windows NT 下纷繁的管理工具变得更加有效。

3.1.2　Windows XP 的启动与关闭

1. 启动

对于安装了 Windows XP 操作系统的计算机，打开计算机电源开关即可启动 Windows XP。打开电源后系统首先进行硬件自检。如果用户在安装 Windows XP 时设置了口令，则在启动过程中将出现口令对话框，用户只有回答了正确的口令后方可进入 Windows XP 系统。

启动 Windows XP 成功后，用户将在计算机屏幕上看到如图 3-1 所示的 Windows XP 界面。它表示 Windows XP 已经处于正常工作状态。

图 3-1　Windows XP 初始画面

如果启动计算机的时候，在系统进入 Windows XP 启动画面前，按下 F8 键，可以以安全模式启动计算机。安全模式是 Windows 用于修复操作系统错误的专用模式，是一种不加载任何驱动的最小系统环境。用安全模式启动计算机，可以方便用户排除问题，修复错误。安全模式的具体作用和使用方法如下。

（1）修复系统故障

如果 Windows 运行起来不太稳定或者无法正常启动，用户可以试着重新启动计算机并切换到安全模式启动，然后再重新启动计算机，此时系统可能已经恢复正常。如果是由于注册表有问题而引起的系统故障，此方法非常有效，因为 Windows 在安全模式下启动时可以自动修复注册表问题。在安全模式下启动 Windows 成功后，一般就可以在正常模式下启动了。

（2）恢复系统设置

如果用户是在安装了新的软件或者更改了某些设置后，导致系统无法正常启动，也可以进入安全模式下解决。如果是安装了新软件引起的，在安全模式中卸载该软件即可；如果是更改了某些设置，比如显示分辨率设置超出显示器的显示范围，导致黑屏，那么进入安全模式后就可以改变回来。

（3）彻底清除病毒

在 Windows 正常模式下有时候并不能彻底地清除病毒，因为它们极有可能会交叉感染，而一些杀毒程序又无法在 DOS 下运行，这时把系统启动至安全模式，使 Windows 只加载最基本的驱动程序，这样杀起病毒来就更彻底、更干净。

（4）磁盘碎片整理

在碎片整理的过程中，每当其他程序进行磁盘读写操作时，碎片整理程序就会自动重新开始，而一般在正常启动 Windows 时，系统会加载一些自动启动的程序，这些程序会对碎片整理程序造成干扰。由于安全模式不会启动任何自动启动程序，所以启动至安全模式可以保证磁盘碎片整理的顺利进行。

2．关闭

Windows XP 是一个庞大的操作系统，用户停止使用时应遵循正确的方式关闭，切不可简单地关掉计算机电源，以免破坏一些未保存的文件和正在运行的程序。如果用户未退出 Windows XP 就关掉电源，系统将认为关机时执行了非法操作，因此在下次启动 Windows XP 时会自动执行磁盘扫描程序修复可能发生的错误。退出 Windows XP 之前，用户应关闭所有打开的程序和文档窗口。如果用户不关闭，系统将会询问用户是否要结束有关程序的运行。

正确关闭 Windows XP 系统的操作方法如下：

① 单击任务栏的“开始”按钮，在弹出的“开始”菜单中选择“关闭计算机”命令。

② 在弹出的如图 3-2 所示的“关闭计算机”对话框中，用户若选择“关闭”，系统便进行关机前的善后处理并自动关机；用户若选择“待机”，则会使计算机在闲置时处于低功耗状态，但仍能保持立即使用。需要注意的是，计算机在待机状态时，内存中的信息未存入硬盘中。如果此时电源中断，内存中的信息会丢失；用户若选择“重新启动”，则先退出 Windows 系统，然后重新启动计算机，可以再次选择进入 Windows XP 系统。

图 3-2　“关闭计算机”对话框

3.2　Windows XP 的基本操作

3.2.1　桌面及其操作

Windows XP 开机后展现在用户面前的界面称为桌面，如图 3-3 所示，Windows XP 系统的操作使用就是从这里开始的。以网页的方式来看，桌面相当于 Windows XP 的首页，用户使用计算机时总是从这里开始进入各种具体的应用。桌面上主要包含图标、任务栏及“开始”按钮等元素。

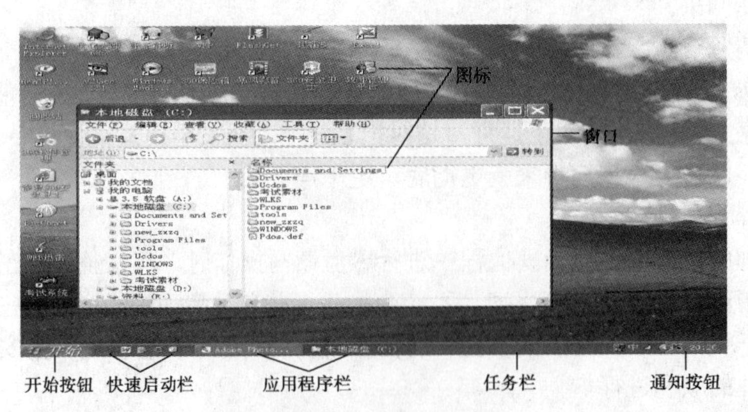

图 3-3　桌面组成

3.2.2　图标及其操作

图标是代表一个程序、数据文件、系统文件或文件夹等对象的图形标记。从外观上看，图标是由图形和文字说明组成的，不同类型对象的图标形状大都不同。系统最初安装完毕后，桌面上通常产生一些重要图标（如“我的电脑”、“我的文档”和“回收站”等），以方便用户快速启动、使用相应对象。用户也可根据自己的需要在桌面上建立其他图标。双击图标可以进入相应的程序窗口。

桌面上图标的多少及图标排列的方式完全由用户根据自己的喜好来设置。

1．图标的种类

除了安装 Windows XP 后自动产生的几个系统图标外，还有以下几种类型的图标：文件图标（代表一个文件）、文件夹图标（代表一个文件夹）和快捷图标。从外观上看，快捷图标的特点是左下角带有一个旋转箭头标记。在如图 3-3 所示的桌面上，带旋转箭头标记的都是快捷图标。实质上，快捷图标是指向原始文件（或文件夹）的一个指针，它只占用很少的硬盘空间。当双击某个快捷图标时，系统会自动根据指针的内部链接去打开相应的原始文件（或文件夹），用户不必考虑原始目标的实际物理位置，使用非常方便。

在 Windows XP 下，还可以通过注册表隐藏快捷方式图标上的旋转箭头。单击“开始”按钮，选择“运行”，在“运行”对话框中输入“regedit”进入注册表编辑器，选择“HKEY-CLASSES-ROOT\Lnkfile”子项，右键单击右侧窗口名为“IsShortcut”的字符串，将其删除。重新启动计算机后，快捷方式图标上的旋转箭头就消失了。

2．对图标的常用操作

对图标的常用操作主要有选择图标、排列图标、添加图标及删除图标等。

（1）选择图标

① 选择单个图标。

单击某个图标该图标即被选中，被选中的图标呈深色显示。

② 选择不连续的多个图标。

按住 Ctrl 键的同时逐个单击要选择的图标，即可选择不连续的多个图标。

③ 选择连续的多个图标。

先单击要选择的第一个图标，然后按住 Shift 键，移动鼠标单击要选择的最后一个图标，即可选择连续的多个图标。也可以按下鼠标左键拖出一个矩形，被矩形包围的所有图标都将被选中。

在桌面空白处单击即可取消选择。

（2）排列图标

在桌面空白处右击鼠标，将弹出如图 3-4 左图所示的桌面快捷菜单。把鼠标指针移动到其中的“排列图标”选项上，将弹出如图 3-4 右图所示的级联菜单，用户可从中选择“名称”、“大小”、“类型”或“修改时间”四种排序方式之一。如果选择该菜单中的“自动排列”选项，图标将以桌面左上角为基准，行列对齐排列。

如果用户希望图标按行列对齐的方式排列，可在桌面的快捷菜单中选择执行“对齐到网格”命令。

（3）添加图标

添加图标可分为新建图标和移动（或复制）其他窗口中的图标两种。

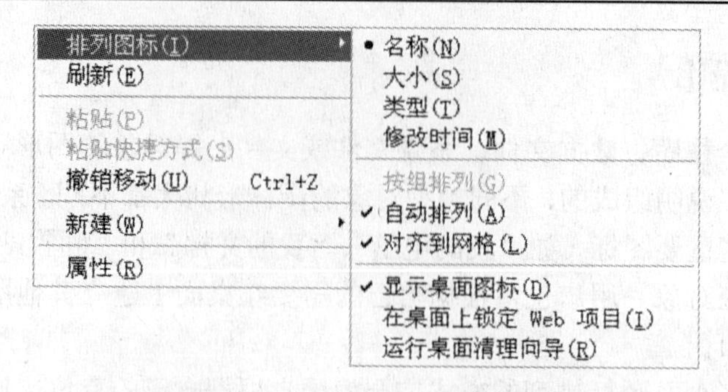

图 3-4　用快捷菜单排列图标

在桌面上新建图标的方法非常简单：在桌面空白处右击，在弹出的桌面快捷菜单中选择“新建”项，将弹出如图 3-5 右图所示的“新建”项的级联菜单。在其中选择欲新建的对象类型，新建的对象图标就出现在桌面上。此时的图标名一般呈深色背景显示，这是系统默认的图标名，用户可通过键盘输入新的名字来取代它。

若在图 3-5 右图所示“新建”项的级联菜单中选择“快捷方式”项，则弹出一个名为“创建快捷方式”的对话框。单击对话框中的“浏览”按钮，选择欲创建快捷方式的对象并确定后，即可在桌面上建立该对象的快捷方式。

若用户对快捷方式的图标形状不满意，可右击该图标并选择其快捷菜单中的“属性”项，在弹出的属性对话框的“快捷方式”选项卡下单击“更改图标”按钮，在新弹出的对话框中选择一种满意的图标并确定，即可改变该快捷方式图标的形状。

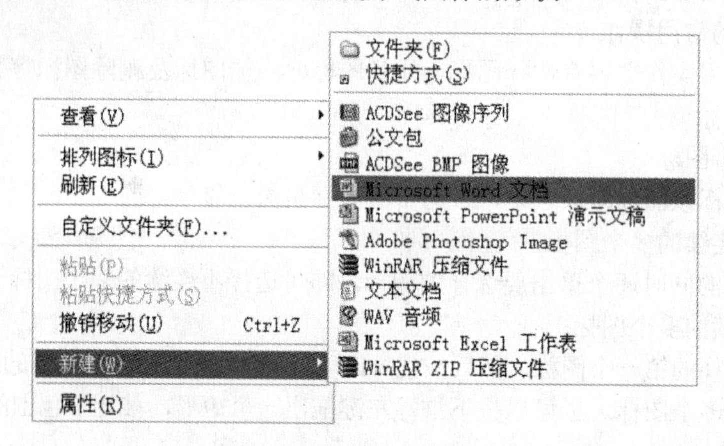

图 3-5　新建对象

如果用户经常要使用某个文件或文件夹，可以将它移动或复制到桌面上，使用起来就方便多了。其方法如下：

打开“我的电脑”窗口，调整窗口大小使其不覆盖整个桌面。在窗口中选择欲移动的图标，按下 Shift 键的同时将其拖动到桌面空白处，即完成移动该图标的操作；按下 Ctrl 键的同时将其拖动到桌面空白处，则完成复制该图标的操作。

（4）删除图标

右击桌面上欲删除的图标，在弹出的该图标的快捷菜单中选择执行“删除”命令，即可删除该对象。

桌面上的“我的电脑”、“网上邻居”、“回收站”等图标是系统固有的，不能用上述方法删除。

3. 桌面上的常用图标

（1）“我的电脑”

双击桌面上的“我的电脑”图标可以打开“我的电脑”窗口，通过该窗口用户可以浏览访问计算机上存储的所有文件和文件夹，还可以对计算机的各种软硬件资源进行设置。

（2）“我的文档”

Windows XP 把“我的文档”作为大部分软件保存文件的默认文件夹。除非用户选择了其他位置，否则系统会自动将用这些软件编辑的文件保存在“我的文档”中。

“我的文档”加强了用户文件的安全性，它对文件的保存过程都是基于每个用户的，除了计算机管理员，即使是多人共享一台计算机，一个用户也不会看到另一个用户的文档。

（3）“回收站”

“回收站”是在硬盘上开辟的一块区域，在默认情况下，只要“回收站”没有存满，Windows XP 就会将用户从硬盘上删除的内容暂存在“回收站”内。这些内容随时可以被用户恢复到原有的位置。它对用户删除的文件起了一个保护作用。

（4）“Internet Explorer”

双击桌面上的“Internet Explorer”图标可以打开浏览器窗口，通过该窗口用户可以方便地浏览 Internet 上的信息。

（5）“网上邻居”

利用“网上邻居”可以访问局域网中其他计算机上共享的资源。

双击“网上邻居”图标打开“网上邻居”窗口，双击窗口中的“查看工作组计算机”图标即可看到同一工作组中的计算机的图标，如图 3-6 所示。图标旁边的名字用于标志和区别不同的计算机。双击要访问的计算机图标即可访问这些“邻居”的共享文件夹。

图 3-6　“网上邻居”窗口

3.2.3　任务栏及其操作

系统中打开的所有应用软件的图标都显示在任务栏中，利用任务栏还可以进行窗口排列和任务管理等操作。任务栏由“开始”按钮、“快速启动”栏、“应用程序”栏和“通知”栏组成，如图 3-3 所示。

① “开始”按钮：单击“开始”按钮可以打开“开始”菜单。

② “快速启动”栏：用户只需单击鼠标就可以显示 Windows 桌面或启动一个程序的定制的工具栏。

③ “应用程序”栏：显示正在运行的应用程序名称。

④ “通知”栏：显示时钟等系统当时的状态。

任务栏通常位于屏幕下方，高度与“开始”按钮相同。在任务栏空白处右击，确定快捷菜单中的“锁定任务栏”项未被勾选，在此前提下，用户可以调整任务栏的位置和高度。

1．任务栏位置的调整

任务栏可以放置在屏幕上、下、左、右的任一方位。改变任务栏位置的方法是：将鼠标指针指向任务栏的空白处，拖动鼠标至屏幕的最上（或最左、最右）边，松开鼠标左键，则任务栏就随之移动到屏幕的上（或左、右）边。

2．任务栏高度的调整

任务栏的高度最多可以达到整个屏幕高度的一半。调整任务栏高度的方法是：将鼠标指针移到任务栏的边缘，鼠标指针会变成双向箭头形状；将鼠标向增加或减小高度的方向拖动，即可调整任务栏的高度。

3．利用任务栏进行窗口排列及任务栏设置

（1）窗口排列

当用户打开多个窗口时，除当前活动窗口可显示全局外，其他窗口往往被遮盖。用户若需同时查看多个窗口的内容，可以利用 Windows XP 提供的窗口排列功能使窗口平铺显示或层叠显示。

操作方法为：右击任务栏上未被图标占用的空白区域，弹出如图 3-7 所示的任务栏快捷菜单。选择执行其中关于窗口排列的选项，即可出现不同的窗口排列形式。

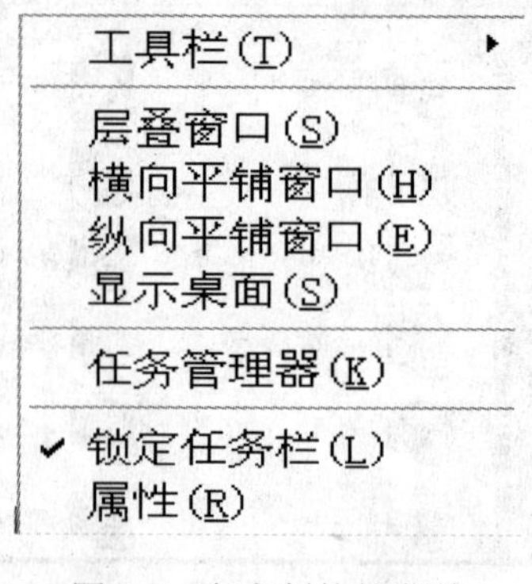

图 3-7　任务栏快捷菜单

① 层叠窗口：将已打开的窗口层叠排列在桌面上，当前活动窗口在最前面，其他窗口只露出标题条和窗口左侧的少许部分。

② 横向 / 纵向平铺窗口：系统将已打开的窗口缩小，按横向或纵向平铺在桌面上。采用“平铺”的目的往往是为了便于在不同的窗口间交流信息，所以打开的窗口不宜过多，否则，窗口会过于狭窄，反而不方便。

③ 显示桌面：该选项可以使已经打开的窗口全部缩小为图标，并出现在任务栏中。

（2）工具栏

工具栏设置在任务栏上显示哪些工具，如桌面、链接、快速启动等。

使用工具栏下的“新建工具栏”选项可以帮助用户将常用的文件夹或者经常访问的网址显示在任务栏上，而且可以单击直接访问它。例如，可以把“我的文档”（即“My Document”）文件夹放到新建工具栏中，步骤如下：

① 用鼠标右键单击任务栏的空白处，打开快捷菜单。

② 单击“工具栏”级联菜单中的“新建工具栏”命令，打开“新建工具栏”对话框，如图 3-8 所示。

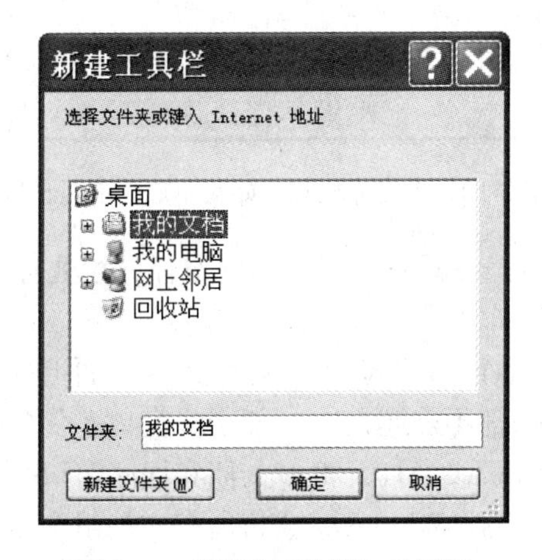

图 3-8　“新建工具栏”对话框

③ 在“文件夹”栏中直接输入想要添加到“新建工具栏”中的文件夹名称或网址。如果不清楚需要添加的文件夹的位置，可以在上面的文件夹列表框中选择。

④ 单击“确定”按钮，所选文件夹就添加到了“新建工具栏”中，如图 3-9 所示。

图 3-9　新添加的“My Document”工具栏

在“My Document”工具栏中，该文件夹中的下级文件夹和文件以图标形式显示，单击这些图标就可以直接打开相应的文件夹或文件。由于受空间的限制，不是所有的文件夹和文件都能列出。单击“My Document”工具栏右侧的双箭头按钮，会出现一个列表，在这个列表中列出了“My Document”文件夹下所有下级文件夹和文件的图标。

若要取消“My Document”工具栏的显示，可在任务栏空白处右击，在快捷菜单中“工具栏”的级联菜单中取消“My Document”项的选择即可。

（3）锁定任务栏

选择该选项后，任务栏的位置和高度、快速启动栏的宽度等均不可调整。

（4）属性

选择执行该命令可弹出如图 3-10 所示的对话框，利用该对话框可以对任务栏和开始菜单的属性进行设置和显示。图 3-10 中显示的是“任务栏”选项卡的内容。

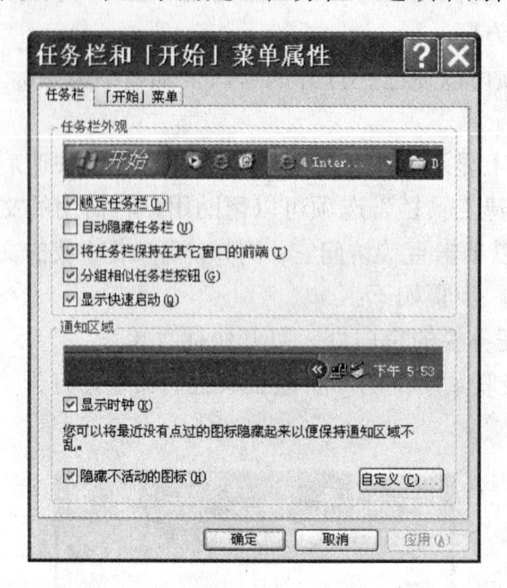

图 3-10　“任务栏和开始菜单属性”对话框

① “自动隐藏任务栏”：是指只有当鼠标指向原任务栏处时，“任务栏”才显示出来，其他情况下隐藏。

② “将任务栏保持在其他窗口的前端”：是指无论桌面上打开多少个窗口，任务栏总是显示在它们的前面，任何窗口都不能遮盖它（便于多窗口多任务的切换）。

③ “分组相似任务栏按钮”：当打开很多文档和程序窗口时，任务栏中就会挤满按钮。如果在同一程序中打开许多文档，Windows 会将所有文档组合为一个任务栏按钮，并且按钮上标有该程序的名称。例如，用户当前打开 10 个窗口，其中有 3 个是 Word 文档，那么，这 3 个文档的任务栏按钮将组合在一起，成为一个名为“Microsoft Word”的按钮。单击该按钮后再单击某个文档，即可查看该文档，如图 3-11 所示。

图 3-11　按程序组合任务栏按钮

用鼠标右键单击某个组按钮，然后在弹出的菜单中选择“最小化组”或“关闭组”命令，可同时对该组内所有的文档进行操作。

④ “隐藏不活动的图标”：是指如果通知区域的图标在一段时间内未被使用，它们会被隐藏起来以简化该区域。单击通知区域的左箭头图标可以临时显示隐藏的图标。

4. 多窗口多任务的切换

Windows XP 系统具有多任务处理功能，用户可以同时打开多个窗口，运行多个应用程序，并可在多个应用程序之间传递交换信息。为了使上述功能得到充分的利用，Windows XP 提供了灵活方便的切换技术。任务栏是多任务多窗口间切换的最有效方法之一。单击任务栏上任何一个应用软件的图标，其应用软件窗口即被显示在桌面的最表层，并处于当前活动状态。

另外，也可以直接用鼠标单击某窗口的可见部分，实现切换。如果当前窗口完全遮住了需使用的窗口，用户可先用鼠标指针移开当前窗口或缩小当前窗口的尺寸，然后再进行切换。

重复按 Alt+Tab 组合键或 Alt+Esc 组合键也可以完成多窗口多任务的切换。

5．任务管理器

“任务管理器”提供了有关计算机性能、计算机上运行的程序和进程的信息。用户可利用“任务管理器”启动程序、结束程序或进程、查看计算机性能的动态显示，更加方便地管理、维护自己的系统，提高工作效率，使系统更加安全、稳定。

用户可以通过以下两种方法打开“任务管理器”：

① 在任务栏空白处单击鼠标右键，选择快捷菜单中的“任务管理器”，即可打开如图 3-12 所示的“Windows 任务管理器”窗口。

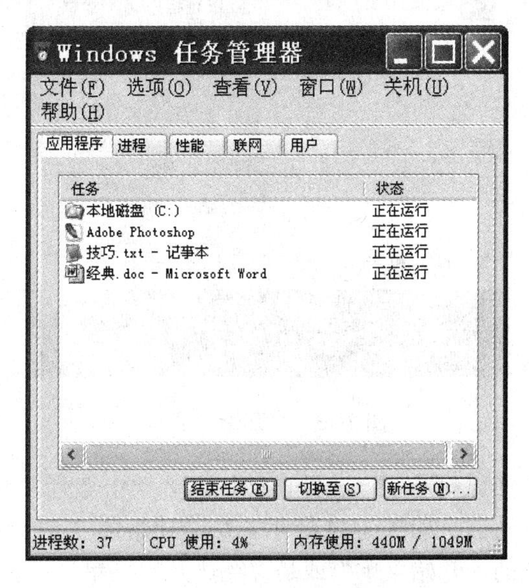

图 3-12　“Windows 任务管理器”窗口

② 同时按下键盘上的 Ctrl+Alt+Del 三键，也可打开“Windows 任务管理器”窗口。

在“应用程序”选项卡的列表框中选择某个程序，然后单击“结束任务”按钮，此时将弹出“结束程序”对话框，单击其中的“立即结束”按钮即可将该程序结束；在“进程”选项卡中，用户可以查看系统中每个运行中的任务所占用的 CPU 时间及内存大小；而“性能”选项卡的上部则会以图表形式显示 CPU 和内存的使用情况。

3.2.4　“开始”菜单及其操作

“开始”按钮位于任务栏上，单击“开始”按钮，即可启动程序、打开文档、改变系统设置、获得帮助等。无论在哪个程序中工作，都可以使用“开始”按钮。

在桌面上用鼠标左键单击“开始”按钮，“开始”菜单即可展现在屏幕上，如图 3-13 所示。用户移动鼠标在上面滑动，一个高亮度显示的光条也随之移动。若在右边有小三角的选项上停下来，与之对应的级联菜单（即下级子菜单）就会立即出现，它相当于二级菜单。用户继续重复以上操作，还可能会打开三级、四级菜单。打开最后一级菜单后，用鼠标左键单击光条停驻的应用程序选项即可启动相应的应用程序。

图 3-13　“开始”菜单

在“开始”按钮上单击鼠标右键，在弹出的快捷菜单中选择“属性”命令，可打开“任务栏和开始菜单属性”对话框，如图 3-14 所示。在“开始菜单”选项卡下，用户可根据自己的习惯选择使用系统默认的“开始菜单”或是“经典开始菜单”。选择默认的“开始菜单”可使用户方便地访问 Internet、电子邮件和经常使用的程序。下面仅就系统默认的“开始菜单”设置做介绍。“经典开始菜单”的设置，读者可参照操作。

在“开始菜单”选项卡下，单击“自定义”按钮，可打开“自定义开始菜单”对话框，其“常规”选项卡的内容如图 3-15 所示。

图 3-14　“任务栏和开始菜单属性”对话框“开始菜单”选项卡

图 3-15　“自定义开始菜单”对话框“常规”选项卡

在“为程序选择一个图标大小”栏中，用户可以选择在“开始”菜单中显示大图标或小图标。

在“开始”菜单中会显示用户经常使用的程序的快捷方式，系统默认显示 6 个，用户可以在“程序”栏调整其数目。系统会自动统计出使用频率最高的程序，使其显示在“开始”菜单中，这样用户在使用时就可以直接在“开始”菜单中选择启动，而不用在“所有程序”菜单中启动。如果用户不需要在“开始”菜单中显示快捷方式或者要重新定义显示数目时，可以单击“清除列表”按钮以清除所有的列表内容。注意，此操作只是清除列表中的快捷方式，并不会删除那些程序。

在“在开始菜单上显示”栏中，用户可以选择是否在“开始”菜单中显示浏览网页的工具和收发电子邮件的程序。用户选中复选框后，还可以在其右侧的下拉列表中选择具体的程序。

“自定义开始菜单”对话框的“高级”选项卡如图 3-16 所示。

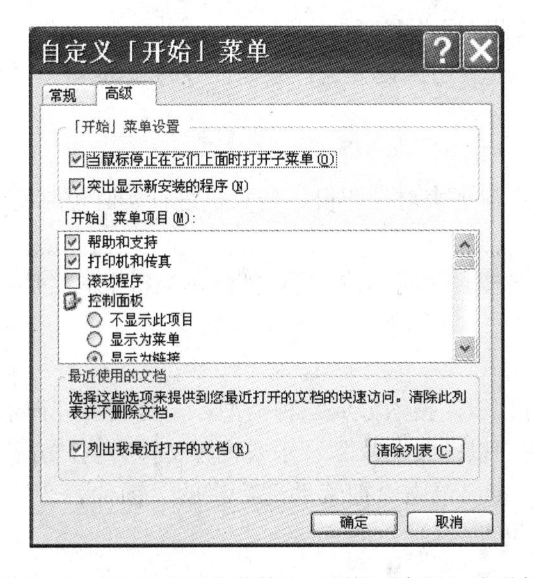

图 3-16　“自定义开始菜单”对话框“高级”选项卡

在“开始菜单设置”栏中，“当鼠标停止在它们上面时打开子菜单”指用户把鼠标放在“开始”菜单的某一项上，系统会自动打开其级联菜单。如果不选择这个复选框，用户必须单击此菜单项才能打开；“突出显示新安装的程序”指用户在安装完一个新应用程序后，该程序在“开始”菜单中将以不同的颜色突出显示，以区别于其他程序。

在“开始菜单项目”列表框中提供了常用的选项，用户可以将它们添加到“开始”菜单，在有些选项中用户可以通过单选按钮来让它显示为菜单、链接或者不显示该项目。当显示为“菜单”时，在其选项下会出现级联菜单；而显示为“链接”时，单击该选项会打开一个链接窗口。

在“最近使用的文档”栏中，用户如果选择“列出我最近打开的文档”复选框，“开始”菜单中将显示这一菜单项，用户可以对自己最近打开的文档进行快速的再次访问。当最近访问过的文档太多、需要进行清理时，可以单击“清除列表”按钮，这时“开始”菜单中“我最近打开的文档”选项下将为空，此操作只是在“开始”菜单中清除其文档列表，而不会对实际的文档产生影响。

1．“所有程序”子菜单

“开始”菜单中的“所有程序”子菜单包含很多在 Windows 系统下安装过的软件和 Windows 自带的工具。

“所有程序”子菜单中经常只显示一部分程序项，单击菜单下面的小箭头方可显示其所有内容。在使用计算机的过程中，Windows XP 会自动记录菜单中每个程序的使用频率，并且自动隐藏使用频率较低的程序项，这使得用户能够更快地找到自己常用的应用程序。

2．“我最近的文档”选项

Windows XP 会自动把用户近期处理过的文件列在该选项的级联菜单中。这样当用户需再次使用该文档时，只要单击级联菜单中的文档名，系统就会自动启动与之相关的软件打开该文档。

3．“控制面板”选项

“控制面板”是用户根据个人需要对系统软、硬件进行安装和参数设置的工具程序。

4．“设定程序访问和默认值”选项

“设定程序访问和默认值”用来设置执行某些任务的默认程序，如浏览网页的软件和收发电子邮件的软件。

5．“打印机和传真”选项

“打印机和传真”是用户用来对打印机、传真机进行实时控制的控制程序。

6．“搜索”选项

Windows XP 有很强的搜索功能，不仅可以搜索本地机上的文件和文件夹，还可以搜索网络中的计算机和用户。

（1）搜索文件

为了方便对文件进行搜索，搜索分成三种类型：一是图片、音乐或视频，二是文档，三是所有文件和文件夹。下面以搜索图片、音乐或视频文件为例，介绍如何进行文件的搜索。

① 在 “搜索结果”窗口单击“搜索助理”栏的“图片、音乐或视频”命令，进入如图 3-17 所示的“搜索结果”窗口。

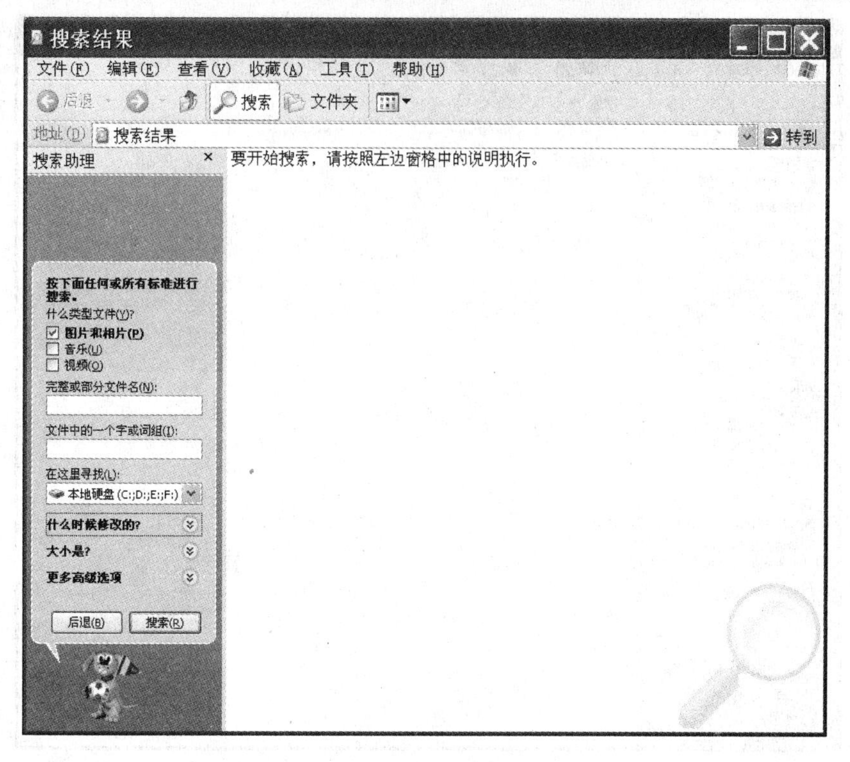

图 3-17　“搜索结果”窗口

② 单击选择“图片和相片”、“音乐”或“视频”复选框。如果不选择，则默认对这三种类型的文件都进行搜索。

③ 在“完整或部分文件名”文本框中输入要搜索的文件全名或包含的局部字符。如果不输入文件名，则默认对所有指定类型的文件进行搜索。文件名中还可以使用通配符“？”和“*”来表示要查找某一类文件。其中“*”代表它所在的位置可为任意一个或多个字符，“？”代表它所在的位置可为任意一个字符。如：?A*.B??表示主文件名的第二个字符为 A，扩展名由三个字符组成，且第一个字符为 B 的所有文件。如果要搜索多个文件名，在输入时还可以使用分号、逗号或空格作为分隔符。

④ 在“在这里寻找”下拉列表框中可选择查找范围。

⑤ 单击“搜索”按钮即可对计算机中相应类型的文件按指定文件名进行搜索。搜索结果会在“搜索结果”的右窗格中列出。

如果还想进行更详细的搜索设置，可以单击“更多高级选项”命令，如图 3-18 所示。

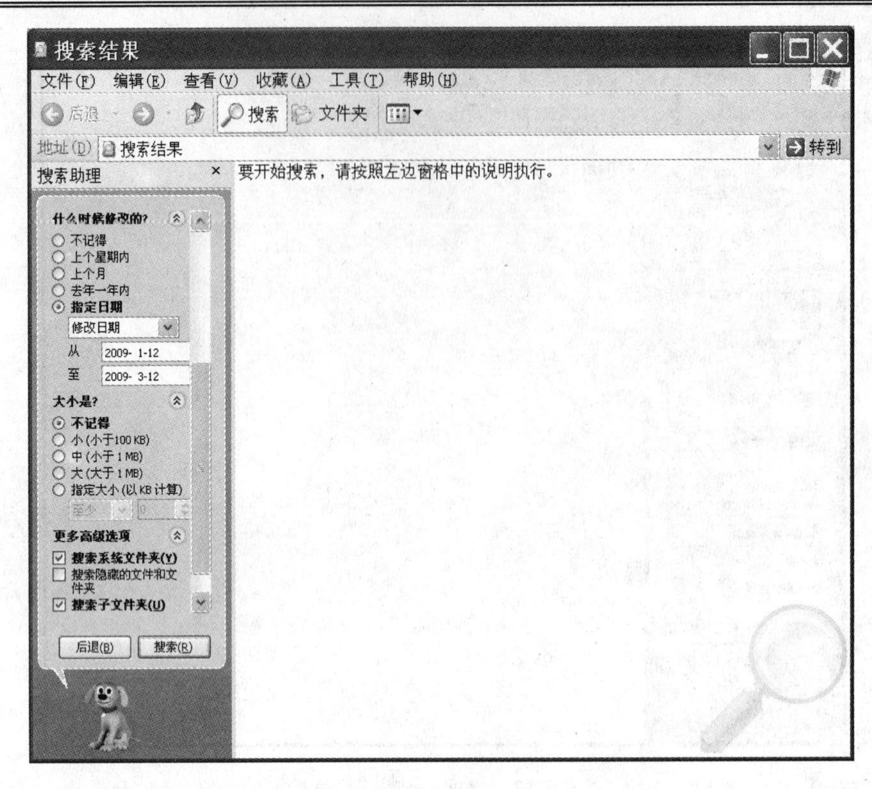

图 3-18　更多高级选项

① 在“文件中的一个字或词组”文本框中可以输入要搜索的文件中包含的字符。

② 如果知道该文件是何时进行修改的，可以单击“什么时候修改的”旁的下拉按钮，设定文件创建或修改的日期范围。

③ 如果知道要搜索的文件的大小，可以单击“大小是”旁的下拉按钮，设定文件的大小范围。

④ 单击“更多高级选项”旁的下拉按钮，可以对一些选项进行设定。选择“搜索子文件夹”复选框，可以在指定文件夹包含的所有子文件夹中进行搜索。选择“区分大小写”复选框，可以精确搜索相匹配的文件。

当单击“搜索”按钮后，即可按照设定的条件进行相应的搜索。单击“停止”按钮可以退出搜索，但此时系统会提示是否退出。用户可以选择已完成搜索，也可修改搜索条件，开始新的搜索。

（2）搜索计算机或用户

搜索命令除了可以搜索文件或文件夹以外，还可以搜索网络中的计算机或其他用户。搜索网络中的计算机的操作步骤如下：

① 在“搜索结果”对话框的“搜索助理”栏单击“打印机、计算机或用户”命令，如图 3-19 所示。

② 单击“网络上的一个计算机”命令。

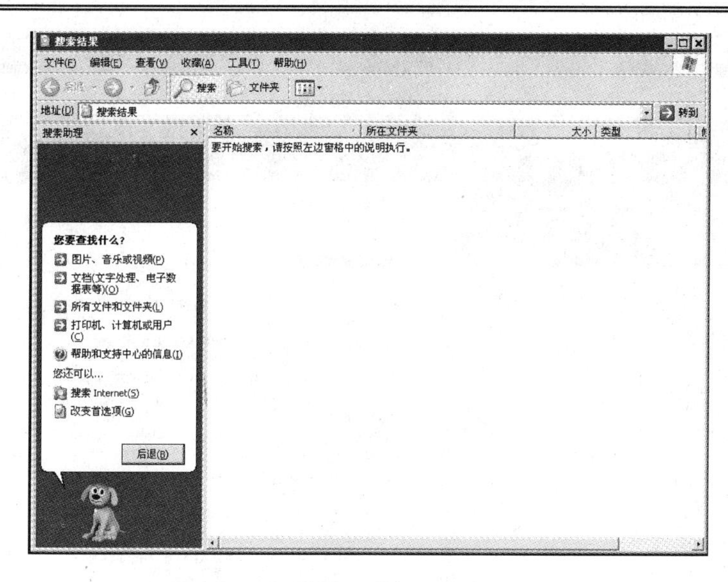

图 3-19　搜索计算机或其他用户

③ 在“计算机名”文本框中输入要搜索的计算机名称。

④ 单击“搜索”按钮开始搜索。如果要停止搜索，可单击“停止”按钮。

如果要搜索网络中的用户，应执行如下操作：

① 在“搜索助理”栏中单击“打印机、计算机或用户”命令。

② 单击“通讯簿中的人”命令，打开“查找用户”对话框，如图 3-20 所示。

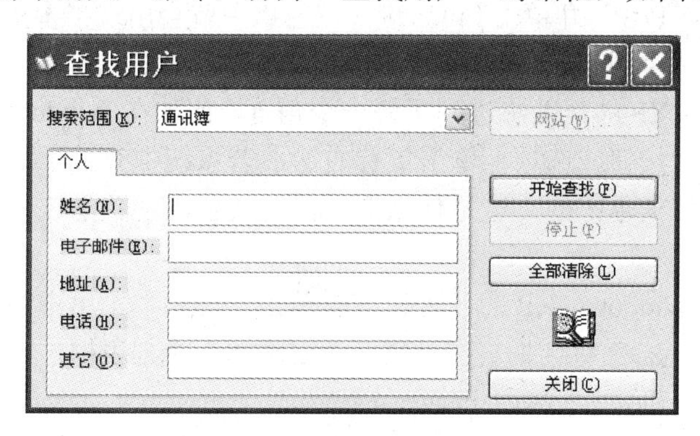

图 3-20　“查找用户”对话框

③ 用户可以在“搜索范围”列表框中选择要查找的用户所处的范围，然后输入用户的姓名、电子邮件、地址、电话或其他内容中的一项或几项。

④ 单击“开始查找”按钮，开始查找。如果要停止查找，可单击“停止”按钮。如果要清除搜索结果或开始新的查找，单击“全部清除”按钮即可。

7.“帮助和支持”选项

Windows XP 为用户提供了一个功能强大的帮助系统，使用帮助是学习和使用 Windows XP 的一个非常有效的途径。

“帮助和支持中心”窗口如图 3-21 所示，通过它可以广泛访问各种联机帮助系统，可以向联机 Microsoft 技术支持人员寻求帮助，可以与其他 Windows XP 用户和专家利用 Windows 新闻组交换问题和答案，还可以使用“远程协助”来向朋友或同事寻求帮助。

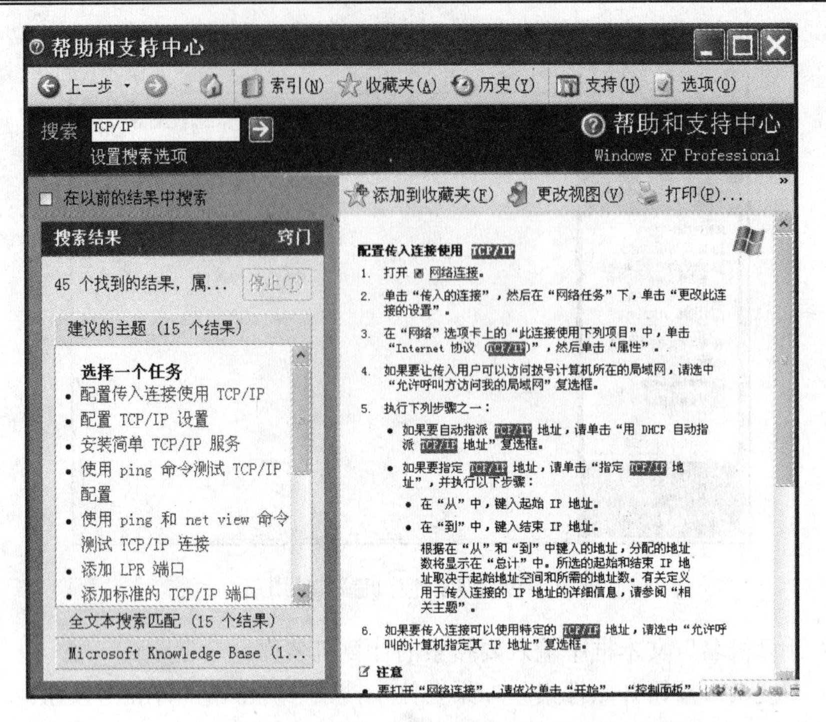

图 3-21　“帮助和支持中心”窗口

“帮助和支持”的使用方法很简单。例如，要查找关于“TCP/IP”协议的帮助，只需在“搜索”文本框中输入“TCP/IP”并单击 Enter 键，左窗口中就会出现很多关于“TCP/IP”协议的主题。单击其中的某个主题，右窗口中会列出详细的帮助文字。

事实上，Windows XP 的帮助渗透到了每一个角落，比如在 Windows XP 的对话框中，用户可以在不懂的文字、按钮或选项上单击鼠标右键，若系统中有关于此项目的帮助，就会弹出一个快捷菜单，选择菜单中的“这是什么”项，旁边会出现关于该对象的一段简短解释。

8.“运行”选项

该选项可以运行 Windows XP 的各种程序。单击“开始”菜单中的“运行”选项，会弹出如图 3-22 所示的“运行”对话框。在“打开”右边的下拉列表框中输入欲运行程序文件的路径和文件名，单击“确定”按钮，即可运行该程序。

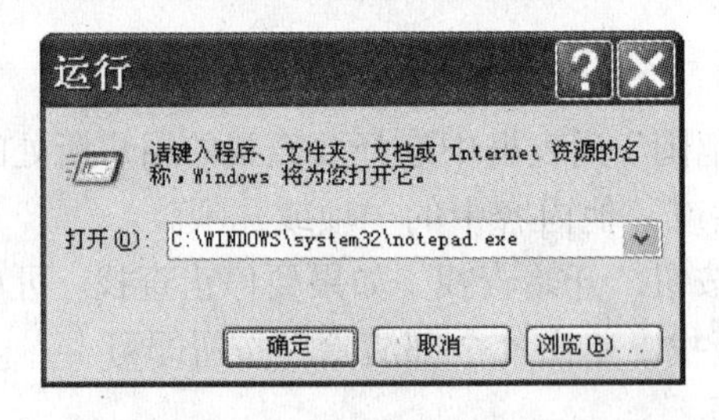

图 3-22　“运行”对话框

另外，在“运行”对话框的下拉列表框中输入“net send 接收消息方的机器名 消息内容”，可以给局域网中的其他计算机发送消息。例如，在如图 3-22 所示的下拉列表框中输入“net send 340256 一起出去玩，好吗？”，然后回车，消息就发送给局域网中名为 340256 的计算机。

9．“注销”选项

同一台计算机可能被多个用户使用，因此当一个新用户要使用计算机时应该重新登录。重新登录应执行如下操作：

① 单击“开始”按钮，打开“开始”菜单。

② 单击“注销”命令，打开“注销 Windows”对话框，如图 3-23 所示。

③ 单击“注销”按钮，注销当前正在使用的用户，但不会删除此用户的文件。

④ 新用户在“欢迎使用 Windows”对话框中重新登录。

图 3-23　“注销 Windows”对话框

3.2.5　窗口及其操作

窗口是屏幕中一种可见的矩形区域，如图 3-24 所示。Windows XP 的窗口分为两大类：应用程序窗口和文件夹窗口。窗口的操作包括打开、关闭、移动、放大及缩小等。在桌面上可以同时打开多个窗口，每个窗口可扩展至覆盖整个桌面或缩小为图标。窗口的基本组成如下。

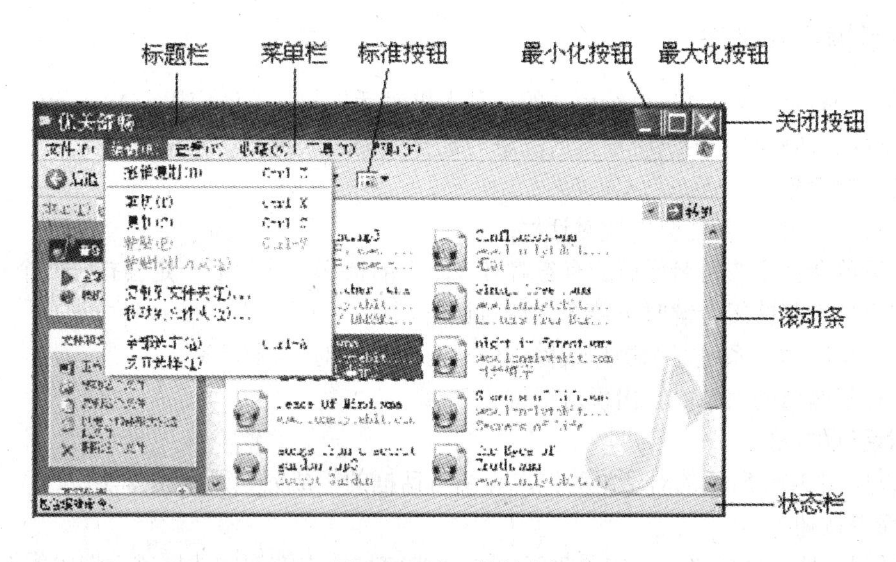

图 3-24　窗口的基本组成

（1）标题栏

位于窗口上方第一行的是标题栏。标题栏的右侧依次是“最小化”按钮（单击此按钮可使窗口缩小为任务栏上的图标）、“最大化”按钮（单击此按钮可使窗口扩大到覆盖整个屏幕，此时“最大化”按钮变为“向下还原”按钮，单击它可使窗口还原为原始大小）和“关闭”按钮（单击此按钮可关闭当前窗口）。当同时打开多个窗口时，只有处于当前活动状态的窗口标题栏的颜色是彩色的。当窗口不处于最大化状态时，将鼠标指针置于窗口标题栏按下鼠标左键并拖动鼠标即可移动窗口位置。双击标题栏可使窗口在“最大化”和“向下还原”两种状态间进行切换。在标题栏上单击鼠标右键，将弹出窗口的控制菜单，使用它也可完成“最小化”、“最大化”、还原、关闭及移动窗口等功能。

当窗口不处于最大化状态时，可把鼠标指针移到窗口的边框处，此时鼠标指针变成双向箭头形状，按下鼠标左键拖动即可改变窗口尺寸。

（2）菜单栏及弹出式菜单

位于标题栏下的是菜单栏。菜单是一个功能命令的列表，菜单中的每一项称为一个菜单项。菜单有三种形式：菜单条、弹出式菜单和下拉式菜单。要打开菜单，只需用鼠标单击菜单名即可。要关闭菜单，只需用鼠标单击菜单以外的任何区域或在使用键盘时按下 Alt 或 Esc 键即可。对窗口中对象的各种操作都可以通过菜单来实现。

（3）标准按钮

标准按钮位于菜单栏的左下方。Windows XP 把一些常用功能以工具按钮的形式显示在工具栏中。将鼠标放在按钮上时会自动弹出该按钮的名称，用户直接单击工具栏的按钮即可执行相应命令。

（4）水平和垂直滚动条

当窗口显示不了全部内容时，窗口的右侧或下方会自动弹出滚动条。按下鼠标左键拖动滚动条中的滑块，即可翻看窗口中的所有内容。

（5）状态栏

窗口最下边一行为状态栏，它显示窗口的当前状态。

3.2.6　对话框及其操作

对话框是 Windows XP 提供给用户的一种人机对话界面，广泛应用于 Windows XP 操作系统中。出现对话框时，用户可根据情况进行选择或输入信息。

1．启动对话框

在以下几种情况下可能会出现对话框：

① 在菜单命令或按钮名称后若有省略号“…”的标识，执行后一定会打开一个对话框。

② 用户按下某些组合键时可能会出现对话框。

③ 执行程序时，系统提示操作或警告信息时会出现对话框。

④ 选择某些帮助信息时会出现对话框。

2．对话框的组成

下面以如图 3-25 所示的对话框为例，介绍对话框的组成元素及使用方法。

（1）命令按钮

命令按钮一般呈现长方形，如图 3-25 所示。当前被选中按钮的边框比未选中的按钮边框要暗；单击带有省略号的命令按钮会打开一个新的对话框，以使用户得到更多的信息。

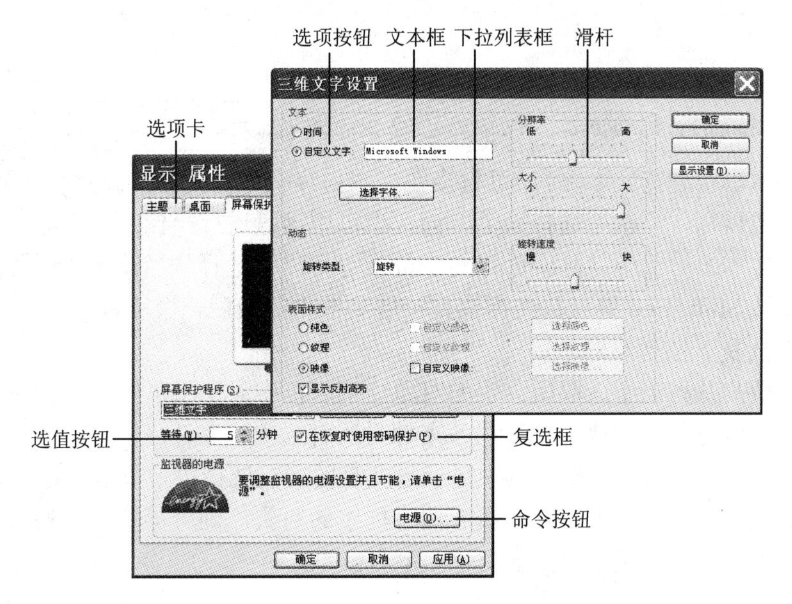

图 3-25　对话框的组成

在命令按钮上单击鼠标左键即可选择命令按钮并执行其功能。如果用户想在命令执行完之前中止执行，单击“取消”按钮即可关闭对话框。另外还可按空格键或 Enter 键执行该按钮的命令。

说明

如果按钮名中有带下画线的字母，则按住 Alt 键的同时按下该字母亦可执行该按钮对应的功能。

“确定”按钮、“应用”按钮和“取消”按钮是对话框中最常用的三个按钮。若选择“确定”按钮，则对话框自动关闭，且关闭前的设置生效；若选择“应用”按钮，则应用前的设置生效，且对话框仍处于打开状态；若选择“取消”按钮或按 Esc 键，则不执行任何命令而直接关闭对话框。对那些没有“取消”按钮的对话框，可右击标题栏，在弹出的控制菜单中选择“关闭”命令而关闭对话框。

（2）选项按钮

选项按钮是一组互相排斥的选项，即同时只能选择一项。可通过选择不同的按钮来改变选择，被选中的选项按钮中会出现一个黑点。

说明

若选项按钮名中有带下画线的字母，则可按 Alt 键同时输入下画线字母来选中选项按钮。

（3）复选框

复选框提供了一组具有开关特性设置的选项，可同时选择多项。复选框小方格中出现“ √ ”表示具有某种功能特性，小方格中无“ √ ”表示不具备该功能特性。

（4）文本框

文本框是可向其中输入信息的矩形框。将鼠标指针移动到一个空文本框并单击左键，将有一个闪烁的竖条（光标）出现在该框中的最左边，用户输入的文本会出现在光标指示处。若文本框中原来就有文字，则用户既可直接选择使用，也可输入新的文本将其替换。

按 Delete 键或 BackSpace 键可以删除已存在的文本。

若欲在文本框中选择文本内容，可直接在文本内容上按住鼠标左键并拖动鼠标进行选择。在文本框内双击鼠标，一次可选择一个单词；也可用键盘进行操作：用光标移动键将光标移动到要选择的文本的第一个字母，按 Shift+Home 键可以把选择从当前光标位置扩展到框内的第一个字母，按 Shift+End 键可从光标位置扩展到框内的最后一个字母。

（5）列表框及下拉列表框

列表框让用户从列表中选取所需要的对象。列表框中显示不了所有选项时，系统提供滚动条，使用户可以用鼠标快速拖动滚动条来翻看所有选项。

下拉列表框是一个长方形框，其中显示着变亮的当前选择项（或默认选项），图 3-22 中所示的列表框就是下拉列表框。若单击右边方框中的箭头，则可得到一系列可用选项。若下拉列表框显示不了所有的选项，则会提供滚动条。

（6）滑杆

滑杆用于表示一组连续变化的选择，按下鼠标左键并用鼠标指针拖动滑杆即可改变选择的数值。

（7）选值按钮

选值按钮是一对上下箭头形式的小方块，单击上面的按钮可以连续增大数值，单击下面的按钮可以连续减小数值。

（8）选项卡

Windows XP 的每个对话框通常包含多个选项卡（或称活页卡片）。各个选项卡相互重叠，减少了对话框所占的空间。

在窗口、对话框或菜单中，如果某项目以浅灰色的方式显示，则表示该项目在当前状态下被禁止使用。

3.3　Windows XP 的文件管理

在计算机系统中，文件是最小的数据组织单位，也是 Windows 基本的存储单位。文件一般具有以下属性：

① 文件中可以存放文本、声音、图像、视频和数据等信息。

② 文件名的唯一性。同一个磁盘中的同一目录下不允许有重复的文件名。

③ 文件具有可转移性。文件可以从一个磁盘移动或复制到另一个磁盘上，也可以从一台计算机上移动或复制到另一台计算机上。

④ 文件在外存储器中有固定的位置。用户和应用程序要使用文件时，必须提供文件的路径来告诉用户和应用程序文件的位置所在。路径一般由存放文件的驱动器名、文件夹名和文件名组成。

3.3.1　文件和文件夹

1. 文件

文件是操作系统中用于组织和存储各种信息的基本单位。用户所编制的程序，写的文章，画的图画或制作的表格、音乐等，在计算机中都是以文件的形式来存储的。因此，文件是一组彼此相关并按一定规律组织起来的数据的集合。这些数据以用户给定的文件名存储在外存储器中。当用户需要使用某文件时，操作系统会根据文件名及其在外存储器中的路径找到该文件，然后将其调入内存储器中使用。

文件名一般包括两部分，即文件主名和文件扩展名，一般用“.”分开。文件扩展名用来标识该文件的类型，最好不要更改。常见的文件类型如表 3-1 所示。

表 3-1　常见的文件类型

扩 展 名	文 件 类 型	扩 展 名	文 件 类 型
.AVI	声音影像文件	.HLP	帮助文件
.ARJ	压缩文件	.INF	信息文件
.BAK	一些程序自动创建的备份文件	.INI	系统配置文件
.BAT	DOS 中自动执行的批处理文件	.MID	MID（乐器数字化接口）文件
.BMP	画图程序或其他程序创建的位图文件	.MMF	Microsoft Mail 文件
.COM	命令文件（可执行的程序文件）	.RTF	丰富的文本格式(一种格式化文本文档的标准)
.DAT	某种形式的数据文件	.SCR	屏幕文件
.DBF	数据库文件	.SYS	DOS 系统配置文件
.DCX	Microsoft 传真浏览器文件	.TIF	一种常用的图形文件
.DLL	动态链接库文件（程序文件）	.TTF	TrueType 字体文件
.DOC	Word 文档文件	.TXT	文本文件
.DRV	驱动程序文件	.XLS	Excel 电子表格文件
.EXE	直接执行文件	.WAV	由声音记录器或其他声频应用程序创建的波形文件
.FON	字体文件	.ZIP	压缩文件

Windows 操作系统支持长文件名，包括驱动器和文件夹名最长可达 255 个字符。长文件名可以比较明确地表达文件的内容或用途。Windows 操作系统对文件名的命名和使用规则是：

① 文件名可以使用不区分大小写的英文和数字。

② 文件名可以使用汉字，但一个汉字算两个字符。

③ 文件名可以使用空格符，但命名时不能含“?”、“*”、“/”、“\”、“|”、“<”、“>”和“:”等特殊字符。

④ 同一个文件夹中的文件名或文件夹名不能同名。

2. 文件夹

众多的文件在磁盘上需要分门别类地存放在不同的文件夹中，以利于对文件进行方便有效的管理。操作系统采用目录树或称为树形文件系统的结构形式来组织系统中的所有文件。

树形文件目录结构是一个由多层次分布的文件夹及各级文件夹中的文件组成的结构形式，从磁盘开始，越向下级分支越多，形成一棵倒长的“树”。最上层的文件夹称为根目录，每个磁盘只能有一个根目录，在根目录上可建立多层次的文件系统。在任何一个层次的文件夹中，不仅可包含下一级文件夹，还可以包含文件。文件夹名的命名规则与文件名的命名规则基本相同，但文件夹名省略了扩展名。

一个文件在磁盘上的位置是确定的。对一个文件进行访问时，必须指明该文件在磁盘上的位置，也就是指明从根目录（或当前文件夹）开始到文件所在的文件夹所经历的各级文件夹名组成的序列，书写时序列中的文件夹名之间用分隔符“\”隔开。其格式一般为：

[盘符] [路径] 文件名 [.扩展名]

其中各项的说明如下。

[ ]：表示其中的内容为可选项。

盘符：用以标志磁盘驱动器，常用一个字母后跟一个冒号表示，如 A:、C:、D: 等。

路径：由以“\”分隔的若干个文件夹名组成。

例如：c:\winnt\media\start.wav 表示存放在 C 盘 winnt 文件夹下的 media 文件夹中的 start.wav 文件。由扩展名.wav 可知，该文件是一个声音文件。

3.3.2 “我的电脑”和“资源管理器”

“我的电脑”和“资源管理器”是 Windows XP 中各种资源的管理中心，用户可通过它们对计算机的相关资源进行操作。

双击桌面上的“我的电脑”图标即可打开“我的电脑”窗口。

单击“开始”按钮，在“开始”菜单中选择执行“程序”项级联菜单下“附件”中的“Windows 资源管理器”命令，即可打开如图 3-26 所示的资源管理器窗口。另外，也可右击桌面上的“我的电脑”图标或“开始”按钮，在弹出的快捷菜单中选择执行“资源管理器”命令打开“资源管理器”窗口。

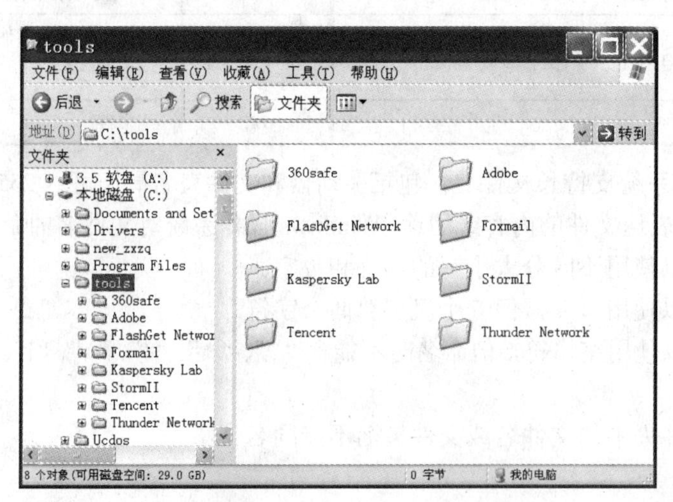

图 3-26　资源管理器窗口

“我的电脑”和“资源管理器”窗口的区别主要在于窗口左侧是否显示文件夹树，通过单击“我的电脑”或“资源管理器”窗口中常用工具栏的“文件夹”按钮，即可在二者之间进行转换。下面介绍如何利用“资源管理器”窗口对 Windows XP 中的各种资源进行管理。“我的电脑”窗口的使用方法与此类同，不再单独介绍。

“资源管理器”窗口中部的窗口分隔条将窗口分割为文件夹窗格和文件夹内容窗格两部分，用鼠标左右拖动分隔条可改变左右窗格的大小。文件夹树形象地描述了磁盘中层次分明的组织结构。每个磁盘树的最上方为根文件夹（在磁盘被格式化时自动产生），根文件夹下从属有若干个子文件夹，而子文件夹下往往还从属有更下级的子文件夹……如此层层延伸，就形成了文件夹树结构。用户正在操作的文件夹图标呈反白显示，称为当前文件夹。

在“资源管理器”窗口左部的文件夹树中，很多文件夹图标前有“+”或“-”标记。文件夹图标前有“+”标记时，表示该文件夹下从属有子文件夹，可以单击“+”进一步展开；文件夹图标前有“-”标记时，表示该文件夹已经展开，此时单击“-”标记，系统将折叠该层的文件夹分支。若文件夹图标前没有“+”和“-”标记，则表示该文件夹没有子文件夹，无法展开。

在“资源管理器”左窗格中选定一个文件夹后，右窗格会显示该文件夹下的文件和文件夹。

3.3.3　文件和文件夹的操作

Windows XP 具有功能强大的文件管理系统，利用“资源管理器”窗口可方便地实现对文件和文件夹的管理。

1．新建文件或文件夹

在“资源管理器”窗口中新建文件或文件夹的方法与在桌面上建立新图标类似，只是需要先在“资源管理器”中打开欲新建文件或文件夹的存放位置（可以是驱动器或是已有文件夹），然后在右窗格的空白处单击鼠标右键打开该存放位置的快捷菜单，再按照在桌面上建立新图标的方法操作即可。

也可以利用“资源管理器”窗口的菜单来创建新的文件或文件夹。方法是：在“资源管理器”左窗格中选择欲新建文件或文件夹的存放位置，然后单击菜单栏的“文件”菜单并选择其下的“新建”命令，在弹出的级联菜单中选择欲新建的对象类型后，“资源管理器”右窗格中会出现新建对象图标，其对象名称呈反白显示。此时，用户只需输入新的对象名并确定即可完成创建操作。

此外，还可以利用某些对话框中的“创建新文件夹”按钮来新建文件夹。例如，当用户用 Windows XP 的“画图”工具制作了一张图片（单击“开始”按钮，在弹出菜单中选择“程序”项，并在其级联菜单下的“附件”中选择执行“画图”命令即可打开画图工具），单击“文件”菜单下的“保存”命令打开“保存为”对话框后才想到应该在 C 盘下新建一个叫做“图片”的文件夹，然后将这张新图片存在其中。这时的操作步骤如下：

① 单击“保存为”对话框的“创建新文件夹”工具按钮。

② 一个名为“新建文件夹”的图标会出现，如图 3-27 所示。

③ 输入新文件夹名称“图片”并回车，新文件夹即可生效。

图 3-27　在“保存为”对话框中新建文件夹

2. 文件或文件夹的重命名

右击“资源管理器”窗口中欲更名的对象，会弹出该对象的快捷菜单，执行菜单中的“重命名”命令；此时，该对象名称呈反显状态，输入新名字并回车即可。

当然，也可以用“资源管理器”窗口“文件”菜单中的“重命名”命令为对象重命名。

另外，还可以在选中文件后，按 F2 功能键进入重命名状态。

另一种简便方式是单击选中拟更改的对象名后，再单击该对象的名称，此时名字就变为反显的重命名状态，输入新名字并回车即可。

Windows XP 还提供批量重命名功能。在“资源管理器”中选择几个文件后，按 F2 键进入重命名状态，重命名这些文件中的任意一个，则所有被选择的文件都会被重命名为新的文件名，但在主文件名的末尾处会加上递增的数字。注意，重命名这些文件中任意一个的时候，只要不修改扩展名，其他被选择的文件的扩展名都会保持不变。

3. 选择

在实际操作中，经常需要对多个对象进行相同的操作，如移动、复制或者删除等。为了快速执行任务，用户可以一次选择多个文件或文件夹，然后再执行操作。

选择连续或不连续的多个对象的方法与 3.2.2 节介绍的在桌面上选择多个图标的方法相同。另外，常用的还有以下几种选择方式。

（1）选择组内连续、组间不连续的多组对象

单击第一组的第一个对象，然后按下 Shift 键并单击该组最后一个对象。选中一组后，按下 Ctrl 键，单击另一组的第一个对象，再同时按下 Ctrl+Shift 键并单击该组的最后一个对象。以此步骤反复进行，直至选择结束。

（2）取消对象选择

按下 Ctrl 键并单击要取消的对象即可取消单个已选定的对象；若要取消全部已选定的文件，只需在文件列表旁的空白处单击即可。

（3）反向选择

反向选择是指取消原来已确定的选择，而选择原来未被选中的对象。单击执行“编辑”菜单中的“反向选择”命令即可完成反选操作。

（4）全选

选择执行“资源管理器”的“编辑”菜单中的“全部选定”命令，即可选择“资源管理器”右窗口中的所有对象。另外，也可以用 Ctrl+A 组合键完成同样功能。

4．复制与移动

复制或移动对象有三种常用方法：利用剪贴板、左拖动和右拖动。

（1）利用剪贴板

剪贴板是内存中的一块区域，用于暂时存放用户剪切或复制的内容。

若欲利用剪贴板实现文件或文件夹的移动操作，可在“资源管理器”窗口中找到欲移动的对象，在对象上右击，选择执行快捷菜单中的“剪切”命令，该对象即被移动到剪贴板上；再找到拟移动到的目标文件夹，在它上边右击弹出快捷菜单，选择执行其中的“粘贴”命令，对象即从剪贴板上移动到该文件夹下。

如果用户要执行的是复制操作，只需将上述操作步骤中的“剪切”命令改为“复制”命令即可。注意：此时对象是被复制到剪贴板上，然后又从剪贴板复制到目标位置的，所以该对象可被粘贴多次。例如，用户可以按上述方法对 C 盘中的一个文件执行快捷菜单中的“复制”命令，然后将其分别粘贴到桌面、D 盘、E 盘和 U 盘，这样就可以得到该文件的 4 个副本。

（2）左拖动

打开“资源管理器”窗口，在右窗格中找到欲移动的对象，按下 Shift 键的同时将其左拖动到目标文件夹上即可完成移动该对象的操作；按下 Ctrl 键的同时将其左拖动到目标文件夹上会完成复制该对象的操作。注意观察：按下 Ctrl 键并拖动对象时对象旁边有一个小“+”标记。

（3）右拖动

打开“资源管理器”窗口，在右窗格中找到欲移动的对象，将其右拖动到目标文件夹上。松开鼠标右键后将弹出如图 3-28 所示的快捷菜单，选择执行菜单中的相应项即可完成移动或复制该对象的操作。

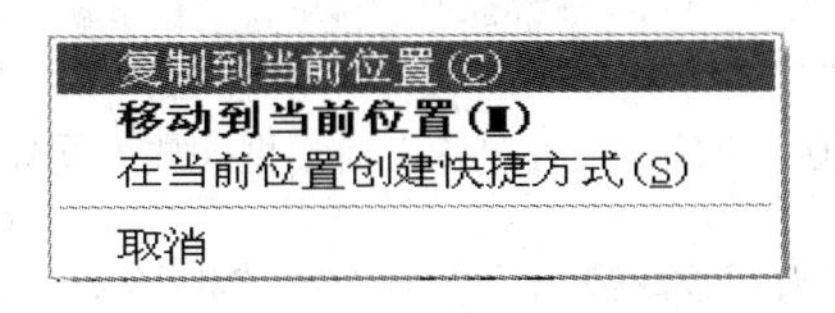

图 3-28　右拖动快捷菜单

另外，用户也可以利用“资源管理器”中“编辑”菜单下的“复制到文件夹”命令复制文件，其操作步骤为：

① 打开“资源管理器”，在右窗格中选择要复制的文件。

② 单击“编辑”菜单中的“复制到文件夹”命令，可打开“复制项目”对话框，如图 3-29 所示。

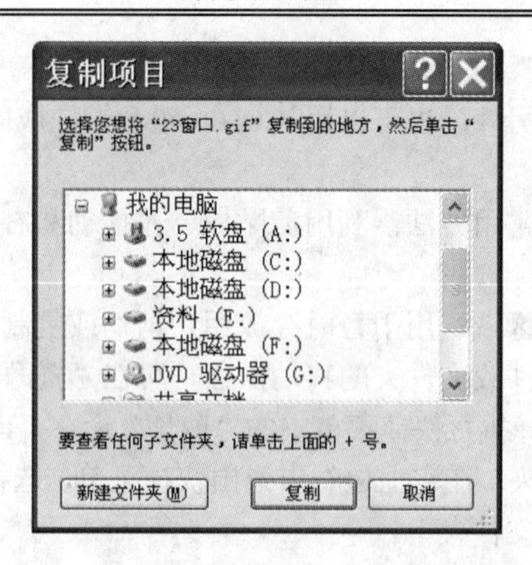

图 3-29　"复制项目"对话框

③ 拖动滚动条选择目标文件夹，也可以单击"新建文件夹"按钮创建要复制到的目标文件夹。

④ 单击"复制"按钮，此时会弹出"正在复制"对话框。

执行完上述操作，就完成了对文件的复制。

5．删除与恢复

为了避免用户误删除文件，Windows XP 提供了"回收站"工具，被用户删除的对象一般存放在"回收站"中，必要时可以从"回收站"还原。删除方法为：右击"资源管理器"中拟删除的对象，在弹出的快捷菜单中选择"删除"命令，一般会出现如图 3-30 所示的对话框；用户可以选择"是"按钮确认删除，或选择"否"按钮放弃删除。

图 3-30　"确认文件删除"对话框（放入回收站）

用"回收站"还原对象的方法为：双击桌面上的"回收站"图标，打开"回收站"窗口；在窗口中欲还原的对象上右击，弹出如图 3-31 所示的该对象的快捷菜单，选择执行菜单中的"还原"命令即可将该对象恢复到其原始位置。也可在"回收站"窗口的"文件"菜单中选择"还原"命令来实现还原功能。此外，还可以用"剪切"和"粘贴"技术来恢复对象。

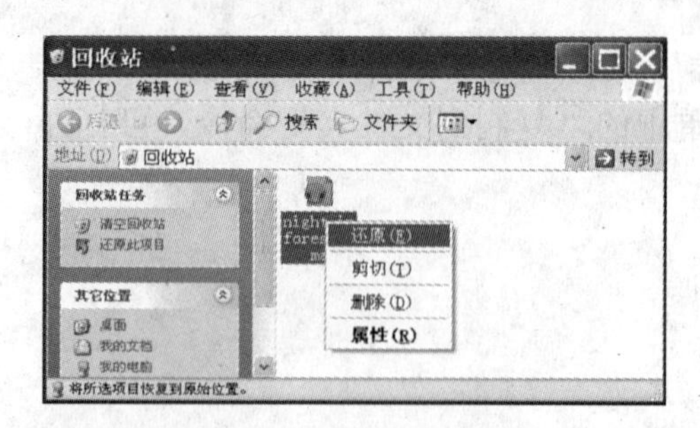

图 3-31　"回收站"窗口

“回收站”的容量是有限的。当“回收站”满时，最先放入“回收站”的内容就会被系统彻底删除。所以用户在删除对象前，应注意删除文件的大小及“回收站”的剩余容量，必要时可先清理“回收站”或调整“回收站”的容量大小，然后再进行删除。

清理“回收站”的方法为：在如图 3-31 所示的快捷菜单中选择执行“删除”命令，可将该对象永久删除。而用“文件”菜单中的“清空回收站”命令，可将回收站中的所有内容永久删除。

调整“回收站”容量大小的方法为：右击桌面上的“回收站”图标，在弹出的快捷菜单中选择“属性”命令，打开如图 3-32 所示的“回收站属性”对话框。从图中可以看出，系统默认“回收站”的存储空间为磁盘空间的 10%。用户可以拖动滑杆来调整回收站所占的磁盘空间比例。选择对话框中的“独立配置驱动器”选项后可将各硬盘分区的回收站设置为不同的容量。选择“删除时不将文件移入回收站，而是彻底删除”选项后删除的所有对象都不再放入“回收站”而直接永久删除。若取消“显示删除确认对话框”项的选择，则此后删除对象时不再弹出如图 3-30 或图 3-33 所示的对话框。

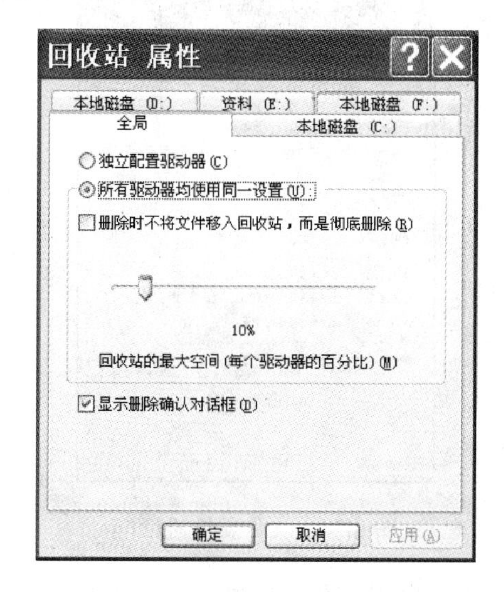

图 3-32　“回收站属性”对话框

如果用户希望将某对象永久删除，可先选择该对象，然后按下键盘上的 Shift+Delete 组合键。当松开两键时，将弹出如图 3-33 所示的对话框，单击“是”按钮后该对象即被永久删除。

图 3-33　“确认文件删除”对话框（彻底删除）

一般来说，无论对文件的复制、移动、删除还是重命名操作，都只能在文件没有被打开使用的时候进行。例如，某个 Word 文档被打开后，就不能进行移动、删除或重命

名等操作。

6. 文件和文件夹的属性

文件和文件夹的主要属性都包括只读、隐藏和存档。此外，文件的另一个重要属性是打开方式，文件夹的另一个重要属性是共享。使用文件（文件夹）属性对话框可以查看和改变文件（文件夹）的属性。右击“资源管理器”窗口中要查看属性的对象，在弹出的快捷菜单中选择“属性”命令，即可显示对象属性对话框。

（1）文件的属性

不同类型文件的属性对话框有所不同，下面以如图 3-34 所示的对话框为例来说明文件属性对话框的使用。图中所示对话框的上部显示该文件的名称、类型、大小等信息，下部的“属性”栏用于设置该文件的属性。若将文件属性设置为“只读”，则该文件只允许被读取，不允许修改；若将文件属性设置为“隐藏”并且确保图 3-38 所示对话框中设置为“不显示隐藏的文件和文件夹”，则在“资源管理器”中将看不到该文件。“存档”属性可用于控制文件夹能否备份。

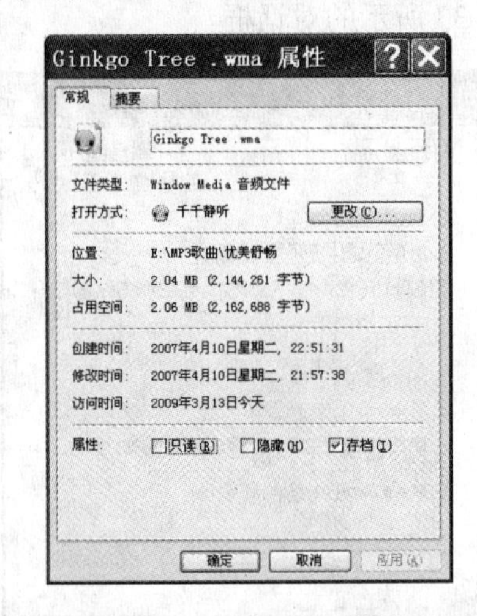

图 3-34　文件属性对话框

文件的打开方式属性指明用以打开该文件的软件。单击对话框中的“更改”按钮会打开如图 3-35 所示的“打开方式”对话框，在其中可指定另外一个打开该文件的软件。

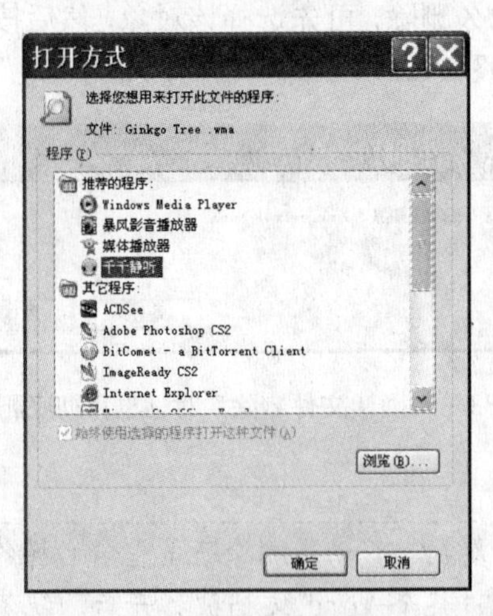

图 3-35　“打开方式”对话框

（2）文件夹的属性

文件夹的“只读”和“隐藏”属性与文件属性中的相应项完全相同，但在设置文件夹的属性时，可能会弹出如图 3-36 所示的对话框。若选择“仅将更改应用于该文件夹”选项，则只有该文件夹的属性被更改，文件夹下的所有子文件夹和文件属性依然保持不变；而若选择“将更改应用于该文件夹、子文件夹和文件”选项，则该文件夹、从属于它的所有子文件夹和文件的属性都会被改变。

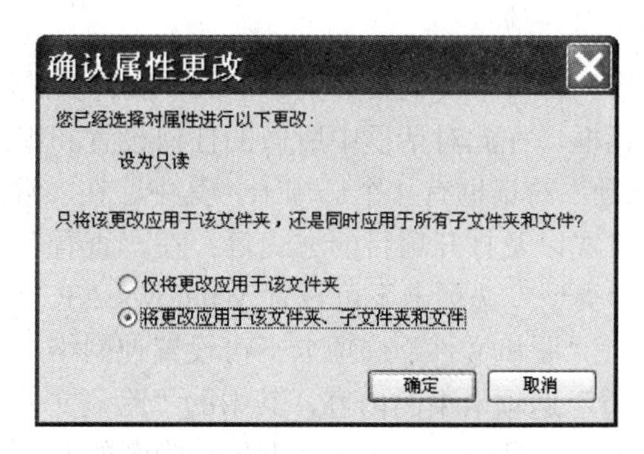

图 3-36　“确认属性更改”对话框

利用文件夹属性对话框中的“共享”选项卡可以为文件夹设置共享属性，从而使局域网中的其他计算机可通过“网上邻居”访问该文件夹。

设置用户自己的共享文件夹的操作如下：

① 在如图 3-37 所示的“共享”选项卡下，勾选“在网络上共享这个文件夹”复选框，此时“共享名”文本框和“允许网络用户更改我的文件”复选框变为可用状态。“共享名”是其他用户通过“网上邻居”连接到此共享文件夹时所看到的文件夹名称，而文件夹的实际名称并不随“共享名”文本框中内容的更改而改变。若取消选择“允许网络用户更改我的文件”复选框，则网络用户只能查看该共享文件夹中的内容，而不能对其进行修改。

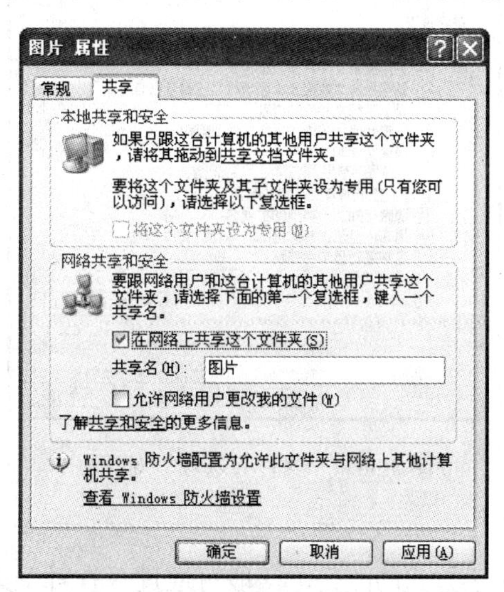

图 3-37　文件夹“属性”对话框（共享和安全设置）

② 设置完毕后，单击“确定”按钮即可。

此时设置为共享的文件夹图标中会增加一个小手标志，表明这是一个共享文件夹，局域网中的其他用户可以通过“网上邻居”来访问该文件夹中的内容。

另外，在 Windows XP 中，用户还可以使用系统提供的“共享文档”，与同一台计算机上的其他用户共享某个文件或文件夹。其操作如下：

打开“我的电脑”窗口，可以看到有一个名为“共享文档”的文件夹。将欲共享的文件或文件夹移动或复制到“共享文档”中，则在该计算机上拥有账号的任何用户都能访问它。

7．文件夹选项

单击执行“资源管理器”窗口中“工具”菜单下的“文件夹选项”命令可打开如图 3-38 所示的“文件夹选项”对话框，在此对话框中所做的任何设置和修改，都会对以后打开的所有窗口起作用。“文件夹选项”对话框有 4 个选项卡，其中，在“常规”选项卡下可设置文件夹的外观、浏览文件夹的方式以及打开项目的方式等；在“查看”选项卡下可设置文件夹和文件的显示方式；在“文件类型”选项卡下可设置 Windows XP 支持的各种格式的文件的打开方式、图标形状等；而在 “脱机文件”选项卡下可设置使网络上的文件在脱机状态下依然可用。图 3-38 所示为“查看”选项卡下的内容，其中的“隐藏文件和文件夹”栏用于控制具有隐藏属性的文件和文件夹是否显示。若选择“不显示隐藏的文件和文件夹”选项，则在以后打开的窗口中将不会显示具有隐藏属性的文件和文件夹；若选择“显示所有文件和文件夹”选项，则在以后打开的窗口中，无论文件和文件夹是否具有隐藏属性，都将显示出来。如果选定“查看”选项卡下的“隐藏已知文件类型的扩展名”选项，则在以后打开的窗口中，常见类型的文件显示时都只显示主文件名，扩展名被隐藏。

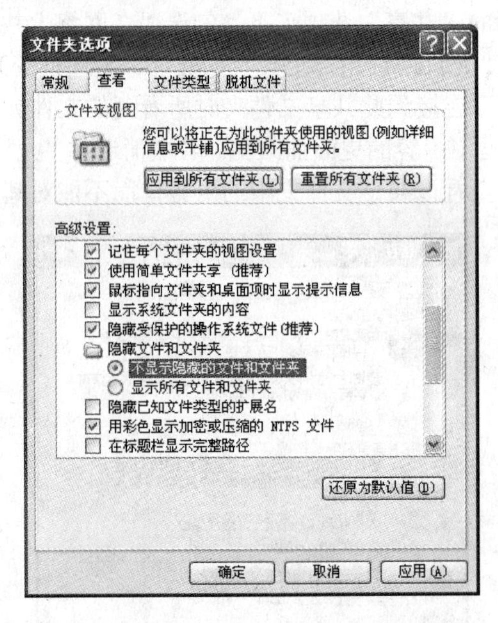

图 3-38 “文件夹选项”对话框

8．设置显示方式

对于“资源管理器”显示方式的改变，一般可通过“查看”菜单或右窗格的快捷菜单来实现。

（1）文件的排列方式

在“资源管理器”右窗格的空白处右击，会弹出该窗口的快捷菜单。将鼠标停放在菜单中的“查看”项上可以看到有缩略图、平铺、图标、列表和详细信息五种查看方式。

在“缩略图”查看方式下，文件夹所包含的图像会显示在文件夹图标上，因而可以快速识别该文件夹的内容。例如，如果将图片存储在几个不同文件夹中，通过“缩略图”视图，则可以迅速分辨出哪个文件夹包含用户需要的图片。默认情况下，在一个文件夹背景中最多显示四张图像。完整的文件夹名会显示在缩略图下。此方式对于查看图形文件非常有用。

“平铺”查看方式以图标显示文件和文件夹。这种图标比“图标”查看方式中的图标要大，并且会将所选的分类信息显示在文件或文件夹名下方。例如，如果用户将文件按类型分类，则“Microsoft Word 文档”字样将出现在所有 Word 文档的文件名下方。

“图标”查看方式以图标显示文件和文件夹。文件名显示在图标下方，但是不显示分类信息。在这种查看方式中，可以分组显示文件和文件夹。

“列表”查看方式以文件或文件夹名列表显示文件夹内容，其内容前面为小图标。当文件夹中包含很多文件，并且想在列表中快速查找一个文件名时，这种查看方式非常有用。在这种查看方式中可以分类文件和文件夹，但是无法按组排列文件。

在“详细信息”查看方式下，右窗格会列出各个文件与文件夹的名称、大小、类型、修改时间等详细资料，如图 3-39 所示。不仅如此，在文件列表的标题栏上右击弹出的快捷菜单中还可选择加载更多的信息。菜单中选项名称前已打对号的是已经加载的栏目，如果用户希望显示更多的信息（如属性、备注等），可在此菜单中选择添加。从菜单最下面的“其他…”选项中还可选择加载其他三十多个栏目。

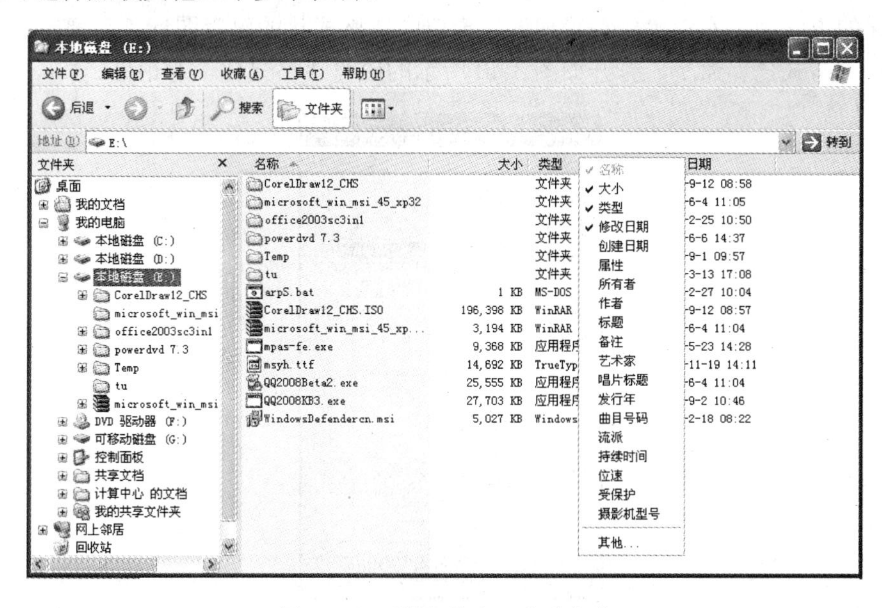

图 3-39　“详细信息”查看方式

在“详细信息”查看方式下，文件列表的标题栏上有一个小三角，这个小三角是用来标记文件排列方式的：三角所在列的标题栏的名称代表文件是按什么属性排列的，三角的方向代表排列顺序（升序或降序）。在图 3-39 中，小三角位于“名称”列，且方向朝上，表明右窗口中的文件是按照文件名的升序排列的。

（2）工具栏、状态栏和浏览栏的显示/隐藏

打开“资源管理器”的“查看”菜单，在菜单中“状态栏”选项、“各种工具栏”选项、

“浏览栏”选项前单击即可显示或隐藏相应内容。

（3）排列图标

操作方法与桌面图标的排列相同。

（4）刷新

在某些操作后，文件或文件夹的实际状态发生了变化，但屏幕显示还保留在原来的状态，二者出现了不一致的情况，此时可使用刷新功能来解决。在“资源管理器”右窗口的空白处右击，选择执行快捷菜单中的“刷新”命令即可执行刷新操作。

3.3.4　磁盘管理

磁盘是计算机最重要的存储设备，用户的大部分文件，包括操作系统文件，都存储在磁盘里。在“资源管理器”窗口中，一般可以看到 3.5 英寸软盘、C 盘、D 盘、E 盘等磁盘标识，但实际上，计算机中通常只有一个硬盘。由于硬盘容量越来越大，为了便于管理，通常需要把一个硬盘划分为 C 盘、D 盘、E 盘等几个分区。用户可对软盘和每个硬盘分区进行格式化、重命名、清理、查错、备份与碎片整理等操作。对于软盘，还可进行软磁盘复制操作。

1. 磁盘格式化

磁盘格式化操作主要用于以下两种情况。

① 磁盘在第一次使用之前需要进行格式化操作。

② 欲删除某磁盘分区的所有内容时可进行格式化操作。

格式化的方法为：右击“资源管理器”窗口中待格式化的磁盘图标，在弹出的快捷菜单中选择执行“格式化”命令，打开如图 3-40 所示的磁盘“格式化”对话框。

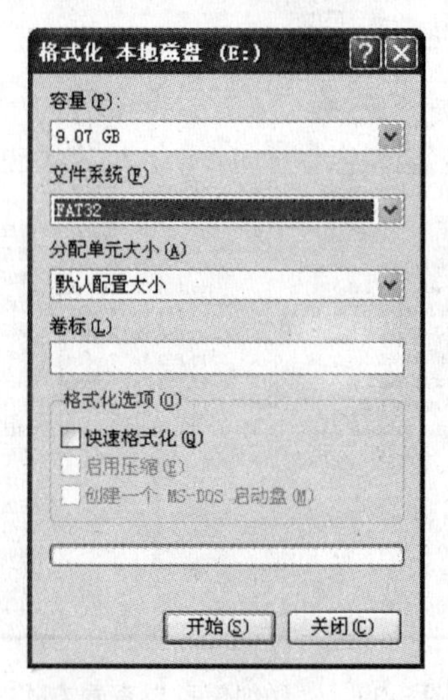

图 3-40　“格式化”对话框

“文件系统”栏提供几种文件系统以供选择。其中 NTFS 比 FAT 和 FAT32 的功能更强大，只有选择 NTFS 作为文件系统时才能使用诸如 Active Directory 和基于域的安全性等功能，且 NTFS 是一种最适合处理大容量磁盘的文件系统。但需注意的是，某些较旧的应用程序不能在 NTFS 卷上运行。

选中“快速格式化”将快速删去磁盘中的文件，但是它不对磁盘中的错误进行检测。在对话框中设置选项后，单击“开始”按钮，即可开始执行格式化操作。

2. 磁盘重命名

右击“资源管理器”窗口中的磁盘图标，选择执行快捷菜单中的“重命名”命令，可更改磁盘的名字。通常可给磁盘取一个反映其内容的名字，例如，若 D 盘中存放的是一些用户资料的话，可以给 D 盘取名为“资料”。

3. 磁盘属性设置

右击“资源管理器”窗口中的磁盘图标，选择执行快捷菜单中的“属性”命令，会弹出如图 3-41 所示的对话框。用户可使用该对话框查看磁盘的软硬件信息，还可对磁盘进行查错、备份、整理及设置磁盘共享属性等操作。

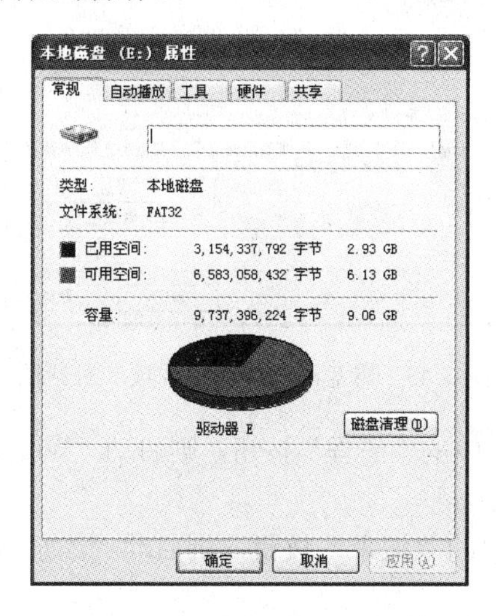

图 3-41　“磁盘属性”对话框

（1）磁盘清理

在“常规”选项卡下单击“磁盘清理”按钮，会弹出如图 3-42 所示的对话框。选中“要删除的文件”列表框中欲释放的内容，然后单击“确定”按钮，即可释放这些磁盘内容，达到清理磁盘的目的。

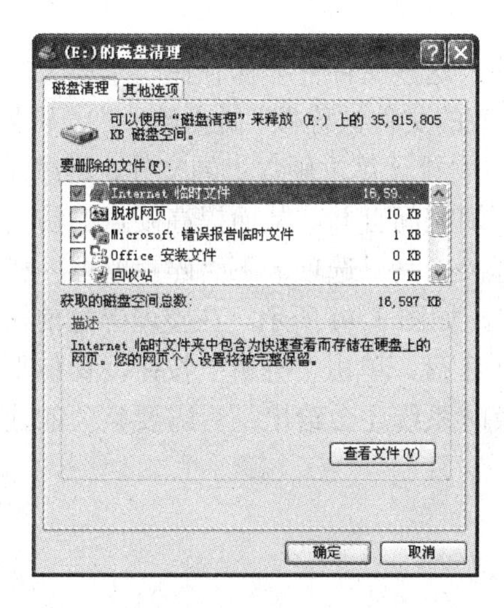

图 3-42　“磁盘清理”对话框

除此之外，在“磁盘清理”对话框中单击“其他选项”选项卡，还可以进行其他高级选项设置，如图 3-43 所示。

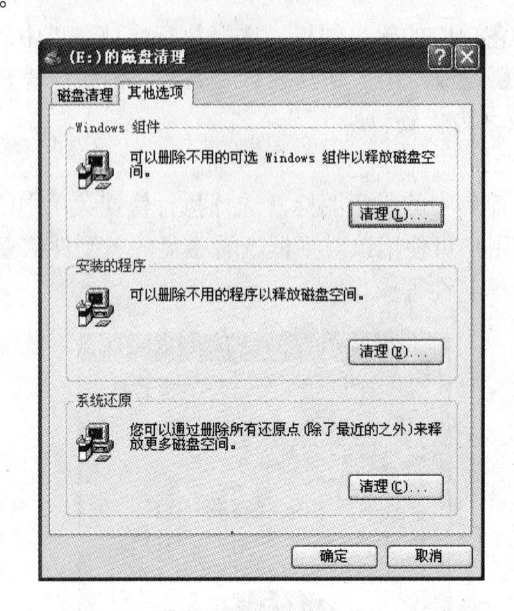

图 3-43　磁盘清理“其他选项”对话框

单击“Windows 组件”栏中的“清理”按钮，则启动“Windows 组件向导”，可进行添加或删除 Windows 组件的操作。

单击“安装的程序”栏中的“清理”按钮，则启动“添加/删除程序”，可删除已安装的程序。

单击“系统还原”栏中的“清理”按钮，则启动“系统还原”，可删除已保存的系统还原点。

“磁盘属性“对话框的“工具”选项卡下有三个磁盘管理工具：查错、碎片整理、备份。

（2）查错

该工具主要用于检查和修复磁盘中的错误。

（3）碎片整理

磁盘上保存了大量的文件，这些文件并非保存在一个连续的磁盘空间中，一个文件经常分散地放在许多地方，这些零散的文件被称做“磁盘碎片”。“磁盘碎片”会降低整个 Windows 的性能。“碎片整理”可以重新安排计算机硬盘上的文件、程序及未使用的空间，将文件存储在一片连续的单元中，并将空闲空间合并，从而提高硬盘的访问速度。

单击“磁盘属性“对话框“工具”选项卡下“碎片整理”栏的“开始整理”按钮，会弹出“磁盘碎片整理程序”窗口，如图 3-44 所示。在整理碎片前，可先对磁盘的使用情况进行分析。例如，在对话框中选定 E 盘，单击“分析”按钮，窗口下面的状态条上会显示出当前的分析进度，并且在分析结束时系统还会给出是否需要整理的建议。

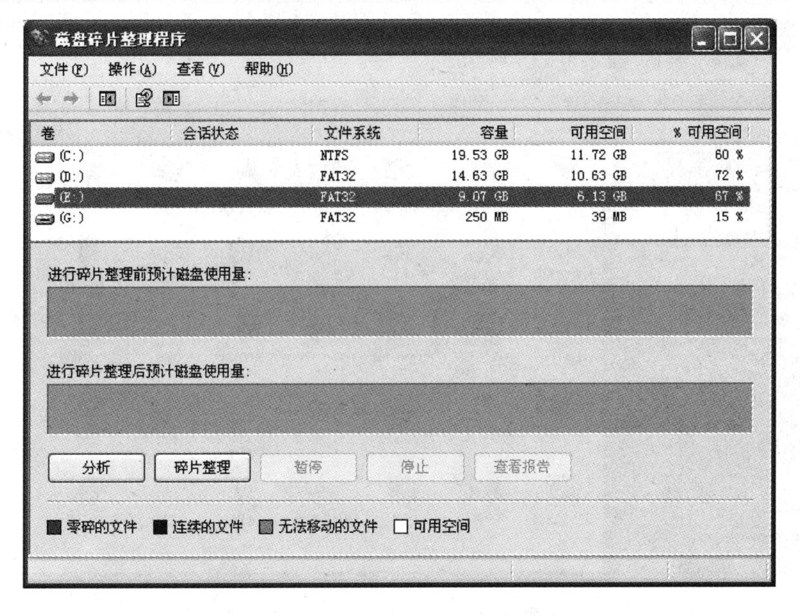

图 3-44　“磁盘碎片整理程序”窗口

如果系统建议用户整理该盘，可单击“碎片整理”按钮开始整理过程。整理过程中可以看到文件的分布变化和整个进度。整理结束后，会出现提示对话框，单击对话框中的“关闭”按钮结束。

在对磁盘进行碎片整理时，计算机可以同时执行其他任务，但计算机的运行速度将变慢，而且碎片整理也要花费更长时间。如果要临时停止碎片整理以便更快地运行其他程序，可以单击“磁盘碎片管理程序”窗口中的“暂停”按钮。在碎片整理过程中，每当其他程序写该磁盘后“磁盘碎片整理程序”都会重新启动，如果“磁盘碎片整理程序”重新启动太频繁，可在整理磁盘碎片时关闭其他程序。

（4）备份

用户可使用“备份”工具在硬盘上创建数据的副本，然后在其他存储设备上存档该数据。这样，当硬盘上的原始数据被意外删除或覆盖，或因硬盘故障而不能访问该数据时，用户就可以十分方便地从存档副本中还原该数据。

3.4　Windows XP 的控制面板

“控制面板”是用户根据个人需要对系统软、硬件的参数进行安装和设置的工具程序。单击“开始”按钮，然后单击“开始”菜单中的“控制面板”命令，即可打开如图 3-45 所示的“控制面板”窗口。如果计算机设置为使用“开始”菜单的经典显示方式，则应单击“开始”按钮，在“开始”菜单中指向“设置”，然后单击其级联菜单中的“控制面板”命令打开“控制面板”窗口。利用该窗口可以对键盘、鼠标、显示、字体、区域选项、网络、打印机、日期/时间、声音等配置进行修改和调整。本节将介绍其中一些系统配置的基本功能，遇到具体问题时，用户也可以借助“帮助”菜单来解决。

图 3-45 “控制面板”窗口

3.4.1 桌面设置

双击“控制面板”窗口中的“显示”图标即可打开如图 3-46 所示的“显示属性”对话框。也可在桌面空白处右击，从弹出的快捷菜单中选择“属性”命令打开该对话框。

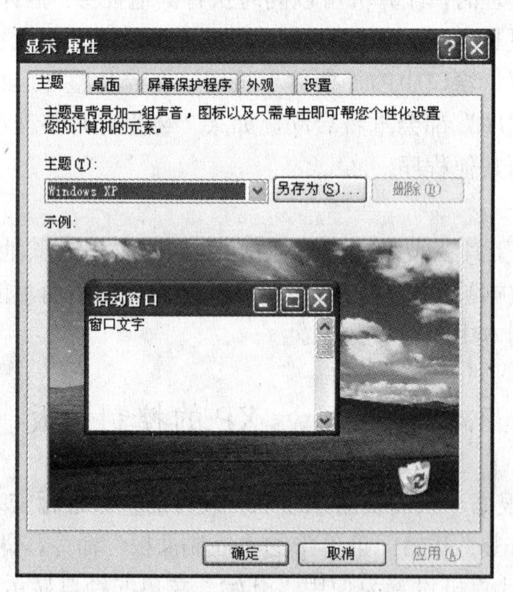

图 3-46 “显示属性”对话框“主题”选项卡

1．“主题”选项卡

桌面主题是图标、字体、颜色、声音和其他窗口元素的预定义的集合，通过设置不同的主题，可使用户的桌面具有不同的外观。用户可以切换主题、创建自己的主题（通过更改某个主题，然后以新的名称保存），也可以恢复传统的 Windows 经典外观作为主题。

修改了某个主题的任何元素（如桌面背景或屏幕保护程序），用户可以以新的主题名称保存所做的更改。如果修改了某个主页而没有以新的名称来保存所做的更改，当选择不同的主题时，用户所做的更改将会丢失。

2. “桌面”选项卡

“桌面”选项卡下的内容如图 3-47 所示。在“背景”列表框中选择一个选项并确定，即可为桌面铺上一张墙纸。若用户对“背景”列表框中的所有墙纸都不满意，也可通过“浏览”按钮将“我的电脑”中的某个图片文件或网页文件设置为墙纸。

图 3-47　“显示属性”对话框“桌面”选项卡

如果用户喜欢经常更换墙纸，平时可将喜欢的图片保存到“我的文档”下的“图片收藏”文件夹中，这些图片文件会自动在“背景”列表框中列出，用户就可以非常方便地将其设置为墙纸。

对话框“位置”列表中的各选项用于限定墙纸在桌面上的显示位置。“居中”表示墙纸将显示在桌面的中央；“平铺”表示墙纸可能连续显示多个以覆盖整个桌面；“拉伸”表示若墙纸较小，则系统将自动拉大墙纸以使其覆盖整个桌面。

用户在“颜色”列表框中设置的颜色会自动填充在图片没有使用的桌面空间中。

在对话框的设置过程中，用户可随时单击“应用”按钮来使用到目前为止的设置。

3. “屏幕保护程序”选项卡

“屏幕保护程序”选项卡的内容如图 3-48 所示。屏幕保护程序的作用是当计算机空闲指定时间后启动屏幕保护并自动锁定计算机。但现在的屏幕保护已经远远超越原有的作用，而成为一种时尚。

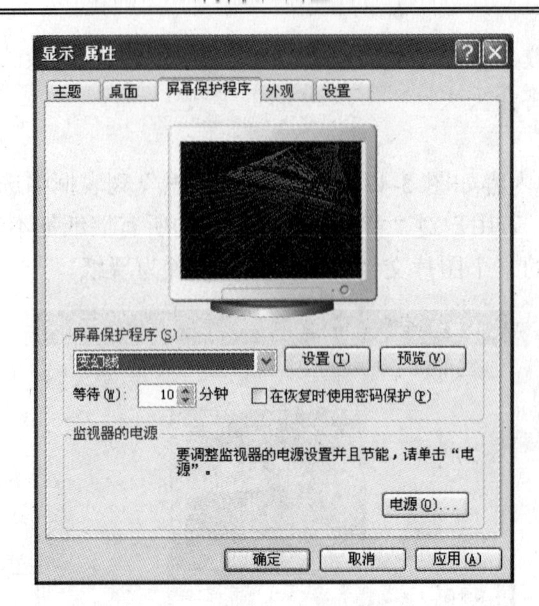

图 3-48　“显示属性”对话框“屏幕保护程序”选项卡

设置屏幕保护程序的方法非常简单：单击“屏幕保护程序”栏的下拉箭头，从列表中选择一个屏保程序，如“变幻线”，这时可从对话框上部的预览屏中看到屏保效果。若不完全满意，还可单击“设置”按钮对屏保内容进行修改，如图 3-49 所示。设置完成后，可单击“预览”按钮查看效果。“等待”时间是指用户在多长时间内未对计算机进行任何操作后系统启动屏保程序。

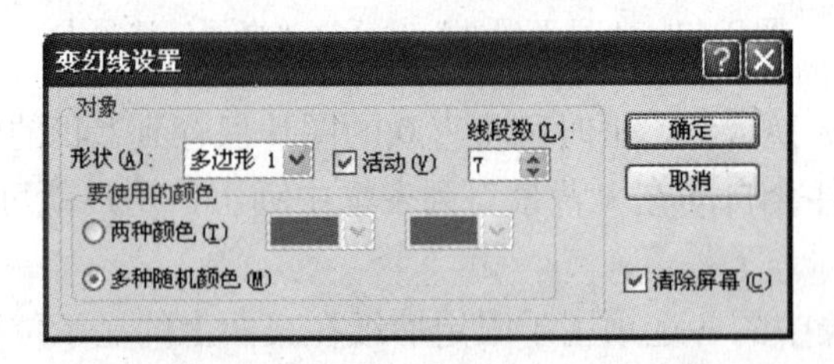

图 3-49　“屏幕保护程序”进一步设置

用户也可以将某个文件夹中的图片滚动播放作为自己的个性化屏保。设置方法是单击“屏幕保护程序”栏的下拉箭头，从列表中选择“图片收藏幻灯片”，再单击“设置”按钮来指定包含图片的文件夹，定义图片大小并设置其他选项。

若欲防止自己离开后别人使用自己的计算机，可选中“在恢复时使用密码保护”复选框。这样，当运行屏保程序后，系统会自动被锁定。当有人操作键盘或鼠标时，Windows 会提示其输入解除屏幕保护的密码。屏幕保护程序密码与登录密码相同。如果没有使用密码登录，则“在恢复时使用密码保护”选项不可用。

4.“外观”选项卡

利用如图 3-50 所示的“外观”选项卡可对桌面、消息框、活动窗口和非活动窗口等的字体、颜色、尺寸大小进行修改。

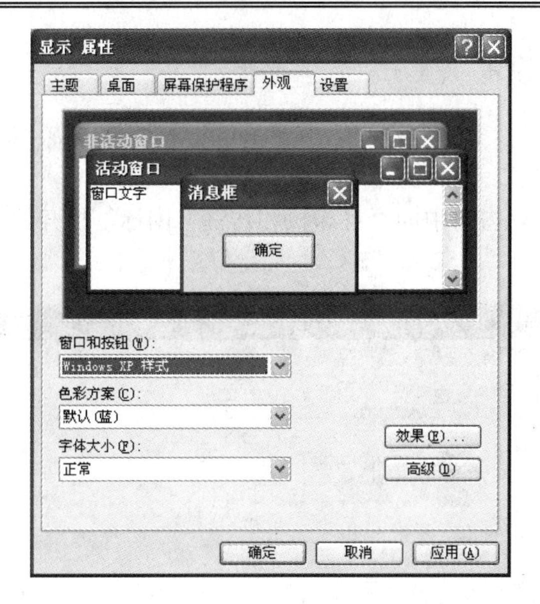

图 3-50 “显示属性”对话框“外观”选项卡

在“窗口和按钮”下拉列表中选择样式后，可在“色彩方案”和“字体大小”下拉列表中进行进一步设置。单击“高级”按钮，会弹出“高级外观”对话框，如图 3-51 所示。该对话框的“项目”列表中提供了所有可更改设置的选项，用户可单击“项目”框中想要更改的项目，如“窗口”、“菜单”或“图标”，然后调整相应的设置，如颜色、字体或字号等。

图 3-51 “高级外观”对话框

5.“设置”选项卡

在“设置”选项卡下可更改屏幕分辨率和颜色质量等。单击“设置”选项卡下的“高级”按钮会弹出一个新的对话框，选择“监视器”选项卡，在“屏幕刷新频率”列表中可选择不同的刷新频率，较高的刷新频率会减少屏幕的闪烁。但需要注意的是，如果选择对监视器来说过高的设置，可能会使显示器无法使用并损坏硬件。

3.4.2 打印机和传真设置

现在的打印机型号虽然多种多样，但由于 Windows XP 支持“即插即用”功能，用户在安装打印机时仍会很轻松。

① 双击“控制面板”窗口中的“打印机和传真”图标，打开如图 3-52 所示的“打印机和传真”窗口。

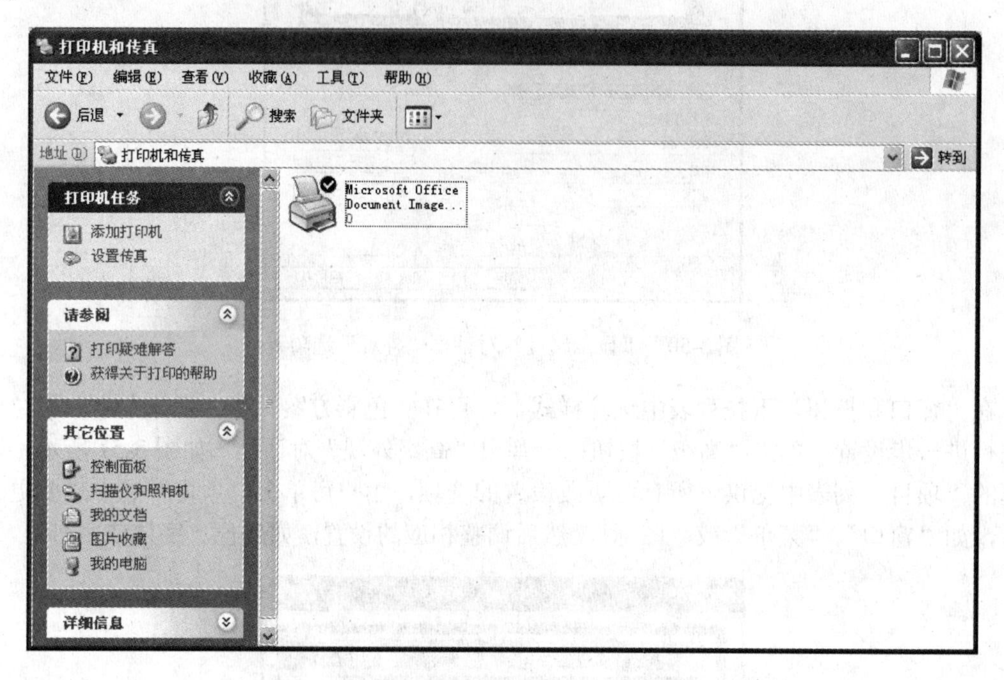

图 3-52 “打印机和传真”窗口

② 在“打印机任务”栏单击“添加打印机”命令，打开“添加打印机向导”对话框。单击“下一步”按钮，打开界面如图 3-53 所示。

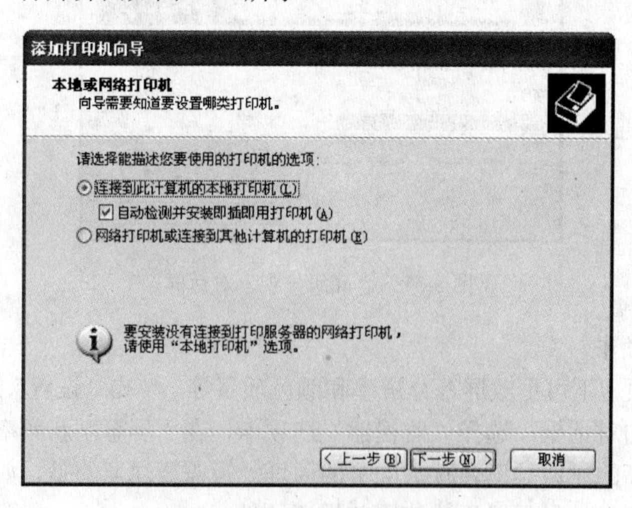

图 3-53 选择本地或网络打印机

③ 选择“连接到此计算机的本地打印机”选项，并选中“自动检测并安装即插即用打印

机”复选框，然后单击“下一步”按钮，选择使用系统推荐的打印机端口，如图 3-54 所示。

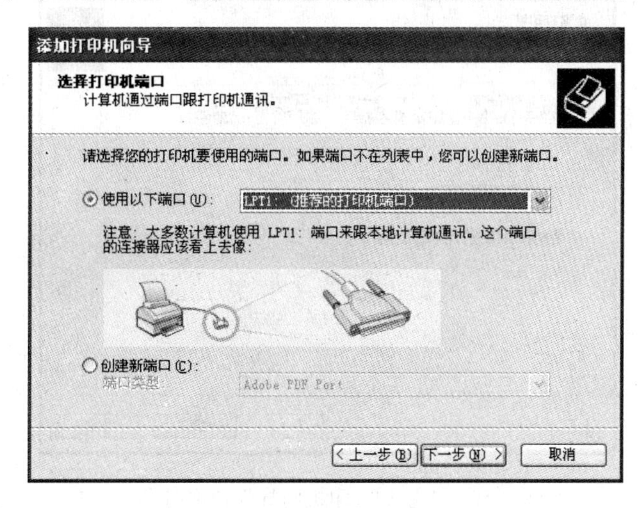

图 3-54　选择打印机端口

④ 单击“下一步”按钮，选择打印机的厂商和型号。如果自己的打印机型号未在清单中列出，可以选择其标明的兼容打印机的型号，如图 3-55 所示。

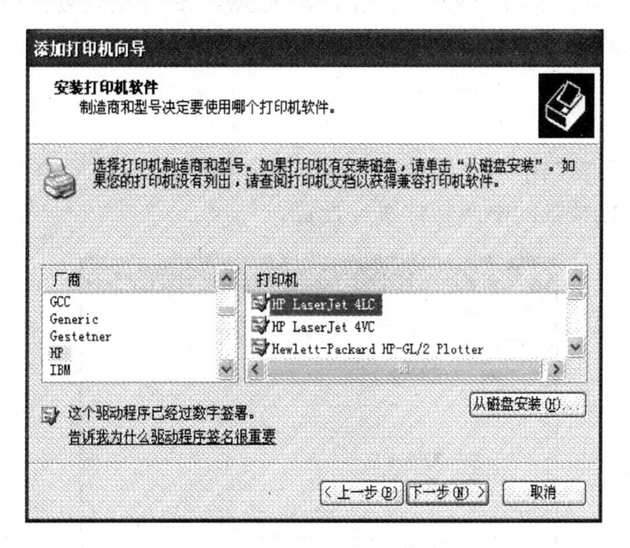

图 3-55　选择打印机型号

⑤ 如果打印机有安装磁盘，则单击“从磁盘安装”按钮，否则单击“下一步”按钮。如图 3-56 所示，在“打印机名”文本框中输入打印机的名称，并选择是否将其设置为默认的打印机。

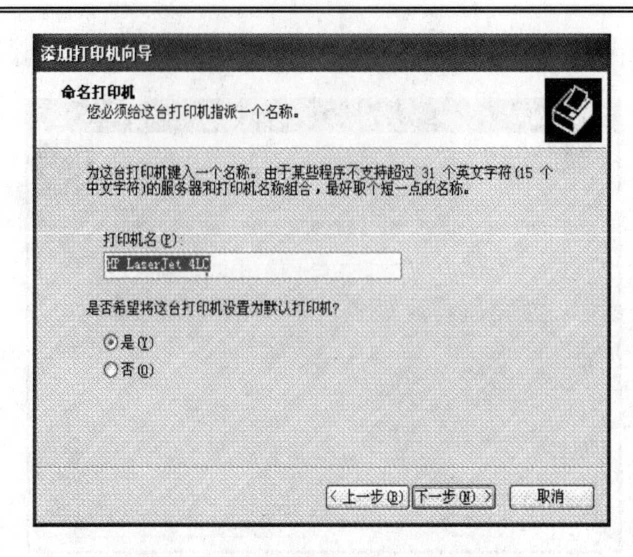

图 3-56 “添加打印机向导”命名打印机

⑥ 单击“下一步”按钮，如果前面选择的是本地打印机，则在出现的对话框中选择是否与网络上的用户共享，然后单击“下一步”按钮。

⑦ 选择打印测试页，单击“完成”按钮，Windows XP 开始安装打印机所需的驱动程序，并打印一份测试页以验证安装是否正确无误。

3.4.3 键盘设置

双击“控制面板”窗口中的“键盘”图标，打开如图 3-57 所示的“键盘属性”对话框。利用该对话框可对键盘按键的响应特性进行设置。

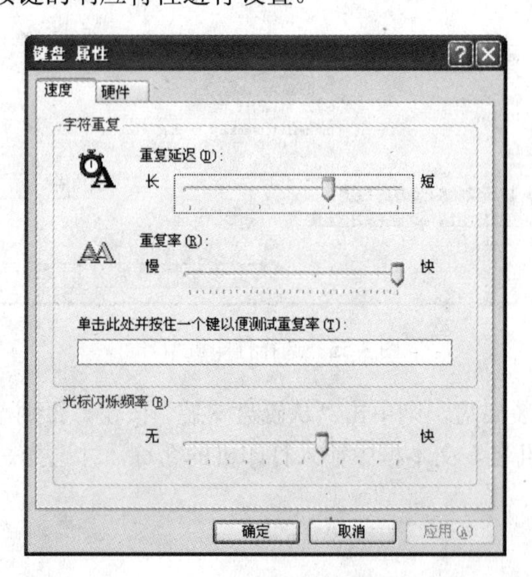

图 3-57 “键盘属性”对话框“速度”选项卡

“键盘属性”对话框中有两个选项卡：“速度”和“硬件”选项卡。“速度”选项卡下的“重复延迟”是指按住一个键之后字符重复出现的延迟时间，“重复率”是指按住一个键时字符重复的速率。若将“重复率”滑块拖向“快”的方向，则字符重复的速度加快，在单位时间内重复的个数多；若将滑块拖向“慢”的方向，则字符重复的速度相对慢些，在单位时间内重复的个数也少。调整完重复速度后，用户可在规定的测试框内测试一下。“光标闪烁频率”是指插入点的光标闪烁的速度，如果过快会使用户的眼睛不舒服，但过慢又会影响操作速度，所以对它的调整要根据用户的个人需要获取最佳状态。

“硬件”选项卡如图 3-58 所示，其中显示了所用键盘的硬件信息，如设备的名称、类型、制造商、位置及设备状态等。单击“属性”按钮，可打开“键盘设备属性”对话框。在该对话框中可查看键盘的常规设备属性、驱动程序的详细信息，进行更新驱动程序、返回驱动程序、卸载驱动程序等操作。

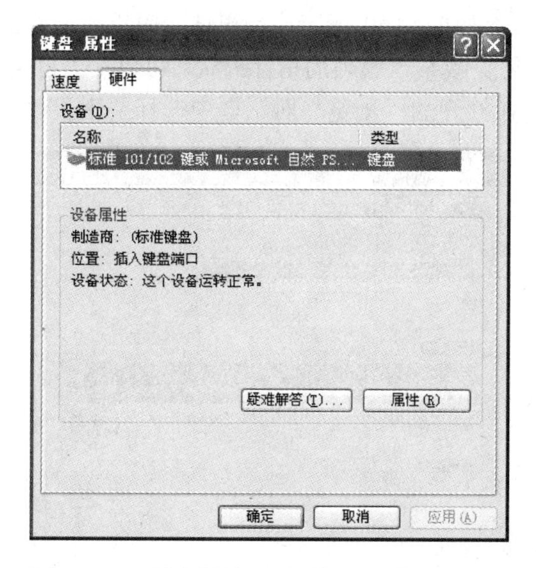

图 3-58　“键盘属性”对话框“硬件”选项卡

3.4.4　鼠标设置

双击“控制面板”窗口中的“鼠标”图标，可打开如图 3-59 所示的“鼠标属性”对话框。用户可利用该对话框调整鼠标的按键方式、指针形状、双击速度以及其他属性，使操作和使用更加方便。

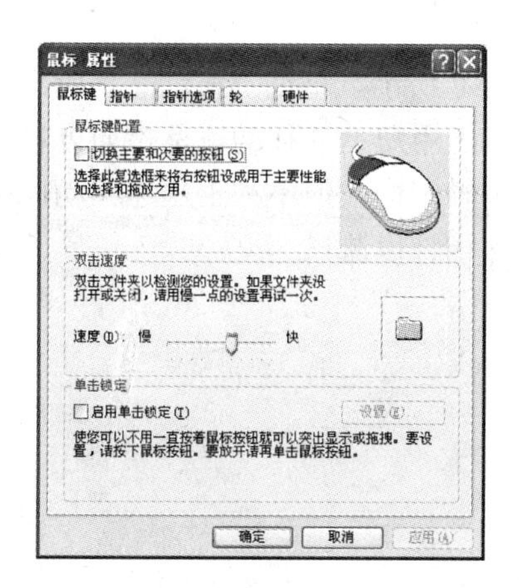

图 3-59　“鼠标属性”对话框“鼠标键”选项卡

1."鼠标键"选项卡

图 3-59 是"鼠标键"选项卡所对应的对话框。其中,"鼠标键配置"栏的默认设置是左键为主要键,若选中"切换主要和次要的按钮"选项,则设置右键为主要键。拖动"双击速度"滑块向"慢"或"快"方向移动,可以延长或缩短双击鼠标键之间的时间间隔。同时可双击右侧的文件夹图标来检验所设置的速度。在"单击锁定"栏,若选中"启用单击锁定"选项,则移动项目时不用一直按着鼠标键即可操作。单击"设置"按钮,在弹出的"单击锁定的设置"对话框中可调整实现单击锁定需要按鼠标键或轨迹按钮的时间。

2."指针"选项卡

"指针"选项卡下的内容如图 3-60 所示。如果要同时更改所有的指针,可在"方案"栏选择一种新方案。如果仅要更改某一选项的指针形状,可以在"自定义"列表中选择该选项,然后单击"浏览"按钮,在打开的"浏览"对话框中选择要用于该选项的新指针名即可。

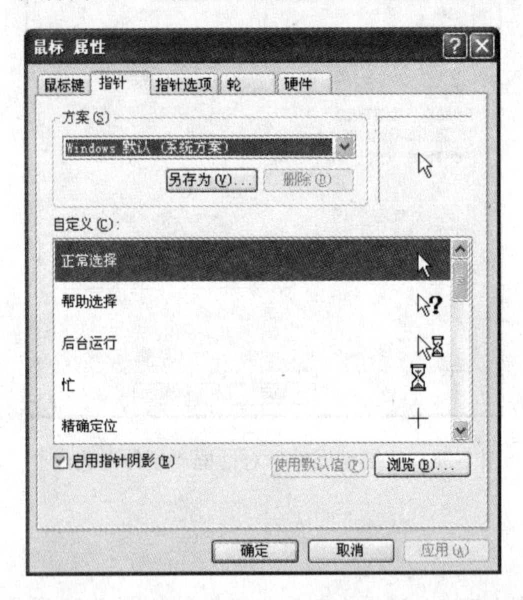

图 3-60 "鼠标属性"对话框"指针"选项卡

若选中"启用指针阴影"复选框,则鼠标指针会显示阴影效果。

3."指针选项"选项卡

"指针选项"选项卡如图 3-61 所示。拖动"移动"栏的滑块可对鼠标的指针移动速度进行设置。鼠标移动速度快,有利于用户迅速移动鼠标指向屏幕的各个位置,但不利于精确定位;鼠标移动速度慢,有利于精确定位,但不利于迅速移动鼠标指向屏幕的其他位置。设置后用户可在屏幕上来回移动鼠标指针以测试速度。

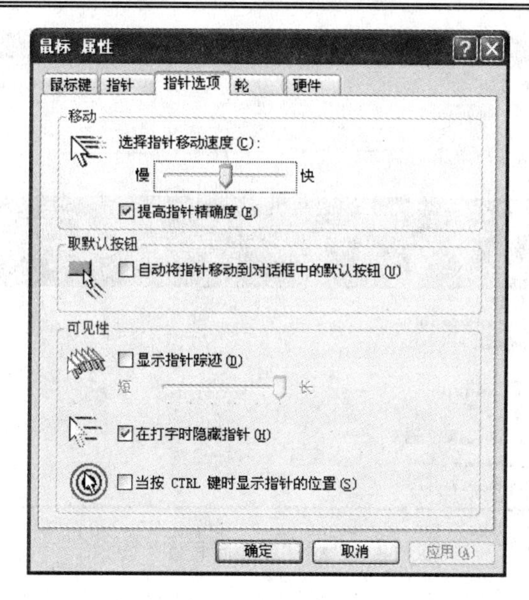

图 3-61　“鼠标属性”对话框“指针选项”选项卡

若在“取默认按钮”栏中选中“自动将指针移动到对话框中的默认按钮”复选框并应用后，则在打开对话框时，鼠标指针会自动移动到默认按钮（如“确定”或“应用”按钮）上。

“可见性”栏的选项用以改善鼠标指针的可见性。若选中“显示指针踪迹”复选框，则在移动鼠标指针时会显示指针的移动轨迹，拖动滑块可调整轨迹的长短；若选中“在打字时隐藏指针”复选框，则在输入文字时会隐藏鼠标指针，再移动鼠标时指针会重新出现；若选中“当按 Ctrl 键时显示指针的位置”复选框，则按下 Ctrl 键后松开时会以同心圆的方式显示指针的位置。

4．“轮”选项卡

该选项卡主要用于设置滚动鼠标轮时屏幕数据滚动的行数。用户可以设置一次滚动的行数，也可以设置一次滚动一个屏幕。

5．“硬件”选项卡

鼠标“硬件”选项卡的设置同键盘“硬件”选项卡设置。

3.4.5　添加或删除程序

1．更改或删除程序

计算机中安装了很多应用程序，有的应用程序本身提供了卸载功能，有的却没有。对于后者用户可以利用“添加或删除程序”功能手动卸载。注意：简单地将应用程序所在的文件夹删除是不够的，因为在 Windows XP 的配置文件中关于该应用程序的设置还遗留其中，而利用手工方法找到并修正这些遗留问题是相当困难的。

双击“控制面板”窗口中的“添加或删除程序”图标即可打开“添加或删除程序”窗口。单击窗口左侧的“更改或删除程序”按钮，窗口中将列出目前机器中所安装的程序，如图 3-62 所示。

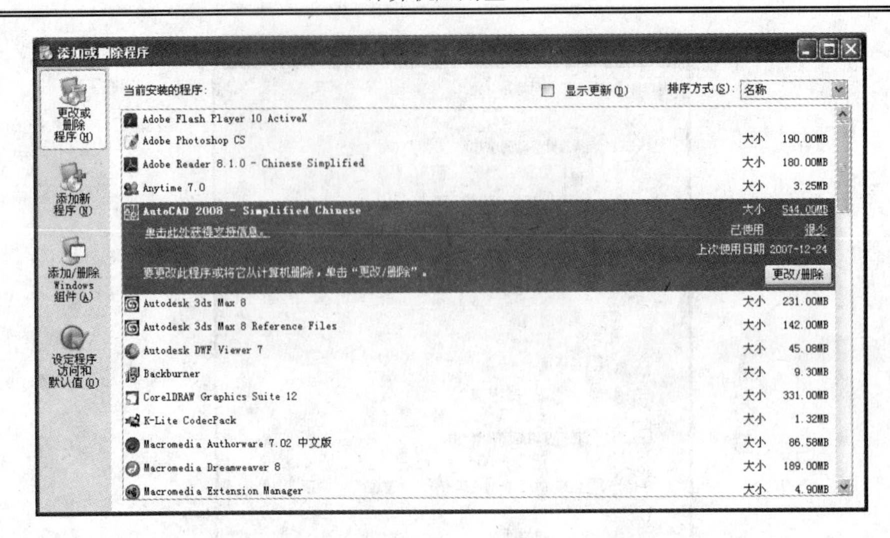

图 3-62 “添加或删除程序”窗口

选择某个应用程序，如“AutoCAD 2008”，可以看到应用程序所使用的磁盘空间、使用频率、上次使用日期等详细信息。单击“更改/删除”按钮，会弹出确认对话框，单击“是”按钮即可确认删除 AutoCAD 2008。

在此窗口中，还可以改变所安装应用程序的排序方式。默认是按“名称”排序，单击“排序方式”下拉列表框，可从中选择其他排序方式。如选择“使用频率”，则应用程序就会使用频率由少到多进行排序。如果磁盘空间紧张，可以根据使用频率将长期不用的应用程序删除。

2. 添加新程序

要添加一个新的程序，可单击窗口左侧的“添加新程序”按钮，进入添加新程序的向导界面，此时系统将引导用户从CD-ROM或软盘安装程序或从Internet上添加一个新的Windows功能、设备驱动器或进行系统更新。

3. 添加/删除 Windows 组件

单击窗口左侧的“添加/删除 Windows 组件”按钮，会进入如图 3-63 所示的界面，在这里可添加或删除位于“组件”列表框中的 Windows XP 组件。

“组件”列表框中程序左侧的复选框中如果有“✔”标记，表明系统已安装了该程序；如果复选框是灰色的，表明系统中只安装了该程序的部分组件。

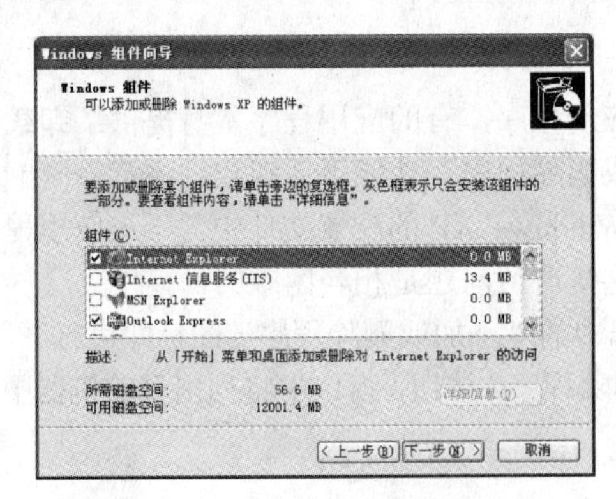

图 3-63 “Windows 组件向导”对话框

对话框下部显示了安装全部程序所需的磁盘空间和可用磁盘空间，以及列表中所选程序的功能。如果用户希望了解该程序的各个组件，可单击“详细信息”按钮查看。

4. 设定程序访问和默认值

程序配置指定某些操作的默认程序，如网页浏览和发送电子邮件。在“开始”菜单、桌面和其他地方显示哪些程序可以被访问。

3.4.6　日期和时间设置

在任务栏右侧的时间上双击，或双击“控制面板”窗口中的“日期和时间”图标都可打开如图 3-64 所示的“日期和时间属性”对话框。该对话框用于查看和设置系统日期、时间和时区。该对话框包括“时间和日期”、“时区”和“Internet 时间”三个选项卡，用户可以通过该对话框查看和调整系统时间、系统日期及所在地区的时区。

图 3-64　“日期和时间属性”对话框

在“时间和日期”选项卡下，左半部分是“日期”栏，用户可以在这里调整系统日期；右半部分是“时间”栏，用户可以在这里调整系统时间。钟表指针与其下方数字所显示的时间是一致的。用户可直接在左侧文本框中输入新的时间，也可使用右侧选值按钮进行调整。

在“时区”选项卡下，可以单击“时区”栏下拉箭头从下拉框中选择当前所在的时区。

在“Internet 时间”选项卡下，可设置使自己的计算机系统时间与 Internet 时间服务器同步。如果计算机属于某个域，则计算机的时钟可能自动被网络的时间服务器同步，此时“Internet 时间”选项卡不可用；如果计算机不属于任何域，则选中“自动与 Internet 时间服务器同步”复选框并确定后，计算机的时钟会自动且有规律地被 Internet 时间服务器同步。

3.4.7　区域和语言选项

利用“控制面板”中的“区域和语言选项”，可以更改 Windows 显示日期、时间、金额、大数字和带小数点数字的格式，也可以从多种输入语言和文字服务中进行选择和设置。

在如图 3-65 所示的“区域和语言选项”对话框 “区域选项”选项卡下，可更改日期、时间、数字和货币的设置。例如，在 Windows XP 系统中，鼠标悬停在任务栏的时钟上时会显示系统日期。如果在日期之外还需要提示星期几，则可在“区域和语言选项”中按照如下方式设置实现。

① 双击“控制面板”窗口中的“区域和语言选项”图标，打开“区域和语言选项”对话框。

② 单击“区域选项”选项卡下的“自定义”按钮，打开“自定义区域选项”对话框。

③ 选择“日期”选项卡，在“长日期”栏的“长日期格式”框内容后面加上字母 dddd。

④ 单击“确定”按钮退出。

此时再将鼠标悬停到时钟上时，系统时钟已经可以提示当天是星期几了。

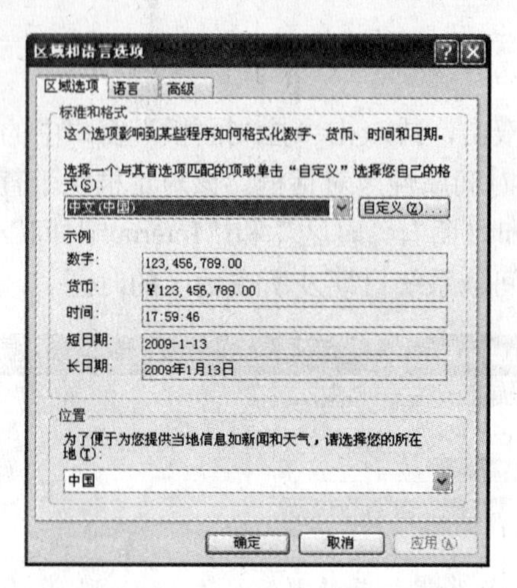

图 3-65　“区域和语言选项”对话框

在“语言”选项卡下的“附加的语言支持”栏选中“为复杂文字和从右向左的语言安装文件”复选框，可安装复杂文字和从右到左语言文件。在“文字服务和输入语言”栏中单击“详细信息”按钮，会弹出“文字服务和输入语言”对话框，如图 3-66 所示。

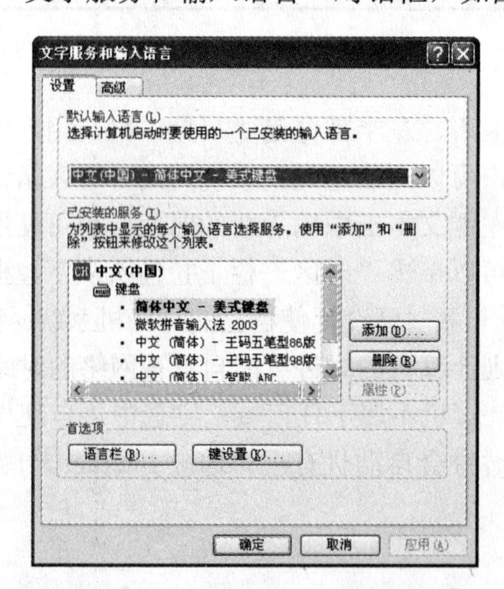

图 3-66　“文字服务和输入语言”对话框

在“默认输入语言”栏的下拉列表中可选择设置计算机启动时的默认输入法。

每种语言都有默认的键盘布局，但许多语言还有可选的版本。在“已安装的服务”栏单击“添加”按钮，则可在新弹出的“添加输入语言”对话框中选择相应服务以添加其他键盘布局或输入法。如果要更改某种已安装的输入法的属性设置，可在“已安装的服务”栏列表中选择该输入法，然后单击“属性”按钮，在弹出的对话框中进行设置即可。

在“首选项”栏单击“语言栏”按钮可设置切换语言或键盘的方式，单击“键设置”按钮可以自定义输入语言的按键顺序。

3.4.8　用户账户管理

只有通过用户和组账户，用户才可以加入到网络的域、工作组或者本地计算机中，从而使用文件、文件夹及打印机等网络或本地资源。通过为用户账户和组账户提供权限，可以赋予和限制用户访问上述环境中各种资源的权限。与用户账户相对应，每位用户都可以拥有自己的工作环境，如屏幕背景、鼠标设置以及网络连接和打印机连接等，这就有效地保证了同一台计算机中各用户之间互不干扰。

为了便于管理大量的用户账户，Windows XP 引入了组账户的概念。组账户包括所有具有同样权限和属性的用户账户。

为了便于管理，系统预置了 Administrator（管理员）账户，具有 Administrator 权限的用户可以管理所有资源的使用。

1．创建一个新账户

创建一个新账户操作方法为以下两种情况。

（1）计算机在某个域中

用户必须以管理员或 Administrators 组成员的身份登录才能完成该过程。如果计算机已与网络连接，网络策略设置也可能阻止用户完成此步骤。

① 在“控制面板”中双击打开“用户账户”。

② 在“用户”选项卡下单击“添加”按钮。

③ 执行屏幕上的指令添加新的用户。

（2）计算机不在域中

必须在计算机上拥有计算机管理员账户才能把新用户添加到计算机中。

① 在“控制面板”中双击打开“用户账户”，如图 3-67 所示。

图 3-67　“用户账户”窗口

② 在“挑选一项任务”栏单击“创建一个新账户”。

③ 输入新用户账户的名称，然后单击“下一步”按钮，如图 3-68 所示。

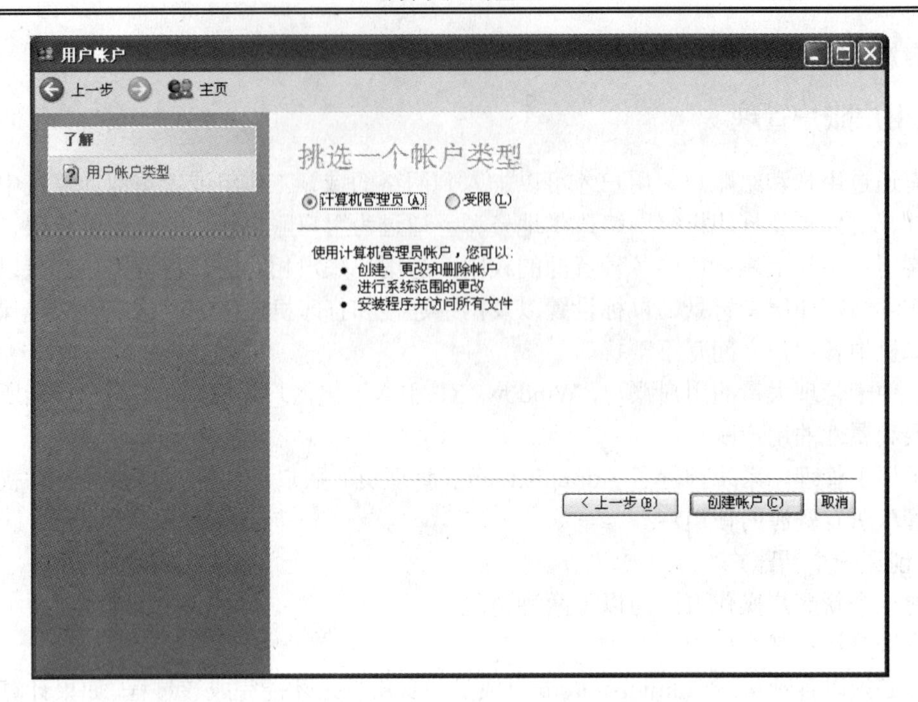

图 3-68 在“用户账户”窗口挑选账户类型

④ 根据想要指派给新用户的账户类型，单击“计算机管理员”或“受限”选项，然后单击“创建账户”按钮。

指派给账户的名称就是将出现在“欢迎”屏幕和“开始”菜单上的用户名称。

2. 切换账户

通过此功能，可以不用关闭程序而简单地在多个用户间切换。例如，某一用户正在计算机上玩游戏，而另一用户要打印文档时，不用关闭游戏，直接使用“切换账户”功能切换到后者的账户就可以了。

切换账户的操作非常简单，直接在如图 3-67 所示的“用户账户”窗口中单击要切换到的账户名即可。也可以单击“开始”按钮，在“开始”菜单中单击“注销”命令，在弹出的对话框中单击“切换用户”按钮，然后选择另一个账户名即可。

3. 更改用户登录或注销的方式

在如图 3-67 所示的“用户账户”窗口中的“挑选一项任务”栏单击“更改用户登录或注销的方式”，然后选择“登录和注销”选项并单击“应用选项”按钮即可。

3.5 Windows XP 的附件

附件是 Windows XP 自带的一些小工具软件。

3.5.1 画图

Windows XP 的“画图”是一个位图绘制程序，如图 3-69 所示。用户可以用它创建简单或者精美的图画，然后将其作为桌面背景，或者粘贴到另一个文档中；也可以使用“画图”

查看和编辑扫描的照片，最终还可以将编辑好的图片打印出来。

图 3-69 “画图”窗口

“画图”窗口左侧是绘制图画所需的工具箱，其中每个工具的使用方法用户可参考“帮助”菜单中的介绍。窗口下方是颜色框，使用它可选择绘画所需的前景色和背景色，默认的前景色和背景色显示在颜料盒的左侧，上层的颜色方块代表前景色，下层颜色方块代表背景色。要将某种颜色设置为前景色，只需单击该颜色框即可；若要将某种颜色设置为背景色，可右击该颜色框。

若要将处理好的图片设置为桌面背景，可执行以下操作。

① 保存图片。

② 选择执行“文件”菜单中的“设置为墙纸（平铺)”命令或“设置为墙纸（居中)”命令。

3.5.2 记事本

“记事本”是一个用于编辑纯文本文件的编辑器。除了可以设置字体格式外，它几乎没有格式处理能力，但因为“记事本”运行速度快，用它编辑产生的文件占用空间小，所以在不注重文本格式的情况下，“记事本”是一个很实用的程序。

通过“附件”打开“记事本”后，系统会自动在其中打开一个名为“无标题”的文件，如图 3-70 所示，用户可直接在其中输入和编辑文字。编辑完成后，若要保存该文件，可单击执行“文件”菜单下的“保存”命令进行保存。

图 3-70 “记事本”窗口

若需在“记事本”窗口中打开一个已经存在的文件，可单击执行“文件”菜单下的“打开”命令，此时将弹出一个“打开”对话框。该对话框外观类似于“另存为”对话框，用户可在“打开”对话框中的“查找范围”下拉列表框中选择拟打开的文件所在的文件夹，然后选定拟打开的文件，最后单击“打开”按钮即可。

3.5.3　写字板

“写字板”是 Windows XP 附件中提供的文字处理类的应用程序，在功能上较一些专业的文字处理软件来说相对简单，但功能比“记事本”要强大。“写字板”窗口除了与“记事本”窗口一样包括标题栏、菜单栏和编辑区外，还有工具栏、格式栏、标尺和状态栏，如图 3-71 所示。

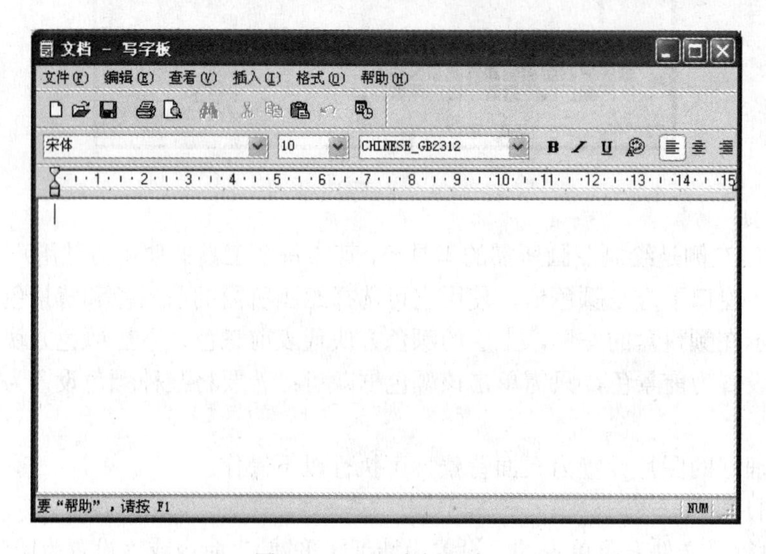

图 3-71　“写字板”窗口

利用写字板可以完成大部分的文字处理工作，如格式化文档；可以设置字体、字形、大小、颜色，可以给文字加删除线、下画线；还可以在编辑中加入项目符号、采用多种对齐方式，等等。写字板还能对图形进行简单的排版，并且与微软销售的其他文字处理软件兼容。总的来说，写字板是一个能够进行图文混排的文字处理程序。

在“写字板”的文档中可以插入其他类型的对象，如图片、Excel 工作表、PowerPoint 幻灯片等。方法为：单击“插入”菜单中的“对象”命令，打开如图 3-72 所示的“插入对象”对话框，然后在对话框中选择需要插入的对象类型即可。

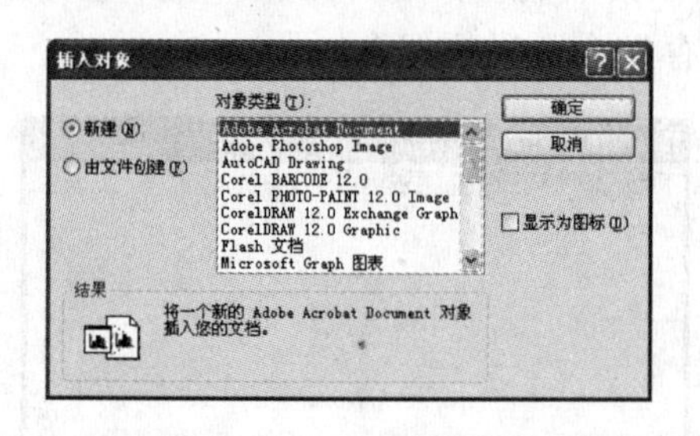

图 3-72　“插入对象”对话框

“写字板”的默认文件格式为 RTF 格式（Rich Text Format），但是它也可以读取纯文本文件（*.txt）、书写器文件（*.wri）及 Word 6.0（*.doc）文档。

其中，纯文本文件是指文档中没有使用任何格式；RFT 文件则可以有不同的字体、字符格式及制表符，并可在各种不同的文字处理软件中使用。

3.5.4　计算器

Windows XP 的“计算器”可以完成所有手持计算器能完成的标准操作，如加法、减法、对数和阶乘等。

单击打开“查看”菜单，可以选择使用“标准型”计算器或是“科学型”计算器。如图 3-73 所示的标准型计算器用于执行基本的运算，如加法、减法、开方等。如图 3-74 所示的科学型计算器主要用于执行一些函数操作（如求对数，正弦、余弦等），以及多种进制之间的转换操作等。例如，欲求十进制数 182 对应的二进制数，可在如图 3-74 所示的科学型计算器中输入“182”，然后单击选中进制栏的“二进制”，数字框中即可显示出等值的二进制数“10110110”。

图 3-73　标准型“计算器”窗口

图 3-74　科学型“计算器”窗口

3.5.5 娱乐

Windows XP 提供了许多媒体工具，使用户能够在紧张的工作之余进行一些休闲娱乐活动。

1．音量控制

在 Windows XP 中，自带了音量控制功能，这样可以使音量调节更为方便。它可以用来设置不同的音量，如系统音量、Wave 音量、CD 音量等。

单击“开始”→“所有程序”→“附件”→“娱乐”中的“音量控制”命令，即可启动“音量控制”对话框，如图 3-75 所示。

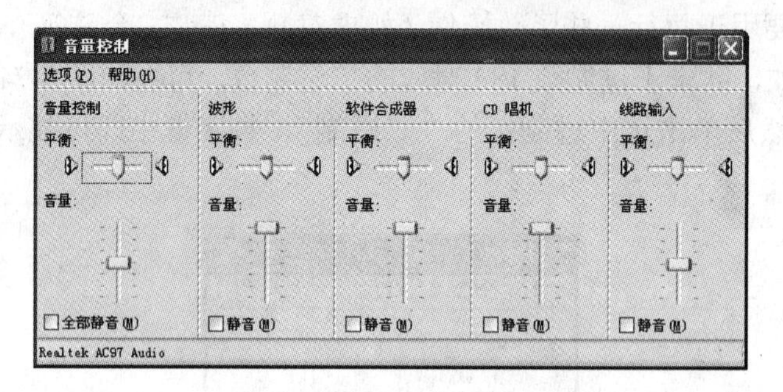

图 3-75　“音量控制”对话框

下面介绍如何进行音量控制。

① 单击“选项”菜单中的“属性”命令，打开音量控制“属性”对话框，如图 3-76 所示。

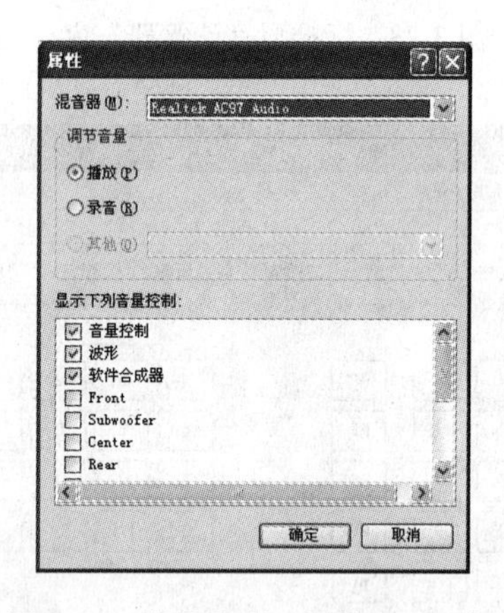

图 3-76　音量控制“属性”对话框

② 单击需要调节音量的单选框选项，如“播放”、“录音”或“其他”。

③ 在“显示下列音量控制”列表框中，选中需要进行音量调节的设备的复选框。

④ 单击“确定”按钮。

如果“调节音量”栏选择的是“播放”，那么在“音量控制”对话框中显示的可进行控制的设备将都是播放音量，上下拖动音量控制的滑块即可调节播放音量。如果要调节录音音量，首先要在“调节音量”栏选择“录音”，然后才可以在“音量控制”对话框中进行相应设置。

如果需要关闭音量，可在“音量控制”对话框中单击“全部静音”复选框。

2. 录音机

Windows XP 中的“录音机”程序除了可以录制和播放数字声音外，还能提供声音的修正及混音效果。

单击“开始”→“所有程序”→“附件”→“娱乐”中的“录音机”命令，就可打开“录音机”程序，如图 3-77 所示。

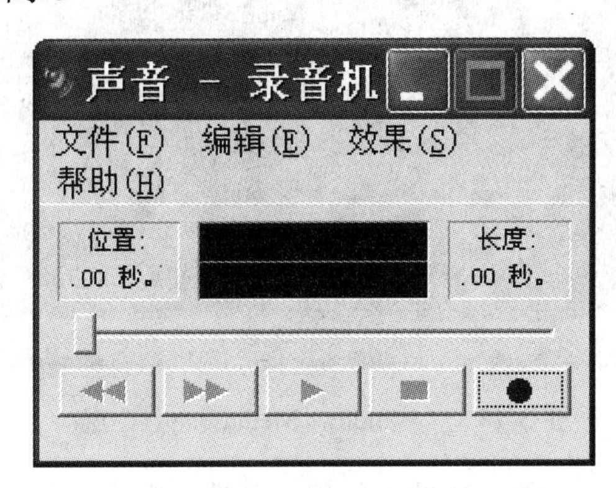

图 3-77　“录音机”窗口

要想顺利地完成录音，必须要选择声音来源，如麦克风、线路输入或 CD 音频等。录制麦克风声音的具体操作方法如下：

① 确保麦克风已接到系统的声卡上。

② 在“录音机”窗口中单击“文件”菜单中的“新建”命令。

③ 单击控制键上的“录音”按钮，这时对着麦克风就可以进行录音了。

④ 单击“停止”按钮，即可停止录音。

录音完毕后，单击“播放”按钮可以听到刚刚的录音效果，如果不满意，还可重新录制。如果希望保存录音，可以像保存文档一样将这个声音文件保存起来。

3. Windows Media Player

Windows Media Player 支持几乎所有的多媒体文件格式，除了可以播放当前流行的多种格式的音频、视频和混合型多媒体文件外，还可以接入国际互联网，收听或收看网上的节目。此外，它还支持智能流，可监视网络工作状况并自动进行调整，以确保获得最佳的接收和播放效果。

单击“开始”→“所有程序”→“附件”→“娱乐”中的“Windows Media Player”命令，即可打开 Windows Media Player。

Windows Media Player 窗口由上到下依次包括以下组成部分：标题栏、菜单栏、选项卡栏、显示区和播放控制按钮等，如图 3-78 所示。

可以通过单击 Web 页中指向要播放的媒体内容的链接，或者双击“Windows 资源管理器”中的媒体文件或文件图标来播放媒体文件。

当将音频 CD 插入 CD-ROM 驱动器时，Windows Media Player 会自动开始播放。播放机在打开时会处于“正在播放”状态，显示艺术家名称、所播放曲目的标题及可视化效果。

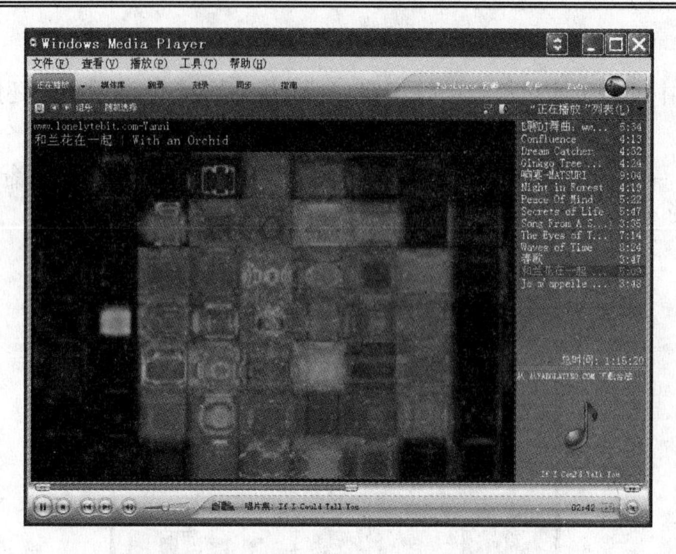

图 3-78　“Windows Media Player”窗口

① Windows Media Player 的主要功能体现在各选项卡上。

② “媒体库”选项卡：可以创建播放列表，并管理内容，如图 3-79 所示。

③ “翻录”选项卡：可以从 CD 中复制媒体文件到硬盘上。

④ “刻录”选项卡：可将硬盘上可供刻录的音乐文件刻录到 CD 中。

⑤ “同步”选项卡：可将硬盘上的内容同步到便携设备。

⑥ “指南”选项卡：可以在 Internet 上查找使用音乐、电影、电视、电台、游戏等资源。

图 3-79　“Windows Media Player”窗口“媒体库”选项卡

3.5.6 系统工具

单击“开始”→“所有程序”→“附件”→“系统工具”，可打开“系统工具”菜单，它提供了一些实用的系统管理工具。

1. 文件和设置转移向导

“文件和设置转移向导”可以帮助用户将计算机上原有的数据文件和个人设置转移到新计算机中，从而无须重复在原来计算机上已进行过的设置。例如，可将原来计算机上的个人显示属性、文件夹和任务栏选项、Internet 浏览器和邮件设置转移到新计算机中。该向导还可以转移指定文件或整个文件夹，如“我的文档”、“图片收藏”及“收藏夹”等。在转移时密码不会随程序转移。

要打开“文件和设置转移向导”，可依次单击“开始”→“所有程序”→“附件”→“系统工具”，然后单击“文件和设置转移向导”命令，其欢迎窗口如图 3-80 所示。

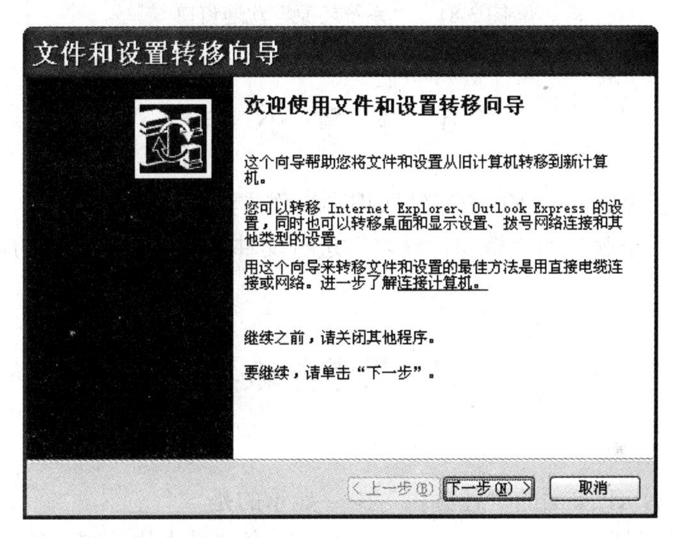

图 3-80 “文件和设置转移向导”欢迎窗口

在原计算机上运行“文件和设置转移向导”命令后，用户可以根据向导提示，选择从原计算机收集所需资料，然后在新计算机上运行“文件和设置转移向导”命令，选择将收集到的资料转移至新计算机上。

2. 系统还原

当预测到对计算机进行某些更改是危险的或可能对计算机稳定性产生影响时，创建还原点十分有用。单击“开始”→“所有程序”→“附件”→“系统工具”→“系统还原”命令，会打开如图 3-81 所示的“系统还原”欢迎窗口。单击“创建一个还原点”选项，然后单击“下一步”按钮。在“还原点描述”文本框中，输入一个名称来标识该还原点。“系统还原”会自动将创建该“还原点”的日期和时间添加到此名称中。单击“创建”按钮完成该还原点的创建。

要查看或返回到某个还原点，只需从如图 3-81 所示的欢迎窗口中选择“恢复我的计算机到一个较早的时间”。然后从“选择一个还原点”窗口中的日历上选择该还原点的创建日期。在选定日期中创建的所有还原点都按照名称列在日历右侧的列表框中。

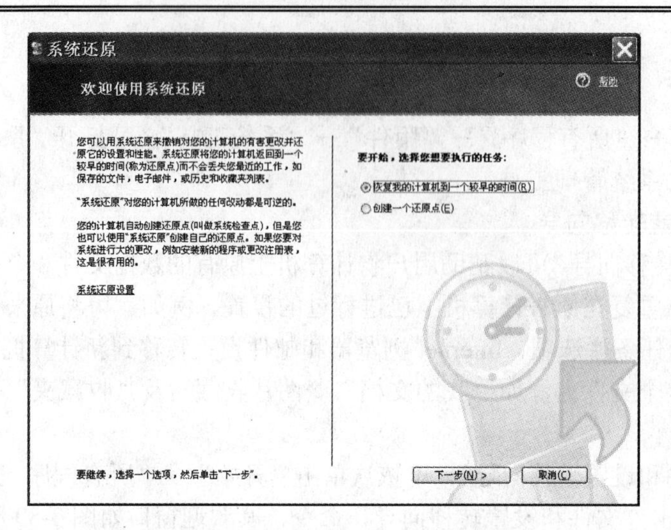

图 3-81　“系统还原”欢迎窗口

3.6　本 章 小 结

本章主要介绍了 Windows XP 的基础知识和操作方法，包括系统概述、Windows XP 的基本操作、利用“我的电脑”和“资源管理器”进行文件管理、控制面板的使用、附件的使用等。

3.7　思考与练习

1．选择题

（1）在 Windows XP 桌面的“任务栏”中，显示的是________。

A．当前窗口的图标　　　　B．所有被最小化的窗口的图标

C．所有已打开的窗口的图标　　　　D．除当前窗口以外的所有已打开的窗口的图标

（2）在 Windows XP 中，“资源管理器”的窗口被分成两部分，其中左部分显示的内容是________。

A．当前打开的文件夹的内容　　　　B．系统的树形文件夹结构

C．当前打开的文件夹名称及其内容　　　　D．当前打开的文件夹名称

（3）在 Windows XP 中，“剪贴板”是________。

A．硬盘上的一块区域　　　　B．软盘上的一块区域

C．内存中的一块区域　　　　D．高速缓存中的一块区域

（4）在 Windows XP 中，当一个应用程序窗口被最小化后，该应用程序将________。

A．被终止执行　　　　B．继续在前台执行

C．被暂停执行　　　　D．被转入后台执行

（5）在 Windows XP 中，为了重新排列桌面上的图标，首先应进行的操作是________。

A．用鼠标右键单击桌面空白处　　　　B．用鼠标右键单击“任务栏”空白处

C．用鼠标右键单击窗口的空白处　　　　D．用鼠标右键单击“开始”按钮

2. 填空题

（1）在 Windows XP 的菜单中，经常有一些命令是浅灰色的，表示这些命令________________。

（2）在“资源管理器”左窗格的一些图标前往往有加号或减号，减号表示________________。

（3）在 Windows XP 的“资源管理器”窗口中，当选定文件夹并按 Shift+Del 键后，所选定的文件夹将____________________。

（4）在 Windows XP 中，能弹出对话框的操作是选择了带________________符号的菜单项。

（5）屏幕保护程序的作用是______________________。

3. 问答题

（1）如何使系统已知类型文件隐藏的扩展名显示出来？

（2）如何将 D:\phj.bmp 图形文件设置为桌面背景？

第 4 章　文字处理软件 Word 2003

Microsoft Office Word 2003 是 Office 2003 中的重要一员，也是最常用的字处理软件之一，它融入了文档视图、编辑、排版、打印等多种功能设置。Word 2003 在原有版本的基础上又做了改进，使用户能在更为合理和友好的界面环境中体验其强大功能。

本章主要内容

- Word 2003 概述
- 文档的基本操作
- 文本的编辑
- 文档的排版
- 图文混排
- 表格
- 文档的打印
- 高级应用

4.1　Word 2003 概述

4.1.1　Word 2003 的启动

使用 Word 2003 各种操作的基础就是启动。启动 Word 2003 的方法很多，在此介绍最基本和常用的启动方法。

方法一：单击“开始”→“所有程序”→“Microsoft Office 2003”→“Microsoft Office Word 2003”命令，如图 4-1 所示。

图 4-1　启动 Word 2003

方法二：如果桌面上有 Word 2003 快捷方式图标，用鼠标左键双击图标即可。

4.1.2　Word 2003 的窗口组成

启动 Word 2003 后，系统会自动建立一个名为“文档 1”的空白文档。Word 2003 窗口主要由标题栏、菜单栏、工具栏、标尺、编辑区、滚动条和状态栏等部分组成，如图 4-2 所示。

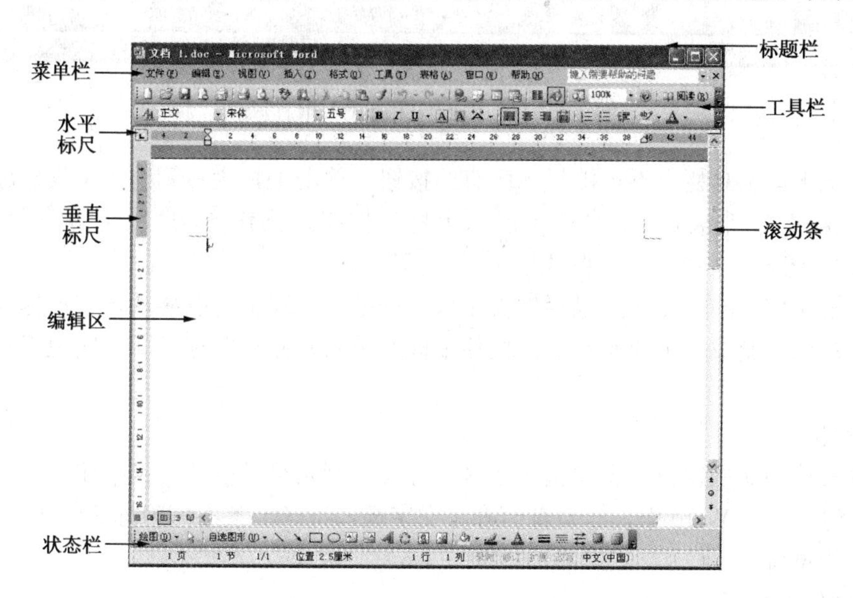

图 4-2　Word 2003 窗口界面

1. 标题栏

标题栏位于窗口的最上方，用来标注文档的标题名称，是在标题栏最左侧用来表示 Word 2003 的程序图标。单击该程序图标（或者按下键盘上的 Alt＋空格键）将会打开控制菜单，利用该菜单上的各选项可关闭窗口或重新设置窗口大小。标题栏右侧有 3 个按钮，分别是最小化按钮、还原/最大化按钮及关闭按钮。

2. 菜单栏

菜单栏位于窗口顶部标题栏的下方，共包含了 9 组菜单命令，每一个下拉菜单中都包含一组同类的文件操作命令。用户可以通过鼠标选择菜单栏命令，执行 Word 的某项功能，还可以利用键盘按下 Alt 键与菜单名中带下画线的字母打开菜单。比如，如图 4-3 所示，按 Alt＋E 组合键，可以打开“编辑”菜单。

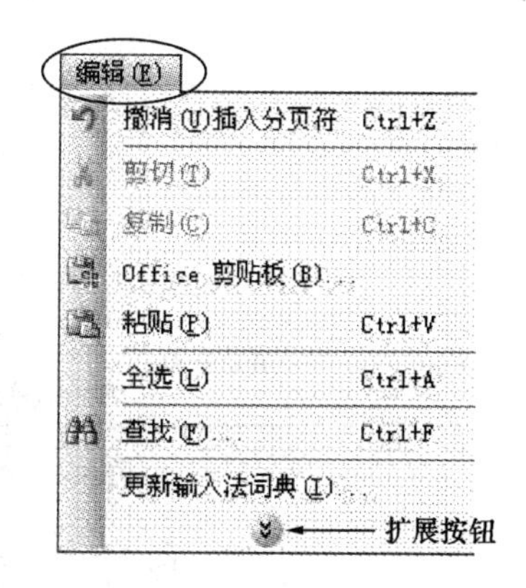

图 4-3　“编辑”菜单

另外，Word 菜单具有自适应性。为了防止显示过于凌乱，第一次打开菜单时，屏幕只显示该菜单的简短列表，并在底部出现一个双箭头的“扩展按钮”，如图 4-3 所示。如果单击该“扩展按钮”，或在菜单列表上停留几秒钟，菜单将自动展开，显示该菜单中的所有命令。

3. 工具栏

在默认情况下，工具栏位于菜单栏的下方，是一种快速链接命令项的操作方式。通常出现的工具栏为“常用”和“格式”工具栏，如图4-4所示。Word提供了众多的工具栏，Word中的许多操作都可以通过单击工具栏的按钮实现。执行“视图”菜单中的“工具栏”命令，可以看到Word中所有的工具栏。当鼠标移动到工具栏的某个按钮上稍作停留，就会显示该按钮的提示信息。

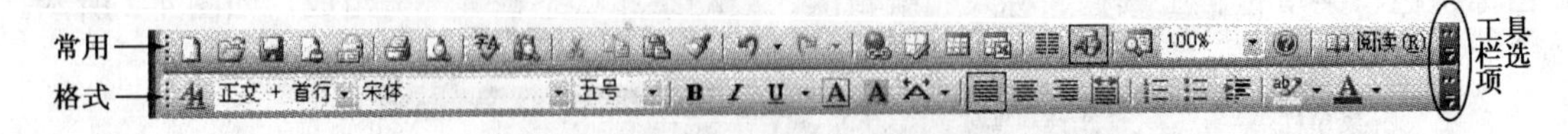

图4-4　“常用”与“格式”工具栏

一般情况下，工具栏上不可能显示所有的按钮，单击工具栏右侧的“工具栏选项”可以进行设置。要使用“格式”工具栏中的“上标”按钮，操作方法为依次单击“工具栏选项”→“添加或删除按钮”→“格式”→“上标”命令。

此外，根据用户的需要，工具栏的大小可以调整，位置也可以移动。将鼠标移动到工具栏的左端，鼠标会变成一个四向箭头。按住鼠标左键同时移动鼠标，即可实现工具栏位置的移动。

4. 编辑区

编辑区又称为文档窗口，主要由文本区、标尺、制表符、视图切换按钮、滚动条、拆分框等几部分组成。在Word中，一直都会存在文字插入符（一条不停闪烁的竖线），提示下一个输入文字的位置。

5. 视图模式按钮

视图模式按钮如图4-5所示，可以实现视图在不同模式之间的切换。在Word 2003菜单栏的“视图”菜单中，也存在着执行相同功能的命令，如图4-6所示。

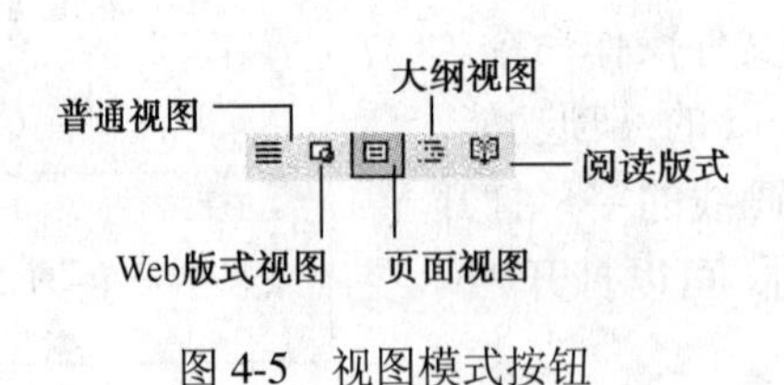

图4-5　视图模式按钮

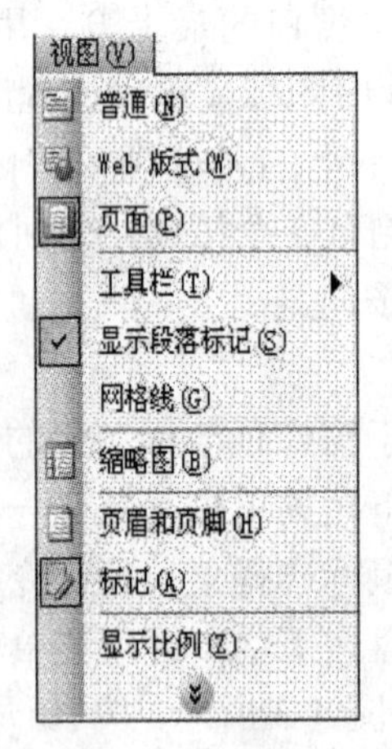

图4-6　“视图”菜单

6. 标尺

Word标尺分为水平标尺和垂直标尺，其中水平标尺在“页面”、“Web版式”和“普通视图”下都可以看到，而垂直标尺只有在“页面视图”下才能看到。

执行“视图”→“标尺”命令，可以显示和隐藏标尺。使用标尺可以查看文档的宽度、查看设置制表符的位置、查看设置段落缩进的位置，以及查看设置文档的左右界限。

7. 状态栏

状态栏显示文档的有关选项、工具栏、按钮及正在进行的操作或插入符所在的位置等信息。

4.1.3　Word 2003 的退出

当在文档中完成了所有的工作之后，就可以退出 Word。退出的方式有多种，常用的方式如下。

方法一：单击 Word 应用程序标题栏右上角的“关闭”按钮。

方法二：双击标题栏左上角的“控制窗口”按钮，会直接关闭 Word 应用程序。

方法三：在系统任务栏上选中该文档并单击鼠标右键，在弹出菜单中选择“关闭”命令。

在使用 Word 的过程中屏幕右上角有两个“关闭”按钮，它们的作用是不同的。当只打开一个文档时，单击标题栏上的“关闭”按钮，可关闭 Word 程序；单击菜单栏右边的“关闭”按钮，则关闭当前文档。如果打开了多个文档，则单击这两个按钮中的任何一个都只能关闭当前被激活的这个文档文件。

4.2　文档的基本操作

4.2.1　创建新文档

启动 Word 的同时，系统会自动创建一个空白的新文档。此外，还可以用其他方法来创建新的 Word 文档。

方法一：在 Word 2003 菜单栏中选择“文件”→“新建”命令，打开“新建文档”任务窗格，然后单击“空白文档”超链接。

方法二：单击“常用”工具栏上的“新建空白文档”按钮。

除此之外，Word 2003 还有许多用来创建文档的模板。使用模板创建文档的操作步骤如下：

① 在 Word 2003 菜单栏中选择“文件”→“新建”命令，在 Word 2003 窗口打开“新建文档”任务窗格，如图 4-7 所示。

② 在该任务窗格上单击“本机上的模板”超链接，可以打开“模板”对话框，如图 4-8 所示。

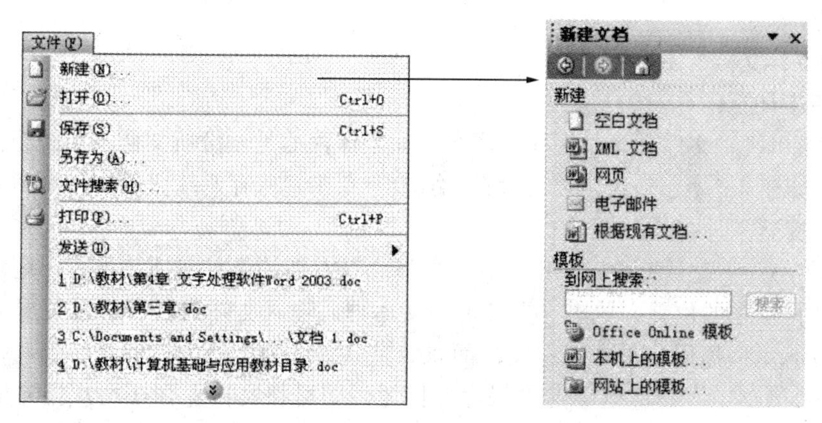

图 4-7　“新建文档”任务窗格

根据需要选取模板，然后单击对话框中的“确定”按钮，即可完成创建过程。如果认为此处提供的模板不够丰富，可以在“新建文档”任务窗格或“模板”对话框中单击“Office Online 模板”按钮，打开 Office Online 模板主页，将有更多的选择。

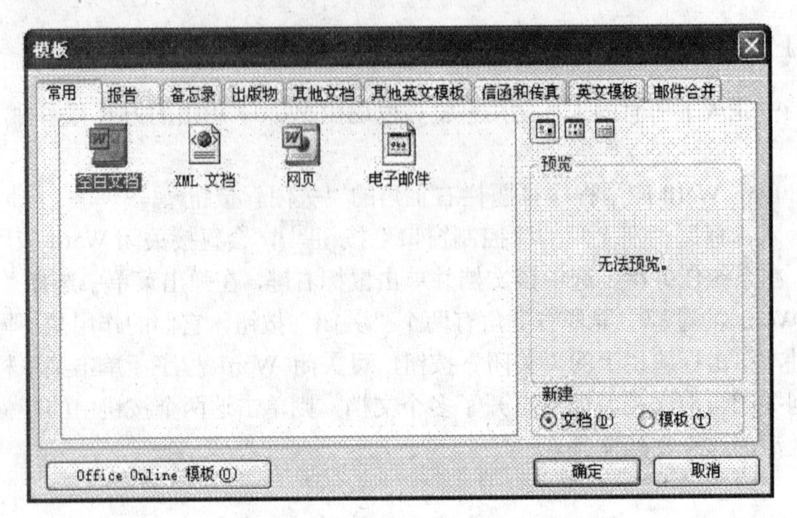

图 4-8　“模板”对话框

4.2.2　输入文本

在文档窗口中，存在着一个闪动的光标——插入符，它标志着文字输入的位置。在输入文字时，随着文字的输入，插入符自动向右移动，当到达编辑区的最右端时，将自动跳转到下一行。

输入文字时，键盘上的 Enter 键具有分段且换行的功能。当按下一次 Enter 键时，编辑文档中将出现一个灰色的“↵”标记。

按下组合键 Shift＋Enter，表示文档中根据用户的需要实现了强制换行，编辑文档中将出现一个灰色的“↓”标记。

4.2.3　保存文档

文档编辑完成后，用户需要将它保存在磁盘上，以便将来使用。Word 2003 提供了多种保存文档的方法。

1．手动保存文档

具体的步骤如下：

① 单击菜单栏“文件”→“保存”命令。如果保存的是一份新文档，系统将打开“另存为”对话框，如图 4-9 所示。也可以通过在工具栏上单击“保存”按钮或者按快捷键 Ctrl＋S 来实现同样的操作。

② 在“另存为”对话框中，单击“保存位置”框右边的下拉按钮，可在出现的下拉列表中选择一个文件保存的位置。单击“文件名”文本框，输入文件的名字。通常情况下，Word 文档的主文件名可根据用户需要来定义，而系统默认.doc 为文档的扩展名。

③ 单击“另存为”对话框中的“保存”按钮，即可将文档保存在用户指定的位置，如图 4-10 所示。

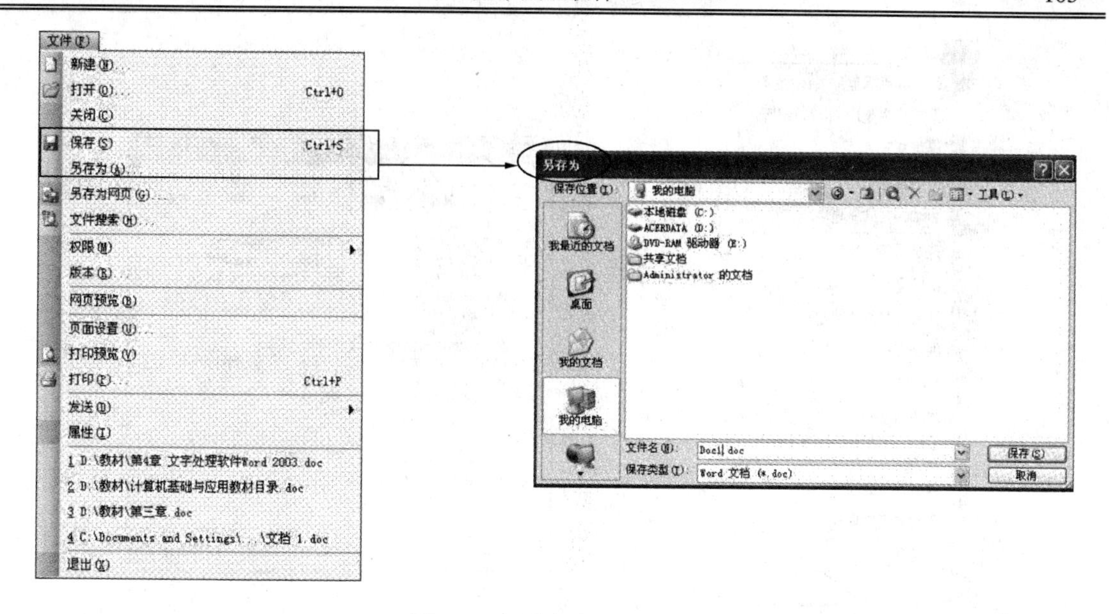

图 4-9　“另存为”对话框

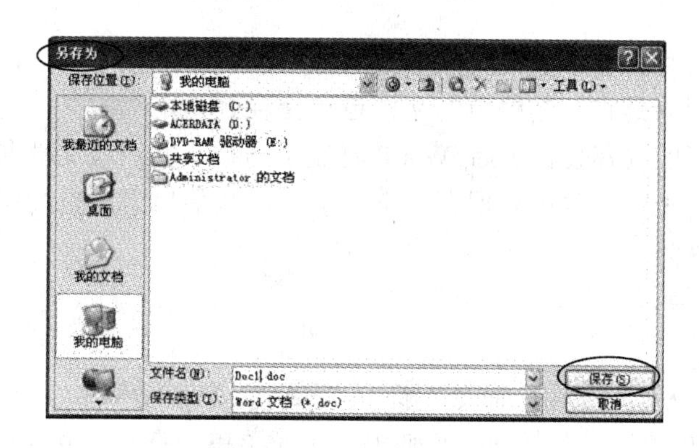

图 4-10　“保存位置”列表

对于已经保存过的文档，修改后再次保存，可直接单击“文件“→“保存”，此时将不再出现“另存为”对话框，修改后的文件将直接覆盖原文件。如果需要把修改后的文件另外保存，可单击“文件”→“另存为”命令。

如果需要同时保存多个文档，按住 Shift 键，单击菜单栏“文件”→“全部保存”，则所有已打开的文档将会依次保存。

2. 自动保存文档

在编辑文档时，可能会遇到一些异常情况，比如停电、死机等突发事件造成文件内容丢失。Word 提供的自动保存功能有效地解决了这个问题，可以每隔一段时间自动保存一次文档。

具体步骤如下：

① 单击菜单栏“工具”→“选项”命令，弹出“选项”对话框。

② 选择“选项”对话框中的“保存”选项卡，如图 4-11 所示。选中“自动保存时间间隔”复选框。

③ 根据需要设定间隔时间，然后单击“确定”按钮。

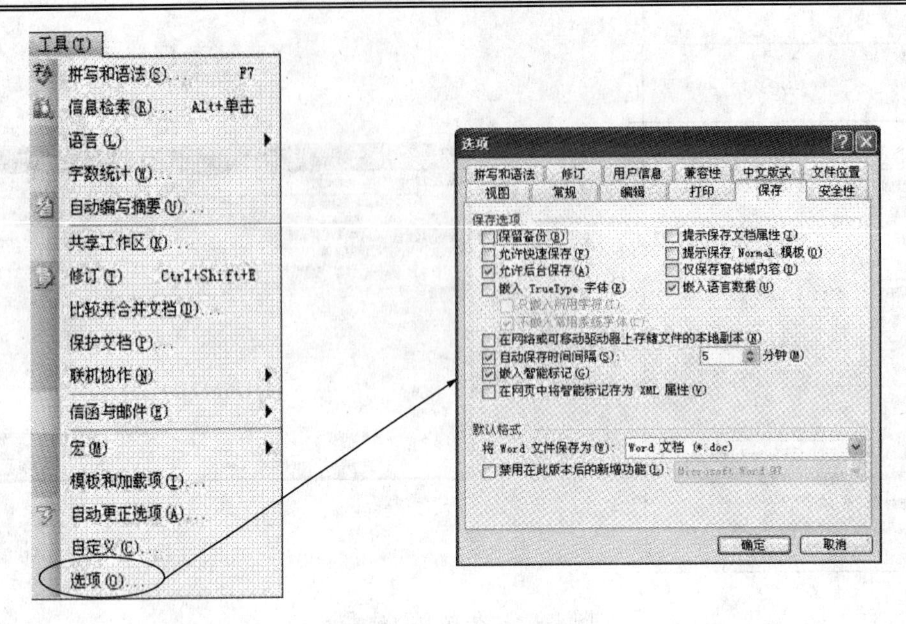

图 4-11　“选项”对话框“保存”选项卡

值得注意的是：自动保存虽然能在很大程度上避免忘记保存的情况，但是并不能完全代替存盘操作，它的作用只是将正在编辑的文档自动保存到一个临时文件中，当遇到意外情况发生时，临时文件保存的内容会在重启 Word 时显示出来，并在该文件名中含有“(恢复)”字样，此时用户应该马上将恢复内容保存一下。另外，从最后一次自动保存到断电前这段时间里编辑的内容不能恢复。

3. 用密码保护文件

具体步骤如下：

① 单击“文件”→“另存为”命令，打开“另存为”对话框。

② 单击对话框中的“工具”按钮，从弹出的下拉菜单中选择“安全措施选项”命令，出现“安全性”对话框。

③ 在“打开文件时的密码”文本框中输入密码，每输入一个字符就显示一个星号。密码是可以包含字母、数字、空格和符号的任意组合，最多可以输入 15 个字符。如果选择“高级”加密选项，则可使用更长的密码，如图 4-12 所示。

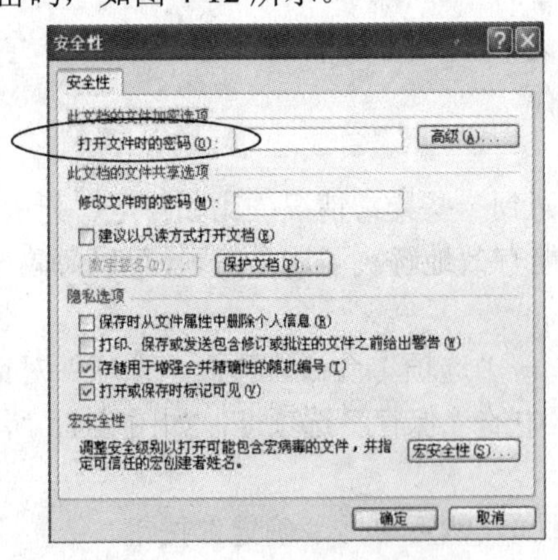

图 4-12　“安全性”对话框

④ 单击“确定”按钮，出现“确认密码”对话框。

⑤ 再次输入密码后，单击“确定”按钮返回“另存为”对话框中。

⑥ 单击“保存”按钮，即可将该文档保存。

4.2.4　关闭文档

对于已保存过的文档，单击菜单栏“文件”→“关闭”命令，即可关闭当前文档。

对于编辑后未保存过的文档，单击菜单栏“文件”→“关闭”命令，会弹出一个询问对话框，如图 4-13 所示。选择“是”按钮，表明将修改后的文档保存；选择“否”按钮，表明不保存文档，文档将保持原有状态；选择“取消”按钮，表明取消关闭文档操作，返回到编辑状态。

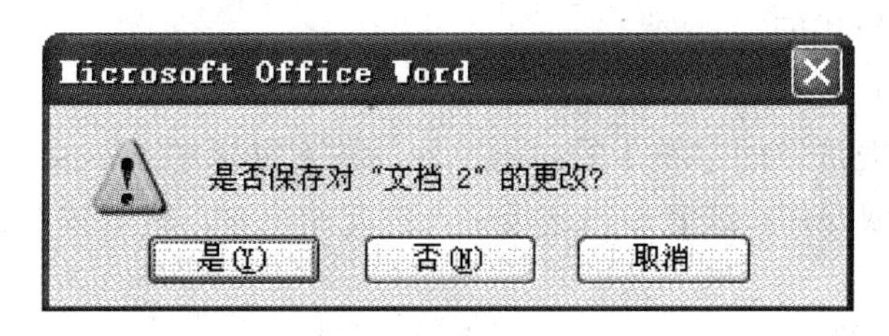

图 4-13　询问对话框

4.2.5　打开文档

在 Word 中有多种方式可以打开已保存的文档。

方法一：直接通过“我的电脑”窗口，找到文档所在的位置，双击文档图标，即可打开文档。

方法二：利用菜单方式打开文档，具体步骤如下。

① 启动 Word 2003。

② 单击菜单栏“文件”→“打开”命令或单击“常用”工具栏中的“打开”按钮，弹出“打开”对话框，如图 4-14 所示。

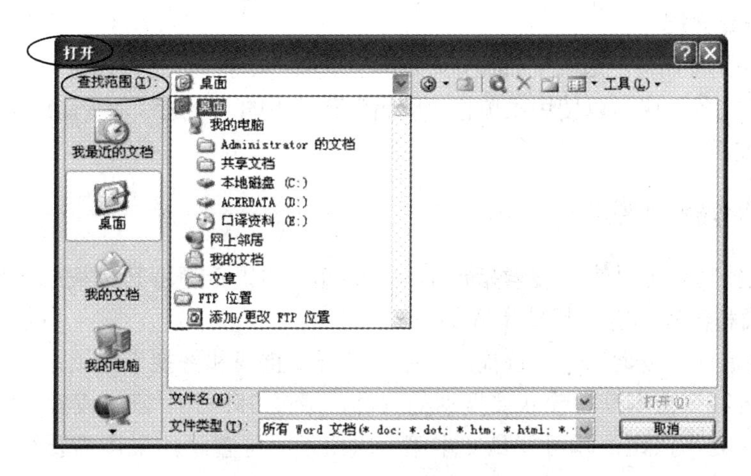

图 4-14　“打开”对话框

③ 在“打开”对话框中，单击“查找范围”右边的下拉按钮，在下拉列表框中选择相应的盘符及文件夹。

④ 双击所要打开的文档图标，或者单击文档图标后再单击“打开”按钮，即可完成打开操作。

4.3 文本的编辑

4.3.1 文本的选定

在 Word 中对文档进行修改和编辑时要遵守“先选择后操作”的原则。选定的操作方式根据对象的不同而不尽相同。

1．选取连续字符

将鼠标移动到需要选取的字符串的起始位置，按下鼠标左键不放，拖动鼠标至字符串的结束位置，即完成选取操作；或者单击连续字符的起始位置，然后按下 Shift 键的同时，单击连续字符的结束位置。

2．选取不连续字符

选定第一个字符串之后，按住 Ctrl 键的同时，选定其他的字符串。

3．选取一个字符块

按住 Alt 键的同时，在字符块的起始位置按下鼠标左键不放，拖动到字符块的结束位置，松开鼠标和 Alt 键，即可选取多行的矩形字符块。

4．选取行

将鼠标移动到所选行的左边空白位置，鼠标会变成斜向上的箭头↗。此时单击鼠标，将选定该行。如果要选定多行，按住鼠标左键拖动即可。

5．选取段

将鼠标移动到所选段的左边空白位置，鼠标会变成斜向上的箭头↗。此时双击鼠标，将选定该段。

6．选取整篇文档

将鼠标移动到文档最左边的空白位置，鼠标会变成一个斜向上的箭头↗。此时三击鼠标，将选取整篇文档。另外，也可以使用菜单栏“编辑”菜单下的“全选”命令，或键盘上的 Ctrl＋A 键，选取整篇文档。

4.3.2 文本的查找与替换

Word 的查找功能可以快速搜索指定单词或词组，如果希望将其替换成其他内容，可以使用 Word 的查找和替换功能。具体步骤如下：

① 单击菜单栏“编辑”→“查找”命令，打开“查找和替换”对话框。在“查找”选项卡中的“查找内容”文本框内输入要搜索的内容，最多 255 个字符，或者 127 个汉字，然后单击“查找下一处”按钮，即可找到文本第一次出现的位置。如果还需要继续查找，可继续单击“查找下一处”按钮，如图 4-15 所示。

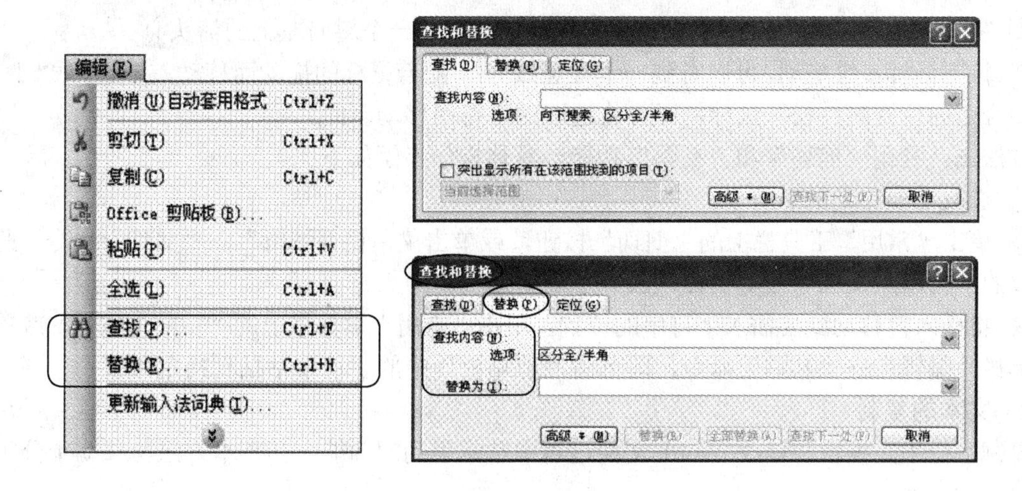

图 4-15　“查找和替换”对话框

② 如果需要将查找到的内容替换为其他内容，可选择“替换”选项卡，在“查找内容”文本框中输入需要查找的字符，然后在“替换为”文本框中输入替换内容。替换时可用两种不同的方法：第一种方法是在“查找和替换”对话框中反复按“查找下一处”按钮，然后单击“替换”按钮一个一个将文档的内容进行替换；第二种方法是在“查找和替换”对话框中，直接按下“全部替换”按钮，不用每个都确认就直接替换文档中符合搜索条件的所有内容。

Word 提供的查找和替换功能不仅可以替换字符，还可以替换带有格式的文档。在“查找和替换”对话框中，单击“高级”按钮，会出现“搜索选项”栏，单击“格式”按钮，可以对字体、段落、制表位等格式进行设定，如图 4-16 所示。

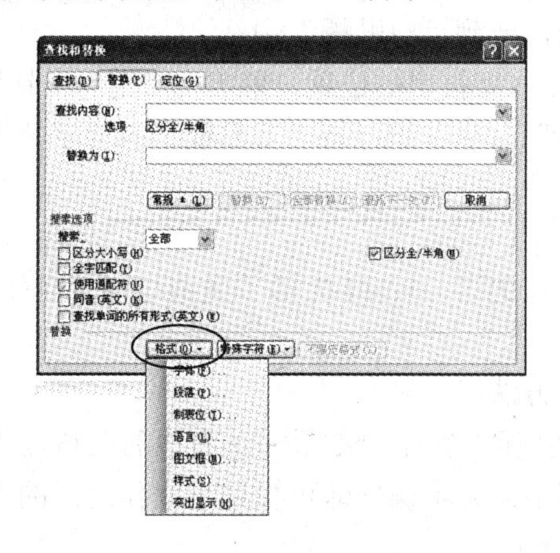

图 4-16　高级查找和替换

4.3.3　文本的移动与复制

1．文本的移动

在修改或编辑文档时，经常需要移动文字的位置。Word 提供了灵活的移动方式，下面简单介绍两种移动文本的方法。

方法一：拖动文字实现移动。具体操作步骤如下：

① 选取需要移动的取字符串。

② 将鼠标放在选取的黑色区域上，此时鼠标会变成一个斜向左上的箭头。

③ 按下鼠标左键拖动，可以看到一个虚竖线“┆”随着鼠标的拖动而移动。当虚竖线“┆”移动到合适的位置时，松开鼠标，即可将选取的字符串移动至此。

方法二：利用“剪切”和“粘贴”功能。具体操作步骤如下：

① 选取需要移动的字符串。

② 单击“常用”工具栏上的“剪切”按钮，或单击菜单栏“编辑”→“剪切”命令。此时选取的字符串从文档中被剪切掉，放到了“剪贴板”中。

③ 将插入符移动到要插入字符串的位置，单击“常用”工具栏上的“粘贴”按钮，或单击菜单栏“编辑”→“粘贴”命令，即可将“剪贴板”中的字符串粘贴到指定位置。

2. 文本的复制

复制字符串是编辑和修改 Word 文档过程中常常用到的功能，其基本方法与移动十分类似。

方法一：拖动文字实现复制。具体操作步骤如下：

① 选取需要复制的字符串。

② 将鼠标放在选取的字符串黑色区域上，此时鼠标会变成一个斜向左上箭头。

③ 按下 Ctrl 键不放，同时按下鼠标左键进行拖动，可以看到一个虚竖线“┆”随着鼠标的拖动而移动。当虚竖线“┆”移动到合适的位置时，松开鼠标及 Ctrl 键，即可将选取的字符串复制至此。

方法二：利用“复制”和“粘贴”功能。具体操作步骤如下：

① 选取需要复制的字符串。

② 单击“常用”工具栏上的“复制”按钮，或单击菜单栏“编辑”→“复制”命令。此时选取的字符串被复制一份，放到“剪贴板”中。

③ 将插入符移动到要插入字符串的位置，单击“常用”工具栏上的“粘贴”按钮，或单击菜单栏“编辑”→“粘贴”命令，即可将“剪贴板”中的字符串粘贴到指定位置。

4.3.4 撤销与恢复

在编辑过程中，对于操作失误，Word 提供了撤销与恢复功能。

1. 撤销

撤销操作，有以下几种方法：

① 单击“常用”工具栏中“撤销”按钮右边的三角按钮，在弹出的列表中记录了之前所执行的操作，选择其中的某个操作即可撤销该操作之后的多步操作。

② 按 Ctrl＋Z 键。

③ 单击菜单栏“编辑”→“撤销”命令。

2. 恢复

相对于撤销而言，恢复也有多种类似的方法：

① 单击“常用”工具栏中“恢复”按钮右边的三角按钮，在弹出的列表中记录了之前所撤销过的操作，选择其中的某个操作即可恢复该操作之后的多步操作。

② 按 Ctrl＋Y 键。

③ 单击菜单栏“编辑”→“恢复”命令。

4.3.5 自动更正

Word 2003 提供了高级的自动更正功能，能够自动修正用户输入文字或符号时的错误。

设置自动更正的操作步骤是：单击“工具”→“自动更正选项”命令，打开“自动更正”对话框。选择“自动更正”选项卡，如图 4-17 所示。

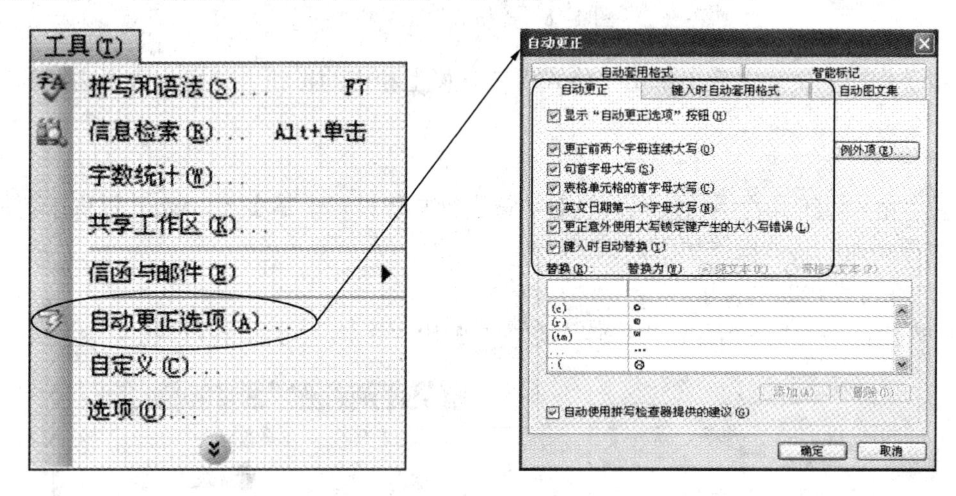

图 4-17　“自动更正”对话框

在“自动更正”对话框中，有多个设置选项，各选项功能如下。

- “显示‘自动更正选项’按钮”复选框：可以自动显示“自动更正选项”按钮。
- “更正前两个字母连续大写”复选框：可以自动更正第二个大写字母为小写字母。
- “句首字母大写”复选框：可以将每句的第一个英文字母设置为大写。
- “表格单元格的首字母大写”复选框：可以自动将表格中输入单词的第一个字母大写。
- “英文日期第一个字母大写”复选框：自动将英文日期首字母大写。
- “更正意外使用大写锁定键产生的大小写错误”复选框：如果在 Caps Lock 键打开的情况下输入了单词，那么 Word 会自动更正输入单词的大小写，同时关闭 Caps Lock 键。
- “键入时自动替换”复选框：可以自动替换输入的内容。

Word 同时也提供了创建自动更正词条的功能。在“自动更正”对话框中的“替换”文本框中输入被替换的词条，在“替换为”文本框中输入要替换的词条，然后单击“添加”按钮。此后当文档中出现了错误的词条时，系统会自动将其更正。

4.4 文档的排版

4.4.1 字符的格式化

字符格式选项包括字体、字号、字型（如粗体、斜体、下画线）、字符间距、字符边框及字符底纹等。

1. “格式”工具栏

“格式”工具栏提供了许多设置字符格式的按钮，如图 4-18 所示。使用这些按钮，用户可以方便地设置各种格式效果。

图 4-18　“格式”工具栏

选取了相应的文字之后，单击“格式”工具栏上相应的按钮，即可出现所需要的字符效果。

2. “字体”对话框

使用“格式”工具栏上的按钮只能对字符进行常规设置，事实上，Word 提供了更加丰富的格式设置功能。具体操作如下：

① 选取待设置的字符串。

② 单击菜单栏“格式”→“字体”命令，弹出“字体”对话框，如图 4-19 所示。

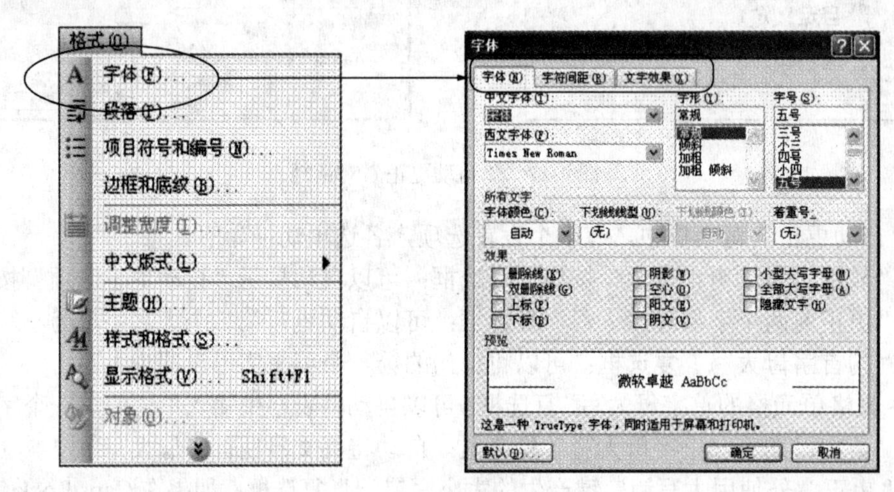

图 4-19　“字体”对话框

③ 在“字体”对话框的“字体”选项卡中，用户可以设置字符的字体、字号、字型、字符颜色、下画线线型、下画线颜色等；在“效果”栏，用户还可以设置字符的上下标效果，阴影效果等；“预览”栏显示字符串设置后的效果。

④ 在“字体”对话框的“字符间距”选项卡中，用户可以设置字符与字符之间的间隔距离。

⑤ 在“字体”对话框的“文字效果”选项卡中，用户可以为字符设置一些动态的显示效果，如礼花绽放、赤水情深等。

⑥ 设置完成后，单击“确定”按钮即可。

4.4.2　段落格式化

在输入文档的过程中，每按一次键盘上的 Enter 键表示换行并且开始一个新的段落，此时就会在文字末尾加上一个段落标记。段落格式的设置包括调节段落的缩进、对齐方式、段落间距及段落内的行间距等。

1．段落的对齐方式

段落可以包括文字、图片、各种特殊字符等。一般情况下，文本行距取决于各行中文字的字体和字号。段落设置的方法有两种：一种是通过“格式”工具栏设置；另一种是通过“段落”对话框设置。

段落水平对齐一般会为左对齐、右对齐、居中对齐、两端对齐和分散对齐。

◆ 两端对齐：单击“格式”工具栏中的按钮，或按快捷键 Ctrl+J。

◆ 居中对齐：单击“格式”工具栏中的按钮，或按快捷键 Ctrl+E。

◆ 左对齐：在默认的“格式”工具栏中没有相应的按钮，但可以添加，或按快捷键 Ctrl+L。

◆ 右对齐：单击“格式”工具栏中的按钮，或按快捷键 Ctrl+R。

◆ 分散对齐：单击“格式”工具栏中的按钮，或按快捷键 Ctrl+Shift+J。

各种对齐方式的效果如下：

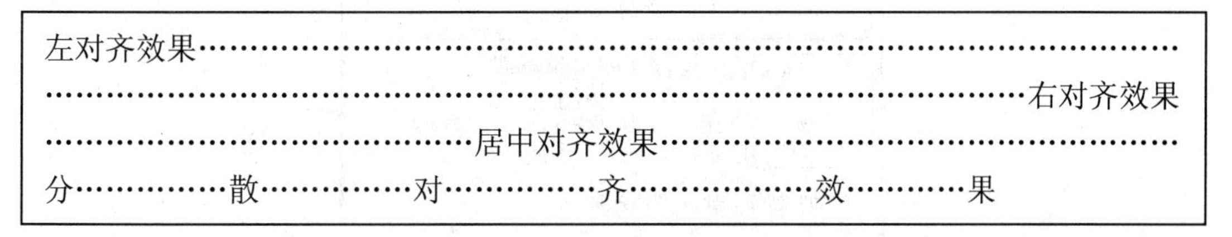
左对齐效果……………………………………………………………………………

……………………………………………………………………………右对齐效果

……………………………………居中对齐效果……………………………………

分……………散……………对……………齐………………效…………果

段落垂直对齐方式有多种，但常用的只有 3 种：底端对齐、居中对齐及顶端对齐。

单击“格式”→“段落”命令，出现“段落”对话框，选择“中文版式”选项卡，如图 4-20 所示。

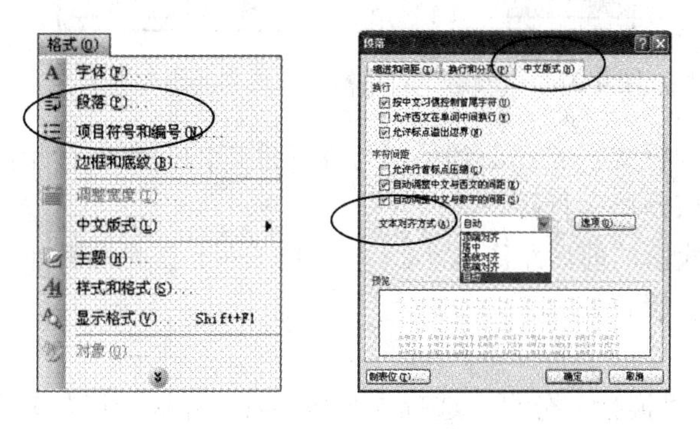

图 4-20　“段落”对话框“中文版式”选项卡

文本对齐方式只有在有两种不同字号大小的段落中才有效果，尤其是在图片与文字之间，效果特别明显。

2．设置段落缩进和间距

段落缩进有 4 种形式，即首行缩进、悬挂缩进、左缩进和右缩进。在 Word 窗口的标尺栏上，有 4 个标记，它们标明了每段文字的一些特殊格式，也称做“缩进标记”，如图 4-21 所示。

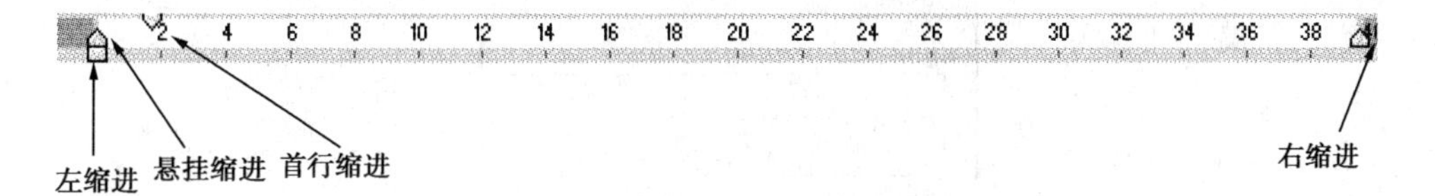

图 4-21　“缩进标记”示意图

段落缩进效果的设置可以直接利用鼠标拖动标尺栏上的游标来实现。

◆ 左缩进：移动游标时，可控制文档段落的左起始位置。首行缩进游标会同时被移动。

◆ 悬挂缩进：移动游标时，可控制文档段落除第一行以外其他行的起始位置。

◆ 首行缩进：移动游标将控制文档段落第一行第一个字的起始位置。

◆ 右缩进：移动此游标，可控制段落每行右边的自动换行位置。

另外，也可以使用菜单来设置段落缩进效果。单击“格式”→“段落”命令，出现“段落”对话框，选择“缩进和间距”选项卡，如图 4-22 所示。

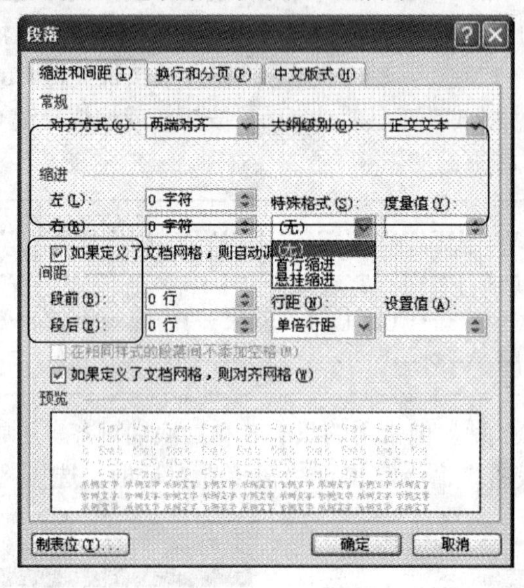

图 4-22 “段落”对话框“缩进和间距”选项卡

段落行距是指从一行文字的底部到另一行文字底部的间距。行距决定段落中各行文本间的垂直距离。其默认值是单倍行距。

段落的间距决定段落的前后距离大小。当按下 Enter 键重新开始一段时，光标会跨越段间距到下一段的起始位置。

3. 换行和分页

“段落”对话框中“换行和分页”选项卡如图 4-23 所示，其有关复选框的功能如下，用户可以根据实际需要进行选择。

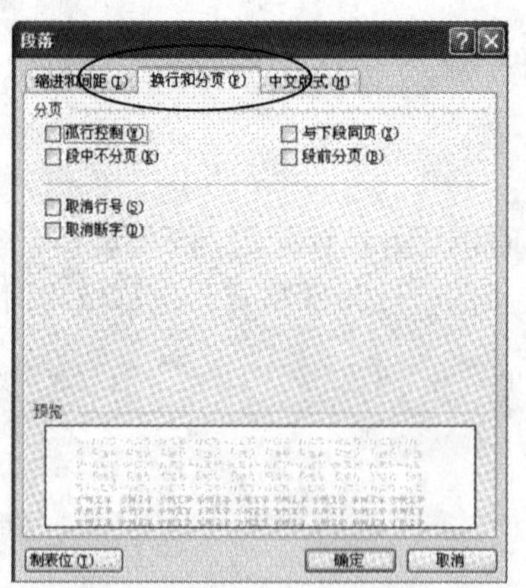

图 4-23 “段落”对话框“换行和分页”选项卡

“孤行控制”：可使文档中不出现孤行。所谓孤行，是指段落的第一行单独出现在页面的最后，或者段落的最后一行单独出现在页面的起始处。

“段中不分页”：可使一个段落的所有内容始终处于同一页面中。

“与下段同页”：可使该段与下一段始终保持在同一页面中。

“取消行号”：可使 Word 在段落中不打印行号。

“取消断字”：可使 Word 在段落内部分行时，不使用断字。

4.4.3　项目符号和编号

在编辑文档时，用户经常会用到 1、2、3、4、……这样的编号或●、◆、■、□、……这样的符号来突出要点或强调顺序，从而增加文档的可读性。Word 提供了自动创建项目符号和编号的功能。具体操作步骤如下：

① 选取需要进行项目符号和编号设置的段落。

② 单击菜单栏“格式”→“项目符号和编号”命令，弹出“项目符号和编号”对话框，如图 4-24 所示，选择合适的项目符号即可。

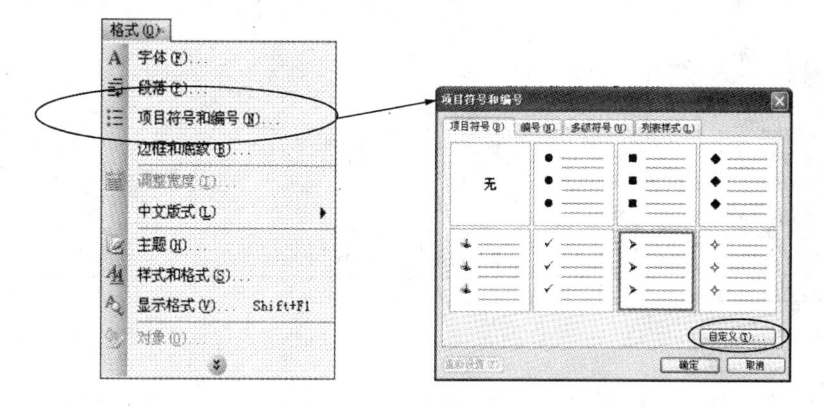

图 4-24　“项目符号和编号”对话框

③ 用户可以选择自定义的项目符号，单击“项目符号和编号”对话框中的“自定义”按钮，会出现如图 4-25 所示对话框。自定义选择用户所需要的项目符号，最后单击“确定”按钮即可完成操作。

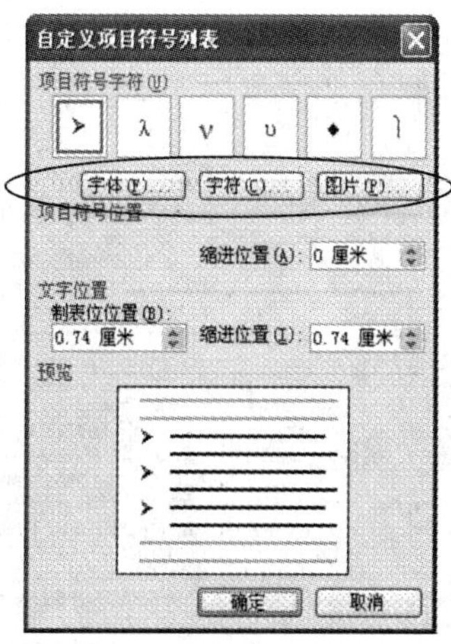

图 4-25　“自定义项目符号列表”对话框

如果用户需要设置项目编号，单击菜单栏“格式”→“项目符号和编号”命令，弹出“项目符号和编号”对话框，选择“编号”选项卡，基本的操作方式与设置项目符号类似。

4.4.4　分栏与首字下沉

1．分栏

分栏是文档中最常用的编辑功能之一。通过分栏，用户可以将一段文档分隔为几栏显示。具体步骤如下：

① 选取需要进行分栏的段落。

② 单击菜单栏“格式”→“分栏”命令，打开“分栏”对话框，如图 4-26 所示。

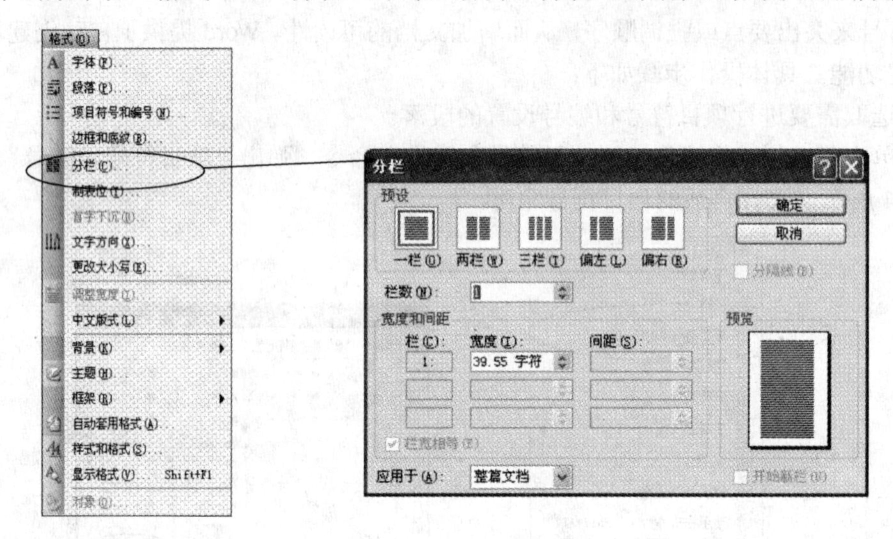

图 4-26　“分栏”对话框

在“预设”栏中选择分栏版式，或直接在“栏数”文本框中输入分栏的数目；“宽度和间距”栏可设置每栏的宽度及栏与栏之间的间隔距离，若选中“栏宽相等”复选框，则各栏的宽度及栏间距离均相等；在“应用于”下拉列表框中可选择要应用分栏格式的文档范围；“分隔线”复选框设定是否在栏与栏之间设置分隔线效果；“预览”栏给用户提供了设置分栏后的文档效果图。

③ 设置完成后，单击对话框中的“确定”按钮。此时在文档的页面视图中，可以看到文档的分栏情况。栏宽相等时，分两栏后的效果如图 4-27 所示。

悠悠海城威尼斯

"威尼斯（Venice）是一个别致地方" 这句话是朱爷说的。临行前看过朱爷的游记，真是细致，笔下展出一幅明亮的工笔画。(朱爷:朱自清老爷爷)威尼斯于我则不然，那样的感觉一如车窗外景色，浓浓的，没有锋利的边缘，算是油画吧

威尼斯位于意大利东北，一百座小岛如珍珠般撒落在亚得里亚海中。其中主岛通过四公里的公路桥与大陆连接。我的威尼斯之旅开始于主岛的最北边。旅馆临海，窗外便可看到三个一起的木桩支起的海上街灯，波涛轻轻的拍打着堤岸，偶尔的有海鸥在长椅上歇息。

都说威尼斯随处是景，此话不假。纤陌的水道，交织的小桥，泊在岸边的船艇随着波涛一起一伏。抬眼看去，住家窗台上大都是鲜花点缀，红的花，绿得叶，耀眼夺目。就连阳台上晾晒的衣服都可成景入画。狭窄的街道慵懒的延伸着，没有游客，也没什么行人，偶尔的一个老妇提个菜篮子从街角拐威尼斯商人>便以此作为背景。桥上游人众多，端然是由不得我东窜西窜，只能随着人流上来下去。桥的对面，可以看到通往圣马可广场的指示牌。

其实根本不用跟着路牌，人流自然会把我带到要去的地方。到此我算是见识了威尼斯游客众多的传闻(旅馆房价相当的高)。穿街过巷，被橱窗中精致的面具或者玻璃制品吸引，大红的法拉利的标志更是恰如其分的配合了炙烈的阳光，晃得我有些发晕。还没回过神来，圣马可广场就闯入了我的视线。就那么一瞬，视野完全打开，鸽子，长廊，教堂，钟塔，一股脑的涌进来，没了层次，没了距离。广场上飘扬着小提琴的乐声，这乐声形成了一种场，滤去燥热，仅留下一片金黄。广场上鸽子腾起，翅膀的切割下，那金黄片片飘落。当晚由于迷路我被一而再，再而三的带回到这个广场，看到它华丽的拉上夕阳的幕布，不禁疑问，刚刚那一幕是真实的么。

圣马可广场中央没有雕像，没有喷泉，

图 4-27　分两栏后的效果

2. 首字下沉

首字下沉是指段落中的第一个字符放大且下沉一定的行数，在文档中起到强调的作用。具体步骤如下：

① 将插入符移动到需要设置首字下沉的段落中的任意位置。

② 单击菜单栏“格式”→“首字下沉”命令，弹出“首字下沉”对话框，如图 4-28 所示。在“位置”栏中选择“下沉”或“悬挂”样式；在“选项”栏的“字体”下拉列表框中设置下沉文字的字体，在“下沉行数”文本框中输入文字下沉的行数。

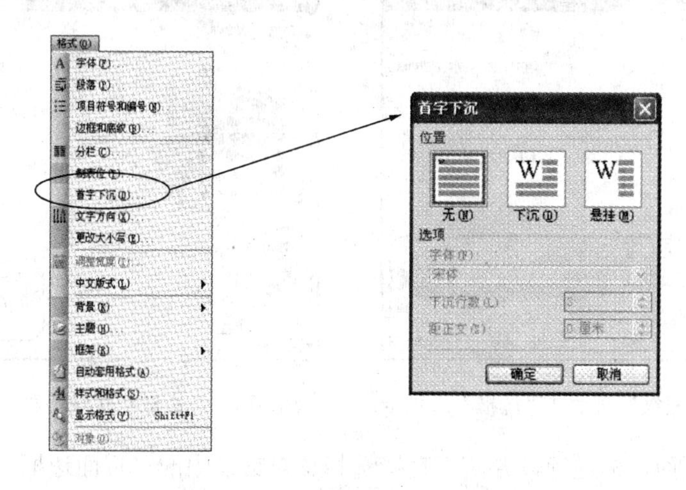

图 4-28　“首字下沉”对话框

③ 设置完成后，单击对话框中的“确定”按钮即可。

4.4.5　格式复制

在 Word 2003 中，提供了快速复制文档中字符格式的功能。“常用”工具栏上的“格式刷”按钮能很好地实现这一功能。具体步骤如下：

① 选取设定好格式的字符串。

② 单击“常用”工具栏上的“格式刷”按钮，此时鼠标变成刷子形状。

③ 找到需要设定格式的字符串，按下鼠标左键将该字符串选定，然后松开鼠标左键，会发现该字符串格式已变得跟源字符串一致。

以上操作采用的是单击“常用”工具栏上的“格式刷”按钮，完成一次以上的操作步骤之后，鼠标又恢复成“I”字型。如果上述第②步操作改为双击“常用”工具栏上的“格式刷”按钮，则可以多次复制源字符串格式。全部复制完成后，按 Esc 键退出格式复制操作。

4.4.6　边框和底纹

Word 2003 中除了“格式”工具栏上的“字符边框”按钮 **A** 和“字符底纹”按钮 **A** 可以对文档字符进行边框和底纹的设置外，还专门提供了“边框和底纹”对话框对文档中的文字、段落、页面等内容进行设置。具体步骤如下：

① 选定要添加边框和底纹的段落，单击“格式”→“边框和底纹”命令，打开“边框和底纹”对话框。

② 选择“边框”选项卡，在“设置”栏中有 5 个选项，可以用来设置边框四周的“线型”

样式，用户可根据需要选择，如图 4-29 所示。

③ 分别在“线型”、“颜色”、“宽度”区域中，选择需要的样式。

④ 切换到“底纹”选项卡，如图 4-30 所示，在“填充”栏的颜色表中，可以选择底纹。在“图案”选项组中，可以选择图案的“样式”和“颜色”选项。

⑤ 在“应用于”下拉列表框中，可选择要应用的底纹的范围。

⑥ 最后单击“确定”按钮。

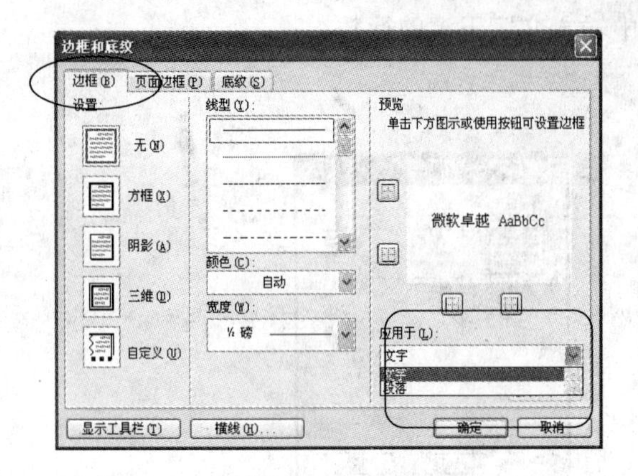

图 4-29　“边框和底纹”对话框“边框”选项卡

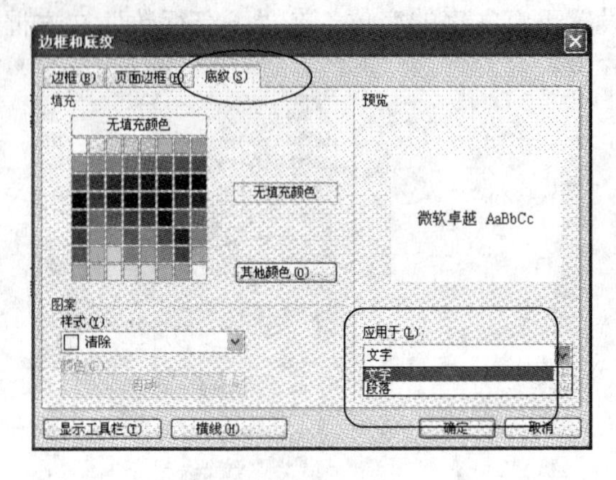

图 4-30　“边框和底纹”对话框“底纹”选项卡

如果需要对页面边框进行设置，可直接选择该对话框中的“页面边框”选项卡，根据需要进行选择即可。

4.4.7　页眉和页脚

在页面格式中最常用的“点缀”就是页眉页脚，页眉和页脚通常出现在页面上、下页边距区域中。页眉和页脚一般包括文档名、主题、作者姓名、页码或日期等。创建一篇文档的页眉和页脚有两种情况：首次进入页眉页脚编辑区，或是在已有页眉页脚的情况下进入编辑状态。如果是在已经存在页眉页脚编辑区的情况下，可以双击页面顶部或底部的页眉或页脚区域，即可快速进入页眉页脚编辑区。对于首次创建页眉页脚，具体步骤如下：

① 在页面视图情况下，单击“视图”→“页眉和页脚”命令，进入页眉页脚编辑状态。此时正文部分变成灰色，表示不能在此情况下对正文部分进行编辑，同时屏幕上会显示“页眉和页脚”工具栏，如图 4-31 所示。

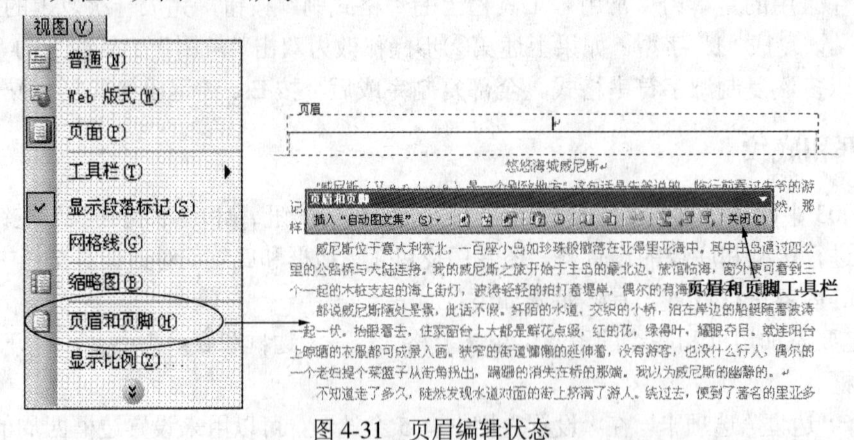

图 4-31　页眉编辑状态

② 单击“在页眉和页脚间切换”按钮，可以切换到页脚的编辑状态，如图 4-32 所示。

③ 在页眉或页脚中，可以输入文字或插入图片，也可以单击“页眉和页脚”工具栏中的“插入页码”、“插入日期”按钮插入相应的内容。

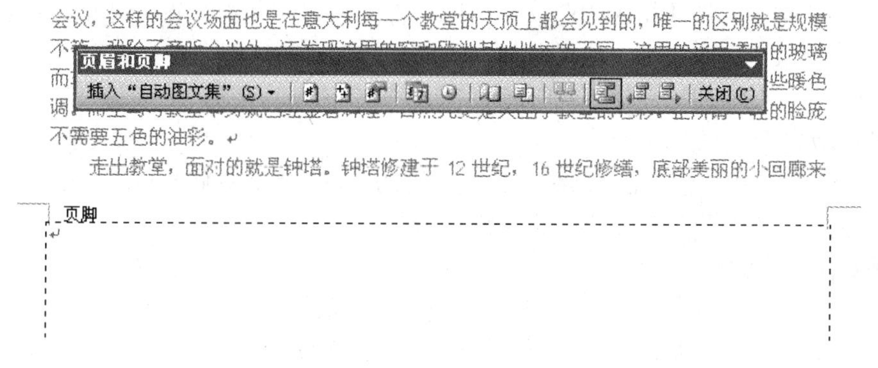

图 4-32　页脚编辑状态

4.4.8　页面设置

页面设置是文档基本的排版操作，是页面格式化的主要任务，它反映的是文档中具有相同内容、格式的设置。通常情况下，用户根据 Word 的默认页面设置，即可建立一份规范的文档。当然，用户也可根据自己的需要修改页面设置。

1. 设置页边距和页面方向

页边距是页面四周的空白区域，也就是正文与页边界之间的距离，一般可在页边距内部的可打印区域中插入文字、图形、页眉、页脚和页码等。具体步骤如下：

① 单击“文件”→“页面设置”命令，弹出“页面设置”对话框，选择“页边距”选项卡。

② 分别在“页边距”栏中的“上”、“下”、“左”、“右”微调框中输入页边距数值，如图 4-33 所示。换算单位是：1 厘米=28.35 磅。

③ 在“方向”选项组中，有“纵向”和“横向”两个单选项，表示纸张的方向。

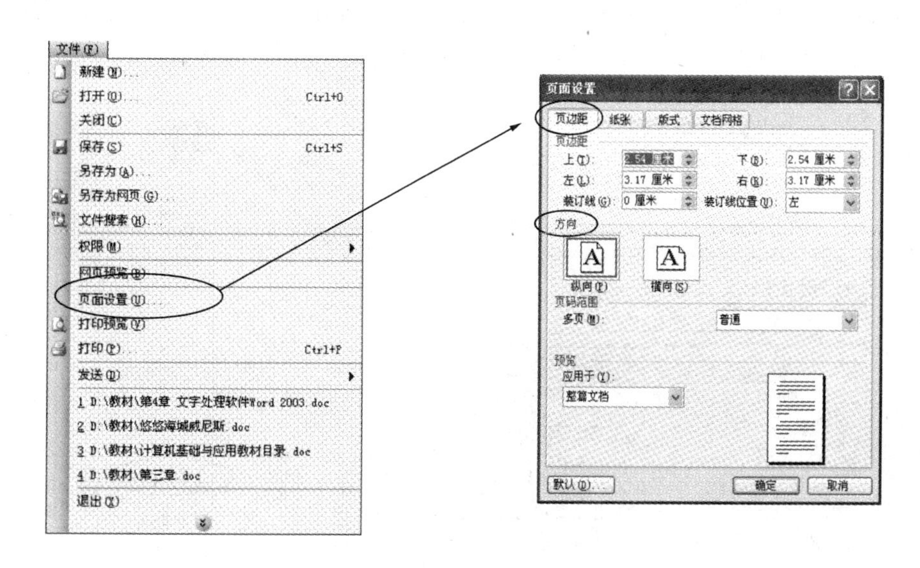

图 4-33　“页面设置”对话框

2. 选择纸型

在“页面设置”对话框中，切换到“纸张”选项卡，在“纸张大小”下拉列表框中，选择其中的某一纸型，就可以在“宽度”和“高度”框中看到该纸型纸张的尺寸大小。在“应用于”下拉列表框中，选择相应的选项。如果已将文档划分为若干节，则可以单击某个节或选定多个节，再改变纸张大小。如果选择“整篇文档”选项，则会对全篇文档都应用所选择的纸张大小。

3. 设置版式

“版式”选项卡中的选项是为高级格式而设定的，包括节、页眉和页脚、边框、行号和尾注的设置。其中“行号”按钮用于给文本添加编号。

4. 指定每页字数

在 Word 文档中，文档的行与字符叫做网格，所以设置页面的行数及每行的字数实际上就是设置文档网格。在“页面设置”对话框中，切换到“文档网格”选项卡，该选项卡中的选项是用来设置每页文档中内容的分布情况的，如每页的行数、每行的字符数等。另外，该选项卡中的选项还可设置文档中文字的方向为“水平”或“垂直”等。

4.5　图 文 混 排

4.5.1　插入图片

在 Word 中，用户可以方便地插入图片，并且可以把图片插入到文档的任何位置，达到图文并茂的效果。用户可以从剪辑库中插入剪贴画或图片，也可以从其他应用程序或位置插入图片或扫描图片。

1. 插入剪贴画

从剪辑库中插入图片的具体步骤如下：

① 将插入符移动到要插入剪贴画的位置，单击“插入”→“图片”→“剪贴画”命令，打开“剪贴画”任务窗格，如图 4-34 所示。单击“管理剪辑”，打开“剪辑管理器”窗口，如图 4-35 所示。

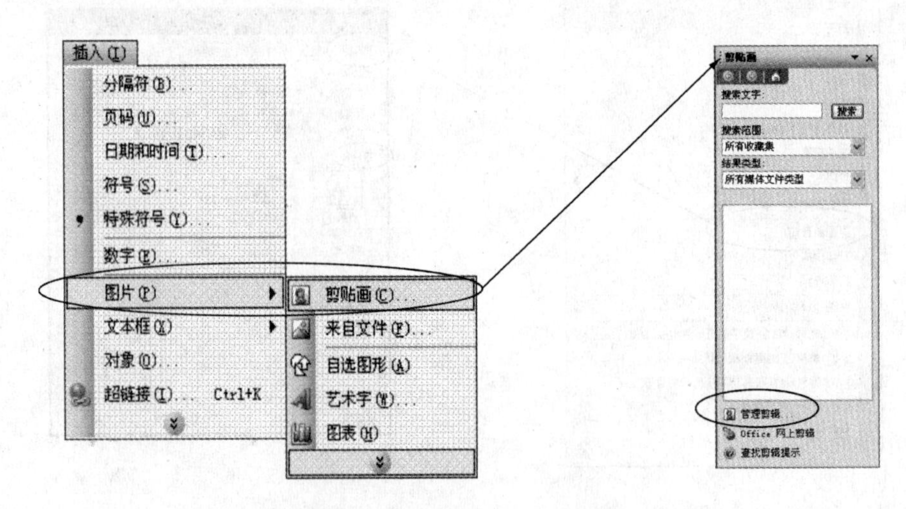

图 4-34　“剪贴画”任务窗格

② 在“剪辑管理器”窗口中，选择要插入的剪贴画的类型，此时该窗口就会显示该类型的剪贴画，如图 4-35 所示。

图 4-35　“剪辑管理器”窗口

③ 右击需要插入的剪贴画，会弹出一个下拉菜单，在该菜单中单击“复制”命令，再切换到文档中，单击“编辑”→“粘贴”命令，即可将该剪贴画插入到文档中。

2. 插入图片

将用户自己的图片插入到文档中的具体步骤如下：

① 将插入符移动到要插入图片的位置，单击“插入”→“图片”→“来自文件”命令，弹出“插入图片”对话框，如图 4-36 所示。

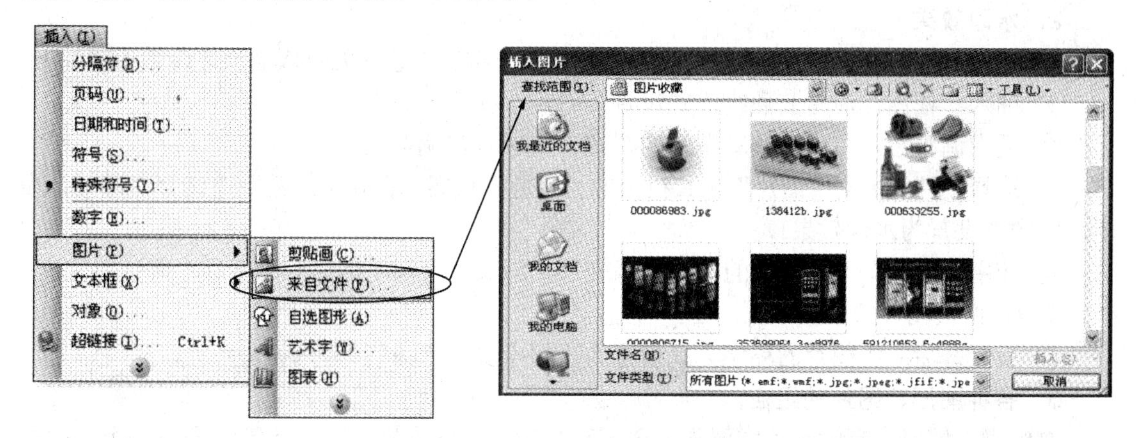

图 4-36　“插入图片”对话框

② 在“查找范围”下拉式列表框中选择图片文件所在的文件夹，然后在文件列表框中选中所需的图片文件。

③ 单击“插入”按钮即可。

4.5.2　设置图片格式

通常情况下，在文档中选定图片，Word 将自动弹出“图片”工具栏，如图 4-37 所示。另外，单击“视图”→“工具栏”→“图片”命令也可以弹出“图片”工具栏。

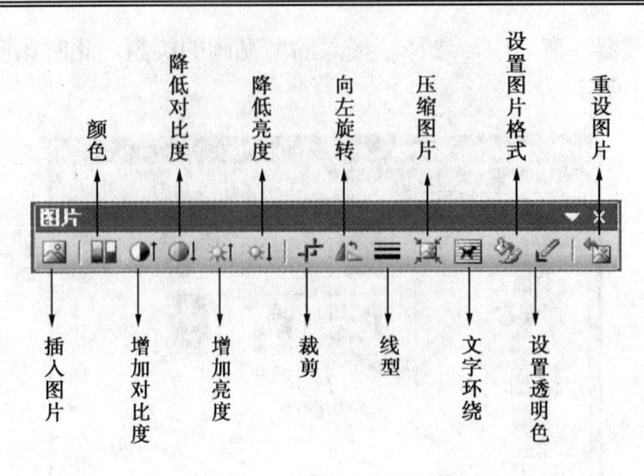

图 4-37　“图片”工具栏

1. 文字环绕

单击该工具栏中的“文字环绕”按钮，可以实现文字和图片的混排。选择菜单中的“四周型环绕”命令，可以实现文字环绕在图片周围的效果；选择菜单中的“衬于文字下方”命令，可以实现图片衬在文字的下面作为背景的效果；选择菜单中的“浮于文字上方”命令，可以实现图片浮在文字的上方、遮盖住文字的效果；选择菜单中的“穿越型环绕”命令，可以实现文字穿过图片的效果；选择菜单中的“上下型环绕”命令，可以实现文字只出现在图片的上方和下方的效果。另外，用户还可以根据需要，选择菜单中的“编辑环绕顶点”命令，编辑图片的环绕形状。

2. 水印效果

用一幅漂亮图片作为文本的背景，常常会达到非常出人意料的排版效果。具体步骤如下：

① 插入一幅图片，将其环绕方式设置为“浮于文字上方”。

② 适当调整图片大小，移动图片的位置，将图片铺满整页。

③ 选择图片，单击“图片”工具栏上的“颜色”按钮，在弹出的菜单中选择“冲蚀”命令，将图片设置为水印效果。

④ 使用“图片”工具栏上的“增加亮度”、“降低亮度”、“增加对比度”、“降低对比度”4 个按钮，调整图片的效果。

⑤ 设置好后，将图片的环绕方式设置为“衬于文字下方”即可。

3. 各种图形、图片的组合

在编辑文档时，有时可能需要将多个图形、图片、文本框、艺术字等组合成一个大的图片。为了方便用户，Word 提供了图形的组合功能。具体操作步骤如下：

① 按住键盘上的 Shift 键，可以用鼠标同时选取多个图片、图形、文本框、艺术字。

② 在选取的多个图片上单击鼠标右键，弹出快捷菜单。

③ 选择“组合”子菜单中的“组合”命令，可以将被选取的多个图片、图形组合成一个大的图片。

对于组合成的图片，用户可以通过快捷菜单“组合”子菜单中的“取消组合”命令将其还原成原来的许多小图片。

右击图片，在弹出的快捷菜单中选择“设置对象格式”选项，可以在弹出的“设置对象格式”对话框中设定图片的大小、版式、颜色及图片的亮度等，如图 4-38 所示。

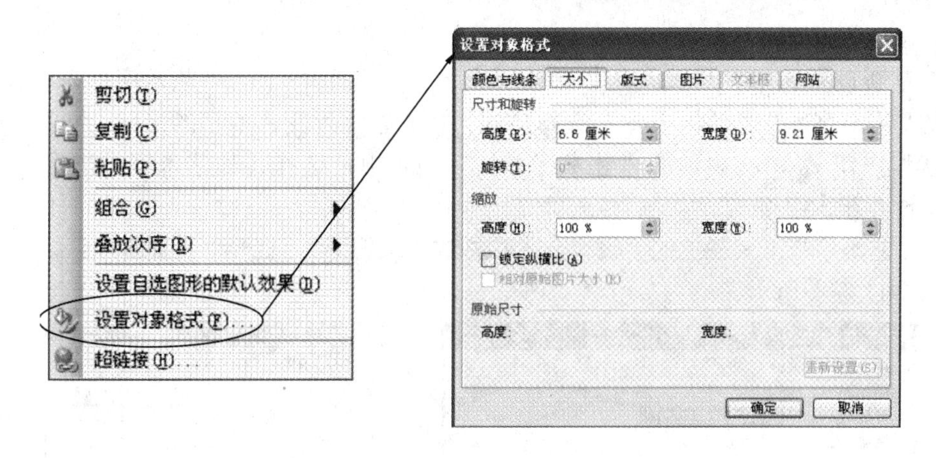

图 4-38　“设置对象格式”对话框

4.5.3　插入艺术字

Word 提供了专门制作艺术字的功能。

1．插入艺术字

插入艺术字的具体步骤如下：

① 把插入点移到要插入艺术字的位置。

② 单击菜单栏“插入”→“图片”→“艺术字”命令，弹出“艺术字库”对话框。

③ 选择一种艺术字风格，然后单击“确定”按钮，将弹出“编辑‘艺术字’文字”对话框。

④ 在“文字”文本框中输入需要转换成艺术字的文字，然后选择“字型”、“字号”，并选择是否使用粗体和斜体，最后单击“确定”按钮，即可在文档中插入艺术字，如图 4-39 所示。

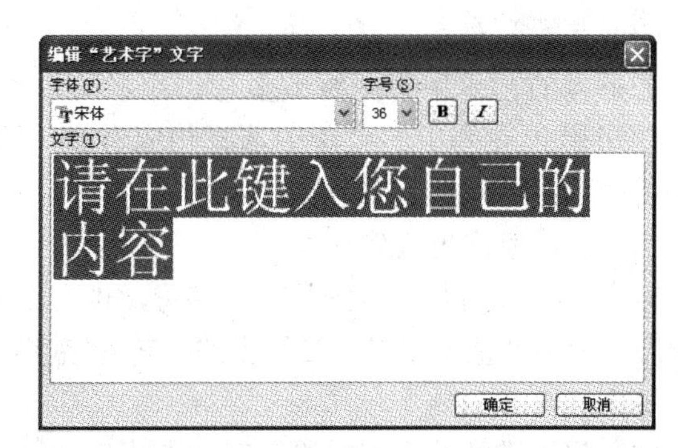

图 4-39　插入艺术字

2．设置艺术字

选择菜单栏“视图”→“工具栏”→“艺术字”命令，弹出“艺术字”工具栏，如图 4-40 所示。

图 4-40　“艺术字”工具栏

（1）设置艺术字形状

若需重新设置艺术字样式，可以单击“艺术字”工具栏上的“艺术字库”按钮，在弹出的“艺术字库”对话框中重新选择样式。如果需要改变艺术字的形状，可以单击“艺术字形状”按钮，在出现的“艺术字形状”列表中，选择各种艺术字的形状。

（2）设置艺术字格式

单击“艺术字”工具栏上的“设置艺术字格式”按钮，打开“设置艺术字格式”对话框，如图 4-41 左图所示。

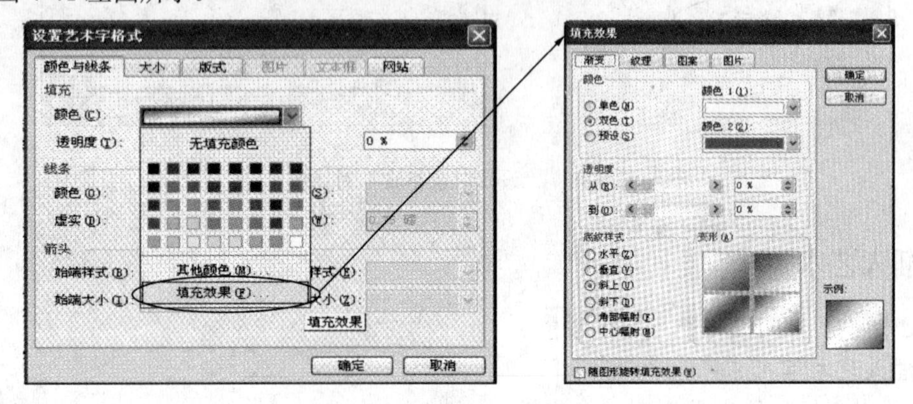

图 4-41　设置艺术字格式

单击“颜色与线条”选项卡，在“填充”栏的“颜色”下拉选项板中选择艺术字的填充颜色；在“线条”栏的“颜色”下拉选项板中选择艺术字框线颜色，在“虚实”下拉列表框中对艺术字框线形状进行设置，在“粗细”下拉列表框中对艺术字框线的粗细进行设置。在“颜色”下拉选项板中还可以选择填充的效果，“填充效果”对话框如图 4-41 右图所示。

（3）艺术字对齐

若插入的艺术字有两行或多行，用户可以单击“艺术字”工具栏上的“艺术字对齐方式”按钮，在弹出的菜单中选择相应命令，可实现多行艺术字的左对齐、右对齐、居中对齐等。

（4）艺术字高度设定

若用户插入的艺术字既有大写字母，也有小写字母，则容易出现字符间大小、高度不一的情况，使用“艺术字”工具栏上的“艺术字字母高度相同”按钮，可使艺术字中所有的字符等高。

（5）将横排的艺术字转换为竖排艺术字

选取已经插入到文档中的横排艺术字，单击“艺术字”工具栏中的“艺术字竖排文字”按钮，可将水平方向的艺术字转变成垂直排列。若此时再次单击“艺术字竖排文字”按钮，则又可将垂直排列的艺术字转变成水平排列。

（6）给艺术字添加阴影或三维效果

用户可以给艺术字对象添加阴影和三维效果，还可以改变阴影方向和颜色而不会影响对象本身的颜色。当选定要添加阴影的艺术字后，单击“绘图”工具栏中的“阴影样式”按钮或“三维效果样式”按钮，会出现“阴影设置”或“三维设置”菜单，如图 4-42 所示，从中选择即可。

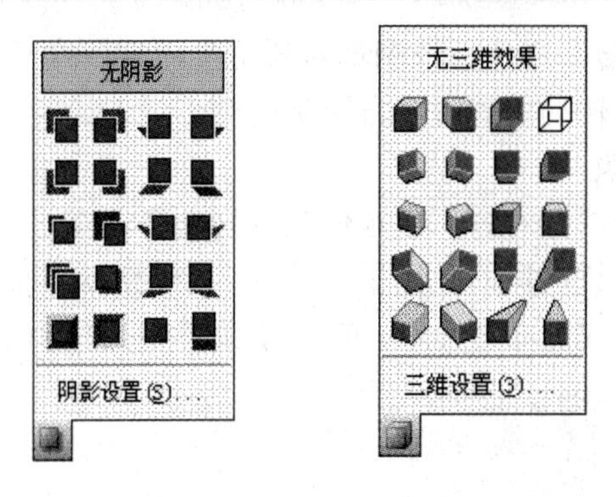

图 4-42　阴影和三维设置

4.5.4　插入自选图形

1．绘制自选图形

使用 Word 时，经常需要绘制各种图形。可以通过“绘图”工具栏绘制所需的图形，如线条、连接符、基本形状、流程图元素、星与旗帜、标注等。“绘图”工具栏如图 4-43 所示。

图 4-43　“绘图”工具栏

绘制自选图形的具体步骤如下：

① 单击“绘图”工具栏上的“自选图形”按钮，会打开一个包含各种图形的菜单，在子菜单中单击某种图形的对应按钮，然后把鼠标移到文本区，此时鼠标指针会变成一个“十”字形。

② 确定好图形的起点后，按住鼠标左键同时拖动鼠标，当图形达到需要的大小时，松开鼠标左键即可。

2．为图形对象添加文字

① 用鼠标右击要添加文字的图形对象。

② 在弹出的快捷菜单中，单击“添加文字”命令。此时，所选的自选图形就会显示一个输入文字的文本框，用户只需输入要添加的文字即可。

3．图形的旋转或翻转

对于自选图形，可以进行旋转或翻转的操作。具体步骤如下：

① 选中要进行旋转或翻转的图形。

② 单击“绘图”工具栏上的“绘图”按钮绘图(D)，在弹出的菜单中选择“旋转或翻转”命令，在其子菜单中选择相应的选项，如图 4-44 所示。

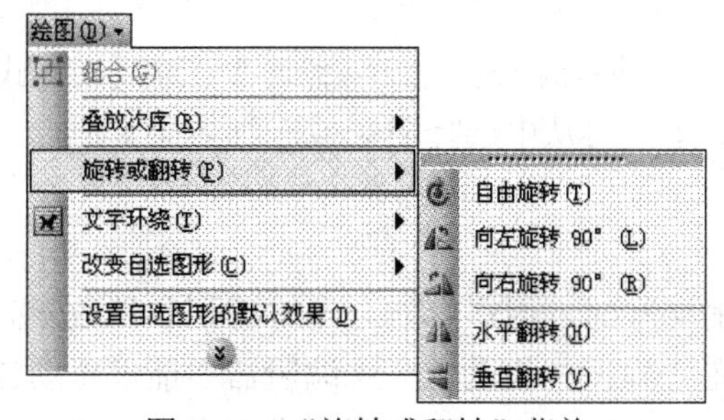

图 4-44　“旋转或翻转”菜单

③ 如果选择“自由旋转”命令，该图形对象上会出现一个绿色的旋转控制点，将鼠标放到控制点上，按住鼠标转动，就可以自由旋转图形。

4．对齐和排列图形对象

如果使用鼠标实现多个图像对齐，很难使其排列整齐，在“绘图”工具栏中提供了快速对齐图形的命令。按住 Ctrl 键的同时，用鼠标选择多个图形对象，然后单击“绘图”按钮，在弹出的菜单中选择“对齐或分布”命令，在其子菜单中选择相应选项，如图 4-45 所示。

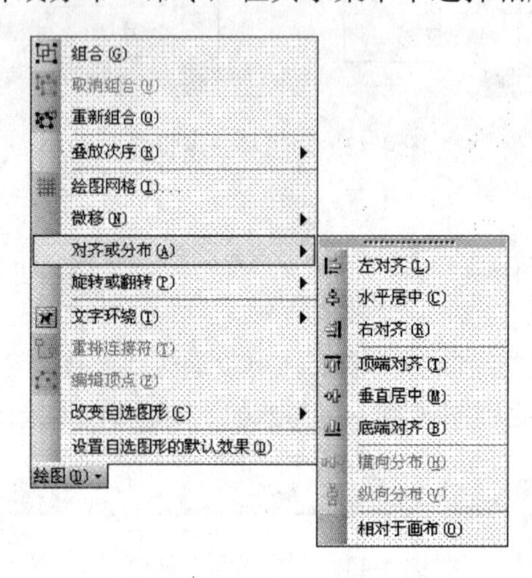

图 4-45 “对齐或分布”菜单

5．自选图形叠放

当用户在文档的某一位置上先后绘制了两个图形，通常后绘制的图形会部分或全部覆盖掉先绘制的图形，在这种情况下，用户可以调整这两个图形的叠放顺序，以达到期望的效果。

① 选定图形对象。

② 在图形上单击鼠标右键，弹出快捷菜单。

③ 在“叠放次序”子菜单中选择相应的选项，会改变图形的叠放顺序。

6．改变图形的颜色、阴影和三维效果

在“绘图”工具栏中还提供了设置颜色、阴影和三维效果的按钮。

单击“绘图”工具栏中“填充颜色”按钮右侧的小三角，会弹出填充颜色的菜单，可从中选择填充色。

单击“绘图”工具栏中“线条颜色”按钮右侧的小三角，会弹出线条颜色的菜单，可从中选择图形的线条颜色。

单击“绘图”工具栏中“字体颜色”按钮右侧的小三角，会弹出字体颜色的菜单，可从中选择字体颜色。

单击“绘图”工具栏中的“阴影样式”按钮或“三维效果样式”按钮，会弹出“阴影设置”或“三维设置”菜单，可从中选择阴影或三维效果。

4.5.5 使用数学公式

在编辑有关自然科学的文章时，用户可能会经常遇到各种数学公式。数学公式结构比较复杂而且变化形式极多，在 Word 中借助“公式编辑器”能以直观的操作方法帮助用户生成各种公式。从简单的求和公式到复杂的矩阵运算公式，用户都能通过“公式编辑器”轻松自如地进行编辑。

在 Word 文档中插入一个公式的具体步骤如下：

① 把光标移到欲插入公式的位置，然后单击“插入”→“对象”命令，如图 4-46 所示，打开“对象”对话框。

② 在“对象”对话框中选择“新建”选项卡，在“对象类型”列表框中选择“Microsoft 公式 3.0”选项。

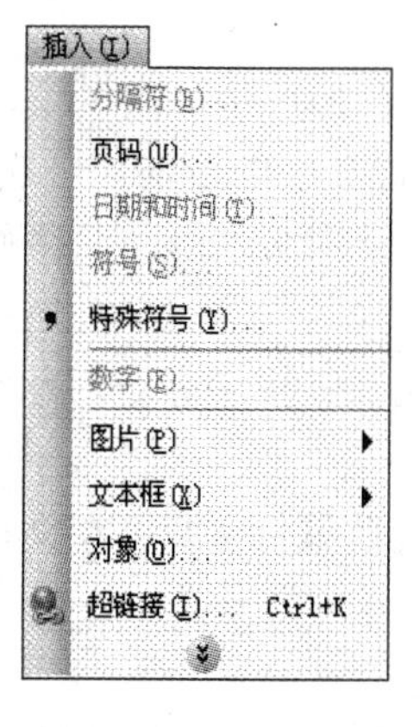

图 4-46　插入对象

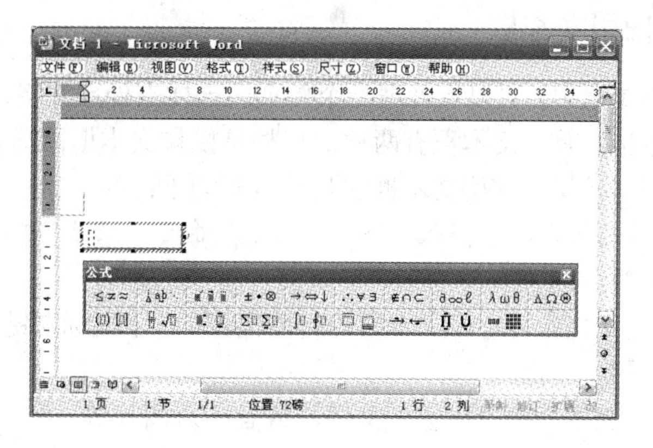

图 4-47　插入公式

③ 单击“确定”按钮，即可出现“公式编辑器”窗口和“公式”工具栏，如图 4-47 所示。

④ “公式”工具栏第一行是数学符号，第二行的按钮是用于插入分式、根式、求和、积分、乘积、矩阵及其他类型的方括号和大括号的数学模板，用户可根据自己的需要选取合适的模板。

使用数学公式模板创建数学公式之前，应先认识数学公式模板中的占位符。公式模板主要是采用占位符的方法来进行公式各个部分的分布。例如，制作分数 1/2，该分数是由分子、分母和中间的斜线三个部分组成，因此在“公式编辑器”中寻找时，需要先找到由占位符、斜线、占位符组成的公式。如果要在占位符中输入字符，只要将光标定位在该占位符中，然后输入相应内容即可。

占位符中既可以输入中文字符、数字，也可以嵌套数学公式模板，如图 4-48 所示。

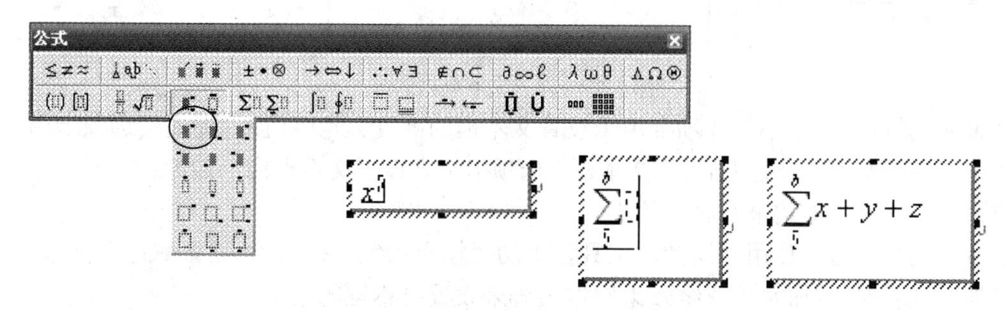

图 4-48　公式模板中的占位符

⑤ 引入某个模板之后，在相应的占位符内输入内容。

⑥ 完成公式编辑后，单击“公式编辑器”之外的任何位置，即可返回文档、完成公式插

入操作。

公式插入文档后，就成为一个整体，即一个对象。单击公式，公式会被选中，用户可以对公式进行复制、粘贴、删除等操作。用鼠标拖动被选定公式周围的小框，可改变公式的长度、宽度和大小。

如果要对公式重新编辑，只需双击公式，即可回到“公式编辑器”的编辑窗口，重新编辑公式。

4.5.6　使用文本框

在文本框中，可以像处理一个新页面一样来处理文字，如设置文字的方向、格式化文字、设置段落格式等。文本框有两种：一种是横排文本框；另一种是竖排文本框，其区别只是文本的方向不一样。使用文本框的具体步骤如下：

① 单击菜单栏“插入”→“文本框”命令，选择“横排”或“竖排”命令，此时鼠标会变成一个黑色的“十”。

② 在文档中确定好文本框的起始位置，按下鼠标左键同时拖动鼠标，即可在文档中插入一个空白的文本框。

③ 在文本框中可以输入文字，或者插入图片等。

文本框周围的斜线框表示文本框是活动的，此时拖动尺寸控点（文本框周围的 8 个小方块）可以改变文本框大小；把鼠标放在文本框的边框上，当鼠标变成一个四方向箭头时，拖动文本框可以改变它的位置。

右击文本框，在弹出的菜单中选择“设置文本框格式”，弹出“设置文本框格式”对话框，该对话框可以对颜色、填充颜色和背景、内部边距等参数进行设置，如图 4-49 所示。

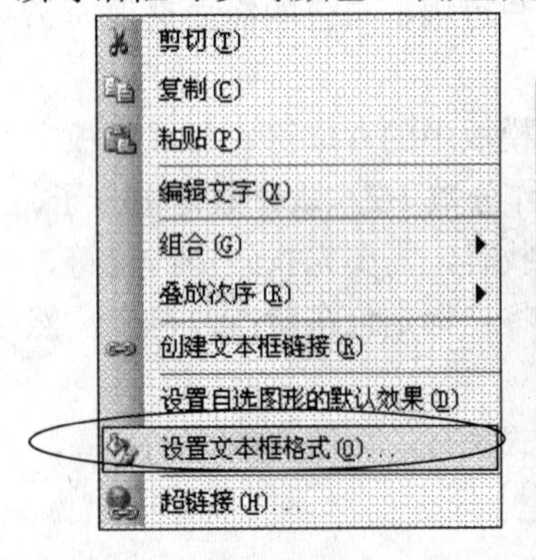

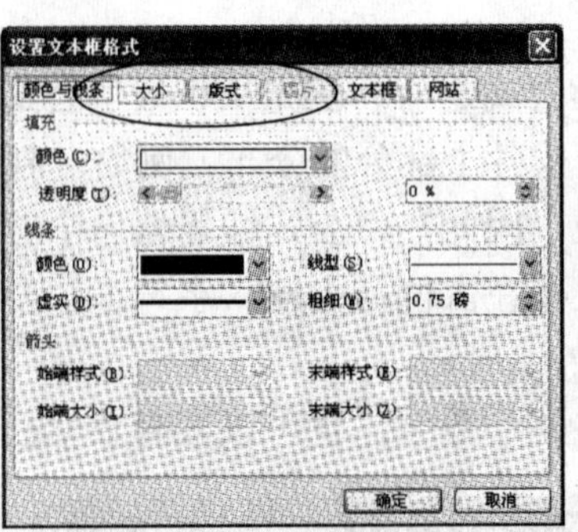

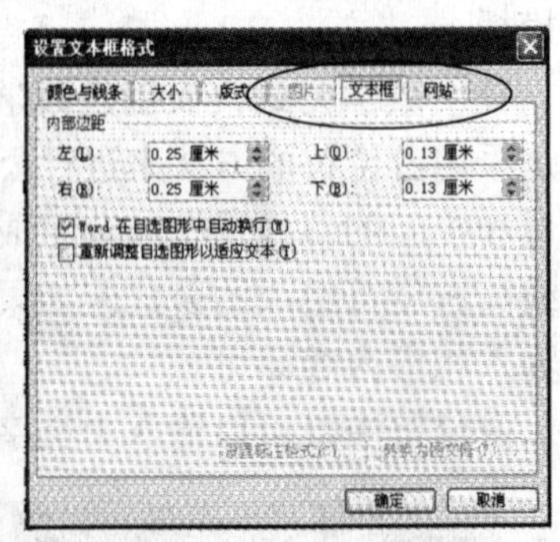

图 4-49　设置文本框格式

在此对话框中，“大小”选项卡用于设置文本框的高度、宽度值；“版式”选项卡用于设置文本框与周围文本的环绕方式；“文本框”选项卡用于设置文本框内部边距；“颜色与线条”选项卡用于设置文本框边框及底纹的格式。

另外，用户也可以使用“绘图”工具栏上的“填充颜色”按钮、“线条颜色”按钮、“线型”按钮、“阴影”按钮及“三维效果”按钮等来设置文本框的格式。

4.6 表　　格

4.6.1 创建表格

Word 中提供了多种创建表格的方式，用户可以根据不同的需要，选择不同的创建方法。

方法一：利用菜单命令创建表格。

① 将插入符移动到文档中希望创建表格的位置。

② 单击菜单栏“表格”→“插入”→“表格”命令，弹出“插入表格”对话框，如图 4-50 所示。

③ 在“插入表格”对话框的“行数”栏输入表格行数，在“列数”栏输入表格列数，然后单击“确定”按钮，即可在插入符处创建表格。

方法二：使用“表格和边框”工具栏创建表格。

① 单击“常用”工具栏上的“表格和边框”按钮或“视图”→“工具栏”→“表格和边框”命令，打开“表格和边框”工具栏，如图 4-51 所示。

② 单击工具栏上的“绘制表格”按钮，鼠标指针会变成笔形。将指针移到文本区中，从要创建的表格的一角拖动至其对角，即可确定表格的外围边框。同时，还可以利用该按钮在表格中画出各种需要的斜线。

③ 使用“表格和边框”工具栏上的“擦除”按钮，可以擦除表格中画错的线段。

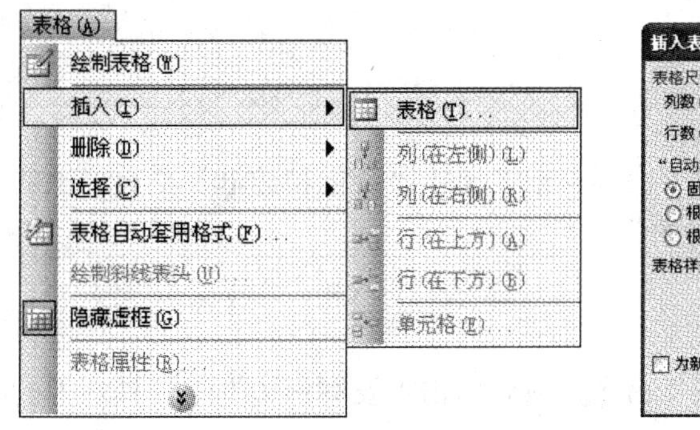

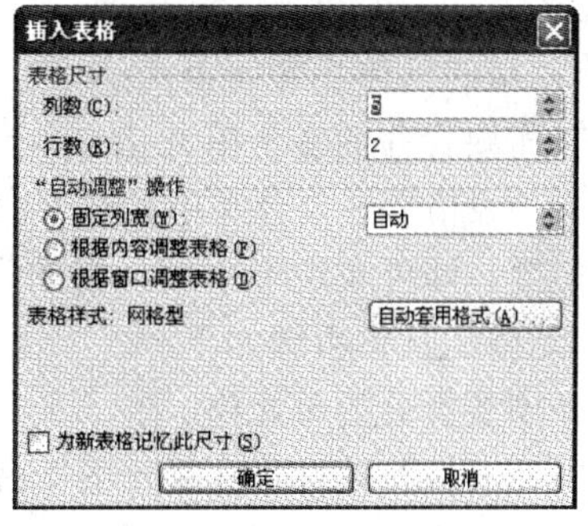

图 4-50　“插入表格”对话框

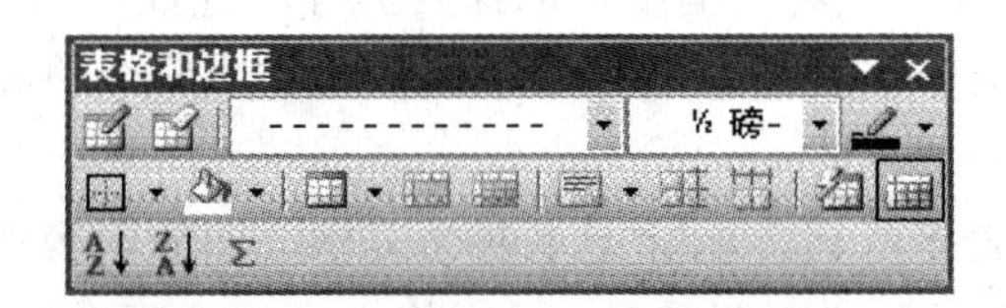

图 4-51　“表格和边框”工具栏

4.6.2 编辑表格

表格创建完毕之后，用户可以根据需要对表格进行编辑，包括增加、删除，并且可以对文本、数据的内容进行编辑和计算。Word 在这方面提供了强大的功能。

1. 增加和删除表格

表格中的增加操作包括增加行、列、单元格。具体操作如下：

① 将光标置于需要添加行/列/单元格的左右行/列/单元格内。

② 单击“表格”→“插入”命令，然后执行下列操作之一。

◆ 选择“列（在左侧）”，则在光标所在列的左侧插入一列。

◆ 选择“列（在右侧）”，则在光标所在列的右侧插入一列。

◆ 选择“行（在上方）”，则在光标所在行的上方插入一行。

◆ 选择“行（在下方）”，则在光标所在行的下方插入一行。

◆ 选择“单元格”，则弹出“插入单元格”对话框，用户可以选择相应单元格的插入方式。

表格中的删除操作包括删除表格、行、列、单元格。具体操作如下：

① 将光标置于需要删除行/列/单元格的左右行/列/单元格内。

② 单击“表格”→“删除”命令，然后执行下列操作之一。

◆ 选择“表格”，则删除光标所在表格。

◆ 选择“列”，则删除光标所在列。

◆ 选择“行”，则删除光标所在行。

◆ 选择“单元格”，则弹出“删除单元格”对话框，用户可以选择相应单元格的删除方式。

另外，还可以利用“表格和边框”工具栏上的“绘制表格”按钮增加表格，使用“擦除”按钮删除表格。

2. 合并和拆分表格

在制作表格时，有时需要将相邻的多个单元格合并成一个单元格或者将一个单元格拆分成多个单元格。

合并单元格的具体步骤如下：

① 选择需要合并的多个单元格。

② 单击“表格”→“合并单元格”命令，或者单击“表格和边框”工具栏上的“合并单元格”按钮，即可实现多个单元格的合并。

拆分单元格的具体步骤如下：

① 选择需要拆分的单元格。

② 单击“表格”→“拆分单元格”命令，或者单击“表格和边框”工具栏上的“拆分单元格”按钮，会弹出“拆分单元格”对话框。

③ 在弹出的“拆分单元格”对话框中，选择要拆分的行数和列数。若选中“拆分前合并单元格”复选框，则拆分前会将所选取的多个单元格合并成一个单元格；若不选中此项，则将所选单元格分别进行拆分。

如果要合并上下两个表格，只需删除上下两个表格之间的内容即可。

如果要将一个表格拆分为上、下两部分，只需将光标置于要拆分的表格上，选择菜单“表格”→“拆分表格”命令，即可实现表格的拆分。

3. 表格的行高和列宽

在表格中可以根据每一格的具体需要，设定栏宽、列间距与行高。Word 提供了两种方式进行设定。

方法一：用鼠标改变列宽和行高。

改变列宽的具体步骤如下：

① 将鼠标移到要调整列宽的表格边框的竖线上，鼠标会变成“←‖→”形状。

② 按住鼠标左键，会出现一条虚线，将其拖动到需要的位置，松开鼠标即可完成对表格列宽的设定。

改变行高的具体步骤与改变列宽类似，只要把鼠标移到要调整行高的表格边框的横线上，按住左键拖动鼠标即可。

方法二：用“表格属性”对话框设定。

具体步骤如下：

① 将光标移动到要修改的单元格内。

② 单击菜单栏“表格”→“表格属性”命令，弹出“表格属性”对话框，如图 4-52 所示。在该对话框中可以对行、列及单元格的大小进行设定。

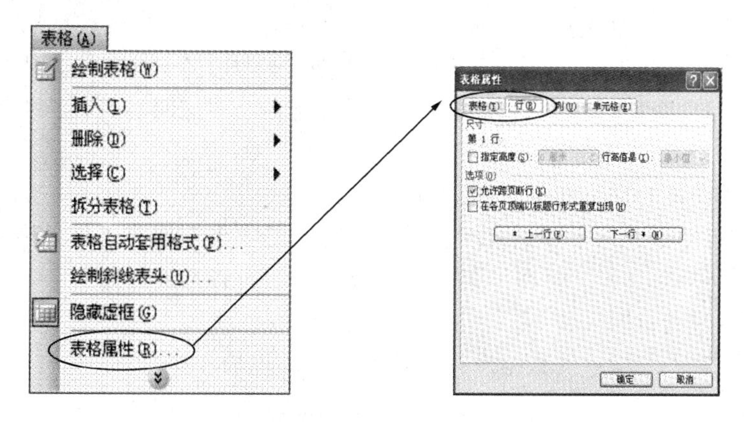

图 4-52　“表格属性”对话框

③ 同时，在选项卡中也提供了“上一行”、“下一行”、“前一列”、“后一列”按钮，可以查看或修改其他的行或列。

④ 修改好之后，单击“确定”按钮，即可完成操作。

4．绘制斜线表头

在制作表格时，经常要在表头绘制斜线，Word 提供了更为简单、高效的方法。具体步骤如下：

① 将光标置于表格的第一个单元格。

② 单击菜单栏“表格”→“绘制斜线表头”命令，弹出“插入斜线表头”对话框，如图 4-53 所示。

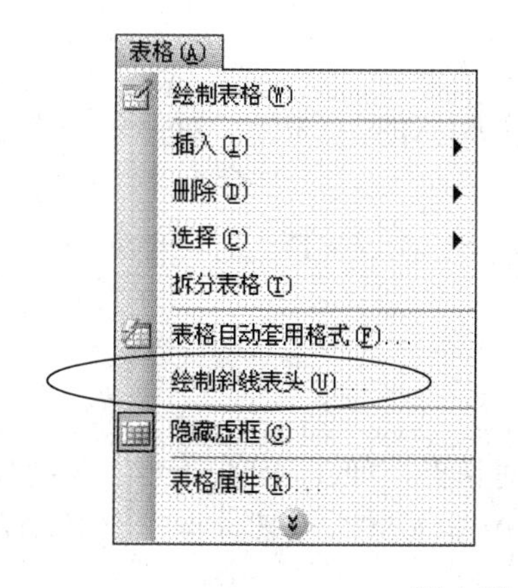

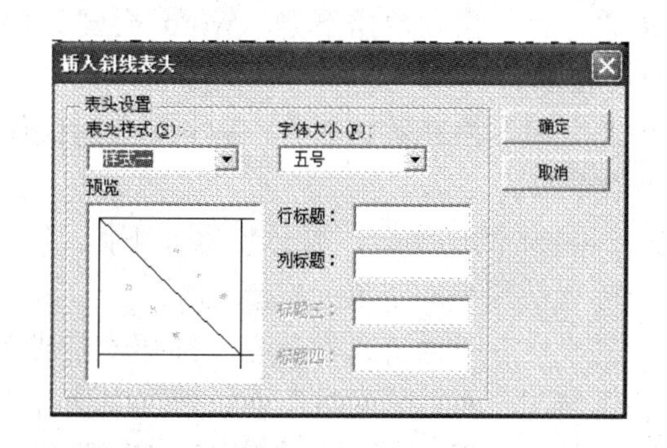

图 4-53　“插入斜线表头”对话框

③ 在“表头样式”下拉列表中选择一种样式，可以在“预览”区域查看该样式，然后在“行标题”、“列标题”等文本框内输入相应的内容。

④ 选择字体大小之后，单击“确定”按钮，即完成绘制斜线表头的操作。

5. 表格中的文本排版

表格中输入文本之后，可以对表格中的文字方向进行修改。具体步骤如下：

① 选定需要修改文字方向的单元格。

② 单击鼠标右键，在出现的菜单中选择 文字方向(X)... ，在弹出的对话框中，选择“方向”，即可改变选定单元格的文字排列方向。

可以设置单元格中文字的对齐方式，即设置文字在单元格中的位置，其具体步骤如下：

① 选定一个或多个单元格。

② 单击“表格和边框”工具栏上“对齐”按钮右边的下拉箭头，出现对齐方式选项板，其选项有：靠上两端对齐、靠上居中、靠上右对齐、中部两端对齐、中部居中、中部右对齐、靠下两端对齐、靠下居中、靠下右对齐。

③ 选择一种合适的文字对齐方式即可。

也可以在选定的单元格中单击鼠标右键，在弹出的菜单中选择“单元格对齐方式”按钮 单元格对齐方式(G) ▸，并在子菜单中选择相应的对齐方式。

6. 在表格中进行计算

Word 提供了对于表格中的数据进行计算的操作。以表 4-1 为例：

表 4-1 学生成绩表

	英 语	数 学	语 文	平 均 分
李昊	75	84	90	
周诺	86	79	87	
赵磊	80	83	87	

使用表格的公式求和的方法有两种。

方法一：将光标移动到总分单元格，然后单击“表格和边框”工具栏的“自动求和”按钮Σ。

方法二：使用公式。具体步骤如下：

① 将光标移动到总分单元格。

② 单击“表格”→“公式”命令，打开“公式”对话框。

◆ 如果总分单元格在数据下方，Word 会建议使用=SUM(ABOVE)，对该单元格上方的各单元格求和。

◆ 如果总分单元格在数据右方，Word 会建议使用=SUM(LEFT)，对该单元格左方的各单元格求和。

如果求表 4-1 中的平均分，具体步骤如下：

① 将光标移动到平均分单元格。

② 单击“表格”→“公式”命令，打开“公式”对话框，如图 4-54 所示。系统默认的是求和公式 SUM，在“粘贴函数”下拉列表中选择“AVERAGE”函数。由于是对左方的数据求平均值，因此 AVERAGE()中的参数为 LEFT。

③ 单击对话框中的“确定”按钮，即可在单元格中得到计算结果。

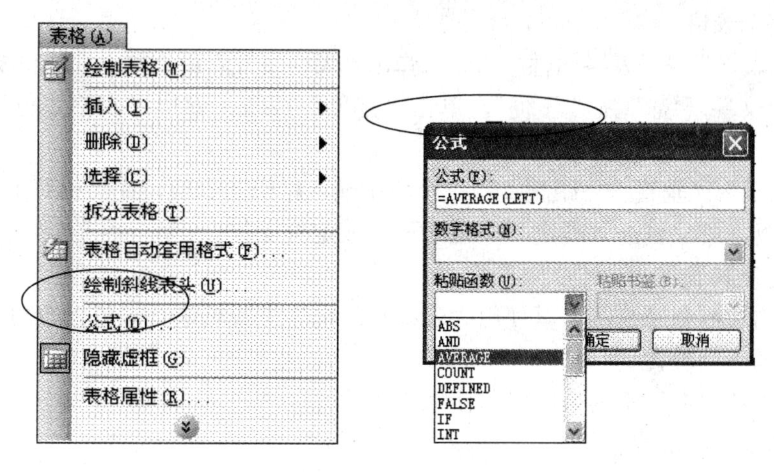

图 4-54　“公式”对话框

4.6.3　设置表格格式

表格创建完毕之后，还需要对其格式、样式做一定的完善。

1. 设定表格的对齐与环绕

表格也可以像图形一样处理，经常使用的对齐方式有 3 种：两端对齐、居中和右对齐。选中整个表格之后，可以单击“格式”工具栏中的“两端对齐”按钮、“居中”按钮、“右对齐”按钮。

另一种设定表格对齐方式的方法是：选中整个表格之后，单击“表格”→“表格属性”命令，弹出“表格属性”对话框，如图 4-55 所示。

在“表格”选项卡中选择相应的对齐方式即可。

表格也可像图片一样让文字环绕。在“表格”选项卡中“文字环绕”栏可以选择是否环绕，如图 4-55 所示。

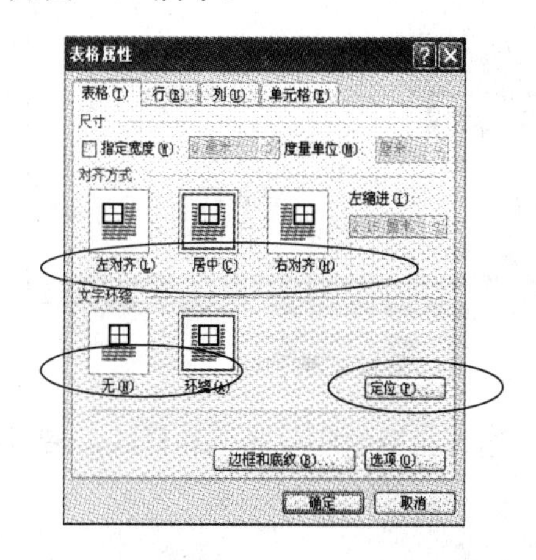

图 4-55　“表格属性”对话框“表格”选项卡

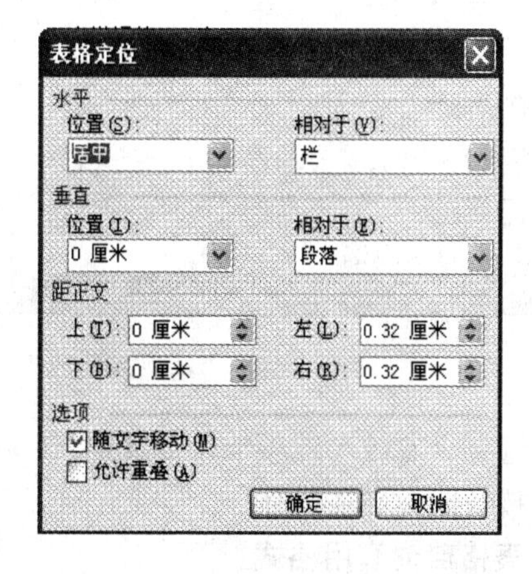

图 4-56　“表格定位”对话框

2. 表格定位

当表格选择“文字环绕”方式为“环绕”时，就需要将表格精确定位到一个特定位置。

具体步骤如下：

① 选中整个表格。

② 单击“表格”→“表格属性”命令，弹出“表格属性”对话框，选择“表格”选项卡。

③ 选择“文字环绕”为“环绕”，单击“定位”按钮，弹出“表格定位”对话框，如图 4-56 所示。

④ 在“水平”、“垂直”、“距正文”三个栏中输入精确的数值，在“相对于”栏内选择所需要的位置距离，最后单击“确定”按钮即可完成定位操作。

3．表格边框和底纹

设置表格的边框和底纹，可以使用“表格和边框”工具栏进行设置，也可以使用“边框和底纹”对话框进行设置。

使用“表格和边框”工具栏的具体步骤如下：

① 选定需要设置的表格。

② 单击“表格和边框”工具栏的“线型”下拉按钮，选择具体的线型，然后单击“粗细”下拉按钮 ½ 磅，选择具体的粗细样式。

③ 单击“外侧边框”右侧下拉按钮，在弹出的选项中选择所需设定的框线。

④ 单击“底纹颜色”右侧下拉按钮，在弹出的选项中选择所需底纹颜色。

使用“边框和底纹”对话框的具体步骤如下：

① 选定需要设置的表格。

② 在选择的表格上单击鼠标右键，在弹出的快捷菜单中选择“边框和底纹”命令，打开“边框和底纹”对话框，选择“边框”选项卡，如图 4-57 左图所示。

③ 在“边框”选项卡下设置各项参数，在“设置”栏中设置表格样式，通过“线型”、“宽度”、“颜色”下拉列表框设置边框线条的线型、线条宽度及线条颜色；在“应用于”下拉列表框设置边框的应用范围，在“预览”栏通过按钮选择所需要设定的框线。

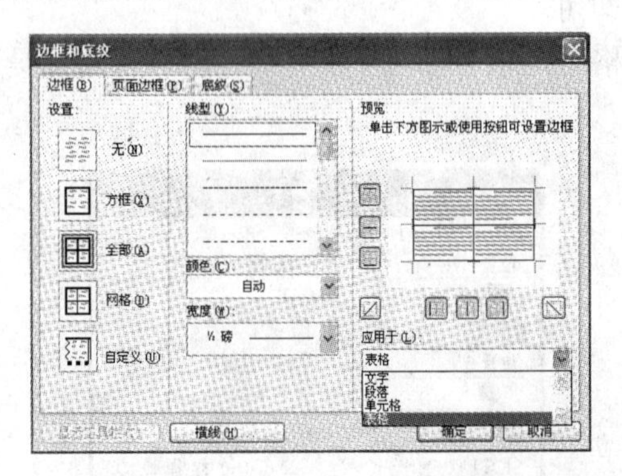

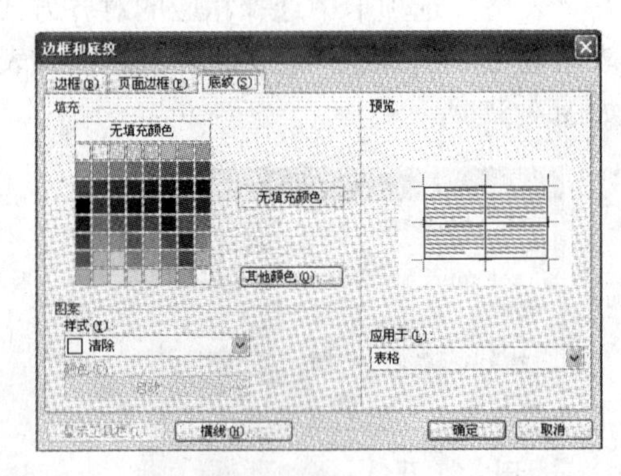

图 4-57 “边框和底纹”对话框“边框”、“底纹”选项卡

④ 选择“底纹”选项卡，如图 4-57 右图所示，选择相应的底纹颜色和样式，最后单击“确定”按钮即可完成操作。

4．表格自动套用格式

为了方便用户使用，Word 除了允许用户自己设置表格的格式外，还提供了多种表格格式，用户可以用“表格自动套用格式”命令来应用这些格式。操作步骤如下：

① 将光标置于表格中。

② 单击“表格”→“表格自动套用格式”命令，或者单击“表格和边框”工具栏上的“表格自动套用格式”按钮，弹出“表格自动套用格式”对话框，如图 4-58 所示。用户可以选定一种表格格式，并对其具体的边框、底纹、字体、颜色等格式进行取舍，对格式所应用的范围进行设定。

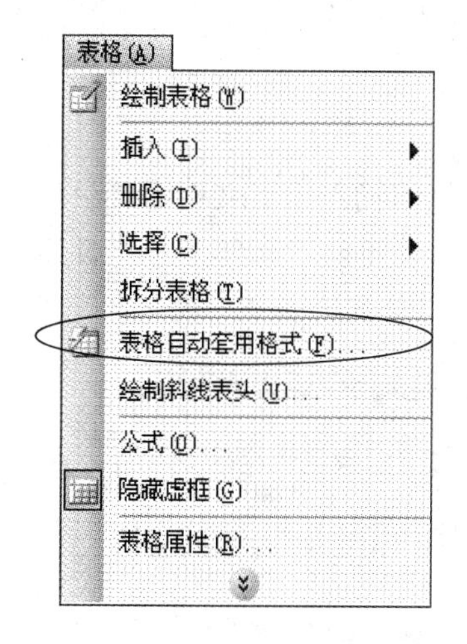

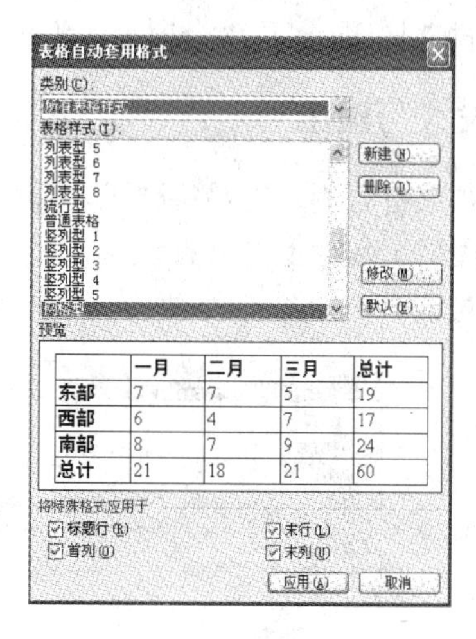

图 4-58　“表格自动套用格式”对话框

③ 完成设置后，单击对话框中的“应用”按钮即可。

4.7　文档的打印

4.7.1　打印预览

文档编辑完成之后，在打印之前，需要预览文档的整体排版效果，此时可以使用打印预览功能。单击“常用”工具栏上的“打印预览”按钮，或者单击菜单栏“文件”→“打印预览”命令，即可进入文档打印预览状态，屏幕上会出现打印预览窗口，并自动弹出“打印预览”工具栏，如图 4-59 所示。

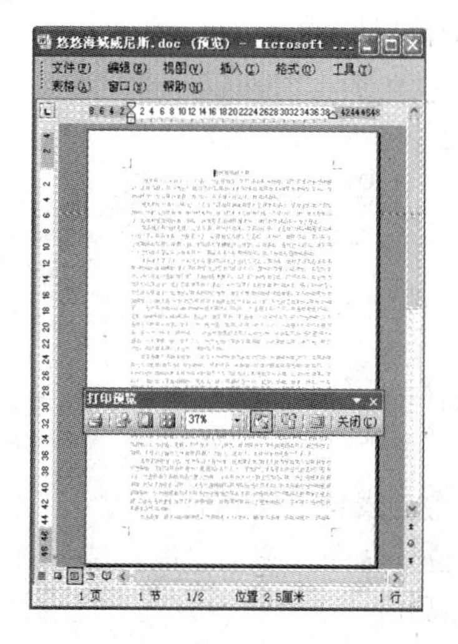

图 4-59　预览窗口

如果在预览的状态下发现有需要修改的地方，可以单击“打印预览”工具栏的“关闭”按钮，返回正常的编辑状态修改文档；也可以单击“放大镜”按钮，单击文档会放大显示区域，然后可以修改文档。

在“打印预览”工具栏上还可以设定预览的页面样式，根据用户的需要可以选择“单页”按钮、“多页”按钮及“全屏显示”按钮。

4.7.2　打印设置与输出

如果预览结果符合用户的最终要求，即可进行打印输出。当文档需要全部打印输出时，只需单击“常用”工具栏上的“打印”按钮或者单击菜单栏“文件”→“打印”命令，即可弹出“打印”对话框，如图 4-60 所示。

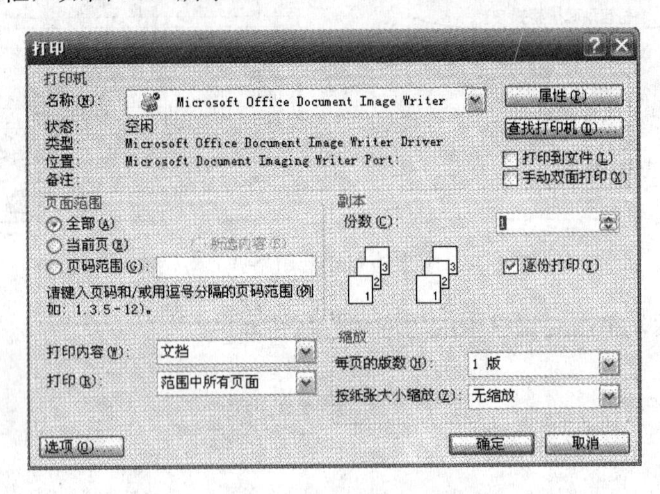

图 4-60　“打印”对话框

该对话框中，在“打印机”栏中的“名称”下拉列表框中指定一台打印机。

在“页面范围”栏中可以选择打印的指定范围。“全部”表示打印整篇文档；“当前页”表示打印插入点所在的页；“所选内容”表示只打印当前所选内容；“页码范围”表示打印“页码范围”文本框中输入的页、节等。

在“打印”下拉列表框中选择文档中需要打印的部分，有“范围中所有页面”、“偶数页”、“奇数页”3 个选项。

4.8　高 级 应 用

4.8.1　制表位

制表位是指在水平标尺上的位置，其主要优点是既能使排版整齐大方，又能提高输入资料的工作效率。具体步骤如下：

① 将插入符移动到需要设置制表位的文本行。

② 单击“格式”→“制表位”命令，弹出“制表位”对话框，如图 4-61 所示。在“制表位位置”框输入制表位位置的数值，在“对齐方式”栏选择制表位对齐方式，在“前导符”栏选择制表位前导字符样式，单击“设置”按钮添加一个制表位。

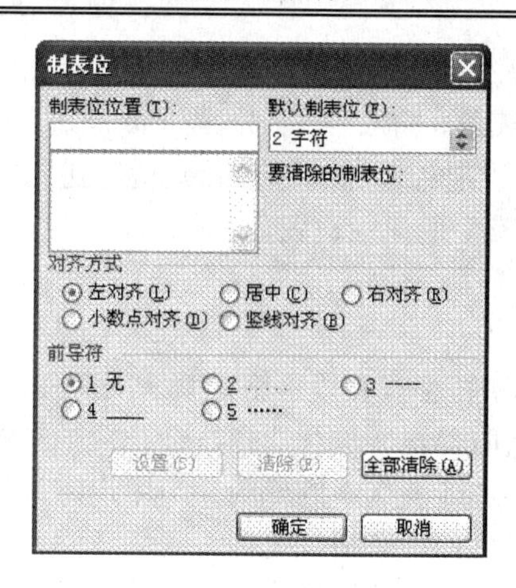

图 4-61　“制表位”对话框

③ 可以设置多个制表位。设置完成后，单击对话框中的“确定”按钮即可。

如果要删除制表位，可以在“制表位位置”下的列表框内选中一个制表位后，单击对话框中的“清除”按钮，即可删除该制表位。还可单击“全部清除”按钮删除所有的制表位。

Word 还提供了更为方便的设置制表位方法，可直接使用标尺上的制表位按钮设定。具体的步骤如下：

① 将插入符移动到需要设置制表位的文本行。

② 单击水平标尺最左边的制表位符按钮，单击它可以切换各种制表符：左对齐式制表符，居中式制表符，右对齐式制表符，小数点对齐式制表符，竖线对齐式制表符。直到出现所需制表符类型后，用鼠标左键在标尺上单击要插入制表位的位置。

③ 重复以上两步，可以在同一行设置多个制表位。

制表位举例：

效果图如图 4-62 所示，具体操作步骤如下。

图 4-62　制表位示例

① 输入“通讯录”后按 Enter 键，将光标移至“通讯录”所在行，单击“格式”工具栏上的“居中”按钮，再将光标移动到下一行。

② 单击“格式”→“制表位”命令，打开“制表位”对话框。

③ 在“制表位位置”栏输入“2 字符”，在“对齐方式”栏中选择“左对齐”，单击“设置”按钮。

④ 在“制表位位置”栏输入“20 字符”，在“对齐方式”栏中选择“居中对齐”，在“前导符”栏中选择 5 ······单选框，单击“设置”按钮。

⑤ 在“制表位位置”栏输入“38 字符”，在“对齐方式”栏中选择“右对齐”在“前导

符”栏中选择 ◯5 …… 单选框，单击“设置”按钮。最后单击“确定”按钮。

⑥ 按 Tab 键进入第一个表位，输入“姓名”，按 Tab 键进入第二个表位，输入“QQ”， 按 Tab 键进入第三个表位，输入“电话”，然后按 Enter 键，进入第二行继续输入。

⑦ 输入完毕，即可完成整个通讯录设置。

4.8.2 样式

用户可以使用 Word 编辑字符格式和段落格式繁杂的文档。但是 Word 提供的格式选项非常多，如果每次设置文档格式时都逐一进行选择，会花费很多时间。样式是应用于文本的一系列格式特征，利用它可以快速改变文本的外观。当用户定义了样式后，只需简单地选择样式名就能一次应用该样式中包含的所有格式选项。

样式分为字符样式和段落样式。字符样式包括字符格式的设置，如字体、字号、字型、位置和间距等；段落样式包括段落格式的设置，如行距、缩进、对齐方式和制表位等，段落样式也可以包括字符样式或字符格式选项。

1. 使用样式

Word 本身自带的样式为内置样式，如标题样式中的“标题 1”、“标题 2”、“正文”样式中的“正文首行缩进”等都是内置样式。

使用内置样式时，只要单击“格式”工具栏中的“样式”按钮 正文 ，并在下拉列表框中选择一个样式即可，如图 4-63 所示。

单击“格式”→“样式和格式”命令，打开“样式和格式”任务窗格，如图 4-64 所示。光标停留在样式上，即会出现该样式的具体说明；单击该样式，可把具体的样式应用到光标所在的段落。

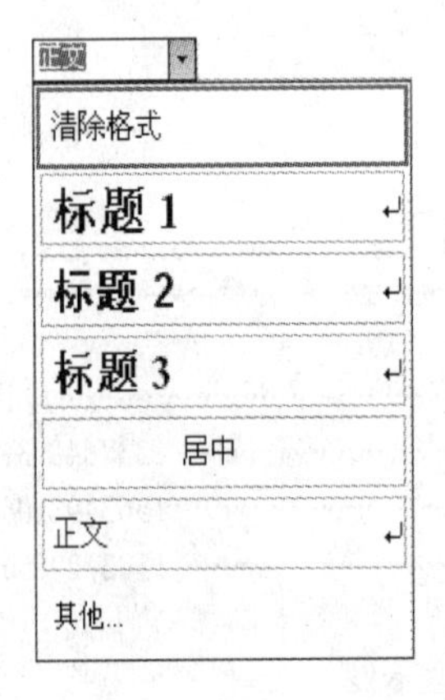

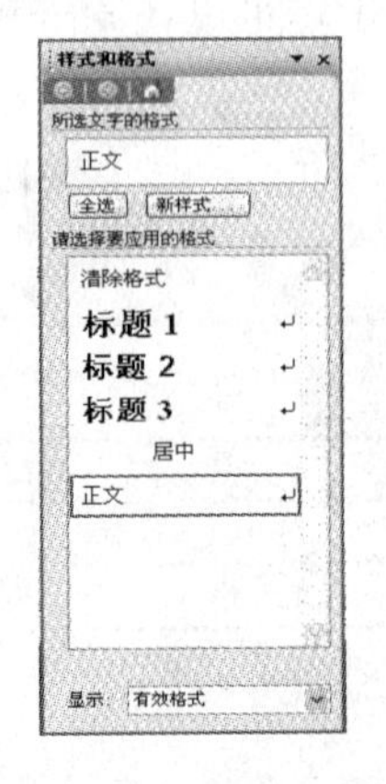

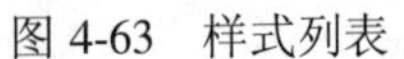
图 4-63　样式列表　　　　图 4-64　“样式和格式”任务窗格

有的样式带有符号 a，它提供字符的字体、字号、字符间距和特殊效果等。有的样式带有符号 ↵，表示其为段落样式。段落样式是指由样式名称来标识的一套字符、段落格式，包括字体、制表位、边框、段落格式等。一旦用户创建了某种段落样式，就可以选定一个段落或多个段落并使用该样式。

2. 新建样式

用户也可以自己创建一些新的样式。创建样式的方法有两种。

方法一：通过“格式”工具栏上的“样式”框设置。

① 选取已经设定好格式的段落。

② 单击“格式”工具栏上的“样式”，在文本框中输入样式名。

③ 输入完成后，按 Enter 键即可。

方法二：通过“样式和格式”任务窗格设置。

① 单击“格式”→“样式和格式”命令，打开“样式和格式”任务窗格。

② 单击“新样式”按钮，打开“新建样式”对话框，如图 4-65 所示。

③ 在“名称”文本框内输入新建样式的名称。

④ 在“样式类型”下拉列表框中选择样式的类型。如果是修改已有样式，则无法使用该选项。

⑤ 在“样式基于”下拉列表框中选择一种样式作为基准。默认情况下，显示的是“正文”样式。

⑥ 在“后续段落样式”下拉列表框中为所创建的样式指定后续段落样式。后续段落样式是指应用该样式的段落下一段的默认段落样式。

⑦ 在“格式”栏内可以对字体、段落、对齐方式等进行设定。同样可以单击对话框中的“格式”按钮进行设定。

⑧ 设置完成后，单击“确定”按钮保存新样式，并返回“样式”对话框，单击“关闭”按钮。

完成样式的创建之后，用户可以在“格式”工具栏上的“样式”下拉列表框中看到该样式名。

3. 修改样式

应用了一个样式之后，可能需要对其中的某些属性进行修改。无论内置样式还是用户创建的样式，都可以进行修改。一般可以利用“修改样式”对话框进行修改。

① 单击“格式”→“样式和格式”命令，打开“样式和格式”任务窗格。

② 选择要修改的样式，单击右边的下拉箭头，然后选择“修改样式”，打开“修改样式”对话框。如图 4-66 所示。

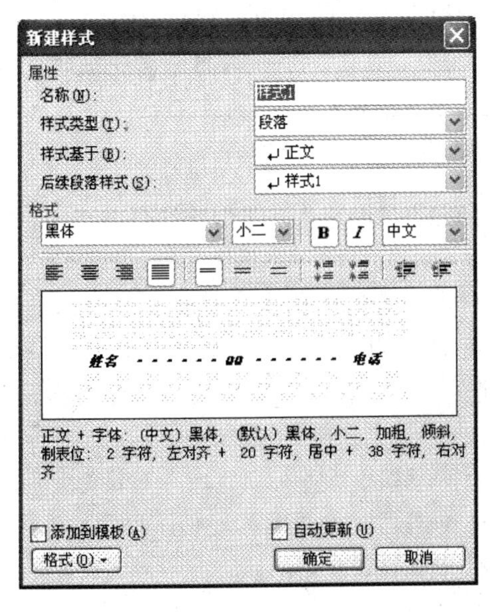

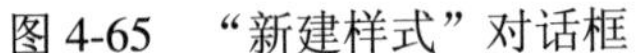

图 4-65　“新建样式”对话框

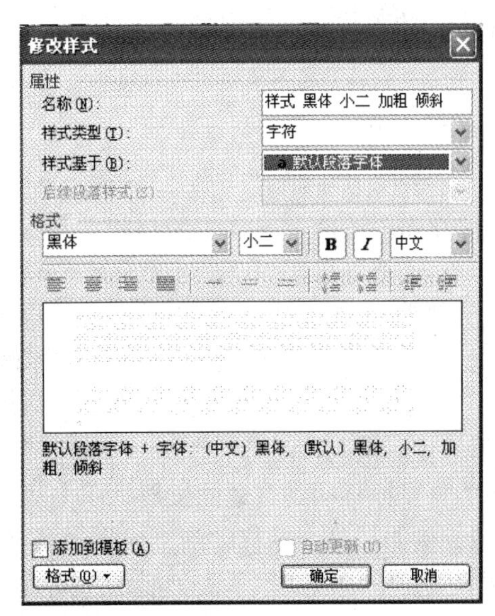

图 4-66　“修改样式”对话框

③ 在“格式”栏内可以对字体、段落、对齐方式等进行设定。也可以单击对话框中的“格式”按钮进行设定。

④ 修改完后，单击对话框中的“确定”按钮即可。

4．删除样式

对于不需要的样式，可以从列表中删除。单击“格式”→“样式和格式”命令，打开“样式和格式”任务窗格。选择要删除的样式，单击右边的下拉箭头，从菜单中选择删除即可。

4.8.3 邮件合并

Word 2003 的邮件合并功能可以方便地获取 VFP 或 Excel 等应用程序中的数据。如果在 Word、Excel 或 VFP 中预先组织好收信人的有关信息（数据源），再在 Word 中建好每封信相同的部分，在不同的地方插入“域”，然后合并邮件，生成所有信函，会非常方便。其制作步骤如下：

① 建立数据源，可以在 Word、Excel 或 VFP 中建立。假定在 Word 中新建一个表格，如表 4-2 所示，以“数据.doc”为文件名保存。

表 4-2　邮件合并数据源

姓　名	作　品	出版社	通信地址	邮政编码	联系电话
张利民	C 语言编程	清华出版社	北京大学	100003	12345678
王东升	Flash 动画制作	人民出版社	上海 869 信箱	210008	87654321
马力	计算机网络	教育出版社	昆明研发中心	600001	7654321

② 新建一个空文档，在其中输入每封信的相同部分，如图 4-67 所示。

尊敬的先生/女士：
推荐您的著作参加全国精品教材评选，请于近日回复具体的申报材料。
教育部教材编辑司

图 4-67 新建文档内容

③ 单击“工具”→“信函与邮件”→“邮件合并”，出现“邮件合并”任务窗格，选择“信函”单选框，单击“下一步：正在启动文档”。

④ 单击“使用当前文档”单选框，单击“下一步：选取收件人”。

⑤ 单击“使用现有列表”，然后单击“浏览”，在打开的“选取数据源”对话框中选择“数据.doc”，在打开的“邮件合并收件人”对话框中选择“全选”，然后单击“确定”按钮。单击“下一步：撰写信函”。

⑥ 将鼠标移动到合适的位置，单击“其他项目”，弹出“插入合并域”对话框，插入对应的域。例如，将光标移动到“先生/女士”之前，单击“其他项目”，弹出“插入合并域”对话框，选择“姓名”，单击“插入”按钮。最终效果如图 4-68 所示。

尊敬的《姓名》先生/女士：

《出版社》推荐您的著作《作品》参加全国精品教材评选，请于近日回复具体的申报材料。

教育部教材编辑司

图 4-68　插入合并域后的效果图

⑦ 单击“下一步：预览信函”，可以预览邮件合并后的效果。

单击“邮件合并”工具栏上的“下一条记录”按钮，可以预览所有的记录，如图 4-69 所示。

图 4-69　“邮件合并”工具栏

以上的所有操作，都可以利用“邮件合并”工具栏上的按钮实现。“设置文档类型”按钮，实现的是设定信函的操作；“打开数据源”按钮，完成的是与数据文件联系的操作；“收件人”按钮，完成的是选定数据源中具体记录的操作；“插入域”按钮，弹出的是“插入合并域”对话框。完成这些设定之后，直接单击“查看合并数据”按钮，完成邮件合并操作，并预览其效果。

4.8.4　超链接

为了方便用户查看相应的文档内容，Word 提供了超链接功能，用户只要单击链接对象就可以打开相应的目标文档。链接对象可以是文字、图片等。插入超链接的方式有两种：一种是本文档内的链接；另一种是多文档之间的链接。

1．本文档内的链接

具体操作步骤如下：

① 将鼠标移到需要链接到的目标位置，单击“插入”→“书签”命令，弹出“书签”对话框，如图 4-70 所示。

图 4-70　“书签”对话框

② 在“书签名”文本框中输入自定义的书签名（书签名可由用户自己命名，但名称中不能有空格，且首字符不能是数字或一些特殊符号），单击“添加”按钮。

③ 选取需要设置为超链接的文字或对象。

④ 单击菜单栏“插入”→“超链接”命令，或鼠标右击选中对象，在出现的快捷菜单中选择“超链接”选项。此时会弹出“插入超链接”对话框，如图 4-71 所示。

⑤ 单击“书签”按钮，出现“在文档中选择位置”对话框，在书签列表中选择设定的书签。

⑥ 单击“插入超链接”对话框中的“确定”按钮即可完成操作。

此时用鼠标单击链接对象，光标会自动跳转到书签所在位置。

2. 多文档之间的链接

具体操作步骤如下：

① 选取需要设置为超链接的文字或对象。

② 单击菜单栏“插入”→“超链接”命令，或鼠标右击选中对象，在出现的快捷菜单中选择“超链接”选项。此时会弹出“插入超链接”对话框，如图 4-71 所示。

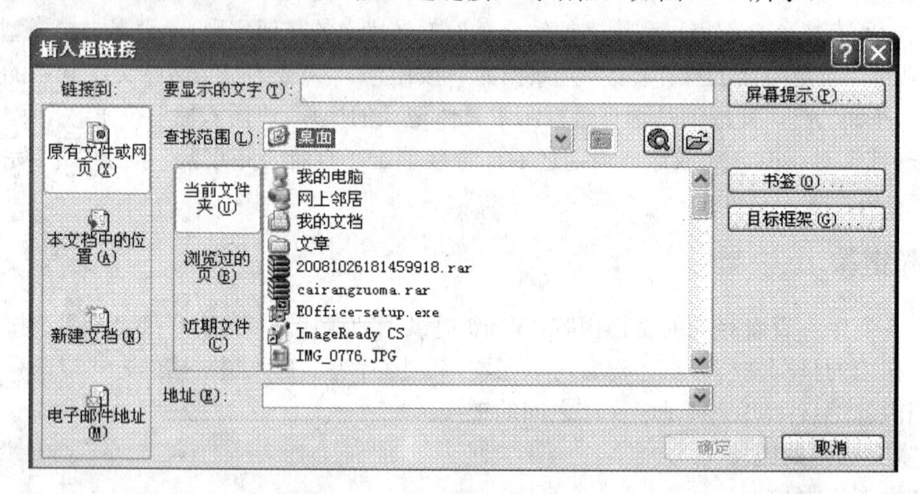

图 4-71 “插入超链接”对话框

③ 在“插入超链接”对话框中，通过“查找范围”的下拉列表选中要链接的目标文件的位置及名称。

④ 单击“确定”按钮。

按下 Ctrl 键的同时用鼠标单击选定文字会自动链接到目标文档。

4.8.5 索引和目录

目录的功能就是列出文档中各级标题及各级标题所在的页码，通过目录，用户可以对文章的大致纲要有所了解。在利用 Word 2003 提供的“索引和目录”之前，必须确定每一级的标题使用的是“样式”中的标题，或者新建的标题样式。

具体步骤如下：

① 将光标移动到欲建立目录的位置。

② 单击“插入”→“引用”→“索引和目录”命令，打开“索引和目录”对话框，选择“目录”选项卡，如图 4-72 所示。

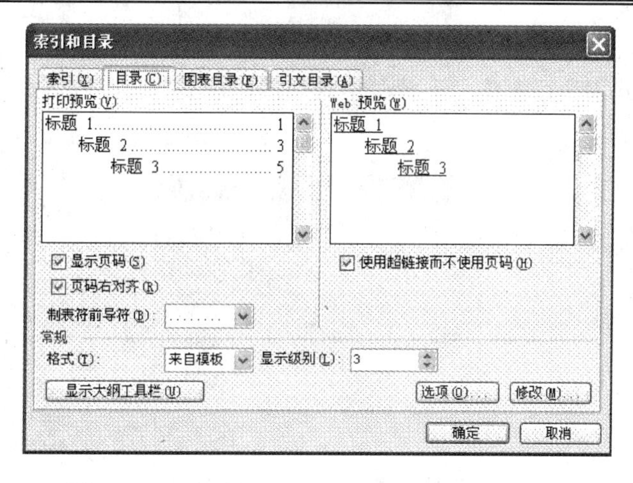

图 4-72　“索引和目录”对话框“目录”选项卡

③ 在“格式”下拉列表中选择合适的目录格式，用户可以在“打印预览”栏中看到该格式的目录效果。

④ 在“显示级别”文本框中可指定目录中显示的标题层数。

⑤ 选中“显示页码”复选框，表示在目录每一个标题的后面会显示页码。选中“页码右对齐”复选框，表示让目录中的页码右对齐。在“制表符前导符”下拉列表框中，可指定标题与页码之间的分隔符。

⑥ 单击“确定”按钮，目录会被提取出来并插入到文档中。

如果用户认为提取出的目录格式过于单一，可以在提取目录时对目录的格式进行修改，具体步骤如下：

① 将插入点定位在刚提取的目录后面。

② 单击“插入”→“引用”→“索引和目录”命令，打开“索引和目录”对话框，选择“目录”选项卡。

③ 在“格式”列表中选择“来自模板”，然后单击“修改”按钮，出现“样式”对话框，如图 4-73 所示。

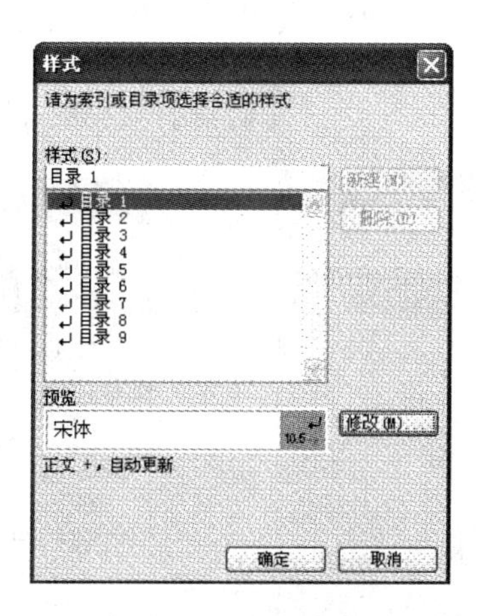

图 4-73　“样式”对话框

④ 在“样式”列表中选择要修改的目录样式。例如，选择“目录 1”，然后单击“修改”

按钮，进入“修改样式”对话框，如图 4-74 所示。

⑤ 在“修改样式”对话框中，选择“格式”按钮，根据其中的选项，可以分别对目录中的字体、段落进行调整。

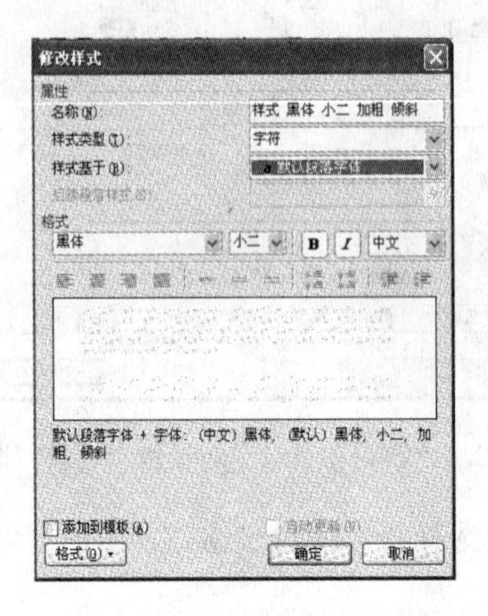

图 4-74　“修改样式”对话框

⑥ 根据以上步骤，可以分别对“目录 2”、“目录 3”进行调整。

⑦ 单击“确定”按钮即可完成对已有目录的修改。

在文档中，用户可以为一些专业词语做个目录，这种为词语所做的目录叫索引。有了这些索引，用户可以很快知道自己想要的词语在哪里，从而节省时间。在 Word 2003 中，为文档编制的索引列出了一篇文档中的词条和主题，以及它们出现的页码。

要编制索引，需要预先在文档中标记索引项，然后再生成索引。索引项是文档中标记索引里特定文字的域代码。将文字标记为索引项时，Microsoft Word 会插入一个具有隐藏文字格式的 XE（索引项）域。

在文档中标记索引项的具体操作步骤如下：

① 选中要索引的词语或短语。例如，选择示例文档中的“威尼斯”。

② 单击“插入”→“引用”→“索引和目录”命令，打开“索引和目录”对话框，选择“索引”选项卡，如图 4-75 所示。

③ 单击“标记索引项”按钮，打开“标记索引项”对话框，如图 4-76 所示。

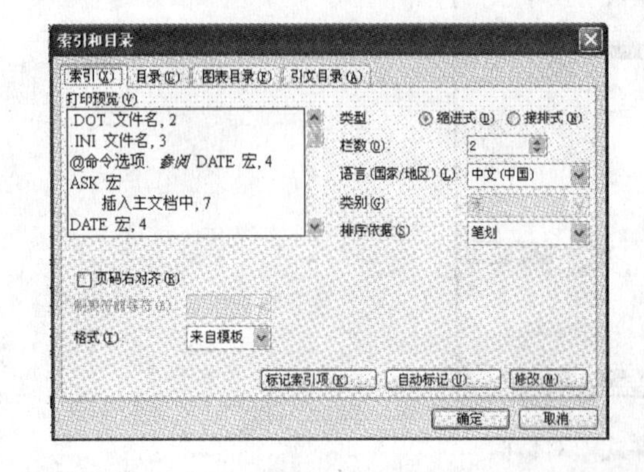

图 4-75　“索引和目录”对话框“索引”选项卡

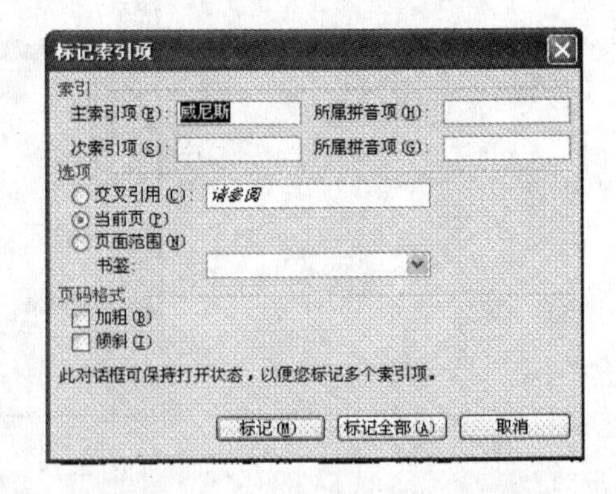

图 4-76　“标记索引项”对话框

④ 在“索引”栏的“主索引项”文本框中，显示了要建立索引的文本内容“威尼斯”，用户也可以输入其他的文本内容。在“选项”栏中，选择“当前页”单选按钮。

⑤ 单击“标记”按钮，在文档中的索引项位置建立索引标记。用户可以继续选中其他词语，然后在“标记索引项”对话框中进行设置。索引标记完毕，单击“取消”按钮，关闭对话框。

标记索引后，用户会发现，在用户所标记的词语后面都会出现一些符号，如图 4-77 所示。这是域的符号，用户可以通过工具栏上的“显示/隐藏编辑标记”按钮，来控制域符号的可见状态。

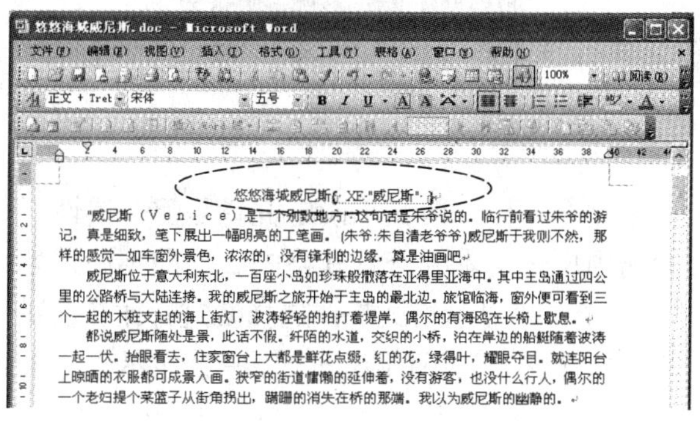

图 4-77　标记索引后的域符号

标记索引后即可生成索引。在文档中为标记的索引项建立索引的具体步骤如下：

① 将光标定位到文档中要建立索引的位置。

② 单击“插入”→“引用”→“索引和目录”命令，打开“索引和目录”对话框，选择“索引”选项卡。

③ 在“类型”栏中选中“缩进式”单选按钮，在“栏数”数值框中输入相应的数值，然后选中“页码右对齐”复选框。

④ 单击“确定”按钮，即可在文档中建立索引。

4.8.6　修订、审阅与比较文档

当审阅者修改文档时，会突出显示所有修改之处，以便作者跟踪修订。

双击状态栏中的“修订”或单击菜单栏的“工具”→“修订”命令，启用修订功能。此时文档中会出现一个“审阅”工具栏，如图 4-78 所示。

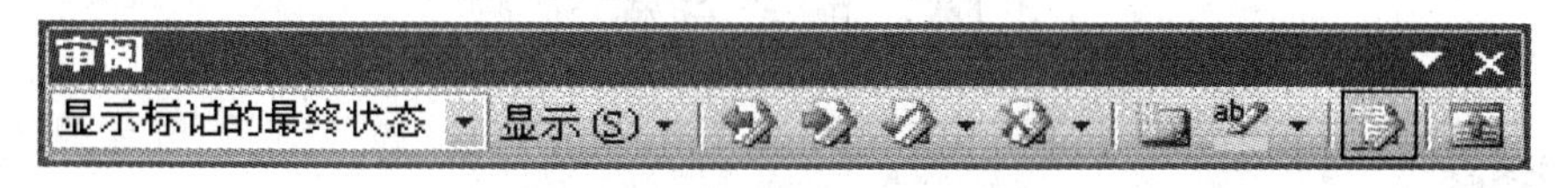

图 4-78　“审阅”工具栏

当文档中的内容被修改时，文档中会出现修改过的标记。要决定是否接受修订时，可以在“审阅”工具栏上单击“后一处修订或批注”按钮及“前一处修订或批注”按钮，逐个查找所做的修订，接着单击“接受所选修订”按钮或“拒绝所选修订”按钮，接受或拒绝所做的修订。

有时在阅读文档的同时用户还需要与其他文档进行比较。在以前的 Word 版本中要比较两篇文档是比较困难的，但在 Word 2003 中，只需单击“窗口”→“与文件名并排比较”命

令，就可以使打开的两个 Word 文档左右排开，用户甚至还可以同时滚动两篇文档来辨别两篇文档间的差别。具体操作步骤如下：

① 打开两篇需要比较的文档。

② 单击“窗口”→“与文件名并排比较”命令，窗口会自动以平铺方式排列，同时会显示“并排比较”工具栏，如图 4-79 所示。“同步滚动”按钮可以控制一篇文档在滚动时，与之比较的另一篇文档同时滚动。“重置窗口位置”按钮在窗口位置发生变化时，单击它可以使窗口恢复到并排比较时的初始状态。

图 4-79　“并排比较”工具栏

有时两个段落看上去不完全一样，但又不确定究竟是哪个属性不一样，这就用到了“显示格式”功能，可以比较两项所选文本并查看其格式属性的不同之处。具体使用方法如下：

① 在“格式”菜单上，单击“显示格式”；选择要进行比较的第一项格式文本，在“显示格式”任务窗格里，在“所选文字”下的第一个框中会显示一个格式示例；选中“与其他选定内容比较”复选框。

② 选择要进行比较的第二项格式文本，在“所选文字”下的第二个框中会显示一个格式示例。此时在“格式差异”框中会显示两项所选文本的差异的具体说明。

③ 若要使第二项所选文本与第一项所选文本的格式相匹配，可以单击“所选文字”下第二个框旁边的箭头，然后单击“应用原来选定范围的格式”。

用户可以在“格式差异”框中单击带有蓝色下画线的文本并更正不一致的地方，或在第二项所选文本中作其他修改。如果两项所选文本完全一致，则“无格式差别”就会显示在该框中。

4.9　本 章 小 结

本章介绍了 Word 2003 的应用，包括文档的基本操作、文本的编辑、文档的排版、图文混排、表格制作、文档的打印及一些高级应用。

4.10　思考与练习

1．选择题

（1）在 Word 中对文档进行打印预览，可选择工具栏上的________按钮。

A．“新建”　　B．“打印预览”

C．“保存”　　D．“打印”

（2）在 Word 文档窗口编辑区中，当前输入的文字被显示在________。

A．文档的尾部　　B．插入点的位置

C．鼠标指针的位置　　D．当前行

（3）要复制单元格的格式，最快捷的方法是利用工具栏上的________按钮。

A.“复制” B.“格式刷”

C.“粘贴” D.“恢复”

(4)在 Word 中，选定矩形文本块的方法是________。

A. 鼠标拖动选择 B.“Alt”＋鼠标拖动选择

C.“Shift”＋鼠标拖动选择 D.“Ctrl”＋鼠标拖动选择

(5)Word 2003 中要在文档中建立书签，可选择________菜单中的“书签”命令。

A.“编辑” B.“格式” C.“插入” D.“工具”

(6)在 Word 2003 中，文档修改后换一个文件名存放，需用“文件“菜单中的________命令。

A.“保存” B.“打开” C.“另存为” D.“新建”

(7)在 Word 2003 中，选定图形的简单方法是________。

A. 选定图形占有的所有区域 B. 单击图形

C. 双击图形 D. 选定图形所在的页

(8)在 Word 2003 中，要使文字能够环绕图形，应设置的环绕方式为________。

A.“嵌入型” B.“衬于文字上方”

C.“四周型” D.“衬于文字下方”

2. 填空题

(1)Word 中，按住____________键，单击图形，可选定多个图形。

(2)在 Word 中，删除表格中选定的单元格时，可以使用______________菜单项中的“删除单元格”命令。

(3)在 Word 中，可以通过使用_______________对话框来添加边框。

(4)在 Word 中，在______________视图模式下，软分页符在屏幕上显示为一行虚线。

(5)如果要将 Word 文档中的一个关键词改变为另一个关键词，需使用“____________”菜单项中的“替换”命令。

(6)在 Word 中，如果要为文档自动加上页码，可以使用______________菜单项中的“页码…”命令。

(7)如果要退出 Word，最简单的方法是______________击标题栏上的控制框。

(8)在 Word 中，按键______________与工具栏上的“粘贴”按钮功能相同。

(9)在 Word 中，按______________键可以选定文档中的所有内容。

(10)在 Word 中，如果要调整文档中的字间距，可使用______________菜单项中的“字体…”命令。

3. 问答题

(1)如何在文档中输入数学公式？

(2)清除单元格和删除单元格有何区别？

(3)怎样设置页眉和页脚？怎样修改页眉和页脚？

(4)如何在文档中查找指定的文字？如何将文档中指定的文字替换成其他内容？

(5)Word 2003 中几种视图方式的特点和使用范围是什么？

第 5 章　电子表格软件 Excel 2003

本章主要内容

- Excel 2003 概述
- 工作表的编辑和格式化
- 公式与函数
- 图表的制作
- 数据管理与统计
- 视图与打印设置

5.1　Excel 2003 概述

5.1.1　Excel 2003 的窗口组成

启动中文版 Excel 2003，即可进入其工作窗口。中文版 Excel 2003 的工作窗口主要包括标题栏、菜单栏、工具栏、状态栏、编辑区和工作表区等，如图 5-1 所示。

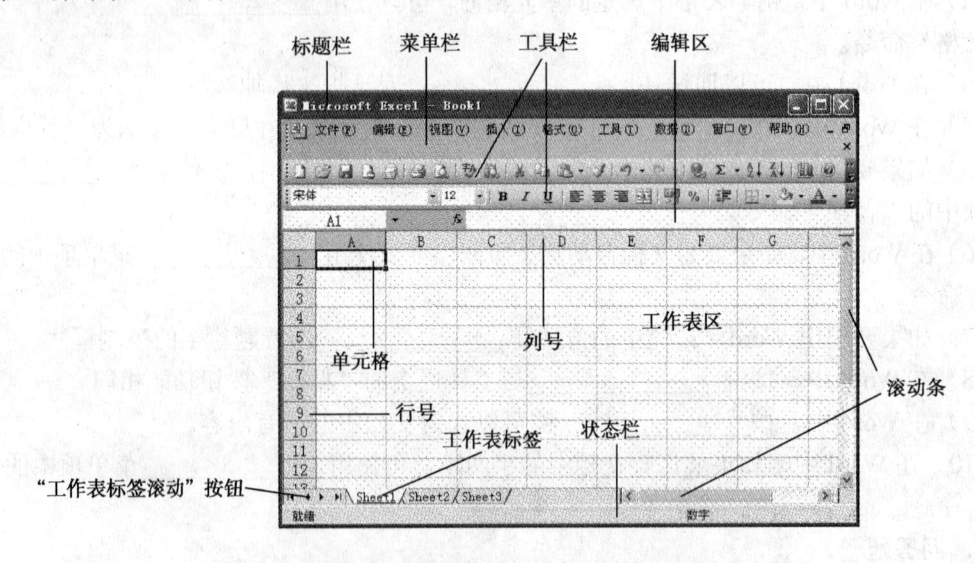

图 5-1　Excel 2003 的窗口组成

1．标题栏

标题栏位于应用程序窗口的最上方，左侧包括控制按钮、应用程序名称、标题文件名称，右侧包括"最小化"按钮 、"最大化"按钮 和"关闭"按钮。拖动标题栏可以移动窗口，双击标题栏可以放大显示该窗口或将其恢复到原有大小和位置。

2．菜单栏

菜单栏位于标题栏的下方，包括"文件"、"编辑"、"视图"、"插入"、"格式"、"工具"、

“数据”、“窗口”和“帮助”9 个菜单项。菜单栏包含了 Excel 中的所有命令，单击每一个菜单项，都会弹出其下拉菜单，在有的下拉菜单下还包含子菜单，选择相应的命令即可完成 Excel 的所有操作。

3. 工具栏

工具栏包括“常用”工具栏和“格式”工具栏两种。为了提高工作效率，软件开发商将一些比较常用的命令以按钮的形式集中在一起，组成一个工具栏。使用工具栏的方法很简单，只需单击要使用的工具按钮即可。

4. 编辑区

编辑区由 3 部分组成：最左边是名称栏，用于显示所选单元格或单元格区域的名称，如果单元格尚未命名，则名称栏会显示该单元格的坐标；最右边是编辑栏，用于输入数据或公式；中间是确认区，默认状态为不可用。当用户在编辑栏中输入数据或公式时，确认区会出现如图 5-2 所示的 3 个按钮：单击“取消”按钮✕，可取消输入的内容；单击“输入”按钮✓，可确认编辑的内容，相当于按 Enter 键；单击“插入函数”按钮fx即可输入函数。

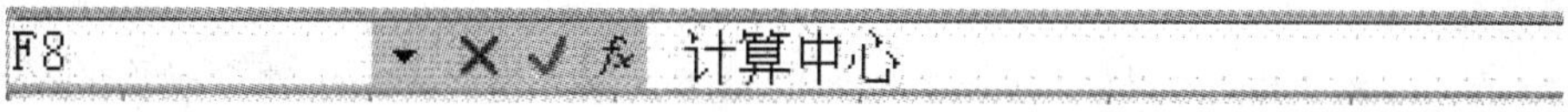

F8 ▾ ✕ ✓ fx 计算中心

图 5-2　编辑区

5. 工作表区

工作表区位于编辑区的下方，是 Excel 窗口中最大的区域。它是用以记录数据的区域，所有工作都在此完成。

工作表区共有 256 列，65 536 行。其中列用字母来命名，范围从 A 到 IV，其排列顺序为逢 Z 进位，即从 A 到 Z，AA 到 AZ，BA 到 BZ……直到 IV 为止，共 256 列；行用数字命名，范围从 1 到 65 536。工作表行与列交叉处的小方格为单元格，每个单元格都有唯一的地址，地址由单元格所在的列和行决定。如 A 列和 1 行的交叉点是 A1 单元格，A1 既是它的地址，也是它的名称。每个单元格可容纳 32 000 个字符，相当于 21 页的文档。

6. 工作表标签

工作表标签位于工作表区的左下方。单击工作表标签，可以在不同的工作表之间进行切换。默认情况下，打开 Excel 工作簿时系统将自动生成 3 个工作表，即 3 个工作表标签。如果所需工作表不在当前显示范围，可以单击“工作表标签滚动”按钮来显示工作表。

7. 状态栏

状态栏位于 Excel 2003 应用窗口的最下端，用于显示当前工作表中单元格所处的状态、操作进程、选定命令等信息。

8. 滚动条

滚动条包括水平滚动条和垂直滚动条两种，拖动滚动条可以显示工作表中的不同区域。

5.1.2　工作簿、工作表和单元格

1. 工作簿

一个 Excel 文件就是一个工作簿，它的扩展名为.xls。每次启动 Excel 时会自动创建一个名为 Book1 的工作簿，如果创建更多的工作簿，Excel 将自动将其命名为 Book2、Book3 等。利用“文件”菜单的“保存”命令或“另存为”命令，用户可以自己为工作簿命名。

每个工作簿可以包含多张工作表，一个工作簿可以有多达 255 张工作表。默认情况下，每个新建工作簿包含 3 张工作表，每张工作表的标签上都有工作表的名字，分别为 Sheet1、Sheet2、Sheet3。

工作簿窗口是 Excel 进行表格操作的工作区域，它是一个独立的窗口。默认情况下，工作簿窗口被最大化后，其标题位于 Excel 应用程序窗口的标题“Microsoft Excel”的后面，其最小化、最大化/还原、关闭按钮在标题栏的右端。

2．工作表

工作表是单元格的集合，是 Excel 进行一次完整作业的基本单位，通常称做电子表格。

若干个工作表构成一个工作簿：工作表是通过工作表标签来标识的，工作表标签显示于工作表区的左方底部，用户可以通过单击不同的工作表标签来进行工作表之间的切换；在使用工作簿文件时，始终只有一个工作表是当前活动的工作表。

每张工作表由 65 536 行和 256 列组成，行号采用数字表示：1，2，3，…，65 536。列号则采用字母表示：A，B，…，Z，AA，AB，…，AZ，…，IA，IB，…，IV。

3．单元格

单元格是工作表中的小方格，它是工作表的基本元素，也是 Excel 独立操作的最小单位。

用户可以向单元格中输入文字、数据、公式，也可以对单元格进行各种格式的设置，如字体、颜色、长度、宽度、对齐方式等。单元格的位置是通过其所在的行号和列标来确定的，例如，C10 单元格是第 C 列和第 10 行交汇处的小方格。

单元格的大小可以改变，将鼠标指针移到行标题栏或列标题栏中两行或两列的分隔线上时，鼠标指针会变成双向箭头形状，拖曳鼠标即可改变单元格的高度或宽度。

活动单元格或选定单元格区域的右下角有一个黑色小方块，称为“填充柄”。拖动“填充柄”可以实现单元格数据的复制和自动填充，这将在 5.2 节中介绍。

5.1.3 工作簿的建立、打开和保存

1．创建新的工作簿

启动中文版 Excel 2003 时，系统将自动创建一个新的工作簿，并在新建工作簿中创建 3 个空的工作表 Sheet1、Sheet2、Sheet3。如果用户需要创建一个新的工作簿，可以用以下 3 种方法来实现。

方法一：单击“文件”→“新建”命令，在弹出的“新建工作簿”任务窗格中单击“新建”栏中的“空白工作簿”超链接。

方法二：单击“常用”工具栏中的“新建”按钮。

方法三：如果需要创建一个基于模板的工作簿，则可在“新建工作簿”任务窗格中单击“模板”栏中的“本机上的模板”超链接，在弹出的“模板”对话框中单击“电子方案表格”选项卡，在列表框中选择需要的模板，单击“确定”按钮。

2．打开工作簿文件

打开工作簿文件的步骤是：

① 单击“文件”菜单中的“打开”命令，或单击“常用”工具栏的“打开”按钮，弹出“打开”对话框。

② 在“打开”对话框中选择要打开的文件。

③ 双击该文件，或单击该文件后再单击“打开”按钮，即可打开相应的工作簿。

另外，在“文件”菜单的底部列出了几个（默认情况是 4 个）最近使用过的工作簿文件，单击要打开的文件名就可以直接将它打开。

3．保存工作簿文件

（1）保存未命名的新工作簿

① 选择“文件”菜单中的“保存”或“另存为”命令，或单击“常用”工具栏的“保存”按钮，弹出“另存为”对话框。

② 在“另存为”对话框中设置文件的保存位置、文件名、文件类型。

③ 单击“保存”按钮。

（2）保存已有的工作簿

当已有的工作簿被打开后又进行了修改，需要保存修改后的工作簿，可选择“文件”菜单中的“保存”或“另存为”命令，也可以单击“常用”工具栏的“保存”按钮，则工作簿当前的内容会覆盖原来的内容，而不显示“另存为”对话框。

5.2　工作表的编辑和格式化

5.2.1　选定单元格或单元格区域

在 Excel 2003 中，对工作表的操作都是建立在对单元格或单元格区域进行操作的基础上的，所以要对当前的工作表进行各种操作，必须以选定单元格或单元格区域为前提。

（1）选定一个单元格

打开工作薄后，用鼠标单击要编辑的工作表标签使其成为当前工作表。要在当前工作表中选定单元格，可使用鼠标、键盘或单击“编辑”→“定位”命令来实现，操作方法如下。

① 用鼠标选定单元格：首先将鼠标指针定位到需要选定的单元格上，并单击鼠标左键，该单元格即成为当前单元格。如果要选定的单元格没有显示在窗口中，可以通过拖动滚动条使其显示在窗口中，然后再选定单元格。

② 使用键盘选定单元格：使用↑、↓、←、→方向键，可移动当前单元格，直到使所需选定的单元格成为当前单元格。

③ 使用“定位”命令选定单元格：单击“编辑”→“定位”命令，弹出“定位”对话框，如图 5-3 所示。在该对话框的“引用位置”文本框中输入要选定的单元格，如 B5，单击“确定”按钮，这时 B5 单元格就成为当前单元格。

图 5-3　“定位”对话框

（2）选定单元格区域

在 Excel 2003 中，使用鼠标和键盘结合的方法，可以选定一个单元格区域或多个不相邻的单元格区域。

① 选定一个单元格区域：用鼠标单击该区域左上角的单元格，按住鼠标左键并拖动鼠标，到区域的右下角后释放鼠标左键即可。若想取消选定，只需用鼠标在工作表中单击任意单元格即可。

如果要选定的单元格区域范围较大，可以使用鼠标和键盘相结合的方法：先用鼠标单击要选取区域左上角的单元格，然后拖动滚动条，将鼠标指针指向要选取区域右下角的单元格，在按住 Shift 键的同时单击鼠标左键即可选定两个单元格之间的区域。

② 选定多个不相邻的单元格区域：按住鼠标左键并拖动鼠标选定第一个单元格区域，接着按住 Ctrl 键，然后使用鼠标选定其他单元格区域，如图 5-4 所示。

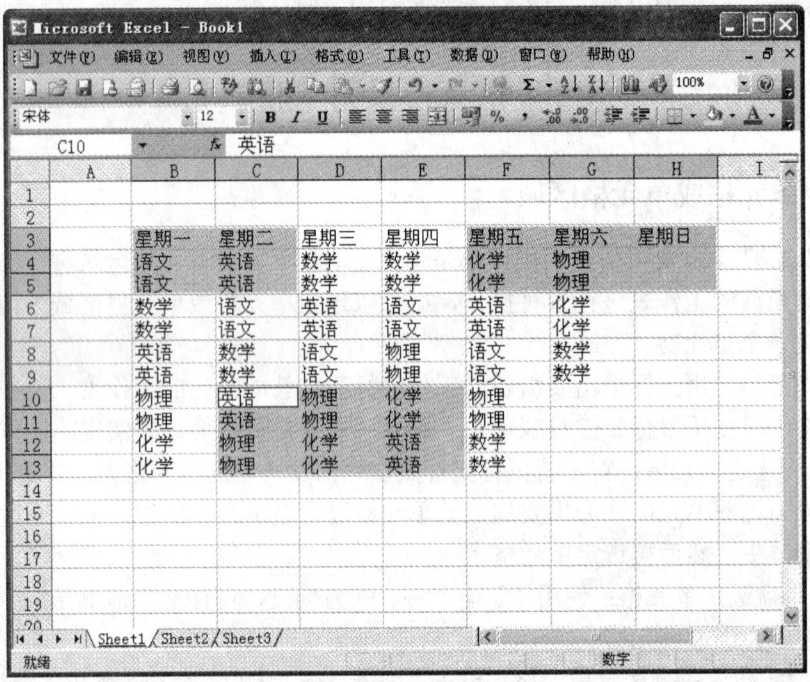

	B	C	D	E	F	G	H
3	星期一	星期二	星期三	星期四	星期五	星期六	星期日
4	语文	英语	数学	数学	化学	物理	
5	语文	英语	数学	数学	化学	物理	
6	数学	语文	英语	语文	英语	化学	
7	数学	语文	英语	语文	英语	化学	
8	英语	数学	语文	物理	语文	数学	
9	英语	数学	语文	物理	语文	数学	
10	物理	英语	物理	化学	物理		
11	物理	英语	物理	化学	物理		
12	化学	物理	化学	英语	数学		
13	化学	物理	化学	英语	数学		

图 5-4　选择不连续的单元格区域

另外，在一个工作表中经常需要选择一些特殊的单元格区域，操作方法如下。

整行：单击工作表中的行号。

整列：单击工作表中的列标。

整个工作表：单击工作表行号和列标的交叉处，即全选按钮。

相邻的行或列：在工作表行号或列标上按下鼠标左键，并拖动选定要选择的所有行或列。

不相邻的行或列：单击第一个行号或列标，按住 Ctrl 键，再单击其他行号或列标。

5.2.2　单元格的插入和删除

1．插入行、列和单元格

如果需要在已输入数据的工作表中插入行、列或单元格，可按如下方法操作。

（1）插入行、列或多行、多列

① 插入行：在需要插入新行的位置单击任意单元格，然后单击“插入”→“行”命令，即可在当前位置插入一行，原有的行自动下移。

② 插入列：在需要插入新列的位置单击任意单元格，然后单击“插入”→“列”命令，即可在当前位置插入一整列，原有的列自动右移。

③ 插入多行/列：选定与需要插入的新行/列下侧或右侧相邻的若干行/列（选定的行/列数应与要插入的行/列数相等），然后单击“插入”→“行”或“列”命令，即可插入新行/列，原有的行/列自动下移或右移。

（2）插入单元格或单元格区域

在要插入单元格的位置选定单元格或单元格区域，然后单击“插入”→“单元格”命令，弹出“插入”对话框，如图 5-5 所示。选中相应的单选按钮，单击“确定”按钮即可。

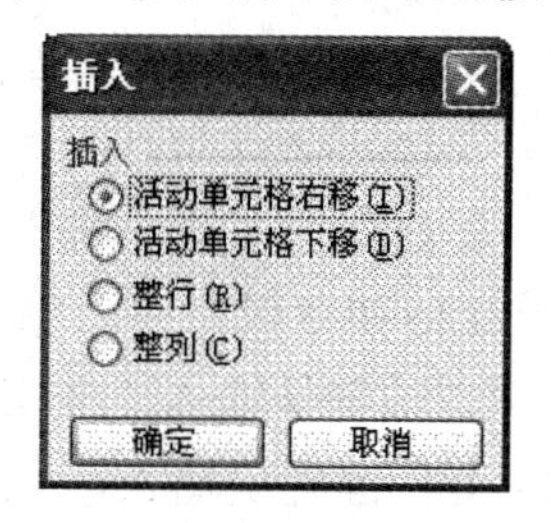

图 5-5　“插入”对话框

各单选按钮的含义如下。

- “活动单元格右移”：插入的单元格出现在选定的单元格的左边。
- “活动单元格下移”：插入的单元格出现在选定的单元格的上方。
- “整行”：在选定的单元格上面插入一行。如果选定的是单元格区域，则选定单元格区域包括几行就插入几行。
- “整列”：在选定的单元格左侧插入一列。如果选定的是单元格区域，则选定单元格区域包括几列就插入几列。

2．删除行、列和单元格

当工作表的某些数据及其位置不再需要时，可以将它们删除。使用命令与按 Delete 键删除的内容不一样，按 Delete 键仅清除单元格中的内容，其空白单元格仍保留在工作表中，而使用“删除”命令则会将其内容和单元格一起从工作表中清除，空出的位置由周围的单元格补充。

使用“删除”命令在当前工作表中删除不需要的行、列或单元格的具体操作步骤如下：

① 选定要删除的行、列或单元格。

② 单击“编辑”→“删除”命令，弹出“删除”对话框，如图 5-6 所示。

图 5-6　“删除”对话框

③ 选中需要的单选按钮，并单击“确定”按钮。

各单选按钮的含义如下。

- “右侧单元格左移”：选定的单元格或单元格区域被删除，其右侧已存在的单元格或单元格区域将填充到该位置。
- “下方单元格上移”：选定的单元格或单元格区域被删除，其下方已存在的单元格或单元格区域将填充到该位置。
- “整行”：选定的单元格或单元格区域所在的行将被删除。
- “整列”：选定的单元格或单元格区域所在的列将被删除。

5.2.3 在单元格中输入数据

输入数据是创建工作表的最基本工作，即向工作表的单元格中输入文字、数字、日期与时间、公式等内容。Excel 提供单个单元格数据输入方法和系列数据自动填充输入方法。

1．单个单元格数据输入

Excel 每个单元格内最多可输入 32 000 个字符。输入时，首先要选择单元格，然后输入数据，输入的数据会出现在选择的单元格和编辑栏中。输入完成后，可按 Enter 键、Tab 键，或用鼠标单击编辑区上的✔按钮 3 种方法确认输入。按 Enter 键确认输入，此时该单元格下方的单元格成为被选中的单元格；按 Tab 键确认输入，此时该单元格右边的单元格成为被选中的单元格；单击✔按钮确认输入，被选中的单元格不变。如果要放弃刚才输入的内容，可用鼠标单击编辑区上的✖按钮或按键盘上的 Esc 键。

Excel 会对输入的数据自动进行数据类型判断，并进行相应的处理。

（1）文本输入

输入文本时靠左对齐。要输入纯数字的文本（如身份证号、电话号码等），此时在第一个数字前加上一个单引号即可（如'8303866）。当输入的文本超过了单元格宽度时，如果右边相邻的单元格中没有内容，则超出的文本会延伸到右边单元格位置显示出来；如果右边相邻的单元格中有内容，则超出的文本不显示出来，但实际内容依然存在。

（2）数值输入

输入数值时靠右对齐。当输入的数值整数部分长度较长时，Excel 会用科学记数法表示（如 2.2222E+12）；小数部分超过格式设置时，超过部分 Excel 会自动四舍五入后显示。

Excel 在计算时，是用输入的数值参与计算的，而不是显示的数值。例如，某个单元格的数字格式设置为两位小数，此时输入数值 12.236，则单元格中显示数值为 12.24，但计算时仍用 12.236 参与运算。

另外，在输入分数时，应先输入“0”及一个空格，然后再输入分数，否则 Excel 会把它处理为日期数据（如 3/5 处理为 3 月 5 日）。

（3）日期和时间输入

Excel 内置了一些日期与时间的格式，当输入数据与这些格式相匹配时，会将它们识别为日期或时间，即 Excel 会将输入的“常规”数字格式变为内部的日期或时间格式，在单元格中显示。

Excel 内置的日期与时间格式有“dd-mm-yy”，“yyyy/mm/dd”，“yy/mm/dd”，“hh: mm AM”，“mm/dd”等。例如：

输入“99/3/4”，则单元格中显示为“1999-3-4”；

输入“3/4”，则单元格中显示为“3 月 4 日”。

输入时间时，小时、分钟和秒之间用比例符隔开。若用 12 小时制表示时间，则再输入一个空格，后跟一个字母 a 或 p 会表示上午或下午。例如：

输入“15∶25”，则单元格中显示为“15∶25”；

输入“11∶30 a”，则单元格中显示为“11∶30am”；

输入“1∶36∶20”，则单元格中显示为“1∶36∶20”；

输入“1∶36∶20 p”，则单元格中显示为“1∶36∶20pm”。

输入当天的日期，可按组合键 Ctrl＋“；”；

输入当天的时间，可按组合键 Ctrl＋Shift＋“；”。

（4）公式输入

在 Excel 工作表中，若某个单元格中的数据可以通过计算得到，则可以为该单元格输入一个公式。输入公式的方法是，先输入一个等号“＝”，然后输入公式内容，当确认输入后，会在该单元格中显示计算后的结果。例如：

分别在单元格 B2、B3 和 B4 中输入数值 15、20 和 10，在 B5 单元格中输入公式“＝B2＋B3＋B4”，当确认输入后，B5 单元格中会显示 45。

关于公式的详细内容，在后面计算部分将具体介绍。

（5）输入批注

在 Excel 2003 中，用户还可以为工作表中的某些单元格添加批注，用以说明该单元格中数据的含义或强调某些信息。

在工作表中输入批注的具体操作步骤如下：

① 选定需要添加批注的单元格。

② 单击“插入”→“批注”命令，或者在此单元格单击鼠标右键，在弹出的快捷菜单中选择“插入批注”命令，此时在该单元格的旁边会弹出一个批注框，可在其中输入批注内容。

③ 输入完成后，单击批注框外的任意工作表区域，关闭批注框。

2．系列数据自动填充输入

在向工作表输入数据时，有时需要在某一个区域内输入相同的数据，或一些系列的日期、数字、文本等数据。如在某一列或某一行输入相同的邮编，或一月、二月……，1、2、3……Excel 提供了系列数据自动填充输入功能，用户使用该功能可以快速地完成系列数据的输入，而不需要一个一个地输入这些数据。

（1）相同数据的输入

如果要在工作表的某一个区域中输入相同的数据，其操作方法有两种。第一种方法为：选定输入相同数据的区域，输入数据，再按 Ctrl＋Enter 组合键即可完成。第二种方法为：用鼠标单击输入相同数据区域左上角的第一个单元格，输入数据，再将鼠标指向该单元格右下角的“填充柄”，此时鼠标指针变为“**＋**”形，按下左键拖曳到最后一个单元格，然后松开鼠标左键即可完成。

此时，如果再用鼠标向上或向左拖曳输入相同数据的区域“填充柄”，只要没有拖曳出选定区域就松开鼠标左键，那么将删除此次拖曳区域中的数据。

（2）系列数据的输入

如果要在工作表某一个区域输入有规律的数据，可以使用 Excel 的数据自动填充功能。它是根据输入的初始数据，然后到 Excel 自动填充序列登记表中查询，如果有该序列则按该序列填充后继项，如果没有该序列则用初始数据填充后继项（即复制）。

具体操作方法如下：先输入初始数据，再将鼠标指向该单元格右下角的“填充柄”，此时鼠标指针变为“+”形，在按住 Ctrl 键的同时按下鼠标左键向下或向右拖曳至填充区域的最后一个单元格，然后松开鼠标左键即可完成。

例如，输入初始数据“星期一”，并拖曳该单元格右下角的“填充柄”，自动填充会给后继项填入“星期二”、“星期三”…… 如果输入初始数据为一个数值，则应先按住 Ctrl 键，再拖曳该单元格右下角的“填充柄”，自动填充才会给后继项填入该数值的递增值；若没有按住 Ctrl 键，则会复制该数值到后继项。例如，输入数值 3，若直接拖曳该单元格右下角的“填充柄”，被拖曳到的单元格都会填充数值 3；若先按住 Ctrl 键不放，再拖曳该单元格右下角的“填充柄”，则自动填充会给后继项填入 4，5……

如果输入初始数据为 Excel 自动填充序列登记表中的某一项，若此时先按住 Ctrl 键，再拖曳该单元格右下角的填充柄，则只是复制该数据到后继项。

例如，输入初始数据“星期一”，先按住 Ctrl 键，再拖曳该单元格右下角的“填充柄”，则被拖曳到的单元格都填充“星期一”。

如果输入初始数据为文字数字的混合体，再拖曳该单元格右下角的“填充柄”时，文字不变，最右边的数字会递增。

例如，输入初始数据“第 1 组”，再拖曳该单元格右下角的“填充柄”，自动填充会给后继项填入“第 2 组”、“第 3 组”……

用户可以定义自己的序列，以便进行填充。定义方法如下：选择“工具”菜单中的“选项”命令，弹出如图 5-7 所示对话框。打开“自定义序列”选项卡。要输入新的序列列表，先选择“自定义序列”列表框中的“新序列”选项，此时在“输入序列”文本框中输入自定义序列项，每输入一项，要按一次回车键作为分隔，整个序列输入完毕后单击“添加”按钮。如果已经在工作表中输入了数据项，则只需在“从单元格中导入序列”框中选择工作表中已输入的数据项，然后单击“导入”按钮即可。

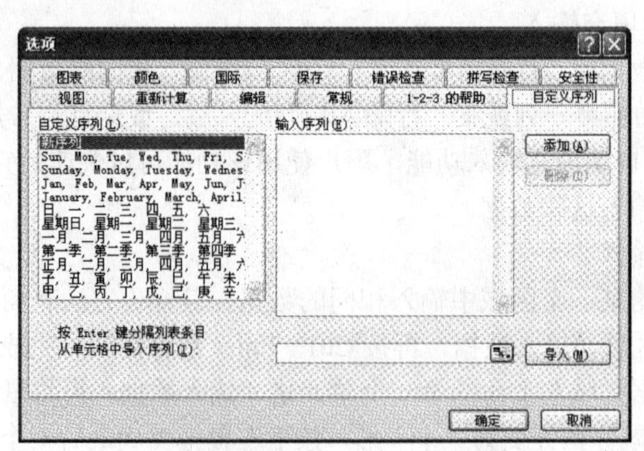

图 5-7 “选项”对话框“自定义序列”选项卡

（3）使用鼠标建立序列

选择要填充区域的第一个单元格并输入初始值，再选定区域中的下一个单元格并输入数据序列中的第二个数值，然后将输入初始值和第二个数值的单元格选中，拖曳该单元格区域右下角的“填充柄”，将会按两个数值之间的差值给后继项自动填充数据。

例如，第一个单元格输入数值 1，第二个单元格输入数值 5，则后继项填入数据序列为 9、13、17……如图 5-8 所示。

Book1

	A	B	C
19			
20			
21		1	
22		5	
23			
24			
25			
26			
27			
28			
29			
30			
31			

Book1

	A	B	C
19			
20			
21		1	
22		5	
23		9	
24		13	
25		17	
26		21	
27		25	
28		29	
29		33	
30		37	
31			

图 5-8　使用鼠标标建立序列示例

（4）使用“序列”对话框建立序列

选择要填充区域的第一个单元格并输入初始值，然后打开“编辑”菜单，选择“填充”命令，从其级联菜单中选择“序列”命令，弹出如图 5-9 所示的“序列”对话框。

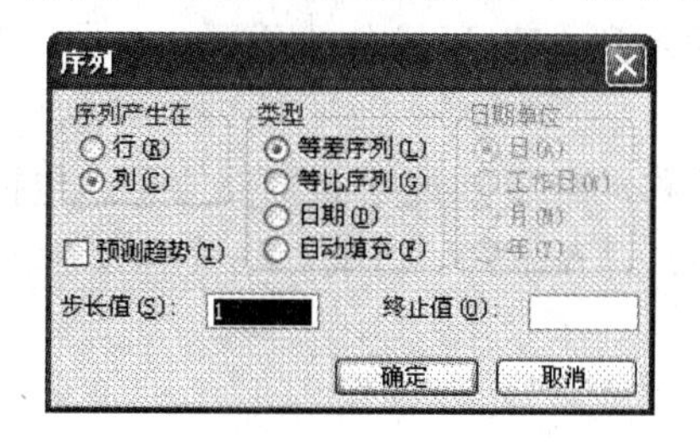

图 5-9　“序列”对话框

“序列产生在”栏是选择按行或列方向填充；“类型”栏是选择填充序列的数据类型，如果选择“日期”类型，还必须在“日期单位”栏中选择日期单位；如果要指定序列增加或减少的数量，可在“步长值”文本框中输入一个数值，正数表示递增，负数表示递减；“终止值”文本框中可以限定填充序列的最后一个值，如果一开始没有选定填充区域，则必须输入一个终止值。

完成设置后，单击“确定”按钮即可完成序列数据的填充。

5.2.4　单元格数据的复制、移动和清除

1．利用剪贴板复制或移动单元格

① 选定需要复制或移动的单元格或区域。

② 如果需要移动，可单击“常用”工具栏上的“剪切”按钮（或按下 Ctrl+X 组合键，或单击“编辑”菜单中的“剪切”命令）执行“剪切”命令；如果需要复制，可单击“常用”工具栏上的“复制”按钮（或按下 Ctrl+C 组合键，或单击“编辑”菜单中的“复制”命令）执行“复制”命令。此时被选定的区域四周出现虚线框。

③ 单击要移动到或复制到的目标位置。

④ 单击“常用”工具栏上的“粘贴”按钮（或按下 Ctrl＋V 组合键，或单击“编辑”菜单中的“粘贴”命令）执行“粘贴”命令，则被剪切或复制的数据会出现在目标位置中。

若第②步执行的是“剪切”命令，则原区域中数据及虚线框均消失，数据移动操作完成；若第②步执行的是“复制”命令，则被复制原区域中的数据不变且仍有虚线框，表明还可以将该数据复制到其他地方。按 Enter 键或 Esc 键可取消虚线框，结束复制。

2．拖动鼠标实现复制或移动单元格

① 选定需要复制或移动的单元格。

② 将鼠标指向选定区域的边框，鼠标指针变为。

③ 如果要移动选定的单元格，直接拖动鼠标到目标位置，然后释放鼠标即可；如果要复制选定单元格，则需要先按住 Ctrl 键，然后再拖动鼠标。

如果目标位置不在当前工作表上，可在进行以上操作的同时按住 Alt 键，将鼠标拖动到目标位置所在的工作表标签上，Excel 会自动切换到该工作表，此时再在该工作表中选定目标位置即可。

3．以插入方式移动或复制单元格

用上述方法移动或复制数据时，目标位置原有的数据将被覆盖。如果不希望目标位置的原有数据被覆盖，而是在已有单元格间插入单元格，可按住 Shift 键（移动）或 Shift＋Ctrl 组合键（复制）再行拖动，此时随着鼠标的移动会出现水平或垂直的“I”形线条。释放鼠标时，被移动或复制的数据将插入到“I”形线条的位置。

4．选择性粘贴

以上介绍的移动或复制是移动或复制数据的全部信息，包括数值、公式、格式（单元格的数字格式、文本字体及大小、对齐方式、边框、底纹等）、批注等。此外，还可以有选择地复制其中的一部分信息。

具体操作步骤如下：

① 选择要复制的源区域，执行“复制”操作。

② 选择要复制到的目标区域，单击“编辑”菜单的“选择性粘贴”命令，或在目标区域内单击鼠标右键，在弹出的快捷菜单中选择“选择性粘贴”命令，弹出如图 5-10 所示的“选择性粘贴”对话框。

图 5-10　“选择性粘贴”对话框

③ 在对话框中进行各选项的设置。

➢ “粘贴”栏：选择需要复制的信息。

➢ “运算”栏：指定源区域数据取代目标区域数据（选择“无”选项）或源区域数据加

上、减去、乘以或除以目标区域数据的结果作为目标区域的数据。

➢ “转置”复选框：可以将源区域数据行、列互换后再复制到目标区域。

④ 单击“确定”按钮，完成“选择性粘贴”操作。

如果希望不仅进行复制操作，而且以后源数据发生变化时，目标区域的数据也随之发生变化（称为链接数据），只需在上述对话框中单击“粘贴链接”按钮即可。

5．清除单元格、行或列

① 选定需要清除的单元格、行或列。

② 选择“编辑”菜单上的“清除”命令，在出现的子菜单中选择“全部”、“格式”、“内容”或“批注”。其中，“全部”表示清除单元格的内容、格式和批注；“格式”表示只清除单元格内的格式，如字体、颜色等；“内容”表示清除单元格内的内容，如文字、数字和公式等，但不清除格式；“批注”表示清除单元格内的批注。

如果选定单元格后按 Delete 或 BackSpace 键，将只清除单元格中的内容，而保留其中的批注和单元格格式。

6．查找或替换单元格数据

Excel 可以在整个工作表中查找具有特定数据的单元格或者用指定的数据来替换查找到的数据，其步骤如下。

（1）查找单元格数据

① 选定要查找的范围。如果要搜索整张工作表，可单击其中的任意单元格。

② 单击“编辑”菜单中的“查找”命令，出现“查找”对话框。

③ 在“查找内容”栏中输入要查找的内容，可以使用通配符“？”和“*”。

④ 单击“查找下一个”按钮，即开始查找，并将找到后的单元格置为活动单元格。再单击“查找下一个”按钮将继续查找。

（2）替换单元格数据

① 选定需要搜索的单元格区域。如果要搜索整张工作表，可单击其中的任意单元格。

② 单击“编辑”菜单上的“替换”命令，出现“替换”对话框。

③ 在“查找内容”编辑框中输入待查找的内容，在“替换值”编辑框中输入要替换成的内容。如果要在工作表中删除“查找内容”编辑框中的内容，则应将“替换值”编辑框留空。

④ 如果要逐个替换搜索到的单元格，就单击“查找下一个”按钮，然后单击“替换”按钮。如果不想替换当前找到的单元格，可以直接单击“查找下一个”按钮跳过此次查找到的单元格，继续进行查找。如果要替换所有搜索到的单元格，单击“全部替换”按钮即可。

5.2.5　数据格式的设置

在 Excel 中，可根据需要对工作表和工作表中的单元格设置不同的格式。Excel 提供了丰富的格式化设置选项，使工作表和数据格式设置更便于编辑，窗口更加美观。设置工作表和数据格式，通常使用“格式”工具栏、快捷菜单或使用“格式”菜单命令来完成。Excel 2003 的“格式”工具栏如图 5-11 所示。使用“格式”工具栏上的按钮可以方便、快捷地完成大多数对工作表的格式化操作，其操作步骤如下：

① 选定要格式化的单元格或区域。

② 单击“格式”工具栏中对应的命令按钮，或者在命令按钮对应的下拉列表框中选取所需的选项。

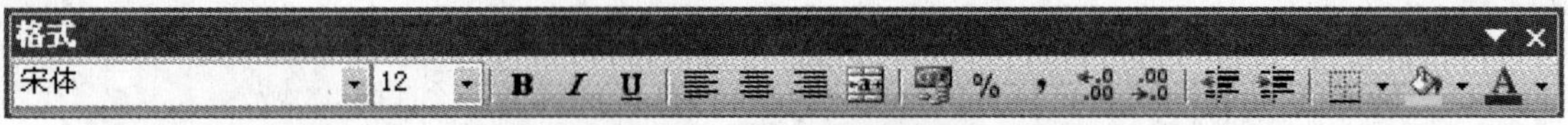

图 5-11 “格式”工具栏

下面介绍“格式”工具栏的各种格式化命令按钮。

1. 设置字体格式

利用“格式”工具栏上的“字体”列表框、“字号”列表框、“加粗”按钮、“倾斜”按钮及“下画线”按钮，可以进行字体设置。

2. 设置数字格式

“货币样式”按钮：在所选区域中的数字前添加货币符号（￥），整数部分从个位起向左每三位加千位分隔符“,”，小数部分按小数点后两位进行四舍五入。

“百分比样式”按钮：将所选区域中的数字乘以100，按四舍五入取整，再在后面加上百分号“%”。

“千位分隔样式”按钮：将所选区域中的数字从个位起向左每三位加一个千位分隔符“,”，小数部分则只取两位小数进行四舍五入。

“增大小数位数”或“减少小数位数”按钮：将所选区域中数字的小数位数增加或减少一位，并进行四舍五入。

3. 设置对齐方式

默认情况下，Excel 2003的文本靠左对齐，数字靠右对齐。利用“格式”工具栏上的“左对齐”、“右对齐”和“居中”按钮可以设置数据的对齐方式。

4. 合并及居中

“合并及居中”按钮将所选区域中的单元格合并成一个单元格，在其中按居中方式显示原来区域左上角单元格的数据，其他单元格的数据则丢失。

如果要取消已有的单元格合并，可先选取合并的单元格，然后选取“格式”菜单中的“单元格”命令，在对话框中选择“对齐”选项卡，取消对“合并单元格”复选框的选择，再单击“确定”按钮即可。

5. 设置边框及颜色

单击“边框”按钮右边的向下箭头，出现下拉列表框，在该列表框中单击所需的边框类型即可为选定的区域添加边框。

利用“填充色”按钮可以为选定的区域加上底色。

利用“字体颜色”按钮可以使选定区域中的数据按指定颜色显示。

利用“单元格格式”对话框可以对工作表进行更全面的格式设置，其操作步骤如下：

① 选定需要格式化的区域。

② 选择“格式”菜单中的“单元格”命令，出现“单元格格式”对话框，如图 5-12 所示。

③ 在“单元格格式”对话框中选择相应的选项卡，并进行格式设置。

④ 单击“确定”按钮关闭对话框。

下面介绍“单元格格式”对话框中的各个选项卡。

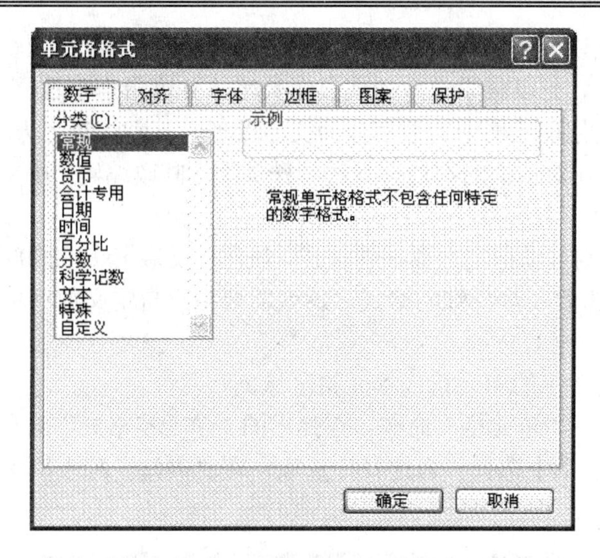

图 5-12　“单元格格式”对话框

1.“数字”选项卡

“数字”选项卡用于选择数字格式，也可以自定义数字格式。首先在左边的“分类”列表框中选择一种数字类型，然后可以在选项卡右边的“类型”列表框中选择该类型数字的具体格式，如图 5-13 所示。

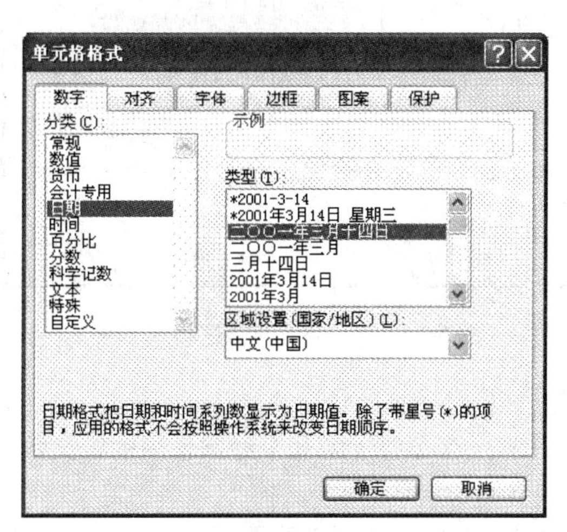

图 5-13　“单元格格式”对话框“数字”选项卡

选择“常规”，则按原样显示输入的数字，这是 Excel 默认的数字格式。

选择“数值”，则可以在对话框中指定小数位数、是否使用千位分隔符和指定负数的表示方式（前面加负号“－”，或前后用圆括号括起来，或用红色表示）。

选择“货币”，则将数字表示为货币值，并可指定货币符号。

选择“会计专用”，这与“货币”格式一样，区别在于它会将一列数据中的货币符号及小数点对齐。

选择“日期”，则可以选择日期的显示形式。

选择“时间”，则可以选择时间的显示形式。

选择“百分比”，则以百分比形式显示数字，并可指定小数位数。

选择“分数”，则以分数形式显示数字，并可选择分数的类型。

选择“科学记数”，则以科学记数形式显示数字，并可指定小数位数。

选择“文本”，则把单元格中的数字作为文本处理，其默认对齐方式变成左对齐。

选择“特殊”，则在对话框的右边有 3 种特殊类型（邮政编码、中文小写数字、中文大写数字）可供选择。

选择“自定义”，则可以自定义数字的格式。虽然中文版 Excel 2003 提供了许多预设的数字格式，但有时还是需要一些特殊的格式，这就需要用户自定义数字格式。具体操作步骤如下：

① 选定要格式化数字的单元格或单元格区域。

② 单击“格式”→“单元格”命令，在弹出的“单元格格式”对话框中单击“数字”选项卡，在“分类”列表框中选择“自定义”选项，在“类型”列表框中选择需要的类型，如图 5-14 所示。

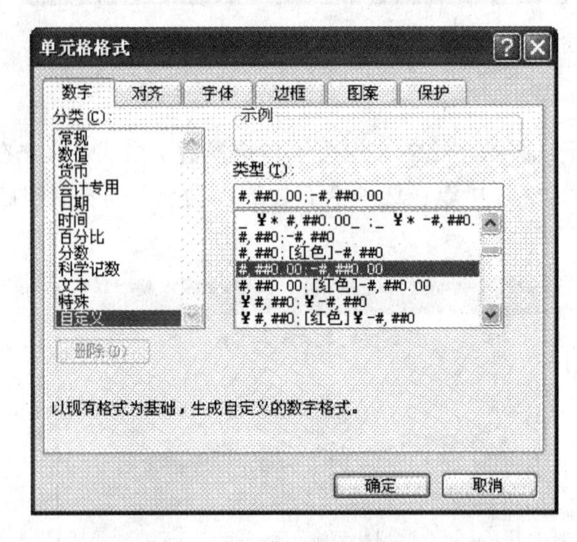

图 5-14　“自定义”数字格式示例

③ 单击“确定”按钮。

在创建自定义数字格式前，有必要了解几个经常使用的定义数字格式的代码，各代码含义如下。

#：只显示有意义的数字而不显示无意义的零。

0：显示数字，如果数字位数少于格式中的零的个数，则显示无意义的零。

？：为无意义的零在小数点两边添加空格，以便使小数点对齐。

,：为千位分隔符或者将数字以千倍显示。

创建的自定义格式有 4 个部分，各部分之间用分号分隔，每部分依次定义正数、负数、零值和文本的格式，例如：“￥#，##0.00；[红色]￥-#，##00.0”。如果要设置格式中某一部分的颜色，可在该部分输入颜色的名称并用方括号括起来。

2．“对齐”选项卡

“对齐”选项卡如图 5-15 所示，用于文本对齐方式、文字方向和文本控制的设置。

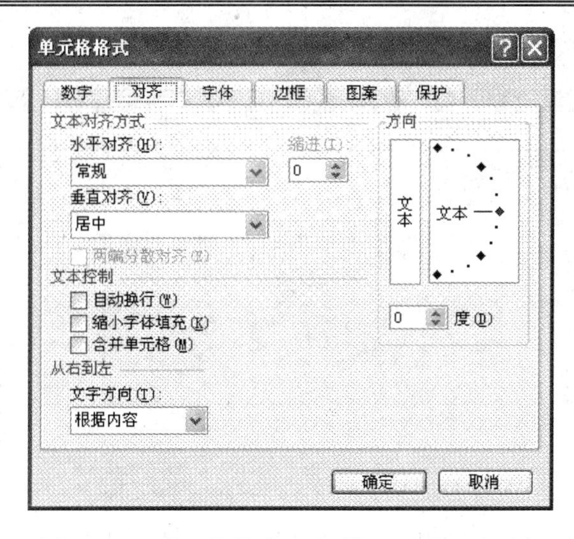

图 5-15 “单元格格式”对话框“对齐”选项卡

（1）文本对齐方式

用户可以设置文本在单元格中的水平和垂直对齐方式。

（2）文字方向

在“方向”栏中可以选择文字的旋转角度。

（3）文本控制

如果单元格中的文本内容超出了所在列的宽度而不能完全显示，在不改变列宽的情况下，可以通过“文本控制”栏中的 3 个复选框来选择对文本的处理方式，以显示单元格中的全部文本。

若选中“自动换行”复选框，则自动把单元格的行高拉大而使文本呈多行显示。

若选中“缩小字体填充”复选框，则将单元格中的文本字体自动缩小到能显示出全部文本为止。

若选中“合并单元格”复选框，则将所选定的多个单元格区域合并为一个单元格，合并后只保留区域左上角单元格的数据。

3．“字体”、“边框”和“图案”选项卡

“字体”、“边框”和“图案”选项卡分别用于设置单元格的字体、边框和底纹图案，其设置方法与 Word 2003 中的设置方法类似。

4．“保护”选项卡

该选项卡用于保护工作表，具体设置方法见下文中的自动套用格式。

（1）自动套用格式

中文版 Excel 2003 内置了大量的工作表格式，这些格式中组合了数字、字体、对齐方式、边界、模式、列宽和行高等属性。套用这些格式，既可以美化工作表，又可以大大提高用户的工作效率。具体操作步骤如下：

① 选定需要自动套用格式的单元格区域，如图 5-16 所示。

② 单击“格式”→“自动套用格式”命令，在弹出的“自动套用格式”对话框中单击“古典 2”图标，如图 5-17 所示。

③ 单击“选项”按钮，可在该对话框底部显示“要应用的格式”栏，从中进行相应设置。

④ 单击“确定”按钮，结果如图 5-18 所示。

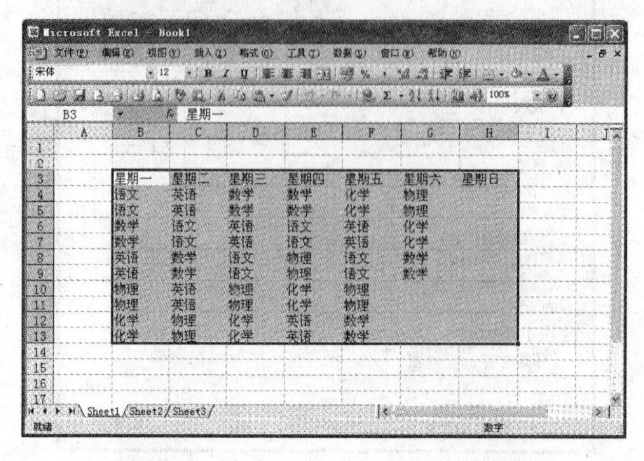

图 5-16　自动套用格式的单元格区域

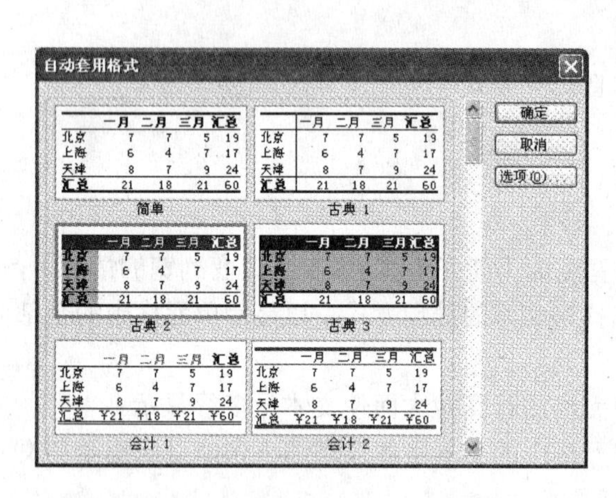

图 5-17　“自动套用格式”对话框

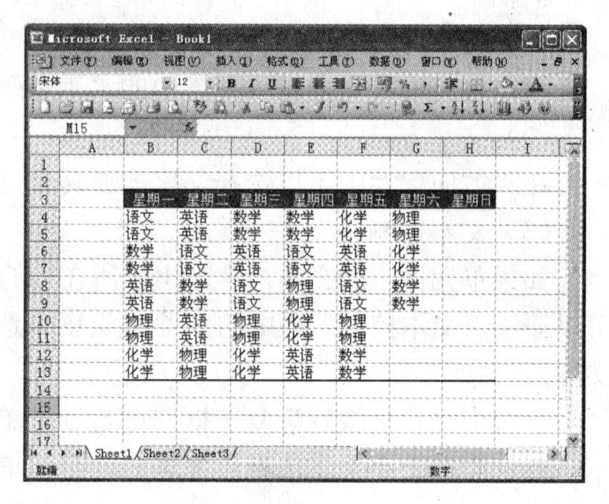

图 5-18　应用格式确定

要删除自动套用格式，可以先选定含有自动套用格式的单元格区域，然后单击“格式”→“自动套用格式”命令，在弹出的“自动套用格式”对话框中单击“无”图标，并单击“确定”按钮即可。

（2）使用条件格式

使用条件格式可以在工作表的某些区域中自动为符合给定条件的单元格设置指定的格式。

例如，要把大于 90 分的考试成绩显示为蓝底白字，不及格的考试成绩显示为红色、粗体、倾斜。具体操作步骤如下：

① 选择要设置格式的单元格区域（D3：F8）。

② 选择“格式”菜单中的“条件格式”命令，弹出如图 5-19 所示的“条件格式”对话框。

③ 如图 5-19 所示，把条件设置为大于 90。

④ 单击“格式”按钮，在弹出的“单元格格式”对话框中选择“字体”选项卡，设置字体颜色为白色。然后选择“图案”选项卡，选择蓝色。按“确定”按钮返回“条件格式”对

话框。

⑤ 单击“添加”按钮，对话框下方弹出“条件 2”栏，如图 5-20 所示。最多可设置 3 个条件。

⑥ 按照步骤③和④设置条件 2 为小于 60，字体颜色为红色，字形为“粗体、倾斜”，单击“确定”按钮返回“条件格式”对话框。

⑦ 单击“确定”按钮，完成操作。

图 5-19　“条件格式”对话框

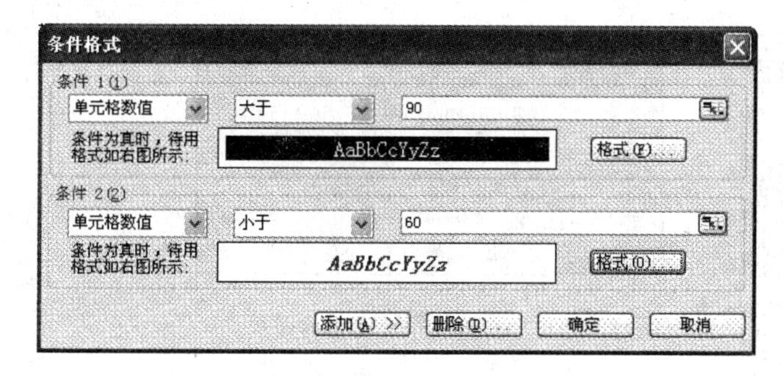

图 5-20　新增第二个条件格式

5.2.6　调整单元格的行高和列宽

1．使用鼠标调整行高和列宽

要改变某一行的行高或某一列的列宽，可将鼠标指针移到这一行的行号与它的下一行的行号之间的分界处或这一列的列标志与它的下一列的列标志之间的分界处，待鼠标变成╪或↔形状时，拖动鼠标到合适的行高或列宽时释放鼠标即可。

若要同时改变若干行的行高或若干列的列宽，首先选定这些行或列，然后将鼠标移到其中任一个行的下边界或其中任一个列的右边界，拖动鼠标到合适的行高或列宽即可。

2．使用“格式”菜单调整行高和列宽

调整行高的步骤如下：

① 选定要调整行高的单元格或区域。

② 选择“格式”菜单中的“行”命令，在出现的子菜单中选择“行高”命令，弹出“行高”对话框，在文本框中输入数值，单击“确定”按钮即可。

同理可以调整列宽。

5.2.7　表格框线的设置

在 Excel 2003 中，可以使用“格式”工具栏或者“格式”菜单中的相应命令来设置单元格的边框。

1．使用“格式”工具栏添加边框

使用“格式”工具栏添加边框的具体操作步骤如下：

① 选定要添加边框的单元格区域。

② 单击“格式”工具栏中的“边框”下拉按钮，在弹出的选项板中选择“所有框线”选项，如图 5-21 所示。添加边框后的结果如图 5-22 所示。

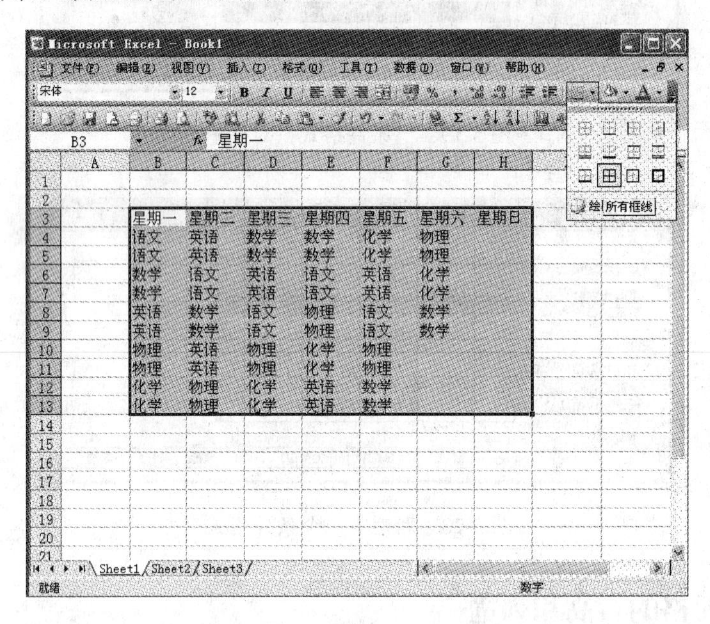

图 5-21　增加边框之前

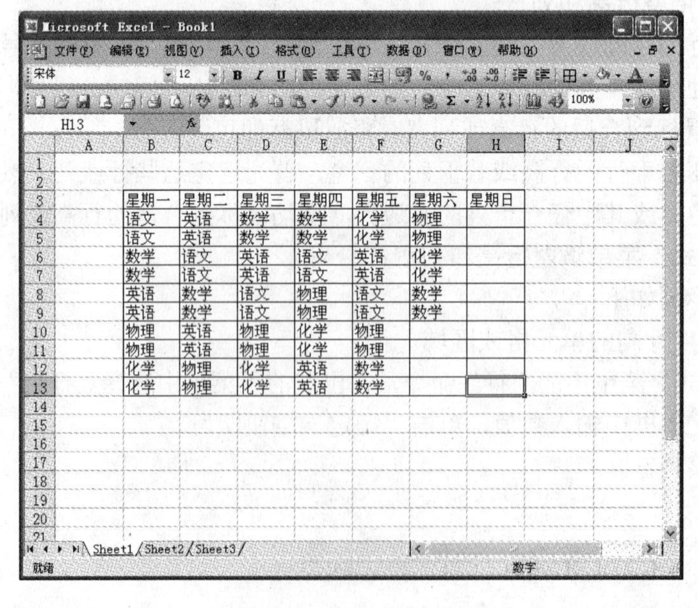

图 5-22　增加边框之后

2．使用菜单命令添加边框

如果想改变线条的样式、颜色等其他格式，则可单击“格式”→“单元格”命令，使用“单元格格式”对话框中的“边框”选项卡进行相应设置，如图 5-23 所示。

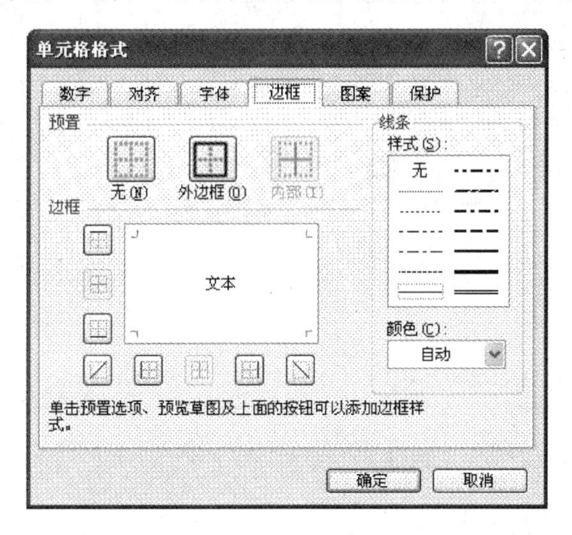

图 5-23　“单元格格式”对话框“边框”选项卡

在“边框”选项卡中，根据需要进行以下操作，设置完成后单击“确定”按钮即可。

单击“预置”栏中的“外边框”或“内部”按钮，边框将应用于单元格的外边界或内部。

① 要添加或删除边框，可单击“边框”栏中相应的按钮，然后在预览框中查看边框应用效果。

② 要为边框应用不同的线条和颜色，可在“线条”栏的“样式”列表中选择线条样式，在“颜色”下拉列表框中选择线条颜色。

③ 要删除所选单元格的边框，可单击“预置”栏中的“无”图标。

3．给单元格添加底纹

用户不仅可以改变文字的颜色，还可以改变单元格的颜色，给单元格添加底纹效果，以突出显示或美化部分单元格。给单元格添加底纹，既可以使用“格式”工具栏中的“填充颜色”按钮来进行设置，也可以使用相应的菜单命令，在弹出的对话框中给单元格加上不同颜色或图案的底纹。

（1）使用“格式”工具栏设置单元格底纹

使用“格式”工具栏为单元格添加底纹的具体操作步骤如下：

① 将光标定位到 B3 单元格，按住 Shift 键的同时单击 H3 单元格（或者在 B3 单元格至 H3 单元格间拖曳鼠标），以选定要添加底纹的单元格区域。

② 单击“格式” 工具栏中的“填充颜色”下拉按钮，在弹出的调色板中选择合适的颜色。结果如图 5-24 所示。

使用“格式”工具栏设置单元格底纹，操作简单方便，但也有其不足之处，即只能为单元格填充单一的颜色，而不能进行填充图案等更丰富的设置。若要进行更多的设置，可使用菜单命令来给单元格添加底纹。

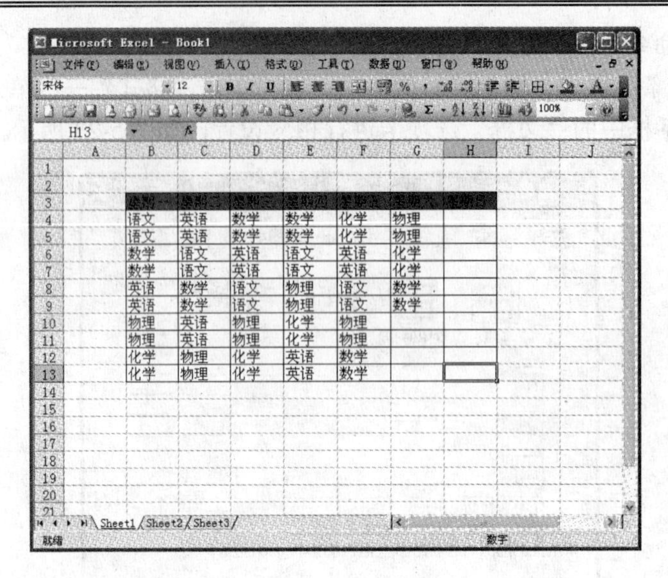

图 5-24　使用“格式”工具栏设置单元格底纹

（2）使用菜单命令为单元格添加底纹

使用菜单命令为单元格添加底纹的具体操作步骤如下：

① 选定要添加底纹的单元格区域。

② 单击“格式”→“单元格”命令，在弹出的“单元格格式”对话框中单击“图案”选项卡，在“颜色”栏中选择合适的底纹颜色。

③ 在“图案”下拉列表框中选择底纹的图案及颜色，在“示例”栏中可以预览所选底纹图案颜色的效果，如图 5-25 所示。

④ 单击“确定”按钮。

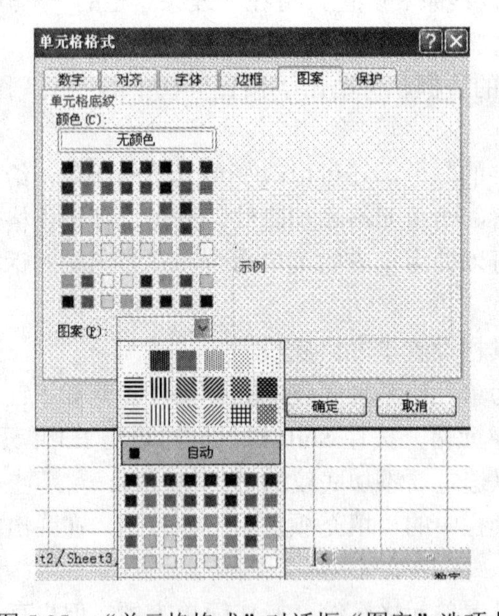

图 5-25　“单元格格式”对话框“图案”选项卡

5.2.8　工作表的基本操作

1．工作表的更名

Excel 2003 系统默认的工作表名称是 Sheet1、Sheet2……这样的名字虽然简单，但不便于区分和查找。用户可以为工作表取一些有意义、便于记忆的名字。工作表更名的方法有三种。

方法一：双击要更名的工作表标签，此时该工作表标签会以反白显示，输入新的名字即可。

方法二：右击要更名的工作表标签，在弹出的快捷菜单中选择“重命名”命令，然后输入新名字。

方法三：选择要更名的工作表，选择“格式”菜单中“工作表”子菜单中的“重命名”命令，输入新名字。

2．工作表的选取

① 选取单张工作表：单击工作表标签即可。

② 选取多张相邻的工作表：选定第一张工作表，然后按住 Shift 键的同时，用鼠标单击最后一个工作表标签。

③ 选取多张不相邻的工作表：选定第一张工作表，然后按住 Ctrl 键的同时，逐个单击要选取的其他工作表标签。

④ 选取所有的工作表：右击某个工作表标签，在弹出的快捷菜单中选择“选定全部工作表”命令。

3．工作表的插入

可以在当前工作表前插入一张或多张空工作表。

① 插入一张工作表：选择“插入”菜单中的“工作表”命令。

② 插入多张工作表：选定多张工作表，然后选择“插入”菜单中的“工作表”命令，将插入与选定工作表相同数目的工作表。

4．工作表的删除

选定要删除的工作表，然后选择“编辑”菜单中的“删除工作表”命令，或者右击要删除的工作表标签，在弹出的快捷菜单中选择“删除”命令即可。

5．工作表的移动和复制

如果要在当前工作簿中移动工作表，沿工作表标签行拖动选定的工作表标签到所需的位置即可。如果要在当前工作簿中复制工作表，先按住 Ctrl 键，再拖动选定的工作表标签到所需的位置。

如果要在不同工作簿之间复制或移动工作表，可以采用菜单的方法来实现。步骤如下：

① 选取要移动或复制的工作表。

② 选择“编辑”菜单中的“移动或复制工作表”命令，弹出如图 5-26 所示的对话框。

图 5-26　“移动或复制工作表”对话框

③ 在对话框中选择要移动或复制到的工作簿及工作簿中的位置。如果是复制而不是移动，应选中“建立副本”复选框。

④ 单击“确定”按钮。

6. 工作表的隐藏与显示

如果要隐藏某些工作表，应先选定这些工作表，然后选择“格式”菜单中“工作表”子菜单中的“隐藏”命令。

如果要显示隐藏的工作表，可以选择“格式”菜单中“工作表”子菜单中的“取消隐藏”命令，然后在打开的对话框中选择要取消隐藏的工作表名称，最后单击“确定”按钮。

7. 工作表的拆分与冻结

（1）拆分窗口

当工作表很大时，要想在同一个工作簿窗口中观察工作表的不同部分，可以通过拆分窗口来实现。拆分窗口的常用方法有两种。

方法一：拖动拆分条来拆分窗口。

在活动工作簿窗口的垂直滚动条顶端或水平滚动条右端各有一个拆分条，当鼠标移动到拆分条上时，鼠标指针会变成双向箭头。用鼠标拖动水平或垂直拆分条，到达想要分割的位置后松开鼠标，工作表就会被拆分为垂直或水平排列的两个窗格。如果需要将工作表拆分成4个窗格，只需在另一个方向上进行同样的操作即可。

方法二：利用菜单方式拆分窗口。

① 选定某个单元格为分割的目标位置。

② 选择“窗口”菜单中的“拆分”命令，则Excel会以活动单元格的左上角为分割点将窗口拆分成上下左右4个窗格。

注意：

① 如果选择的目标位置是A1单元格，则以当前窗口的中心为分割点得到上下左右4个窗格。

② 如果选择的目标位置是第一行的其他单元格，则得到水平分割的两个窗格。

③ 如果选择的目标位置是第一列的其他单元格，则得到垂直分割的两个窗格。

（2） 取消拆分窗口

方法一：选择“窗口”菜单中的“撤销拆分窗口”命令。

方法二：用鼠标双击某一分割线可将其取消，双击两条分割线的交叉点可将两条分割线都取消。

（3）冻结窗口

冻结窗口的操作与拆分窗口的操作相似。先选定活动单元格，然后选择“窗口”菜单中的“冻结窗口”命令，则会以活动单元格左上角为分割点得到上下左右 4 个窗格，不同的是分割线不是粗线而是细线。

在被冻结的窗口中进行垂直滚动操作时，其上边窗格的各行会被“冻结”，不随着滚动；进行水平滚动操作时，其左边窗格的各列会被“冻结”，不随着滚动。冻结窗口操作常用于冻结一张大的工作表上边的标题行和左边的标题列，这样在滚动工作表查看数据时就不会将标题行和标题列也滚动走。

（4）取消冻结窗口

选择“窗口”菜单中的“撤销窗口冻结”命令即可。

8．工作表的保护

为了防止对数据的误操作和未经授权的人修改数据，用户可对工作表中的某些数据实施保护。保护工作表分两步进行，第一步将需要保护的单元格进行锁定，第二步实施保护。

（1）锁定单元格

① 选定工作表中需要保护数据的区域。若要保护整个工作表，则选定全部单元格。

② 选择“格式”菜单中的“单元格”命令，会弹出“单元格格式”对话框。

③ 单击“保护”选项卡，选择“锁定”选项可锁定单元格的内容，选择“隐藏”选项可隐藏单元格的计算公式。

④ 单击“确定”按钮关闭对话框。

注意：默认情况下 Excel 已预先锁定了每个工作表的全部单元格。如果只需要锁定工作表的一部分，应先解除对全部单元格的锁定，再按上述步骤锁定需要保护的单元格。

解除对全部单元格锁定的操作步骤如下：

① 单击工作表左上角的“全选”按钮，选定全部单元格。

② 选取“格式”菜单中的“单元格”命令。

③ 在“单元格格式”对话框中单击“保护”选项卡，取消对“锁定”复选框的选择，然后单击“确定”按钮即可。

（2）实施保护

对被锁定单元格的保护只有在对该工作表实施保护以后才生效，其操作步骤如下：

① 选择“工具”菜单中的“保护”命令，在其子菜单中选取“保护工作表”命令。

② 在“保护工作表”对话框中选择要保护的项目，还可以设置密码。

③ 单击“确定”按钮完成操作。

要取消工作表的保护，只要选择“工具”菜单中的“保护”命令，在其子菜单中选择“撤销工作表保护”命令即可。

如果在进行工作表保护操作时设置了密码，这时必须输入正确的密码，才能解除保护。因此，密码一经设定就要记好或保存好，否则被保护的数据就无法再修改了。

5.3　公式与函数

5.3.1　公式的使用

当单元格中的数据不是直接由输入得到，而是依赖于计算的结果，那么可以通过输入公式来实现这一要求。

公式是在工作表中对数据进行运算的等式。公式以等号“＝”开始，后面是参与运算的数字、单元格引用、函数和运算符等。在单元格中输入公式后，单元格中显示的数据是公式的计算结果。这一结果会随着它所引用单元格内数据的变更而自动变化。

注意：输入公式时，首先要输入一个等号“＝”；公式中的标点符号必须使用英文标点符号，如双引号、括号、大于号等。

1．公式中的操作数

公式中的操作数可以是常数、单元格引用、名称和函数。

① 公式中的数字可直接输入。

② 公式中的文本要用双引号括起来，否则该文本会被认为是一个名字。

③ 当数字中含有货币符号、千位分隔符、百分号及表示负数的括号时，该数字也要用双引号括起来。

④ 公式中可直接使用单元格的地址。如图 5-27 所示，编辑栏中显示了在 F2 单元格中输入的公式“＝C2＋D2＋E2”，F2 单元格中将显示“张三”的总分。

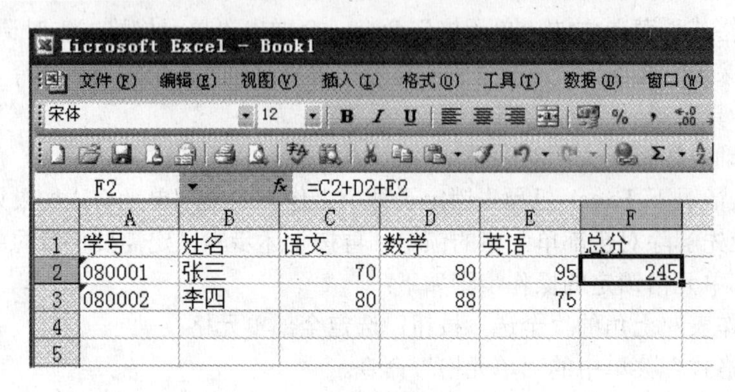

图 5-27 使用单元格地址示例

2. 公式中的运算符

公式中的运算符包括引用运算符、算术运算符、比较运算符和文本运算符。

（1）引用运算符

引用运算符包括区域运算符（：）、联合运算符（，）和交叉运算符（␣）。表 5-1 给出了各个引用运算符的含义及示例。

表 5-1 引用运算符的含义及示例

引用运算符	含义	示例
冒号（：）	区域运算符：表示对两个引用之间、包括两个引用在内的所有区域的单元格进行引用	A1：B2 表示 A1、A2、B1 和 B2 共 4 个单元格
逗号（，）	联合运算符：表示将多个引用合并为一个引用	A1：B2，D2：E3 表示由以上两个区域组成的部分，即 A1、A2、B1、B2、D2、D3、E2、E3 共 8 个单元格
空格（␣）	交叉运算符：表示产生同时属于两个引用的单元格区域的引用	G1：I2 ␣ H2：J3 表示单元格区域 H2：I2，即 H2、I2 共 2 个单元格

输入公式时，单元格地址或单元格引用可以直接输入，也可以用鼠标选定相应的单元格，则单元格引用会自动出现在编辑栏中。

（2）算术运算符

算术运算符包括加（＋）、减（－）、乘（*）、除（/）、百分数（%）、乘方（^）。运算的优先级顺序与数学运算中的优先级相同。

（3）比较运算符

比较运算符可以比较两个同类数据并产生逻辑值 TRUE 或 FALSE，TRUE 表示比较的结果成立，FALSE 表示比较的结果不成立。比较运算符包括等于（＝）、小于（＜、大于（＞）、大于等于（＞＝）、小于等于（＜＝）、不等于（＜＞）。例如，公式“＝5＞9”的结果为 FALSE。

（4）文本运算符

文本运算符（&）可以将两个字符串连接起来产生一个连续的字符串。如公式“＝"微" & "笑"”的结果为字符串“微笑”。

公式中，运算符的计算优先次序为：引用运算符，算术运算符，文本运算符，比较运算符。

5.3.2　单元格和区域引用

引用的作用在于标识工作表上的单元格或单元格区域，并指明公式中所使用的数据的位置。在 Excel 2003 中，对单元格的引用分为相对引用、绝对引用和混合引用。

1．相对引用

输入公式时，在单元格地址前不加任何符号，这种引用称为相对引用，如 A2，D5 等。输入公式时利用鼠标单击单元格或区域，那么在公式中所插入的地址就是相对引用。如果使用相对引用，当把一个含有单元格地址的公式从某一个单元格（称为源单元格）复制到另一个单元格（称为目的单元格）时，公式中的单元格地址会随之改变，使它相对于目的单元格的关系与原公式中的地址相对于源单元格的关系保持不变。

例如，在图 5-28 中，先在单元格 F2 中输入公式“＝C2＋D2＋E2”，求出了“张三”考生的总分；然后将鼠标移到 F2 单元格的“填充柄”，拖动鼠标经过 F3、F4……直到 F6，即可求出其他考生的总分。此时分别单击 F3、F4、F5 单元格，在编辑栏中查看它们的内容，可发现 F3 中的公式为“＝C3＋D3＋E3”，而 F4 中的公式为“＝C4＋D4＋E4”……由此可见，当把 F2 复制到 F3 时，改变了结果所在行的位置，所以 F3 中公式的单元格地址的行号也自动增加了 1。

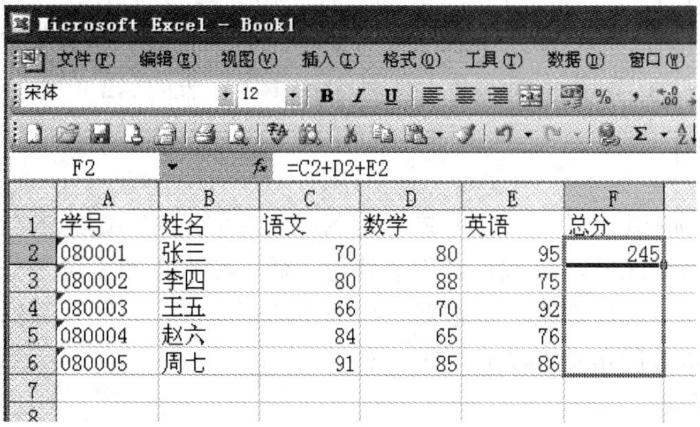

图 5-28　公式的相对引用示例

2．绝对引用

绝对引用是指把公式复制到新位置时，公式中的单元格地址保持不变。要使用绝对引用，应在单元格地址的行号和列标前各加一个美元符“$”，如$F$3 表示对单元格 F3 的绝对引用。

例如，在图 5-29 中，将打折的折扣率 0.9 放在单元格 C1 中，在单元格 C3 输入公式“＝B3*$C$1”，然后鼠标指向 C3 单元格右下角的“填充柄”，拖动鼠标经过 C4 到 C5，释放鼠标。

此时，C4 中的公式为“＝B4*$C$1”，C5 中的公式为“＝B5*$C$1”。由此可见，在 C3 的公式中单元格地址 B3 为相对引用，公式被复制后，它会随着目的地址的改变而发生变化；单元格地址$C$1 是绝对引用，公式被复制后，它不发生变化。

图 5-29　公式的绝对引用示例

3．混合引用

混合引用是指在复制公式时只保持行地址或只保持列地址不变。混合引用的表示方法是只在单元格地址的行号或列标前加$号。若只在单元格地址的列标前加上$符号，如$C2、$D6，则复制公式时，单元格地址的列标不变而行号会随着目的地址的改变而改变；若只在单元格地址的行号前加上$符号，如 C$2、D$6，则在复制公式时，单元格地址的行号不变而列标会随着目的地址的变化而变化。

4．工作表和工作簿引用

如果要引用同一工作簿中其他工作表中的单元格，应在单元格引用前加上工作表名称和一个惊叹号；如果需要引用其他工作簿的单元格，则应在工作表名称前再加上方括号括起来的工作簿名称。

例如，在 Book1 工作簿 Sheet1 工作表的 G5 单元格中输入公式“＝Sheet2!A2＋2”，其中“Sheet2!A2”表示对同一工作簿的 Sheet2 工作表中 A2 单元格的相对引用；若在公式中输入“[Book2]Sheet1!$A$2”，表示对 Book2 工作簿 Sheet1 工作表的 A2 单元格的绝对引用。

5.3.3　函数的使用

函数是 Excel 预先定义的公式，它由函数名和一对圆括号括起来的若干参数组成。参数可以是常数、单元格或区域、公式、名称或其他函数。参数之间用逗号分隔。有的函数没有参数，但是左右圆括号仍然需要。函数对其参数值进行运算，返回运算的结果。

在公式中输入函数的常用方法有以下几种。

1．直接输入函数

如果用户对某些函数非常熟悉，可以采用直接输入法。具体步骤为：单击要输入公式的单元格，依次输入“＝”、函数名、左括号、具体参数、右括号。例如，输入求和函数“＝SUM（A2：C2）”。当参数为单元格地址或范围时，可用鼠标在工作表中进行选取，所选的单元格地址或区域会自动插入到函数中。

2．利用函数向导输入函数

① 单击需要输入公式的单元格。

② 直接在编辑栏输入“＝”，则编辑栏左侧的名称框会变成函数列表框。

③ 单击名称栏右边的向下箭头，此时下拉列表框中会列出常用函数，用户可以选择所需的函数。如果需要的函数没有出现在列表框中，可选择“其他函数”或单击编辑区中的 fx 按钮，在弹出的“插入函数”对话框中选择所需函数，如图 5-30 所示。

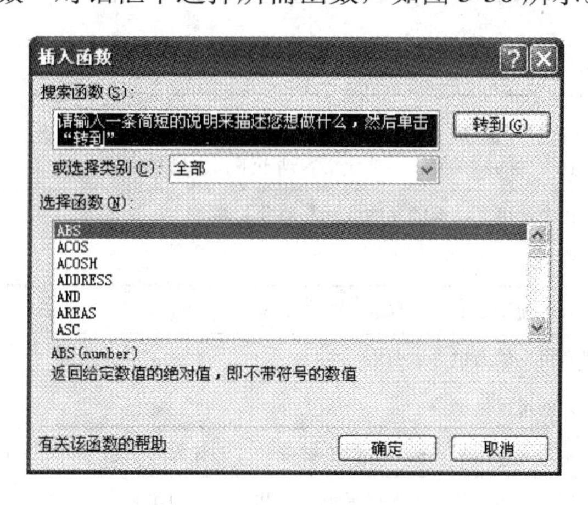

图 5-30　“插入函数”对话框

④ 选择函数后，屏幕上会出现如图 5-31 所示的函数编辑器，在函数编辑器中有该函数的简要说明。

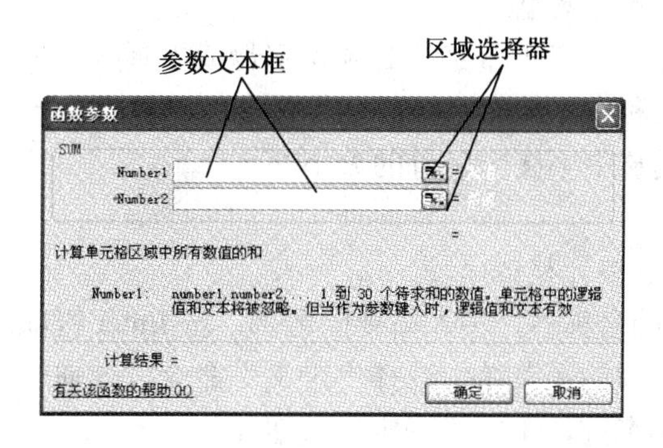

图 5-31　“函数参数”对话框（函数编辑器）

⑤ 在参数文本框中输入相应的参数。一般情况下，系统会给出默认的参数，如果给出的参数正是用户所需要的参数，直接单击“确定”按钮即可；如果给出的参数无法满足需要，用户可以重新输入所需的参数。当参数是单元格或区域引用时，可以直接用鼠标在工作表中选取。为方便选取，还可单击“区域选择”按钮将对话框缩小，选取完毕后再单击该按钮还原对话框。函数编辑器的下方会显示函数的计算结果，单击“确定”按钮，则该函数及相应的参数会自动插入到活动单元格的公式中，此时活动单元格中会显示公式的计算结果。如果公式中还有其他要输入的内容，可用鼠标单击编辑栏，在其中继续进行输入。

3. 利用“粘贴函数”命令输入函数

单击“常用”工具栏上 Σ ▾ 按钮的下拉箭头，在弹出的下拉菜单中选择“其他函数”或者选择“插入”菜单中的“函数”命令，会弹出如图 5-30 所示的“插入函数”对话框。在该对话框的“选择类别”下拉列表框中选择所需的函数类型，在下方的“选择函数”列表框中选择需要的函数，单击“确定”按钮就会出现如图 5-31 所示的函数编辑器。按照上述方法在函数编辑器中输入参数，单击“确定”按钮即可。

4. 公式的错误值

如果输入的公式中含有错误，使系统无法进行计算，则 Excel 会在单元格中显示错误值。表 5-2 列出了一些常见的错误值及其产生的原因。

表 5-2　常见的出错提示

错 误 值	错 误 原 因
######	公式产生的结果太长，单元格容纳不下，应增加列的宽度
#VALUE!	公式中使用了错误的参数或运算对象类型
#DIV/O!	除数为零
#NAME?	公式中使用了 Excel 不能识别的文本
#N/A	没有可用的数值可以引用
#REF!	无效的单元格引用
#NUM!	在函数中使用了不能接受的参数或公式的计算结果超出了 Excel 的允许范围
#NULL!	公式中引用了两个单元格区域的公共部分，而实际上它们没有公共部分

5. 使用名称

用户可以给常用的单元格或区域定义一个名称，然后在公式中使用名称来引用它们。使用名称可以使公式简洁、易于理解。

名称的命名规则：名称的第一个字符必须是字母或下画线，名称中的字符可以是字母、数字、句号和下画线；名称中不能有空格；名称最多可以包含 255 个字符；名称不能与单元格引用相同，如 B10；名称中不区分字母的大小写。

（1）名称的创建

① 选定要定义名称的单元格或区域。

② 单击编辑区左端的名称栏，输入需要的名称，按 Enter 键即可。或者选择“插入”菜单的“名称”命令，在出现的子菜单中选择“定义”命令，会弹出“定义名称”对话框。在该对话框中输入要定义的名称，单击“确定”按钮。

（2）名称的使用

在公式中需要使用名称时，可直接由键盘输入；或选择“插入”菜单中的“名称”命令，在其子菜单中选择“粘贴”命令，在弹出的“粘贴名称”对话框中选择需要的名称，最后单击“确定”按钮。

另外，还可以使用名称来实现工作表的快速定位。在名称栏中输入所需的名称，然后按 Enter 键；或者在名称栏的下拉列表中单击所需的名称，则工作表将立即定位到该名称所代表的单元格或区域。当一个工作表很大时，可以将它分成若干部分，给每个部分分别定义一个名称，然后利用名称来快速找到用户所需要的部分。

（3）常用函数

Excel 2003 提供的函数按其功能可以分为常用函数、财务函数、数学与三角函数、统计函数等几大类。下面介绍几种常用函数。

1）SUM

格式：SUM(number1，number2，…)

功能：返回参数中所有数值的和。

例如，对图 5-28 所示的工作表，先把“总分”列中的数值都清除，然后用 SUM 函数来求出“张三”考生的总分。操作步骤如下：

① 选取单元格 F2。

② 在编辑栏中输入“=”，然后在编辑区左侧的函数列表框中选择“SUM”，会弹出如图 5-31 所示的函数编辑器。

③ 设置参数。系统自动出现在 Number1 参数文本框中的是 C2：E2，并且在 Number1 文本框的最右侧还显示了该区域中的所有数值{70，80，95}，即 3 个参数。该参数正是“张三”考生的 3 门考试成绩，因此直接按“确定”按钮即可。结果如图 5-32 所示。

F2　　=SUM(C2:E2)

	A	B	C	D	E	F
1	学号	姓名	语文	数学	英语	总分
2	080001	张三	70	80	95	245
3	080002	李四	80	88	75	
4	080003	王五	66	70	92	
5	080004	赵六	84	65	76	
6	080005	周七	91	85	86	
7						

图 5-32　求和函数运算示例

2）AVERAGE

格式：AVERAGE(number1，number2，…)

功能：返回参数中所有数值的平均值。

3）MAX

格式：MAX(number1，number2，…)

功能：返回参数中所有数值的最大值。

4）MIN

格式：MIN(number1，number2，…)

功能：返回参数中所有数值的最小值。

5）TODAY

格式：TODAY()

功能：返回当前日期。

6）NOW

格式：NOW()

功能：返回当前日期和时间。

7）COUNT

格式：COUNT(value1，value2，…)

功能：返回参数中数字型数据的个数。

8）COUNTIF

格式：COUNTIF(range，criteria)

其中，“range”栏是需要计算的单元格区域；“criteria”栏是单元格必须满足的条件，其形式可以为数字、表达式或文本。例如，条件可以表示为 32、"32"、"＞32"、"apples"。

功能：计算给定区域中满足指定条件的单元格的个数。

例如，对图 5-28 所示的工作表，要统计“英语”考试中高于 80 分的人数，并将结果放在 E7 单元格。在 E7 单元格中输入“＝”，然后在函数列表框中选择 COUNTIF 函数，在函数编辑器中设置范围 E2：E6，条件为"＞80"，如图 5-33 所示。

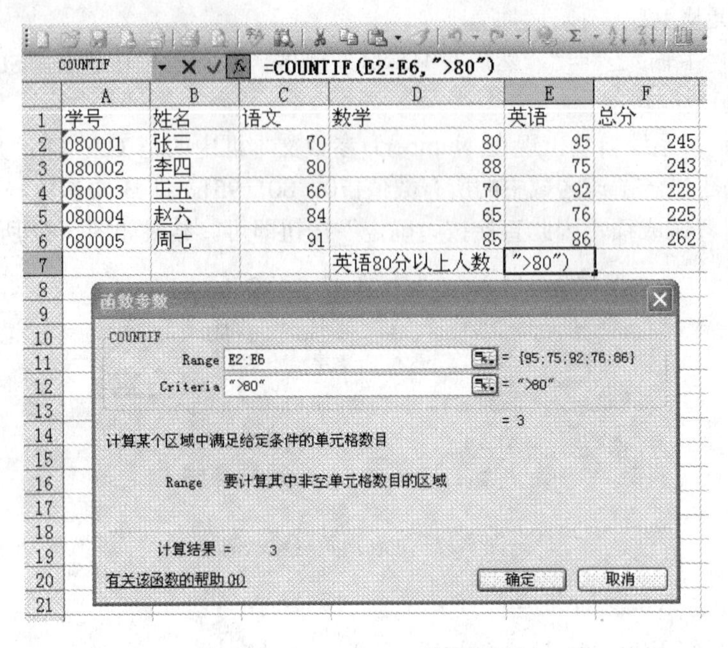

图 5-33　COUNTIF 函数应用示例

9）IF

格式：IF（logical_test，value_if_true，value_if_false）

其中，“logical_test”栏是进行判断的条件；“value_if_true”栏是当条件满足时的返回值；“value_if_false”栏是当条件不满足时的返回值。

功能：进行真假值判断，根据逻辑测试的真假值返回不同的结果。

例如，对图 5-28 所示的工作表，要判断总分是否优秀的条件是总分大于 250。在 G2 单元格中输入的公式及 IF 函数的参数设置情况如图 5-34 所示。

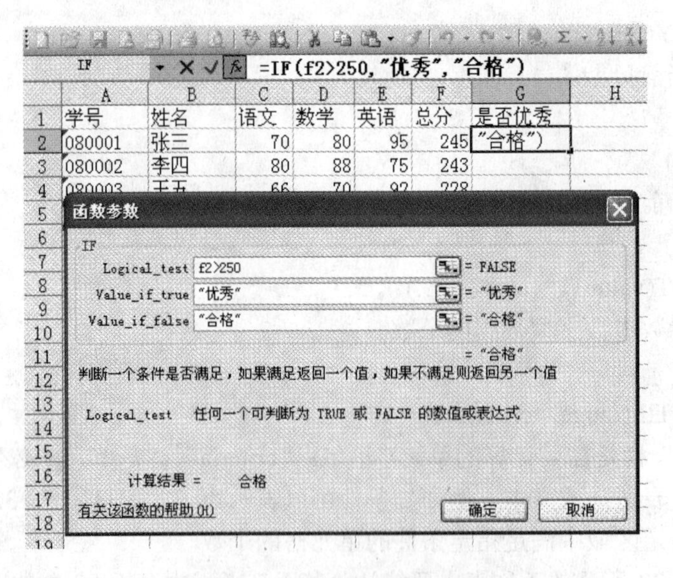

图 5-34　IF 函数应用示例

10）条件求和

条件求和就是根据制定的条件对若干单元格求和。其语法如下：

SUMIF(range，criteria，sum_range)

其中，“range”和“criteria”栏的填充规则与前面介绍的 COUNTIF 函数一致，“sum_range”为需要求和的实际单元格。

只有在区域中相应的单元格符合条件的情况下，“sum_range”中的单元格才求和，如果忽略了“sum_range”，则对区域中的所有单元格求和。

5.3.4　公式的审核

使用“公式审核”工具栏可以检查工作表公式与单元格之间的相互关系并指出错误。在使用审核工具时，追踪箭头将指明哪些单元格为公式提供了数据，哪些单元格包含相关的公式。同时，在为公式提供数据的单元格区域（两个以上相邻的单元格）周围会出现边框。

打开“公式审核”工具栏的方法是：单击“视图”→“工具栏”→“公式审核”命令，即可打开如图 5-35 所示的“公式审核”工具栏。

图 5-35　“公式审核”工具栏

工具栏中从左至右各按钮的名称及功能介绍如下。

错误检查：检查单元格中的错误信息。

追踪引用单元格：追踪引用单元格并在工作表上显示追踪箭头，表明追踪的结果。

移去引用单元格追踪箭头：删除工作表上的引用单元格的追踪箭头。

追踪从属单元格：追踪从属单元格并在工作表上显示追踪箭头，表明追踪的结果。

移去从属单元格追踪箭头：删除工作表上的从属单元格的追踪箭头。

取消所有追踪箭头：删除工作表上所有的追踪箭头。

追踪错误：显示指向出错源的追踪箭头。

新批注：添加新的批注。

圈识无效数据：将包含无效数据的单元格用一个圆圈标识出来。

清除无效数据标识圈：隐藏无效数据的标识圈。

显示监视窗口：单击它会打开“监视窗口”对话框。

公式求值：在打开的“公式求值”对话框中可以进行求值。

下面举例说明“公式审核”工具栏各按钮的作用。

如图 5-36 所示，当活动单元格出现错误提示时，在单元格的左侧会出现一个感叹号，单击感叹号右侧的小黑三角，会弹出一个下拉菜单，在该菜单中选择解决错误的选项即可。

例如，当按下“错误检查”按钮时，会弹出如图 5-37 所示的“错误检查”对话框。该对话框中列出了单元格的出错原因，以及解决问题的命令按钮。单击右侧的按钮，可以解决该错误。如果要继续查找下一个错误，可以单击“下一个”按钮来继续查找。

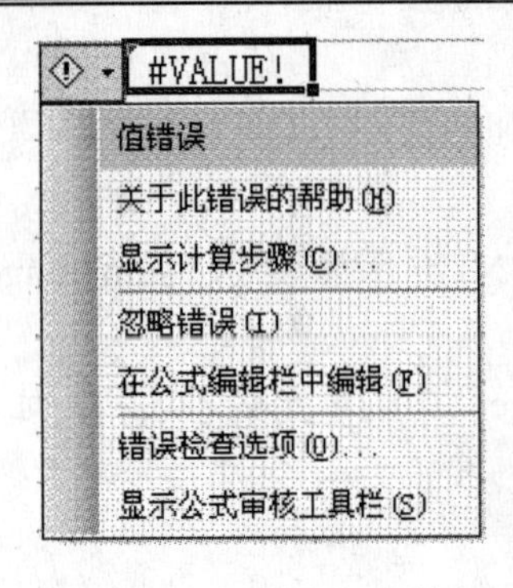

图 5-36　“错误提示”按钮

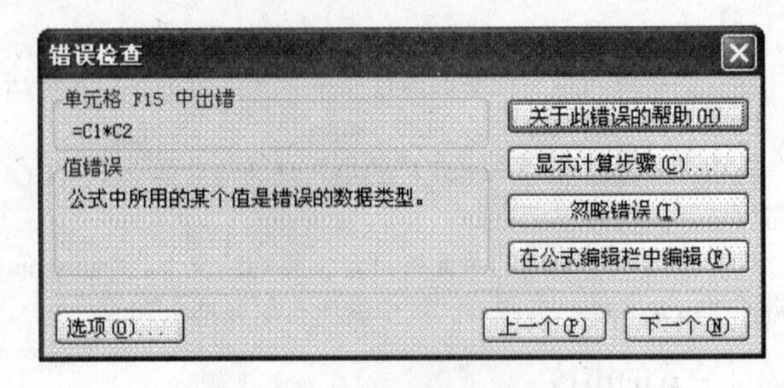

图 5-37　“错误检查”对话框

单击“追踪引用单元格”按钮和“追踪从属单元格”按钮可以显示活动单元格的追踪箭头。在图 5-38 中可以看到有许多箭头线，线的一端是一个小黑圆点，代表被引用或从属的单元格，另一端是一个箭头，代表具体引用或从属了其他单元格的活动单元格。通过该图可以看出如下信息：B5 引用了 A1 和 A2 单元格中的信息；C9 引用了 A3 和 B5 单元格中的信息；C3 引用了 B5 和 C9 单元格中的信息。

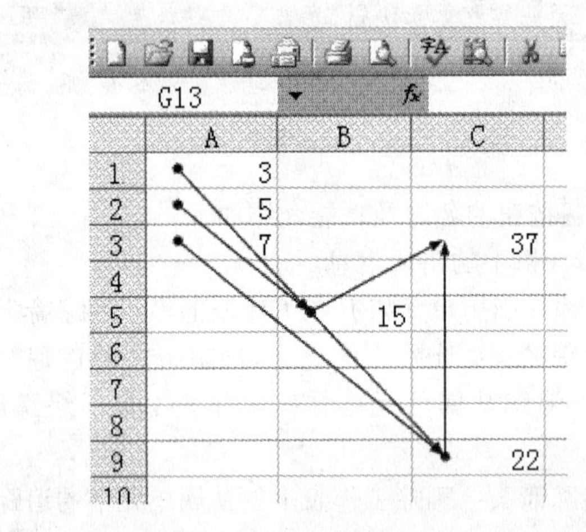

图 5-38　追踪箭头

在此，解释几个名词的具体概念。

➢ 追踪箭头：该箭头会显示活动单元格和与其相关单元格之间的关系。由提供数据的单元格指向其他单元格时，追踪箭头为蓝色；如果单元格中包含错误值，如#VALUE!，则追踪箭头为红色。
➢ 引用单元格：引用单元格是被其他单元格中的公式引用的单元格。例如，如果单元格 D10 包含公式“＝B5”，那么单元格 B5 就是单元格 D10 的引用单元格。
➢ 从属单元格：从属单元格中的公式引用了其他单元格。例如，如果单元格 D10 包含公式“＝B5”，那么单元格 D10 就是单元格 B5 的从属单元格。

如果要取消这些线，可以单击“公式审核”工具栏中的 、 、 按钮，取消追踪箭头。

如果单元格中有无效的数据，可以单击 按钮，圈识出无效数据。如果要取消圈识，可以单击 按钮。

如果单元格中有错误，可以追踪单元格中的错误。单击 按钮，即可追踪错误信息。

如果要监视公式与结果，可以单击按钮，打开如图 5-39 所示的“监视窗口”对话框。

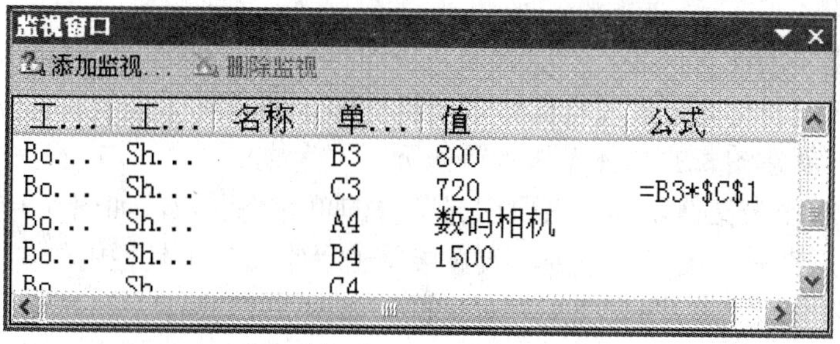

图 5-39　“监视窗口”对话框

如果要添加监视，可以单击“添加监视”按钮，在打开的对话框中选择被监视的单元格，然后单击“添加”按钮即可。如果要删除监视，首先选中要删除监视的单元格，然后单击“删除监视”按钮，即可删除监视。在“监视窗口”对话框中，可以通过拖动鼠标来改变各选项之间的距离，还可以把该对话框移动到窗口的任意位置。

如果要对公式进行求值，操作步骤如下：

① 选择要求值的单元格。一次只能计算一个单元格的值。

② 单击“求值”按钮，打开如图 5-40 所示的“公式求值”对话框，以验证下画线引用的值。计算结果将以斜体显示。

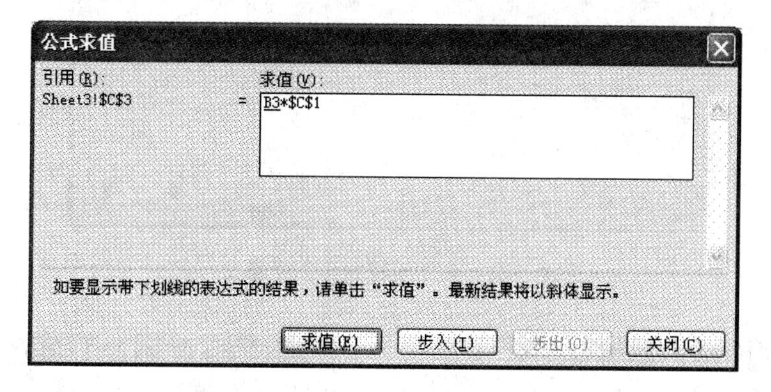

图 5-40　“公式求值”对话框

如果公式的下画线部分是对其他公式的引用，可以单击“步入”按钮，在“求值”框中显示其他公式；单击“步出”按钮，可以返回以前的单元格或公式。继续操作，直到公式的每一部分全都已求值完毕。

若要结束求值，可以单击“关闭”按钮。

5.4　图表的制作

Excel 强大的图表功能能够更加直观地将工作表中的数据表现出来，使原本枯燥无味的数据信息变得生动形象起来。有时用许多文字也无法表达的问题，可以用图表轻松地解决，并能做到层次分明、条理清楚、易于理解。用户还可以对图表进行适当的美化，使其更加赏心悦目。

5.4.1　使用图表向导制作图表

使用 Excel 提供的图表向导，可以方便、快速地为用户创建一个标准类型或自定义类型的图表，而且在图表创建完成后可继续修改，以使整个图表趋于完善。

使用图表向导创建图表的具体操作步骤如下：

① 打开一个工作表文件，选定需要创建图表的单元格区域，如图 5-41 所示。

② 单击“插入”→“图表”命令，或直接单击“常用”工具栏中的“图表向导”按钮，弹出“图表向导-4 步骤之 1-图表类型”对话框，如图 5-42 所示。该对话框中显示了中文版 Excel 2003 内置的 14 种图表类型，用户可以根据需要选择相应的图表类型。如果用户不能确定选择哪一种图表类型比较合适，可在“按下不放可查看示例”按钮上按住鼠标左键，在对话框中预览图表的效果，如图 5-43 所示。

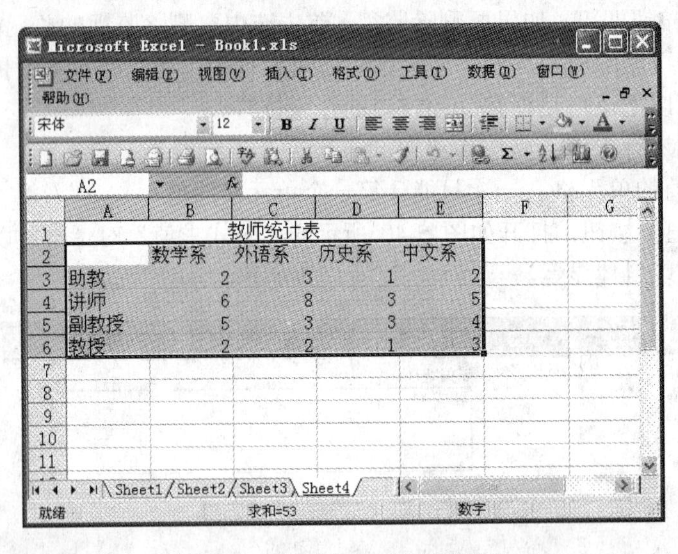

图 5-41　使用图表向导创建图表

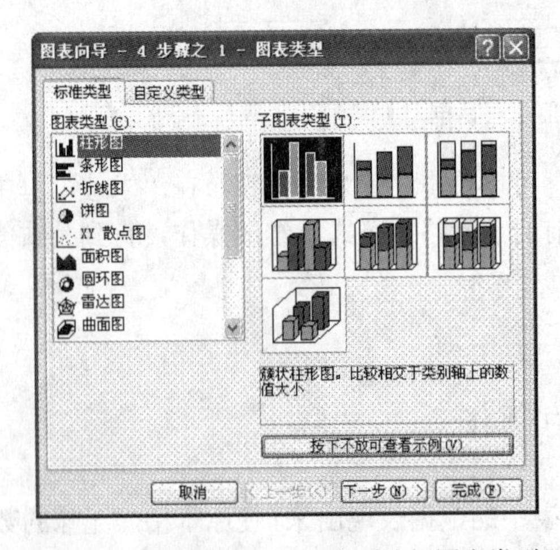

图 5-42　图表向导步骤 1 之“选择图表类型”

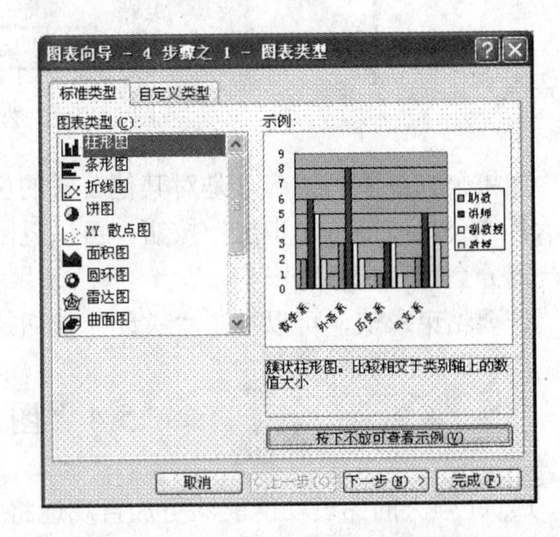

图 5-43　图表向导步骤 1 之“预览图表效果”

③ 设置图表类型后，单击“下一步”按钮，将弹出“图表向导-4 步骤之 2-图表源数据”对话框，如图 5-44 所示。该对话框默认使用打开图表向导之前用户选取的数据区域，若需修改，可在“数据区域”文本框中重新输入数据区域的引用，并在“系列产生在”栏中设置数据系列是横向（行）还是纵向（列）。其中，选中“行”单选按钮是指将所选数据区域中的第一行作为 X 轴的刻度单位；选中“列”单选按钮是指将所选数据区域的第一列作为 Y 轴的刻度单位。

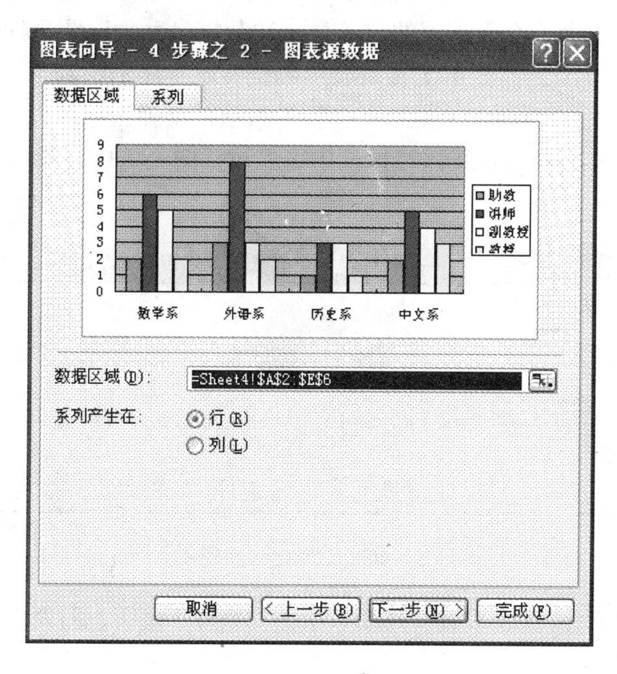

图 5-44　图表向导步骤 2

④ 设置图表源数据后，单击“下一步”按钮，会弹出“图表向导-4 步骤之 3-图表选项”对话框，如图 5-45 所示。该对话框包括 6 个选项卡，主要是对图表中的一些选项进行设置。

➢ “标题”选项卡：在“图表标题”文本框中输入所要显示的图表标题，如图 5-45 所示。

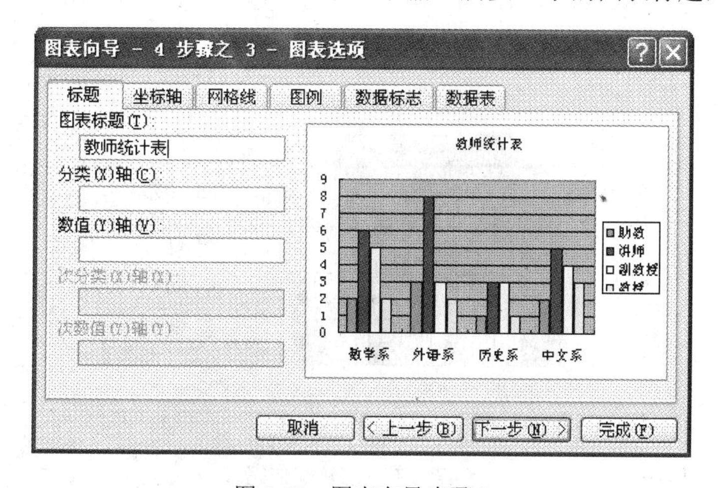

图 5-45　图表向导步骤 3

➢ “坐标轴”选项卡：显示 X 轴和 Y 轴，设置 X 轴中的数据是按照“自动”、“分类”显示，还是按照“时间刻度”显示。
➢ “网格线”选项卡：在其中可设置是否在图表中显示 X 轴和 Y 轴的网格线，是否显示主要（按大的刻度）和次要（按小的刻度）网格线。
➢ “图例”选项卡：在其中设置是否在图表中显示图例及显示图例的位置。
➢ “数据标志”选项卡：在其中设置是否显示数据标志及数据标志的显示形式。数据标志是指在图表中每一个有数据的位置显示该数据，并加以图形标记。
➢ “数据表”选项卡：在其中设置是显示数据表还是显示图例项。

⑤ 设置图表的有关选项后，单击“下一步”按钮，会弹出“图表向导-4 步骤之 4-图表位置”对话框，如图 5-46 所示。在该对话框中可以设置图表是作为新工作表插入还是作为其中的对象插入。

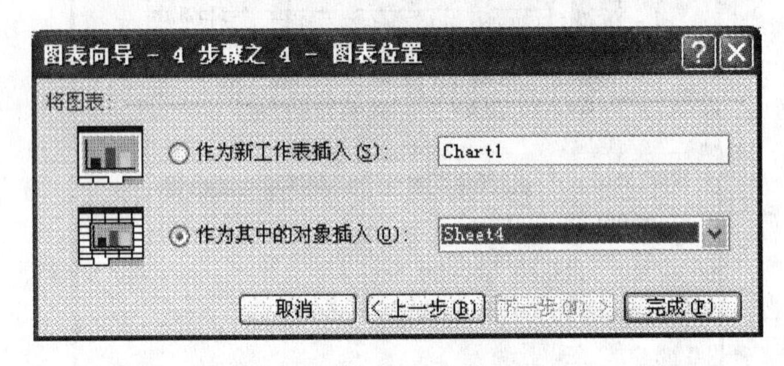

图 5-46　图表向导步骤 4

⑥ 当用户完成所有的图表设置操作后，单击“完成”按钮，图表会插入到工作表中，如图 5-47 所示。

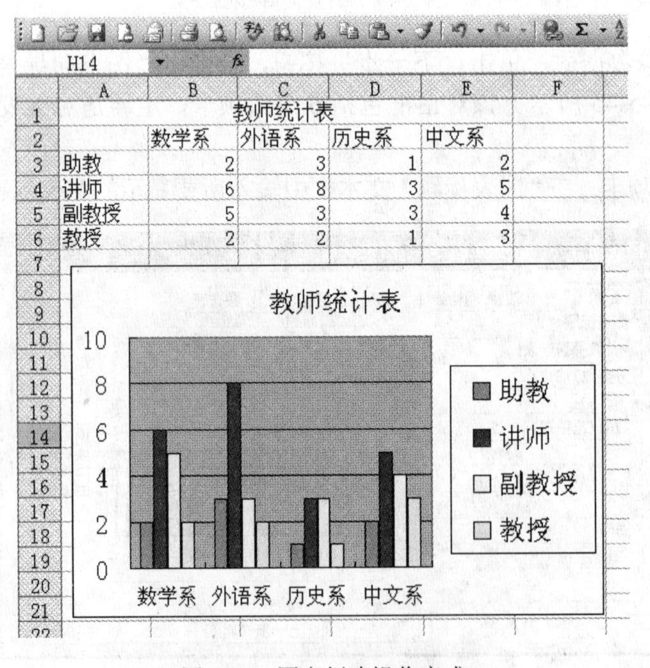

图 5-47　图表创建操作完成

5.4.2　图表的编辑

如果用户对已完成的图表不太满意，还可以对图表进行编辑或修饰。例如，增加一些数据、标题，为图表设置颜色、边框等。

1．选定图表

在对图表进行编辑之前，必须先选定图表。对于嵌入式图表，只需在图表上单击鼠标左键即可；对于图表工作表，只需切换到图表所在的工作表即可。

2．调整图表

当用户选定图表后，图表周围会出现一个边框，且边框上带有 8 个黑色的尺寸控制点。在图表上按住鼠标左键并拖动，可以将图表移动到新的位置；在尺寸控制点上按住左键并拖动，可以调整图表的大小。

3．修改文本

图表中的绝大多数文字，如分类轴刻度线和刻度线标志、数据系列名称、图例文字和数据标志等，与创建该图表工作表中的单元格相链接。如果直接在图表中编辑这些文字，它们将失去与工作表单元格的链接；如果在更改图表文字的同时，还要保持与工作表中单元格的链接，则应当编辑工作表中的源数据。

4．更改分类轴标志

在图表上更改分类轴标志的具体操作步骤如下：

① 选定需要更改分类轴标志的图表。

② 单击“图表”→“源数据”命令，在弹出的“源数据”对话框中单击“系列”选项卡。

③ 在“分类轴标志”文本框中，指定要用做分类轴标志的工作表区域。也可以直接在其中输入标志文字并用逗号分隔，但是分类轴上的文字将不再与工作表中的单元格保持链接。

④ 单击“确定”按钮。

5．更改数据系列名称或图例文字

在图表上更改数据系列名称或图例文字的具体操作步骤如下：

① 选定需要更改数据系列名称或图例文字的图表。

② 单击“图表”→“源数据”命令，在弹出的“源数据”对话框中单击“系列”选项卡。

③ 在“系列”列表框中选定要修改的系列名称，在“值”文本框中指定要用做图例文字或数据系列名称的单元格区域。如果在“名称”文本框中直接输入文字，则图例文字或数据系列名称将不再与工作表中的单元格保持链接。

④ 单击“确定”按钮。

6．修改标题

要对图表中的标题进行修改，只需单击要编辑的标题，在屏幕显示的文本框中输入新标题，并按“Enter”键即可。

7．修改类型

用户在实际使用图表的过程中，有时候需要将图表转换成另一种类型。在中文版 Excel 2003 中，对于大部分二维图表，既可以修改数据系列的图表类型，也可以修改整个图表的类型；对于大部分三维图表，可以将其改为圆锥、圆柱或棱锥等类型的图表。具体操作步骤如下：

① 选定需要修改类型的图表。

② 单击“图表”→“图表类型”命令，在弹出的“图表类型”对话框中单击“标准类型”选项卡，在“图表类型”列表框和“子图表类型”栏中选择一种图表类型。

③ 单击“完成”按钮。

如果用户发现修改后的图表效果还不如原来的图表效果，则可单击“编辑”→“撤销图表类型”命令，此时，Excel 会把图表还原到修改前的样子。

8. 保存类型

用户根据自己的需要创建图表类型后，可以将其保存起来，以便在以后的工作中使用。具体操作步骤如下：

① 选定要保存的图表。

② 单击“图表”→“图表类型”命令，在弹出的“图表类型”对话框中单击“自定义类型”选项卡。

③ 选中“选自”栏中的“自定义”单选按钮，此时在“图表类型”列表框中会显示出所有的自定义图表类型，如图 5-48 所示。

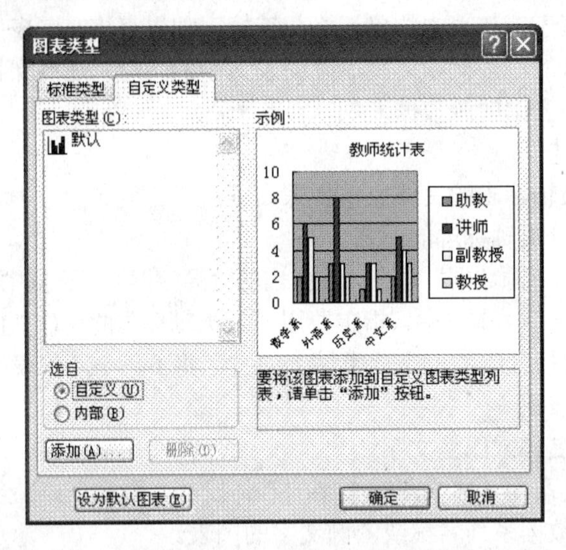

图 5-48 “图表类型”对话框“自定义类型”选项卡

④ 单击“添加”按钮，会弹出“添加自定义图表类型”对话框，在“名称”文本框中输入自定义图表类型的名称，在“说明”文本框中为自定义图表类型做简要的说明，如图 5-49 所示。

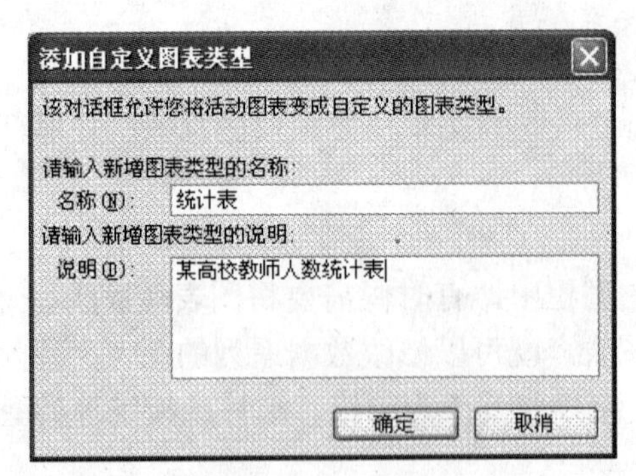

图 5-49 “添加自定义图表类型”对话框

⑤ 单击“确定”按钮，返回“图表类型”对话框，再次单击“确定”按钮，自定义的图表类型即被成功保存。

9. 显示数据

为了方便用户在使用图表时查看数据，可在图表底部显示工作表中的数据。具体操作步骤如下：

① 选定该图表。

② 单击“图表”→“图表选项”命令，会弹出“图表选项”对话框。

③ 单击“数据表”选项卡，选中“显示数据表”复选框。

④ 单击“确定”按钮。

10. 添加文本框

当图表创建完成后，常常需要为图表增加说明或注释，以方便他人阅读，这就需要插入文本框。具体操作步骤如下：

① 选定需要添加文本框的图表。

② 单击“绘图”工具栏中的“文本框”按钮，在图表上按住鼠标左键并拖动鼠标，绘制一个文本框。

③ 在文本框中输入文字（输入的文字可以在文本框中自动换行），若要在文本框中另起一行可按 Enter 键。

④ 输入完成后，按 Esc 键或在文本框外单击鼠标左键结束输入。

5.4.3 图表的格式化

在中文版 Excel 2003 中，用户还可以对图表进行格式化操作，如修改数据格式、设置图表填充效果、修改文本格式及设置坐标轴格式等。

1. 修改数据格式及其他效果修改

修改数据格式包括修改二维和三维的数据标记、图表区、网格线、坐标轴、刻度线标示，二维图表中的误差线和三维图表中的三维背景及基底颜色、应用文本和图案等。具体操作步骤如下：

① 双击需要修改的图表项的数据系列。

② 在弹出的“数据系列格式”对话框中单击“图案”选项卡。

③ 在“边框”栏中选中“自定义”单选按钮，然后设置“样式”、“颜色”及“粗细”；在“内部”栏中设置内部颜色。

④ 单击“确定”按钮，得到更改后的结果。

其他图表效果的更改，如设置填充效果、渐变填充效果、纹理填充效果、图案填充效果、图片填充效果及设置文本格式的操作和数据格式的修改基本相仿，也可参照第 4 章 Word 2003 图形效果的更改操作方法。

2. 设置坐标轴格式

除饼图和雷达图外，其余图表类型都需要使用坐标轴。对大多数图表来说，数值沿 Y 坐标轴绘制，数据分类沿 X 坐标轴绘制。建立图表时，坐标轴会自动出现，用户可以隐藏主坐标轴或次坐标轴、改变坐标轴显示的图案或颜色等。

坐标轴刻度线是类似于直尺分隔线的短线，刻度线是坐标轴的一部分并可以格式化。刻度线标志用于区分图表中的数据分类、数值或数值系列，这些数值或数值系列来源于选定的工作表区域，并自动与其中的数据相链接，它们同样可以格式化。

设置坐标轴和刻度线格式的具体操作步骤如下：

① 双击图表中要格式化的坐标轴，如图 5-50 所示。

② 在弹出的“坐标轴格式”对话框中单击“图案”选项卡，如图 5-51 所示。

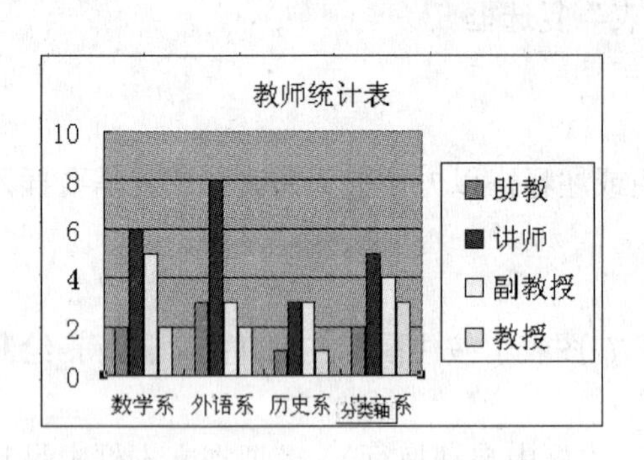

图 5-50　需要格式化的坐标轴

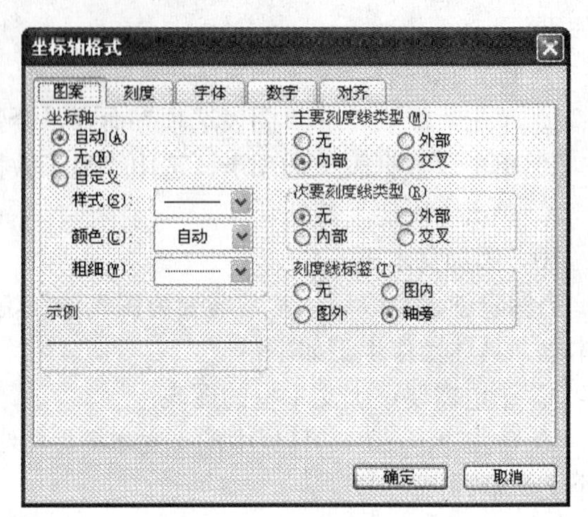

图 5-51　“坐标轴格式”对话框“图案”选项卡

用户在其中可进行如下设置：

在“坐标轴”栏中，可设置坐标轴和刻度线的样式、颜色和粗细。如果要隐藏坐标轴，可选中“无”单选按钮。

在“主要刻度线类型”和“次要刻度线类型”栏中选中相应的单选按钮，以指定主要和次要刻度线在坐标轴上显示的方式；如果要隐藏主要或次要刻度线，或者两者都隐藏，则选中“无”单选按钮。

在“刻度线标签”栏中选中相应的单选按钮，以显示刻度线标签的位置；如果要隐藏刻度线标签，可选中“无”单选按钮。

本实例中的设置如图 5-52 所示。单击“确定”按钮，效果如图 5-53 所示。

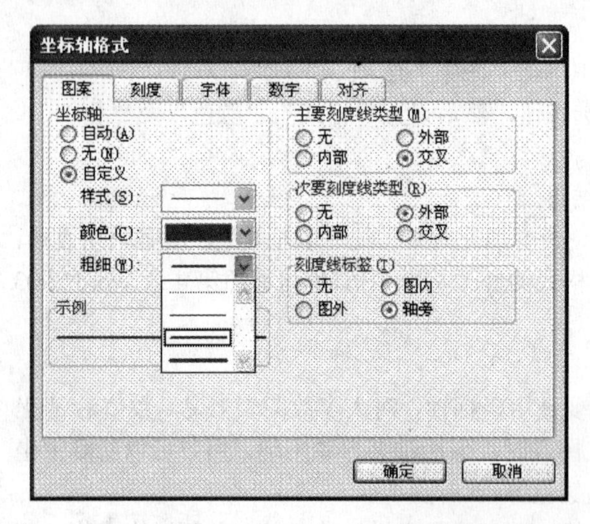

图 5-52　坐标轴格式化设置示例

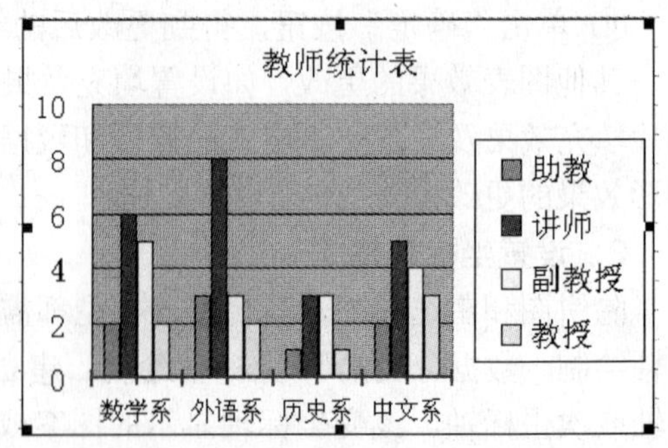

图 5-53　坐标轴格式化后的结果

5.5　数据管理与统计

Excel 具有强大的数据处理能力，可以通过建立数据清单对大量的数据进行组织和管理，如进行排序、筛选和分类汇总等操作。

5.5.1　数据清单的建立

在 Excel 中，可以通过创建一个数据清单来管理数据。数据清单是包含相关数据的一系列工作表的数据行，它与数据库之间的差异不大，只是范围更广。例如，图 5-54 所示即为一个简单的数据清单。

	A	B	C	D	E	F
1	序号	姓名	性别	出生日期	职称	院系
2	01	赵萍	女	1976-2-2	讲师	文学院
3	02	钱红	女	1972-4-7	副教授	法学院
4	03	孙渡	男	1978-1-22	助教	文学院
5	04	李楠	男	1969-9-2	副教授	管理学院
6	05	周迪	男	1972-7-15	讲师	电信学院
7	06	吴非	女	1975-4-3	讲师	外语学院
8	07	郑源	男	1965-11-25	教授	外语学院
9	08	王伟	男	1970-5-11	讲师	管理学院
10						

图 5-54　数据清单示例

1．建立数据清单的准则

在工作表中建立数据清单时，应注意以下事项：

① 每个数据清单相当于一个二维表。

② 一个数据清单最好单独占据一个工作表。如果要在一个工作表中存放多个数据清单，则各个数据清单之间要以空白行或空白列分隔。

③ 避免将关键数据放在数据清单的左右两侧，以防止在筛选数据清单时，这些数据可能被隐藏。

④ 避免在数据清单中放置空白行和空白列。

⑤ 数据清单中的每一行作为一个记录，存放相关的一组数据。

⑥ 数据清单中的每一列作为一个字段，存放相同类型的数据。

⑦ 在数据清单的第一行里创建列标志，即字段名。

⑧ 不要使用空白行将列标志和第一行数据分开。

⑨ 列标志使用的字体、对齐方式、格式、图案、边框或大小写样式，应当与数据清单中其他数据的格式相区分。

2．建立数据清单的过程

当了解数据清单的基本结构和注意事项之后，即可开始建立数据清单。操作步骤如下：

① 选定当前工作簿中的某个工作表存放要建立的数据清单。

② 在数据清单的第一行输入各列的列标志。例如，图 5-54 所示中的“姓名”、“性别”、“出生年月”等。

③ 输入各记录的内容。

④ 设置标题名称和字段名称的字体、格式；设置各字段的宽度；设置数据清单中数据的格式、数值精度等；最后还可以设置整个报表的格式，如边线、颜色等。

⑤ 保存数据清单。

3．使用记录单管理数据

当需要在数据清单中插入新的记录、删除无用记录或修改某些记录时，可以使用前面介绍的对工作表的编辑操作，也可以使用 Excel 提供的记录单功能，更加简捷、精确地输入记录。

（1）增加记录

当需要在数据清单中增加一个记录时，可以直接在工作表中添加一个空行，然后在相应的单元格中输入数据，也可以使用记录单来增加记录。使用记录单增加记录的操作步骤如下：

① 单击要增加记录的数据清单中的任意单元格。

② 单击“数据”→“记录单”命令，弹出“通讯录”工作表的记录单对话框，如图 5-55 所示。

③ 在该对话框中，左边显示该数据清单的字段名，中间显示当前的记录，右边显示当前记录的记录号、记录总数及多个选项按钮。如果需要查看上一条记录或下一条记录，可以单击对话框中的“上一条”或“下一条”按钮，也可以通过中间的垂直滚动条来快速地移动、浏览数据清单中的任意记录。

④ 在对话框中单击“新建”按钮，会弹出一个空白的记录单对话框，如图 5-56 所示。

⑤ 用鼠标选定每个字段名后的文本框，在其中输入相应的数据。

⑥ 输入完毕后按 Enter 键或再次单击“新建”按钮，继续增加下一条新记录，也可以单击“关闭”按钮返回工作表。

新的记录追加在数据清单的底部，也就是说，追加在当前数据清单最后一条记录的下一条。

不管当前位置如何，增加的记录均位于当前数据清单最后一条记录的下一条。

图 5-55　记录单对话框

图 5-56　新建记录

（2）修改记录

如果发现某条记录有错误，需要修改时，可以双击要修改的单元格，然后输入新的内容。也可以使用记录单来修改记录。其操作步骤如下：

① 单击需要修改记录数据清单中的任意一个单元格。

② 单击“数据”→“记录单”命令，打开“通讯录”工作表的记录单对话框。

③ 通过单击“上一条”或“下一条”按钮，逐条查看记录，或使用滚动条来查看数据清单中的每条记录。当发现需要修改的记录时，单击对应的文本框，然后修改该文本框中的内容。

④ 单击“关闭”按钮，返回工作表。

提示：如果某个字段的内容是公式，则记录单上相应的字段没有字段值框。此时显示的是公式的计算结果，因而该数值不能直接在此编辑。

（3）删除记录

对于数据清单中不再需要的记录，可以将其删除。操作步骤如下：

① 在数据清单中单击任意一个单元格。

② 单击“数据”→“记录单”命令，打开“通讯录”工作表的记录单对话框。

③ 在该对话框中，通过单击“上一条”或“下一条”按钮，查找想要删除的记录。

④ 查找到要删除的记录后，单击“删除”按钮，会出现警告对话框，提示该记录将被永久删除。

⑤ 如果确定要进行删除，可以单击“确定”按钮，即可删除该记录。数据清单上该记录后面的记录将自动向上移动。

⑥ 单击“关闭”按钮，返回工作表。

（4）查找记录

如果要使用记录单查找数据清单中的记录，操作步骤如下：

① 在数据清单中单击任意一个单元格。

② 单击“数据”→“记录单”命令，打开“通讯录”工作表的记录单对话框。

③ 在对话框上单击“条件”按钮，弹出如图 5-57 所示的“通讯录”记录单对话框的“Criteria”，即“条件区域”。此时每个字段框值均为空。

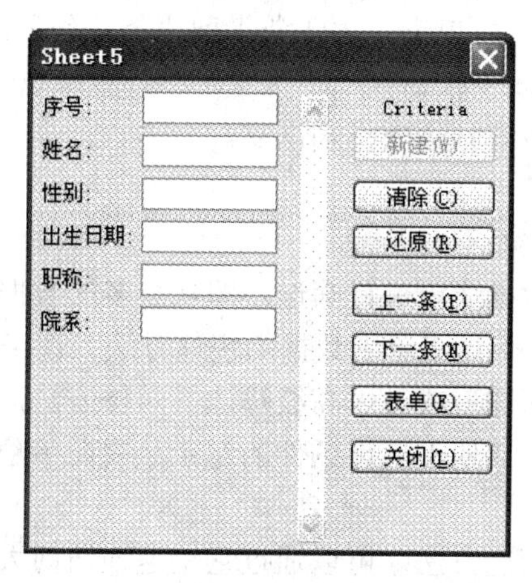

图 5-57　查找记录

④ 在所需要的文本框中输入查找条件。如果需要定义更多的条件，只需在对应的文本框中输入即可。

⑤ 设置完毕后，单击“表单”按钮结束条件的设置。

⑥ 单击“下一条”或“上一条”按钮，Excel 将从当前记录开始向下或向上定位满足条件的第一条记录并显示记录的内容。

⑦ 单击“关闭”按钮，返回工作表。

提示：条件设置后不会自动取消，需要再次单击“条件”接钮，当出现“通讯录”记录单对话框的“条件区域”时，单击“清除”按钮方可删除条件。

5.5.2 记录的编辑、修改和删除

1. 在数据清单中插入记录

记录单通常会将记录添加到数据清单的末尾。若要在数据清单的任意位置插入记录，可选定该行，然后选择“插入”菜单中的“行”命令，此时一空白行会被插入到这一行的前面，而该行和该行以下的所有记录会向下滚动一行。用户可在空白行中输入该记录的内容。

2. 修改记录

修改记录按以下步骤进行：

① 单击需要修改的数据清单中的任一单元格。

② 选择“数据”菜单中的“记录单”命令，即可修改数据。

③ 若还要修改其他记录，可单击“下一条”或“上一条”按钮进行。

④ 单击“关闭”按钮，完成修改。

另外，也可以直接在工作表中通过移动活动单元格来进行数据的修改。

3. 删除记录

删除数据清单中的记录与修改记录的操作方法类似。

① 单击要删除的记录行中的任一单元格。

② 单击“数据”菜单中的“记录单”命令。

③ 单击“删除”按钮，会弹出一对话框，询问是否确定删除该记录。单击“确定”按钮，则删除；否则单击“取消”按钮。

④ 若还想删除其他记录，可单击“上一条”或“下一条”按钮来寻找要删除的记录。

⑤ 删除完后，单击“关闭”按钮。

记录被删除后，不能用撤销删除操作来恢复。

5.5.3 记录的筛选

管理数据时经常需要对数据清单进行筛选，即从众多的数据中挑选出符合某种条件的数据，因此筛选是一种用于查找数据清单中数据的快速方法。在 Excel 中，要完成数据的筛选非常容易，可以使用“自动筛选”或者“高级筛选”两种方法，这样就可以将那些符合条件的记录显示在工作表中，而将其他不满足条件的记录从视图中隐藏起来。

1. 自动筛选

自动筛选是一种快速的筛选方法，可以通过它快速地访问大量数据，从中选出满足条件的记录并显示出来。其操作步骤如下：

① 单击数据清单中的任意一个单元格。

② 单击“数据”→“筛选”→“自动筛选”命令，此时数据清单中每个字段名的右侧会出现一个下三角按钮。

③ 在字段名右侧单击下三角按钮，打开用于设置筛选条件的下拉列表框，从中选择要查找的选项。

下拉列表框中包含了该列的所有数据项及进行筛选的一些条件选项：“全部”、“前 10 个”、“自定义”等。列表框中各选项的含义如下。

➢ “全部”：显示数据清单中的所有记录。

➢ “自定义”：选择此项，会弹出“自定义自动筛选方式”对话框，让用户可以使用较为复杂的查询条件。

对该对话框的几点说明如下：

a．用户可以输入两个条件。对于这两个条件的关系，可以选择中间的“与”和“或”。选择“与”，显示同时符合两个条件的记录；选择“或”，则显示符合其中任一个条件的记录。

b．左边的下拉列表可以规定关系操作符，右边的下拉列表可以规定字段值。字段值可以直接从列表中选择一项，也可以自己输入一个。

c．输入字段值时可使用通配符“*”和“？”，其中“*”代表在该位置上的任意一个或多个字符，而“？”则代表在该位置上的任意一个字符。

例如，要显示所有 20 世纪 70 年代出生的记录，操作如下：

单击“出生日期”右侧的下三角按钮，在下拉列表框中选择“自定义”选项，在弹出的“自定义自动筛选方式”对话框中设置筛选条件，最后单击“确定”按钮。

在自动筛选中，若要对多个字段筛选，只需分别在这些字段的下拉列表框中选择相应的筛选条件即可，这些条件间是“与”的关系。

➢ “前 10 个”：选择此项，则会弹出如图 5-58 所示的“自动筛选前 10 个”对话框，供设置显示该列中最大或最小的记录个数。在该对话框中，“显示”栏的第一个下拉列表框里有“最大”和“最小”两个选项，第二个列表框用来确定筛选后要显示的项数，第三个下拉列表框由“百分比”和“项”组成，指定输入数字的大小等级或百分比数值。设置完毕后，单击“确定”按钮。

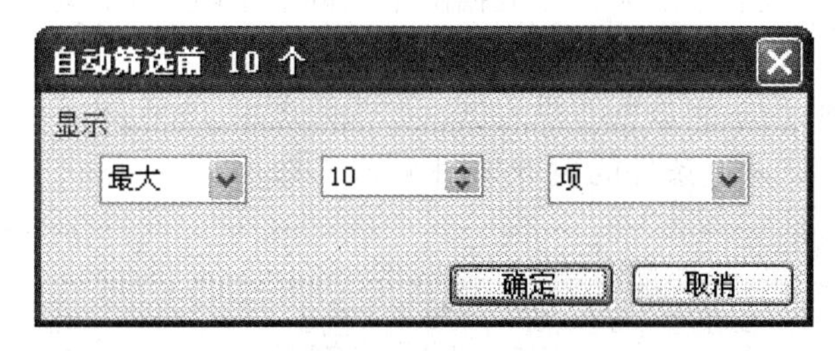

图 5-58　“自动筛选前 10 个”对话框

➢ “空白”：只显示此列中含有空白单元格的记录。

➢ “非空白”：只显示此列中含有数据的记录。

提示：只有当该列含有空白单元格时，在下拉列表框中才出现“空白”和“非空白”列表项。

从下拉列表框中选定所需的筛选条件，则显示与选择数据相符的记录。例如，在图中选定“女”，则显示结果如图 5-59 所示。筛选后所显示的记录的行号呈蓝色，且设置了筛选条件的字段名右侧的下三角按钮也变成蓝色。

	A	B	C	D	E	F
1	序号	姓名	性别	出生日期	职称	院系
2	01	赵萍	女	1976-2-2	讲师	文学院
3	02	钱红	女	1972-4-7	副教授	法学院
7	06	吴菲	女	1975-4-3	讲师	外语学院
12	11	褚瑛	女	1968-11-13	教授	电信学院

图 5-59　自动筛选结果

在下拉列表框中，“前 10 个”选项只对数值型字段有效。

2. 取消“自动筛选”

当不需要筛选时，可以取消自动筛选，其操作步骤如下：

选择“数据”菜单中的“筛选”命令，在其子命令中选择“自动筛选”，将“自动筛选”项前的对号“√”取消，则“自动筛选”命令旁边的复选标记消失，全部记录按以前格式显示。

3. 使用高级筛选

高级筛选条件可以包括一列中的多个条件、多列中的多个条件和作为公式结果生成的条件，可以满足复杂的筛选要求。完成高级筛选有两个步骤：一是设定筛选条件，二是进行高级筛选。

（1）设定筛选条件

使用“高级筛选”进行数据筛选时，必须先进行筛选条件的设置。高级筛选的条件设置有如下说明：

① 先在工作表的某区域内建立一个条件区域，用来指定条件。

② 在条件区域首行中输入的字段名必须与数据清单中的字段名一致，不能出错。

③ 条件区域的字段名下至少要有一行输入了查找记录要满足的条件。

④ 在同一行中的各条件间是“与”的关系，即必须同时满足。

⑤ 不同行的各条件间是“或”的关系，即满足其中一个即可。

Excel 将条件区域字段名下的条件与数据清单中同一字段名下的数据进行比较，满足条件的记录被显示，不满足条件的记录暂时被隐藏起来。

例如，以如图 5-60 所示的数据清单为例，要求筛选出 1966 年以后出生的“教授”及所有的“讲师”的记录，则筛选条件的设置如图 5-60 右边所示。

K18　fx

	A	B	C	D	E	F	G	H	I
1	序号	姓名	性别	出生日期	职称	院系		出生日期	职称
2	01	赵萍	女	1976-2-2	讲师	文学院		>=1966-1-1	教授
3	02	钱红	女	1972-4-7	副教授	法学院			讲师
4	03	孙渡	男	1978-1-22	助教	文学院			
5	04	李楠	男	1969-9-2	副教授	管理学院			
6	05	周迪	男	1972-7-15	讲师	电信学院			
7	06	吴菲	女	1975-4-3	讲师	外语学院			
8	07	郑源	男	1965-11-25	教授	外语学院			
9	08	王伟	男	1970-5-11	讲师	管理学院			
10	09	冯绪	男	1973-6-9	讲师	法学院			
11	10	陈辰	男	1976-2-12	助教	管理学院			
12	11	褚瑛	女	1968-11-13	教授	电信学院			

图 5-60　筛选条件的设置

（2）完成筛选

条件区域设置好后，就可以使用“高级筛选”来筛选数据。

① 在数据清单内选定任一单元格。

② 选择“数据”菜单中的“筛选”命令，在其子菜单中选择“高级筛选”，弹出“高级筛选”对话框，如图 5-61 所示。在“方式”栏中，可以选择“在原有区域显示筛选结果”，也可以选择“将筛选结果复制到其他位置”。

③ 在“列表区域”编辑框中输入待筛选数据所在的区域。

④ 输入“条件区域”内容。如果工作表中已含有“条件区域”，则区域名会自动出现在编辑框中。如果不想输入，可用鼠标单击编辑框右侧的“折叠对话框”按钮，接着在工作表中选定“条件区域”，则区域名会自动出现在编辑框中。

⑤ 单击“确定”按钮，进行数据筛选。筛选结果如图 5-62 所示。

若对满足条件相同字段值的记录不需要，则选定对话框下面的“选择不重复的记录”。要使用新的条件再次筛选，可在条件区域改变条件，然后重新筛选。

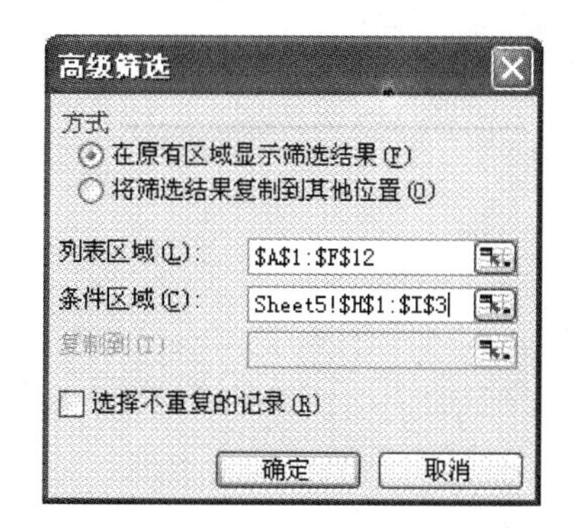

图 5-61　“高级筛选”对话框

I18

	A	B	C	D	E	F
1	序号	姓名	性别	出生日期	职称	院系
2	01	赵萍	女	1976-2-2	讲师	文学院
6	05	周迪	男	1972-7-15	讲师	电信学院
7	06	吴菲	女	1975-4-3	讲师	外语学院
9	08	王伟	男	1970-5-11	讲师	管理学院
10	09	冯绪	男	1973-6-9	讲师	法学院
12	11	褚瑛	女	1968-11-13	教授	电信学院

图 5-62　高级筛选结果

（3）筛选后将数据复制到新位置

筛选后的数据除了可放在原位置（不满足条件的记录被隐藏），还可以将其复制到一个新的位置。步骤基本同前，但有以下差别：

① 在“高级筛选”对话框中，选择“将筛选结果复制到其他位置”，这就使得“复制到”编辑框有效。

② 在“复制到”编辑框中输入一个区域引用，或者单击“复制到”编辑框右侧的“折叠对话框”按钮，然后在工作表中数据区域外单击任一单元格。

4．取消高级筛选

若要取消“高级筛选”，可以单击“数据”菜单中的“筛选”命令，在其子菜单中选择“全部显示”即可。

5.5.4　记录的排序

记录排序是指按一定规则对工作表数据进行整理、排列，为进一步处理数据做好准备。中文版 Excel 提供了多种对数据清单进行排序的方法，如升序、降序，用户也可以自定义排序方法。

1. 简单排序

如果要针对某一列数据进行排序，可以单击“常用”工具栏中的“升序”按钮或“降序”按钮进行操作。具体操作步骤如下：

① 在数据清单中选定某一列标志名称所在单元格。例如，要对出生日期进行排序，则选定“出生日期”所在单元格。

② 根据需要，单击“常用”工具栏中的“升序”或“降序”按钮。例如，要按降序排列，则单击“降序”按钮，结果如图 5-63 所示。

	A	B	C	D	E	F
1	序号	姓名	性别	出生日期	职称	院系
2	03	孙渡	男	1978-1-22	助教	文学院
3	10	陈辰	男	1976-2-12	助教	管理学院
4	01	赵萍	女	1976-2-2	讲师	文学院
5	06	吴菲	女	1975-4-3	讲师	外语学院
6	09	冯绪	男	1973-6-9	讲师	法学院
7	05	周迪	男	1972-7-15	讲师	电信学院
8	02	钱红	女	1972-4-7	副教授	法学院
9	08	王伟	男	1970-5-11	讲师	管理学院
10	04	李楠	男	1969-9-2	副教授	管理学院
11	11	褚瑛	女	1968-11-13	教授	电信学院
12	07	郑源	男	1965-11-25	教授	外语学院

图 5-63　简单排序示例

2. 多重排序

也可以使用“排序”对话框对工作表中的数据进行排序。具体操作步骤如下：

① 选定图 5-63 中所示的工作表，单击“数据”→“排序”命令，会弹出“排序”对话框，如图 5-64 所示。

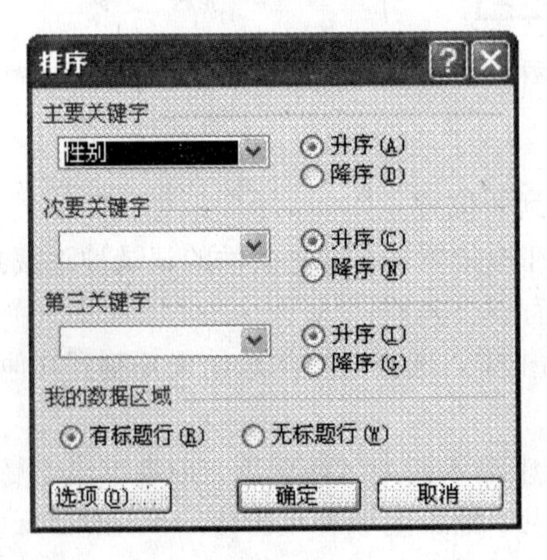

图 5-64　“排序”对话框

② 在“主要关键字”下拉列表框中选择或输入“出生日期”，并选中其右侧的“降序”单选按钮；在“我的数据区域”栏中选中“有标题行”单选按钮。

③ 单击“确定”按钮，则工作表中的数据将按指定条件进行排列，结果与图 5-63 所示相同。

利用“排序”对话框，不但可以对工作表中的某一项数据进行排序，而且还可以对多项数据进行多重排序。例如，用户可以按“性别”升序而“出生日期”降序进行排序，其中“性别”的升序排列是指以拼音字母为顺序排列。具体操作步骤如下：

① 将光标定位到工作表中，单击“数据”→“排序”命令，会弹出“排序”对话框。

② 在“主要关键字”下拉列表框中选择“性别”选项，并选中其右侧的“升序”单选按钮；在“次要关键字”下拉列表框中选择“出生日期”选项，并选中其右侧的“降序”单选按钮，如图 5-65 所示。

图 5-65　多重排序示例

③ 单击“确定”按钮，排序结果如图 5-66 所示。

	A	B	C	D	E	F
1	序号	姓名	性别	出生日期	职称	院系
2	03	孙渡	男	1978-1-22	助教	文学院
3	10	陈辰	男	1976-2-12	助教	管理学院
4	09	冯绪	男	1973-6-9	讲师	法学院
5	05	周迪	男	1972-7-15	讲师	电信学院
6	08	王伟	男	1970-5-11	讲师	管理学院
7	04	李楠	男	1969-9-2	副教授	管理学院
8	07	郑源	男	1965-11-25	教授	外语学院
9	01	赵萍	女	1976-2-2	讲师	文学院
10	06	吴菲	女	1975-4-3	讲师	外语学院
11	02	钱红	女	1972-4-7	副教授	法学院
12	11	褚瑛	女	1968-11-13	教授	电信学院

图 5-66　排序结果

5.5.5　分类汇总

当用户对表格数据或原始数据进行分析处理时，往往需要对其进行汇总，并插入带有汇总信息的行。中文版 Excel 提供的“分类汇总”功能将使这项工作变得简单易行，它会自动插入汇总信息行，无须进行人工操作。

利用汇总功能并选择合适的汇总函数，用户不仅可以建立清晰、明了的总结报告，还可以在报告中只显示第一层次的信息而隐藏其他层次的信息。

分类汇总功能可以自动对所选数据进行汇总，并插入汇总行。汇总方式灵活多样，如求和、平均值、最大值、标准方差等，可以满足用户多方面的需要。

下面以图 5-67 中的工作表为例，介绍对数据进行分类汇总的方法。具体操作步骤如下：

J12

	A	B	C	D	E	F	G
1	序号	姓名	性别	出生日期	职称	院系	工资
2	01	赵萍	女	1976-2-2	讲师	文学院	2645
3	02	钱红	女	1972-4-7	副教授	法学院	3114
4	03	孙渡	男	1978-1-22	助教	文学院	2150
5	04	李楠	男	1969-9-2	副教授	管理学院	3024
6	05	周迪	男	1972-7-15	讲师	电信学院	2575
7	06	吴菲	女	1975-4-3	讲师	外语学院	2705
8	07	郑源	男	1965-11-25	教授	外语学院	3520
9	08	王伟	男	1970-5-11	讲师	管理学院	2498
10	09	冯绪	男	1973-6-9	讲师	法学院	2647
11	10	陈辰	男	1976-2-12	助教	管理学院	2076
12	11	褚瑛	女	1968-11-13	教授	电信学院	3428
13							

图 5-67　工作表示例

① 对数据清单按分类字段进行排序，本例中按“职称”进行排序。

② 选定工作表，单击“数据”→“分类汇总”命令，会弹出“分类汇总”对话框。

③ 在该对话框中，根据需要对各项进行设置。各项说明如下：

➢ “分类字段”：在下拉列表框中选择分类字段名，它是已经排序的字段。本例选择“职称”。

➢ “汇总方式”：在下拉列表框中选定需要的汇总方式。本例选择“平均值”。

➢ “选定汇总项”：在列表中选定想汇总的一个或多个字段。本例选择“工资”。

➢ “替换当前分类汇总”：若本次汇总前，已经进行过某种分类汇总，此复选框决定是否保留原来的汇总数据。

➢ “每组数据分页”：决定每类汇总数据是否独占一页。

➢ “汇总结果显示在数据下方”：决定每类汇总数据是出现在该类数据的下方还是上方。

设置之后如图 5-68 所示。

图 5-68　“分类汇总”对话框

④ 单击“确定”按钮，分类汇总结果如图 5-69 所示。

	序号	姓名	性别	出生日期	职称	院系	工资
2	02	钱红	女	1972-4-7	副教授	法学院	3114
3	04	李楠	男	1969-9-2	副教授	管理学院	3024
4					副教授 平均值		3069
5	01	赵萍	女	1976-2-2	讲师	文学院	2645
6	06	吴菲	女	1975-4-3	讲师	外语学院	2705
7	09	冯绪	男	1973-6-9	讲师	法学院	2647
8	05	周迪	男	1972-7-15	讲师	电信学院	2575
9	08	王伟	男	1970-5-11	讲师	管理学院	2498
10					讲师 平均值		2614
11	11	褚瑛	女	1968-11-13	教授	电信学院	3428
12	07	郑源	男	1965-11-25	教授	外语学院	3520
13					教授 平均值		3474
14	03	孙渡	男	1978-1-22	助教	文学院	2150
15	10	陈辰	男	1976-2-12	助教	管理学院	2076
16					助教 平均值		2113
17					总计平均值		2762

图 5-69　分类汇总结果

在图 5-69 中，可以看到每种职称教师的工资平均值，最后还出现所有教师的工资平均值。

在分类汇总表的左侧出现了“摘要”按钮 -，“摘要”按钮出现的行就是汇总数据所在的行。单击该按钮，会隐藏该类数据，只显示该类数据的汇总结果，同时按钮由 - 变成 +。单击 + 按钮，会使隐藏的数据恢复显示。

在分类汇总表的左上方有层次按钮 1 2 3，单击按钮 1，只显示总的汇总结果，不显示详细数据；单击按钮 2，显示总的汇总结果和分类汇总结果，不显示数据；单击按钮 3，显示全部数据和汇总结果，此为默认格式。

对数据进行分类汇总后，还可以恢复工作表的原始数据，方法为：再次选定工作表，单击“数据”→“分类汇总”命令，在弹出的“分类汇总”对话框中单击“全部删除”按钮，即可将工作表恢复到原始数据状态。

5.5.6　数据透视表

Excel 提供了一种简单、形象、实用的数据分析工具——数据透视表，使用数据透视表可以全面地对数据清单进行重新组织和统计数据。

数据透视表是一种对大量数据进行快速汇总和建立交叉列表的交互式表格，它不仅可以转换行和列以显示源数据的不同汇总结果，也可以显示不同页面以筛选数据，还可根据用户的需要显示区域中的细节数据。

使用数据透视表有以下几个优点：

- Excel 提供了向导功能，易于建立数据透视表。
- 真正地按用户设计的格式来完成数据透视表的建立。
- 当原始数据更新后，只需单击“更新数据”按钮，数据透视表就会自动更新数据。
- 当用户认为已有的数据透视表不理想时，可以方便地修改数据透视表。

下面以如图 5-70 所示的工作表为例，建立一张数据透视表。具体操作步骤如下：

	学号	姓名	语文	数学	英语	总分	平均分
2	080001	张三	70	80	95	245	81.67
3	080002	李四	80	88	75	243	81.00
4	080003	王五	66	70	92	228	76.00
5	080004	赵六	84	65	76	225	75.00
6	080005	周七	91	85	86	262	87.33

图 5-70　工作表示例

① 单击“数据”→“数据透视表和数据透视图”命令，会弹出“数据透视表和数据透视图向导—3 步骤之 1”对话框，如图 5-71 所示。在“请指定待分析数据的数据源类型”栏中选中“Microsoft Office Excel 数据列表或数据库”单选按钮（该项为默认设置）；在“所需创建的报表类型”栏中，用户可以根据需要选中“数据透视表”单选按钮或“数据透视图（及数据透视表）”单选按钮。

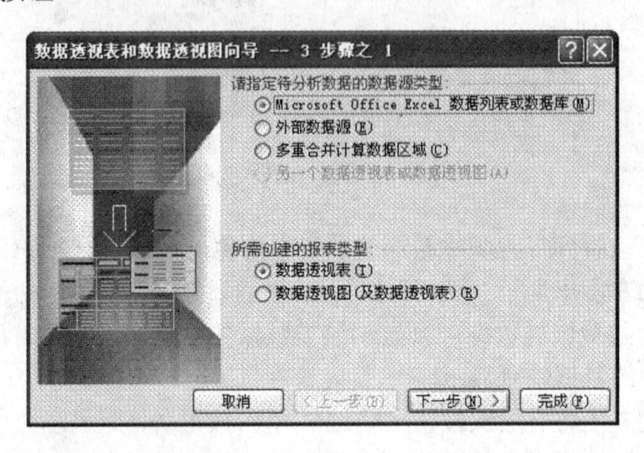

图 5-71　“数据透视表和数据透视图向导—3 步骤之 1”对话框

在该对话框的“请指定待分析数据的数据源类型”栏中有 4 个单选按钮，除选中的单选按钮外，其他 3 个单选按钮的含义如下。

- 外部数据源：使用存储在中文版 Excel 2003 外部的文件或已建立的数据透视表。
- 多重合并计算数据区域：是指建立数据透视表的数据来源于几张工作表。
- 另一个数据透视表或数据透视图：用同一个工作簿中另外一张数据透视表或透视图来建立数据透视表或透视图。

② 单击“下一步”按钮，会弹出“数据透视表和数据透视图向导—3 步骤之 2”对话框，此对话框要求用户选定建立数据透视表的数据区域。选定单元格区域 A1:G6，如图 5-72 所示。

	A	B	C	D	E	F	G
1	学号	姓名	语文	数学	英语	总分	平均分
2	080001	张三	70	80	95	245	81.67
3	080002	李四	80	88	75	243	81.00
4	080003	王五	66	70	92	228	76.00
5	080004	赵六	84	65	76	225	75.00
6	080005	周七	91	85	86	262	87.33

数据透视表和数据透视图向导 -- 3 步骤之 2
请键入或选定要建立数据透视表的数据源区域：
选定区域(R)：Sheet2!$A$1:$G$6　浏览(W)...
取消　< 上一步(B)　下一步(N) >　完成(F)

图 5-72　“数据透视表和数据透视图向导—3 步骤之 2”对话框

③ 单击“下一步”按钮，会弹出“数据透视表和数据透视图向导—3 步骤之 3”对话框。在其中单击“布局”按钮，在弹出的“数据透视表和数据透视图向导—布局”对话框中对数

据透视表的版式进行设置，如图 5-73 所示。

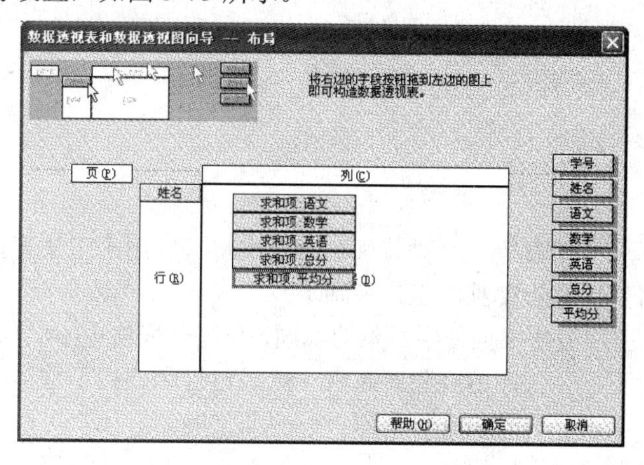

图 5-73　“数据透视表和数据透视图向导—布局”对话框

④ 单击“确定”按钮，返回“数据透视表和数据透视图向导—3 步骤之 3”对话框，在“数据透视表显示位置”栏中选中“新建工作表”单选按钮，如图 5-74 所示。

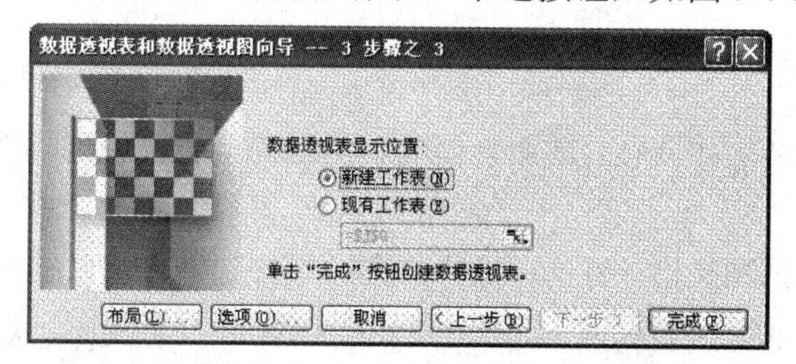

图 5-74　“数据透视表和数据透视图向导—3 步骤之 3”对话框

⑤ 单击“完成”按钮，结果如图 5-75 所示。

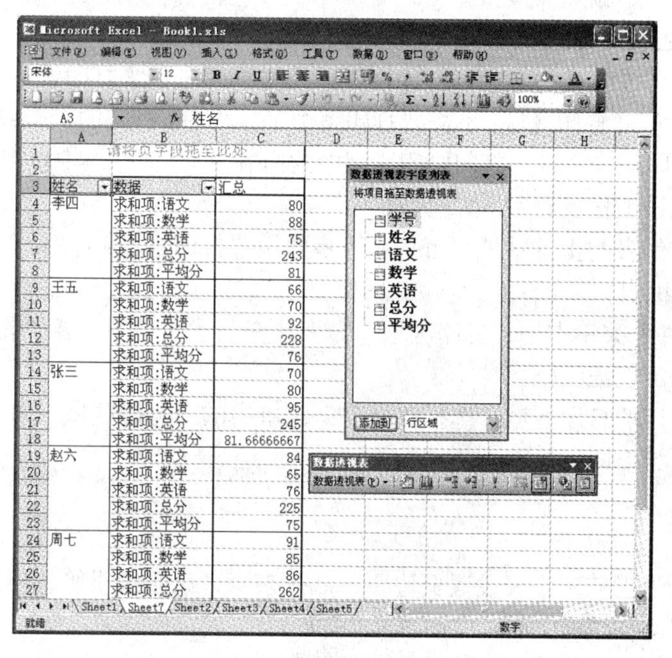

图 5-75　数据透视表

5.6 视图与打印设置

5.6.1 视图

1. 视图的含义

视图是一组显示和打印设置，可对其进行命名或将其应用于工作簿。同一个工作簿可有多个视图，而无须将其保存为单独的工作簿副本。

在会计工作中，往往需要根据使用对象的不同，将同一表格中不同部分的数据打印出来。通常的做法是，先将不需要打印的列隐藏起来，然后再打印。由于这样的“对象”众多，每次都要隐藏、打印、显示、再隐藏、再打印、……非常麻烦，用户可以用“视图管理器”来实现这种工作要求。

2. 应用“视图管理器”创建视图

① 执行“视图”→“视图管理器”命令，打开“视图管理器”对话框。

② 单击其中的“添加”按钮，打开“添加视图”对话框，输入一个名称（如“数据源”）后，按下“确定”按钮，添加一个“数据源”视图。

注意：添加“数据源”视图的目的是为了快速切换到原来的整个工作表状态下。

③ 根据使用对象的需要，将不需要打印的列隐藏起来，然后仿照上面的操作分别添加视图。

④ 如果需要打印某种表格，可这样操作：执行“视图”→“视图管理器”命令，打开“视图管理器”对话框，选中一种视图，单击“显示”按钮进入该视图，进行打印操作即可。

⑤ 打印完成后，按照上面的操作，显示出“数据源”视图，就可以快速显示出全部数据。

⑥ 若要删除该视图，在“视图”菜单上单击“视图管理器”，在“视图”框中单击所需的视图名称，再单击“删除”按钮即可。

3. 创建视图之前的注意事项

应将工作簿设置成所需的显示和打印格式。如果视图中包含打印设置，则该视图中会包含所定义的打印区域（打印区域：不需要打印整个工作表时，打印的一个或多个单元格区域。如果工作表包含打印区域，则只打印打印区域中的内容）；当工作表中没有定义打印区域时，则打印区域包括整张工作表。

若只想打印工作表的指定区域，可按以下步骤设置打印区域：

① 选定要打印的区域。

② 选择“文件”菜单中的“打印区域”命令，在其子菜单中选择“设置打印区域”，则选定区域的四周会出现虚线框。

若想删除定义过的打印区域，选择“文件”菜单中的“打印区域”命令，在其子菜单中选择“取消打印区域”即可。

5.6.2 页面设置

页面设置用于为当前工作表设置页边距、纸张来源、纸张大小等选项。

进行页面设置的方法有两种。

方法一：单击“文件”菜单中的“页面设置”命令。

方法二：单击“打印预览”窗口上方的“设置”按钮。

“页面设置”对话框中包含 4 个选项卡：页面、页边距、页眉/页脚及工作表。

1．确定页面的外观

“页面”选项卡如图 5-76 所示。下面介绍其中各选项的含义。

（1）方向

可选定是按横向打印还是纵向打印。

（2）缩放

可以对打印工作表进行放大或缩小，但是工作表在屏幕上显示的尺寸并未改变。在“缩放”项中还有“调整为”选项，它能将一个工作表调整到规定的页数中，这是基于工作表有几页宽、几页高而定的。利用这一特性可以压缩长报表，以便使其刚好在一页中。

（3）纸张大小

单击“纸张大小”的下拉按钮，可以在出现的列表框中选择纸张的尺寸。

（4）起始页码

确定工作表的起始页码。当“起始页码”栏为“自动”时，起始页码为 1。可以直接输入一个数字指定起始页码。

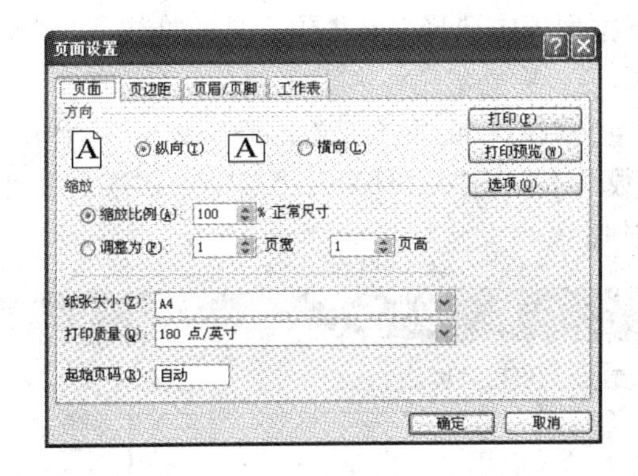

图 5-76　“页面设置”对话框“页面”选项卡

2．调整页边距

“页边距”选项卡如图 5-77 所示。页边距是以“厘米”为衡量单位的，通常是从打印纸的边沿向内测量。

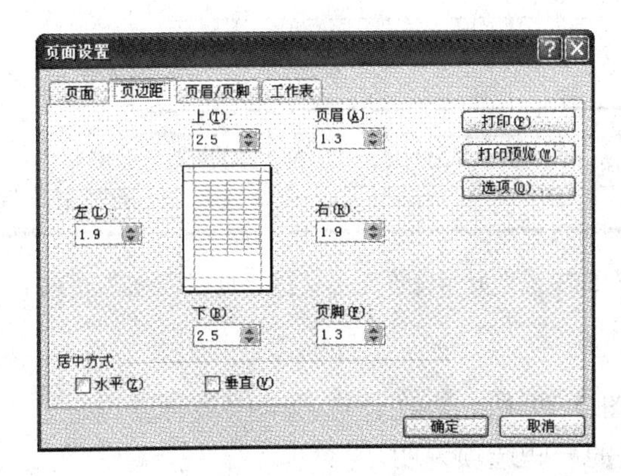

图 5-77　“页面设置”对话框“页边距”选项卡

“页边距”选项卡上的选项说明如下。

（1）上、下、左、右

设置打印内容分别距纸顶端、底端、左边、右边的距离大小。

（2）页眉

设置页眉距纸边的距离大小。

（3）页脚

设置页脚距纸边的距离大小。

（4）居中方式

若希望在页的中央打印输出，则选“水平居中”或“垂直居中”或两者兼有之。水平居中时，页边距中“左”和“右”选项不起作用；垂直居中时，“上”和“下”选项不起作用。

每设置一部分选项，用户都可以在对话框中的预览区预览，然后再做适当调整。

3．页眉和页脚

“页眉/页脚”选项卡如图 5-78 所示。

（1）选用“页面设置”对话框中的“页眉/页脚”选项卡

直接从页眉/页脚的下拉列表中选择 Excel 预定义的格式。

（2）自定义页眉/页脚

单击对话框中的“自定义页眉”或“自定义页脚”按钮，会弹出另一对话框，其中有“字体格式”、“页码”、“总页数”、“日期”、“时间”、“活动工作簿名”、“活动工作表名”等按钮，用户可按需要选择相应按钮。

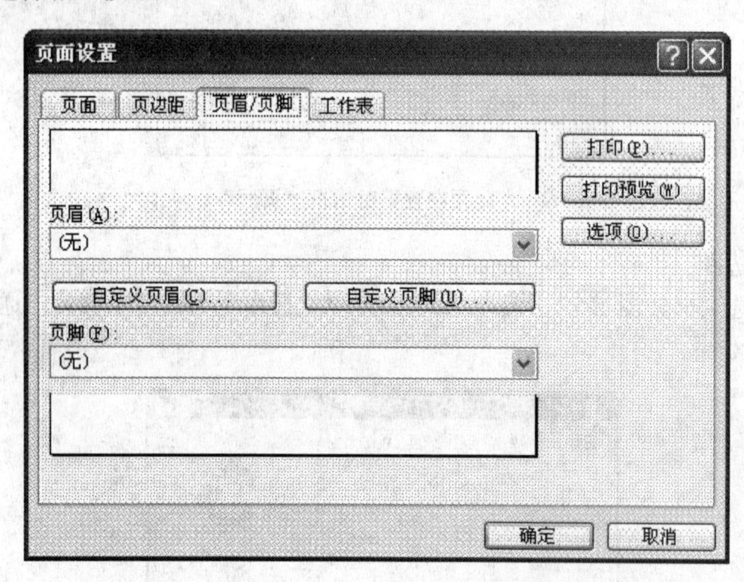

图 5-78 “页面设置”对话框“页眉/页脚”选项卡

4．修改工作表选项

“工作表”选项卡如图 5-79 所示。在该选项卡中，可以规定打印区域、标题及其他若干打印选项。下面列出有关的一些选项说明。

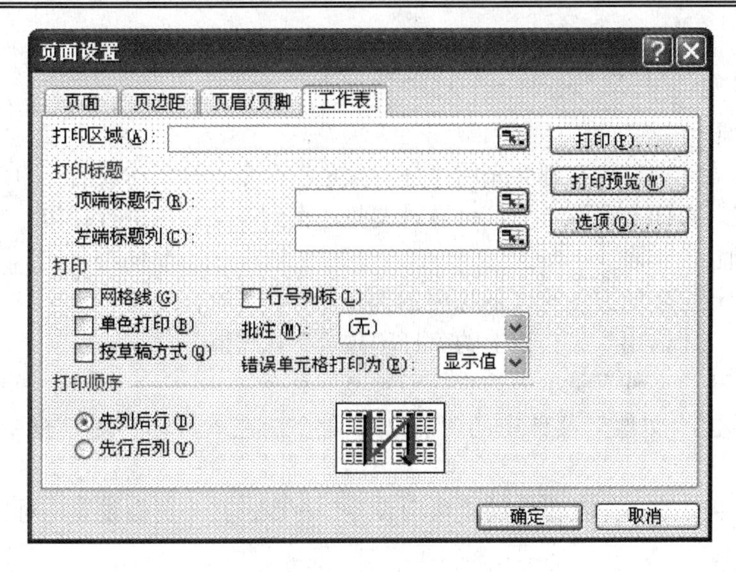

图 5-79　“页面设置”对话框“工作表”选项卡

（1）打印区域

该选项用于选择要打印的工作表的区域。用户可直接在其中输入区域引用或单击其右侧的“折叠对话框”按钮选择。

（2）打印标题

该选项用于选择或输入每页打印标题的行或列。

（3）打印

该选项用于设置一些打印选项，如是否打印网格线、批注、行号列标等。

（4）打印顺序

它指为大的工作表选择打印顺序。“先列后行”是按列来打印工作表数据，到达最后一行时再从下一列的第一行开始；而“先行后列”则相反。

5. 设置分页符

在打印时，Excel 会根据需要在适当位置设置分页符。当然，用户也可在任意位置插入人工分页符。人工分页符为粗的实线，自动分页符为虚线。

（1）显示自动分页符

在默认状态下，工作表中的分页符并不显示出来。若要显示分页符，操作步骤如下：

① 选择“工具”菜单中的“选项”命令。

② 在“选项”对话框中单击“视图”选项卡，选中“自动分页符”复选框。此时分页符会在分页处沿着网格线用垂线显示出来。

（2）插入分页符

① 选定欲分页右边的列或欲分页下边的行。

② 选择“插入”菜单中的“分页符”命令，则插入垂直分页符或水平分页符。

（3）删除人工分页符

① 选定垂直分页符右边或水平分页符之下的单元格。

② 选择“插入”菜单中的“删除分页符”命令即可。

5.6.3　打印预览与打印

1．打印预览

在打印工作表之前，通常都会先用“打印预览”命令查看工作表的打印效果。在“打印预览”中，若发现页面设置不合理，可及时调整，直到满意后再进行打印。

（1）打印预览工作表

实现“打印预览”的方法有以下几种。

方法一：单击“常用”工具栏上的“打印预览”按钮。

方法二：单击“文件”菜单中的“打印预览”命令。

方法三：单击“文件”菜单中的“打印”命令，在“打印”对话框中单击“预览”按钮。

方法四：单击“文件”菜单中的“页面设置”命令，在“页面设置”对话框中单击“打印预览”按钮。

“打印预览”窗口如图 5-80 所示，窗口上方有一排按钮，其功能如下。

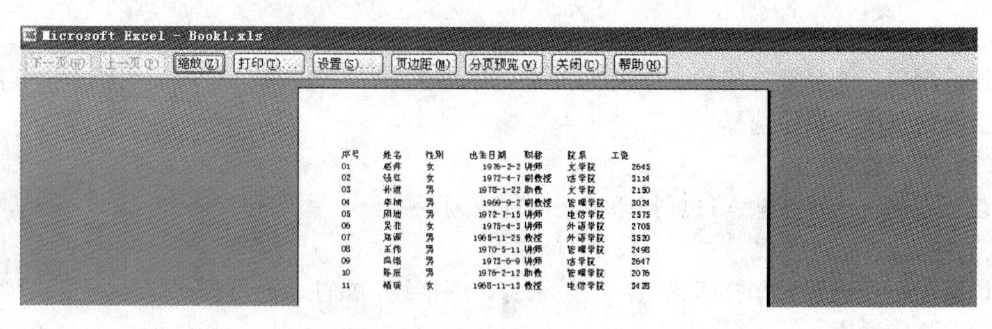

图 5-80　“打印预览”窗口

① 下一页：预览下一页的内容。若无下一页，则该框显示为灰色，不能使用。

② 上一页：预览上一页的内容。若无上一页，则该框显示为灰色，不能使用。

③ 缩放：将当前页的内容在放大视图和全面视图之间切换。

④ 打印：显示“打印”对话框，可进行打印选项的设置。

⑤ 设置：显示“页面设置”对话框，对工作表外观进行设置。

⑥ 页边距：能显示/隐藏用来拖放调整页边距、页眉和页脚边距及列宽的“控制柄”。使用“控制柄”，可以直接用鼠标在屏幕上对页边距等进行修改。

⑦ 分页预览：显示工作表的分页视图，并可以对其调整。分页预览时，屏幕上出现的蓝虚线为分页位置，拖动该虚线可以调整当前分页的位置，如图 5-81 所示。

要取消分页预览，只需单击“视图”菜单中的“普通”命令即可。

⑧ 关闭：关闭打印预览窗口，返回工作表。

（2）缩放预览的工作表

在打印预览时，用户会发现此时鼠标指针变成一个放大镜形状。若想对某部分工作表看得很仔细，可单击这部分，则工作表就放大，指针变回箭头形状；再次单击页面，工作表缩回原状。

K46

	A	B	C	D	E	F	G
37	03	孙薇	男	1978-1-22	助教	文学院	2150
38	04	李楠	男	1969-9-2	副教授	管理学院	3024
39	05	周迪	男	1972-7-15	讲师	电信学院	2575
40	06	吴菲	女	1975-4-3	讲师	外语学院	2705
41	07	郑源	男	1965-11-25	教授	外语学院	3520
42	08	王伟	男	1970-5-11	讲师	管理学院	2498
43	09	冯绪	男	1973-6-9	讲师	法学院	2647
44	10	陈辰	男	1976-2-12	助教	管理学院	2076
45	11	褚颖	女	1968-11-13	教授	电信学院	3428
46	01	赵萍	女	1976-2-2	讲师	文学院	2645
47	02	钱红	女	1972-4-7	副教授	法学院	3114
48	03	孙薇	男	1978-1-22	助教	文学院	2150
49	04	李楠	男	1969-9-2	副教授	管理学院	3024
50	05	周迪	男	1972-7-15	讲师	电信学院	2575
51	06	吴菲	女	1975-4-3	讲师	外语学院	2705
52	07	郑源	男	1965-11-25	教授	外语学院	3520
53	08	王伟	男	1970-5-11	讲师	管理学院	2498
54	09	冯绪	男	1973-6-9	讲师	法学院	2647
55	10	陈辰	男	1976-2-12	助教	管理学院	2076
56	11	褚颖	女	1968-11-13	教授	电信学院	3428
57	01	赵萍	女	1976-2-2	讲师	文学院	2645
58	02	钱红	女	1972-4-7	副教授	法学院	3114
59	03	孙薇	男	1978-1-22	助教	文学院	2150
60	04	李楠	男	1969-9-2	副教授	管理学院	3024
61	05	周迪	男	1972-7-15	讲师	电信学院	2575
62	06	吴菲	女	1975-4-3	讲师	外语学院	2705
63	07	郑源	男	1965-11-25	教授	外语学院	3520
64	08	王伟	男	1970-5-11	讲师	管理学院	2498
65	09	冯绪	男	1973-6-9	讲师	法学院	2647
66	10	陈辰	男	1976-2-12	助教	管理学院	2076
67	11	褚颖	女	1968-11-13	教授	电信学院	3428
68	01	赵萍	女	1976-2-2	讲师	文学院	2645
69	02	钱红	女	1972-4-7	副教授	法学院	3114
70	03	孙薇	男	1978-1-22	助教	文学院	2150
71	04	李楠	男	1969-9-2	副教授	管理学院	3024
72	05	周迪	男	1972-7-15	讲师	电信学院	2575
73	06	吴菲	女	1975-4-3	讲师	外语学院	2705
74	07	郑源	男	1965-11-25	教授	外语学院	3520
75	08	王伟	男	1970-5-11	讲师	管理学院	2498
76	09	冯绪	男	1973-6-9	讲师	法学院	2647
77	10	陈辰	男	1976-2-12	助教	管理学院	2076
78	11	褚颖	女	1968-11-13	教授	电信学院	3428
79							

图 5-81　分页预览工作表

2. 打印

打印工作表的方法有 3 种。

方法一：单击“常用”工具栏上的“打印”按钮。

方法二：选择“文件”菜单中的“打印”命令。

方法三：在“打印预览”窗口中单击“打印”按钮。

方法一不显示“打印内容”对话框，立即打印选定的内容；方法二和方法三会弹出“打印内容”对话框，如图 5-82 所示。

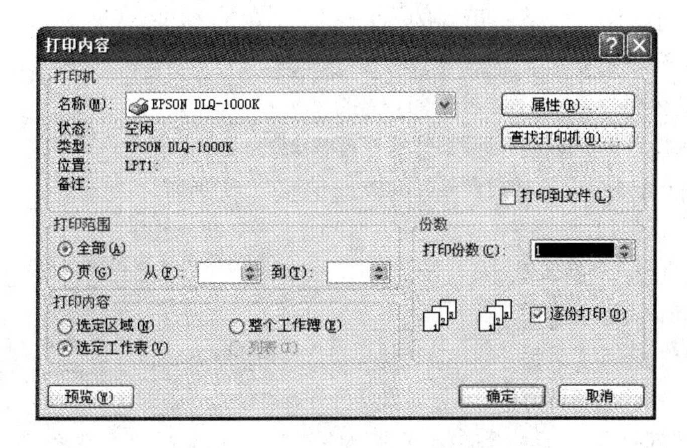

图 5-82　“打印内容”对话框

在“打印内容”对话框中，可以指定打印机、打印范围（全部、指定页）、打印选定区域（应先定义好打印区域）或工作表和工作簿、打印份数及属性（对纸张、打印质量、打印方式、色彩等参数的选择）。

5.7 本 章 小 结

本章详细介绍了 Excel 2003 的菜单命令及各种功能特性，包括 Excel 2003 工作簿的基本操作，使用 Excel 中的模板及管理 Excel 工作簿中的文件，编辑工作表中的数据，设置 Excel 2003 工作表格式的基本方式与技巧，公式的组成和命令，公式中的函数、运算符、引用及公式的运算次序，创建数据图表，Excel 2003 提供的数据查询、排序、筛选功能，对工作表进行分类汇总、合并计算、创建数据透视表，以及 Excel 2003 工作表的打印预览和打印等。

5.8 思考与练习

1. 选择题

（1）工作表列标表示为________，行标表示为________。

A. 1、2、3　　B. A、B、C　　C. 甲、乙、丙　　D. Ⅰ、Ⅱ、Ⅲ

（2）一个工作簿中有两个工作表和一个图表，如果要将它们保存起来，将产生________个文件。

A. 1　　B. 2　　C. 3　　D. 4

（3）＝SUM（D3，F5，C2：G2，E3）表达式的数学意义是________。

A. ＝D3＋F5＋C2＋D2＋E2＋F2＋G2＋E3

B. ＝D3＋F5＋C2＋G2＋E3

C. ＝D3＋F5＋C2＋E3

D. ＝D3＋F5＋G2＋E3

（4）已知 A1、B1 单元格中的数据为 33、35，C1 中的公式为“＝A1＋B1”，其他单元格均为空，若把 C1 中的公式复制到 C2，则 C2 显示为________。

A. 88　　B. 0　　C. ＝A1＋B1　　D. 55

（5）对于选定的操作，以下不正确的是________。

A. 按住 Shift 键，可以方便地选定整个工作表

B. 按住鼠标左键并拖动，可以选择连续的单元格

C. 按住 Ctrl 键，可以选定不连续的单元格区域

D. 用鼠标在行号或列标的位置单击可以选定整行或整列

2. 填空题

（1）Excel 窗口由标题栏、菜单栏、________、________、________、________、状态栏、滚动条及 Office 助手组成。

（2）从一张工作表切换至另一张工作表，单击工作表下方的________即可。

（3）Excel 单元格中可以存放________、________、________、________、________等。

（4）Excel 中绝对引用单元格需在单元格地址前加上________符号。

（5）要在 Excel 单元格中输入内容，可以直接将光标定位在编辑栏中，也可以对活动单

元格按______________键输入内容，输入完后单击编辑栏左侧的______________按钮确定。

3．问答题

（1）如何启动和退出 Excel 2003？

（2）工作簿、工作表、单元格之间有什么关系？

（3）如何在打开的工作簿之间进行切换？

（4）如何设置打印区域？

第 6 章　演示文稿软件 PowerPoint 2003

PowerPoint 2003 是 Microsoft Office 2003 办公自动化套装软件的一个重要组成部分，利用它可以制作出集文字、图像、声音、动画和视频剪辑等多媒体元素于一体的演示文稿，并且放映时以幻灯片的形式演示，常用于教学、学术报告和产品展示等多个方面。使用 PowerPoint 创建的文档称为演示文稿，扩展名为“.ppt”，每个演示文稿通常由若干相关的幻灯片组成。

本章主要内容

- PowerPoint 2003 概述
- 演示文稿的建立与编辑
- 在幻灯片上添加对象
- 幻灯片的美化
- 放映幻灯片

6.1　PowerPoint 2003 概述

6.1.1　PowerPoint 2003 的窗口组成

PowerPoint 2003 启动成功后，将出现如图 6-1 所示的 Microsoft PowerPoint 应用程序窗口，此时的工作状态是普通视图方式。PowerPoint 2003 应用程序窗口包括主窗口和演示文稿窗口。主窗口由标题栏、菜单栏、工具栏和状态栏等组成，演示文稿窗口包括大纲/幻灯片视图窗格、幻灯片编辑窗格、备注窗格、视图切换按钮和任务窗格等部分。

1．标题栏

标题栏显示应用程序名（Microsoft PowerPoint）和正在编辑的演示文稿的名称（演示文稿 1）。

2．菜单栏

菜单栏由 9 个菜单项组成，每个菜单项由同类型的菜单命令组成，用户选择相应的菜单命令，可完成不同的操作。

3．工具栏

工具栏由许多按钮组成，它们实际上是一些常用命令的快捷方式，可以方便用户快速执行所需的命令。在默认情况下，PowerPoint 只显示“常用”工具栏、“格式”工具栏和“绘图”工具栏。

图 6-1　PowerPoint 2003 窗口组成

4. 状态栏

状态栏位于窗口底部，它提供了正在编辑的演示文稿所包含幻灯片的总张数（分母），当前处于第几张幻灯片（分子），以及当前幻灯片所使用的设计模板名称等信息。

5. 大纲/幻灯片视图窗格

该窗格为用于显示幻灯片文本的大纲或幻灯片缩略图。其中，在“大纲”窗格中，仅显示幻灯片的标题和主要文本信息，用户可以直接创建、编排和组织幻灯片。例如，直接输入或修改幻灯片的内容、调整各张幻灯片在演示文稿中的位置、改变标题和文本的级别、展开或折叠正文等；而在“幻灯片”窗格中，则可查看幻灯片的缩略图，也可通过拖动缩略图来调整幻灯片的位置。

6. 幻灯片编辑窗格

该窗格用于查看每张幻灯片的整体效果，用户可以在该窗格中对幻灯片进行编辑和格式化。例如，输入文本、编辑文本、插入各种媒体和添加各种效果。它所显示的文本内容和大纲/幻灯片视图窗格中的文本内容是相同的。

7. 备注窗格

每张幻灯片都有备注页，用于显示或添加对当前幻灯片的注释信息，供演讲者演示时使用。

8. 视图切换按钮

视图切换按钮包括“普通视图”按钮、“幻灯片浏览视图”按钮和“从当前幻灯片开始幻灯片放映”按钮。通过单击这些按钮，可在不同的视图模式下浏览演示文稿。

9. 任务窗格

任务窗格是 PowerPoint 2003 的一个重要功能，它将相同性质的任务组织在一起，方便用户集中使用。当用户在执行一些菜单命令时，系统会自动打开对应的任务窗格，不同任务窗格的内容也不同。

单击任务窗格上方的“返回”按钮和“向前”按钮可以方便地切换到曾经使用过的任务窗格，也可以通过单击任务窗格顶部的按钮，弹出如图 6-2 所示的下拉菜单，切换到其他任务窗格。

如果不需要任务窗格，可以单击窗格右上角的“关闭”按钮，关闭任务窗格。当用户需要使用任务窗格的时候，可以从主菜单中选择“视图”→“任务窗格”命令来打开任务窗格。

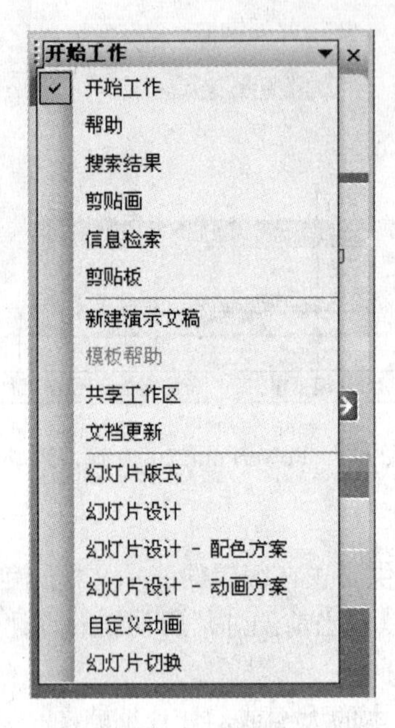

图 6-2　任务窗格下拉菜单

6.1.2　视图方式

为了满足不同用户的需求，PowerPoint 2003 提供了普通视图、幻灯片浏览视图和幻灯片放映视图 3 种视图方式，单击“视图切换”按钮中的相应按钮，即可切换到相应的视图方式下。每种视图都有自己特定的显示方式和加工特色，并且在一种视图中对演示文稿的修改和加工会自动反映在该演示文稿的其他视图中。

1. 普通视图

普通视图是主要的编辑视图，也是 PowerPoint 2003 的默认视图，可用于撰写或设计演示文稿，如图 6-1 所示。演示文稿窗口左侧是大纲/幻灯片窗格，大纲/幻灯片窗格有大纲和幻灯片两种窗格，用户可通过单击本窗格上方的“大纲”选项卡和“幻灯片”选项卡实现这两种窗格之间的切换。幻灯片窗格显示幻灯片的缩略图，可以通过改变版式、模板和背景来美化幻灯片，并且，在每一张幻灯片的前面都有序号；在大纲窗格中，以纲要形式显示幻灯片，用户可以编辑演示文稿的文字内容、移动项目符号或幻灯片。演示文稿窗口右侧上部是幻灯片编辑窗格，在幻灯片编辑窗格中，可以查看和编辑每张幻灯片的内容及外观。幻灯片编辑窗格下方是备注窗格，在备注窗格中用户可以添加与幻灯片的内容相关的备注信息。

当用户在大纲/幻灯片窗格中单击某张幻灯片的时候，在幻灯片编辑窗格中会显示出对应的幻灯片。在幻灯片编辑窗格中，单击垂直滚动条中的向上箭头或向下箭头，可分别向前或向后滚动一张幻灯片；按住鼠标左键拖动滚动块可快速切换幻灯片，同时在滚动块旁边会出现一个动态文本块，以显示当前幻灯片的位置和标题。用户也可以按 PgDn 键显示下一张幻灯片或按 PgUp 键显示上一张幻灯片。

2．幻灯片浏览视图

在幻灯片浏览视图方式下，可以显示用户创建的演示文稿中所有幻灯片的缩略图，幻灯片的序号会出现在每张幻灯片的右下方，如图 6-3 所示。它适用于对幻灯片进行组织和排序、添加切换功能或设置放映时间，但是不能直接对幻灯片内容进行编辑或修改。如果要对幻灯片进行编辑，双击某一张幻灯片后，系统会自动切换到幻灯片编辑窗格。

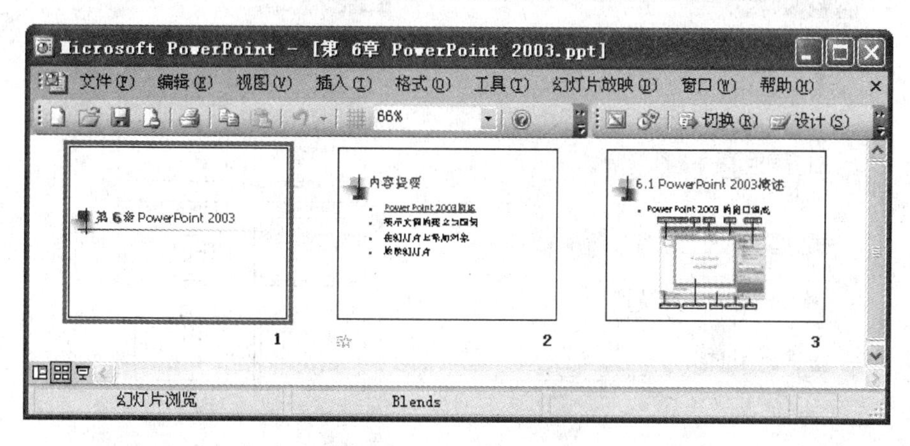

图 6-3　幻灯片浏览视图

3．幻灯片放映视图

单击“幻灯片放映”按钮即可进入该视图方式，PowerPoint 2003 将从选定的当前幻灯片开始以全屏方式逐张动态显示演示文稿中的幻灯片。在放映过程中，用户按 Enter 键或单击鼠标左键，可以切换到下一张幻灯片，按 Esc 键可以终止放映回到普通视图状态。在这种视图方式下，可以从第一张幻灯片开始放映全部演示文稿，也可以观察某张幻灯片的版面设置和动画效果。当显示完最后一张幻灯片时，系统会自动退出该视图方式。

6.2　演示文稿的建立与编辑

6.2.1　创建演示文稿

启动 PowerPoint 2003 后，系统会自动新建一个默认文件名为“演示文稿 1”的空演示文稿，窗口右边会出现“新建演示文稿”任务窗格，如图 6-4 所示。用户可以通过空演示文稿、根据设计模板、根据内容提示向导或根据现有演示文稿等方法来创建演示文稿。

1．创建空演示文稿

PowerPoint 2003 提供的空演示文稿不包含任何颜色和样式，就像我们日常写信用的不带任何格式的空白稿纸，所以用户可以充分利用 PowerPoint 2003 提供的配色方案、版式和主题等，创建自己喜欢的、有个性的演示文稿。

创建空演示文稿的操作步骤如下：

① 单击“文件”→“新建”命令，在窗口右边会出现“新建演示文稿”任务窗格。

② 在“新建演示文稿”任务窗格的“新建”栏中，单击“空演示文稿”超链接（或单击“常用”工具栏中的“新建”按钮或按 Ctrl+N 快捷键），打开“幻灯片版式”任务窗格，如图 6-5 所示。该窗格包含“文字版式”、“内容版式”、“文字和内容版式”及“其他版式”。幻灯片的“版式”指的是幻灯片内容在幻灯片上的排列方式。版式是由占位符组成的，占位符中可放置文字（如标题和项目符号列表）和幻灯片内容（如表格、图表、图片、形状和剪贴画）。

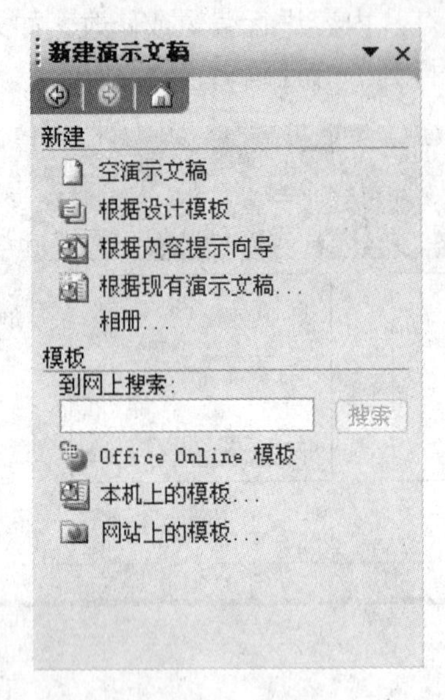

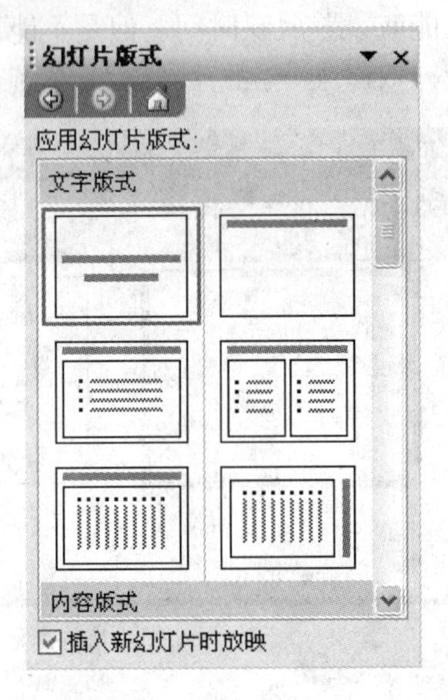

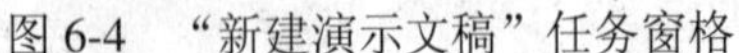
图 6-4　“新建演示文稿”任务窗格　　　　图 6-5　“幻灯片版式”任务窗格

③ 单击所需要的版式。

④ 在幻灯片编辑窗格中输入所需的文本。

⑤ 若要插入新幻灯片，可单击“插入”→“新幻灯片”命令（或单击“格式”工具栏中的“新幻灯片”按钮）。

⑥ 对于每张幻灯片都重复步骤③～⑤。

⑦ 结束时，单击“文件”→“保存”（或单击“常用”工具栏中的“保存”按钮）或“文件”→“另存为”命令，在弹出的“另存为”对话框的“文件名”文本框中输入演示文稿的名称，在“保存类型”下拉列表中选择“演示文稿（*.ppt）”，在“保存位置”下拉列表中选择演示文稿要保存的文件夹，然后单击“保存”按钮。

2. 根据设计模板创建演示文稿

所谓设计模板指的是包含演示文稿样式的文件，包括项目符号、文本的字体和字号、占位符的大小和位置、背景设计、配色方案等。PowerPoint 提供了 30 种设计模板，以便为演示文稿设计完整、专业的外观。

利用设计模板创建演示文稿的主要操作步骤如下：

① 在“新建演示文稿”任务窗格的“新建”栏中，单击“根据设计模板”超链接，打开“幻灯片设计”任务窗格，如图 6-6 所示。

② 在“幻灯片设计”任务窗格中，单击要应用的设计模板。若只想将设计模板应用于某一张幻灯片，则可单击该模板右侧的箭头，在弹出的快捷菜单中选择“应用于选定幻灯片”命令。

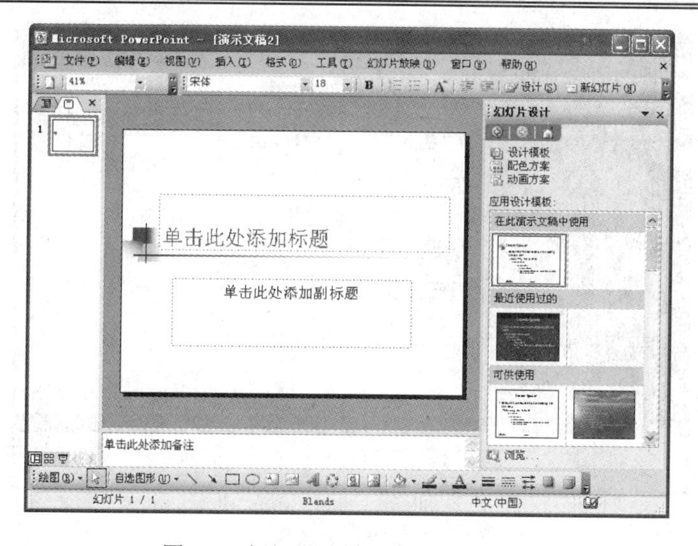

图 6-6　根据设计模板创建演示文稿

3. 根据内容提示向导创建演示文稿

PowerPoint 2003 提供了由专业设计人员针对各种不同用途精心制作的演示文稿示例，用户根据所要表达的内容选择合适的演示文稿示例，按照“内容提示向导”对话框给出的提示，一步一步操作就可以完成演示文稿的设计，提高制作演示文稿的效率。对初次使用 PowerPoint 2003 制作演示文稿的用户来说，利用内容提示向导新建文稿是最佳的选择。

根据内容提示向导创建演示文稿的操作步骤如下：

① 在“新建演示文稿”任务窗格的“新建”栏中，单击“根据内容提示向导”超链接，此时屏幕上会弹出“内容提示向导”对话框，如图 6-7 所示。

② 单击“下一步”按钮，进入“内容提示向导”的第二个对话框，如图 6-8 所示。PowerPoint 2003 提供了“全部”、“常规”、“企业”、“项目”、“销售/市场”、“成功指南”、“出版物”7 种演示文稿示例，用户可以根据需要选择合适的类型。在此选择“企业”类别中的“商务计划”选项。

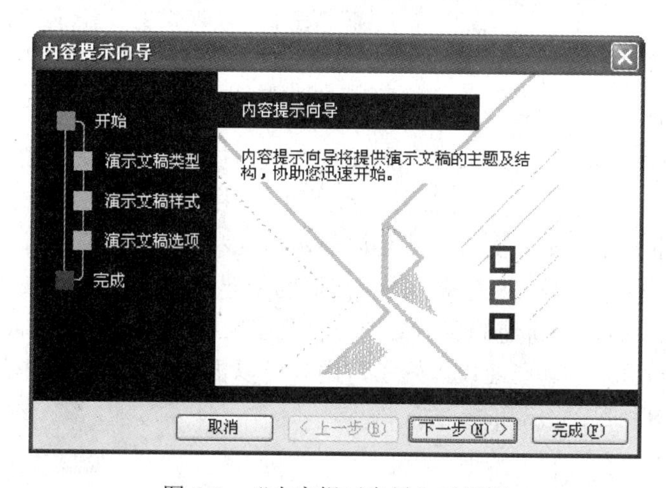

图 6-7　“内容提示向导”对话框

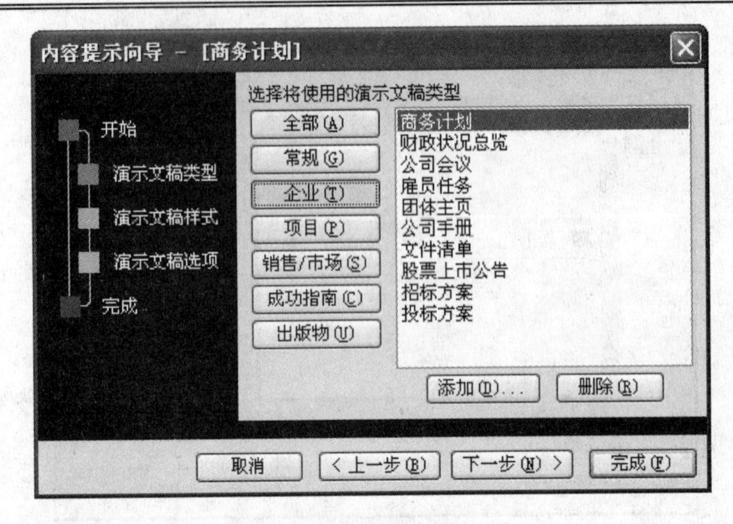

图 6-8　选择演示文稿的类型

③ 单击“下一步”按钮，选择演示文稿的输出类型，如图 6-9 所示。系统提供了 5 种输出方式，选择默认的“屏幕演示文稿”单选按钮。

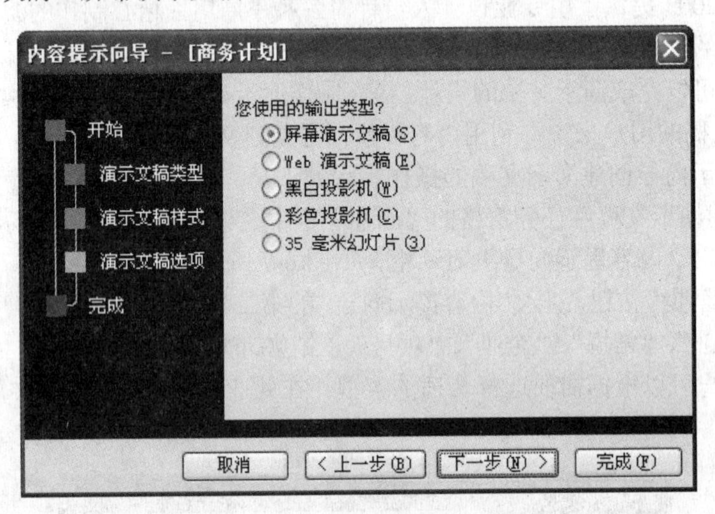

图 6-9　选择演示文稿的输出类型

④ 单击“下一步”按钮，弹出如图 6-10 所示的对话框。输入演示文稿的标题，如“网上书城”，在“页脚”文本框中输入所需的内容，如“a 书店”。若把“上次更新日期”和“幻灯片编号”的复选框选中，则在页脚处还可以显示日期和页码。

⑤ 单击“下一步”按钮，就完成了演示文稿的创建工作，如图 6-11 所示。

⑥ 单击“完成”按钮，新建的演示文稿内容会出现在屏幕上，如图 6-12 所示。幻灯片的级别内容、版式和背景等都已经设计好了，用户可以根据需要修改其中的内容，或者添加新的幻灯片，以便得到自己所需的演示文稿。

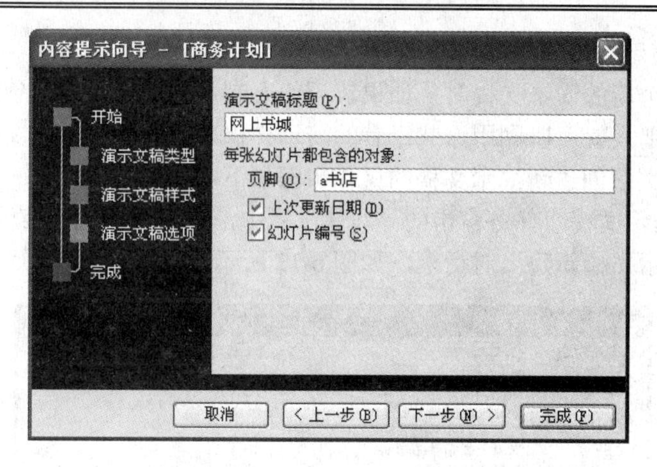

图 6-10　设置演示文稿的标题及页脚

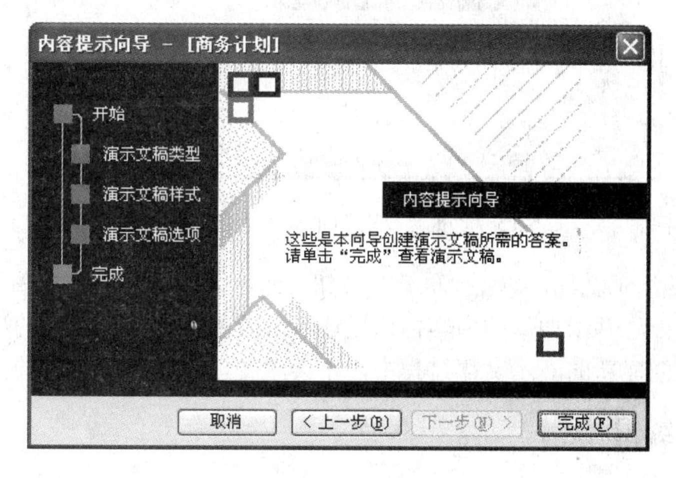

图 6-11　完成演示文稿的创建

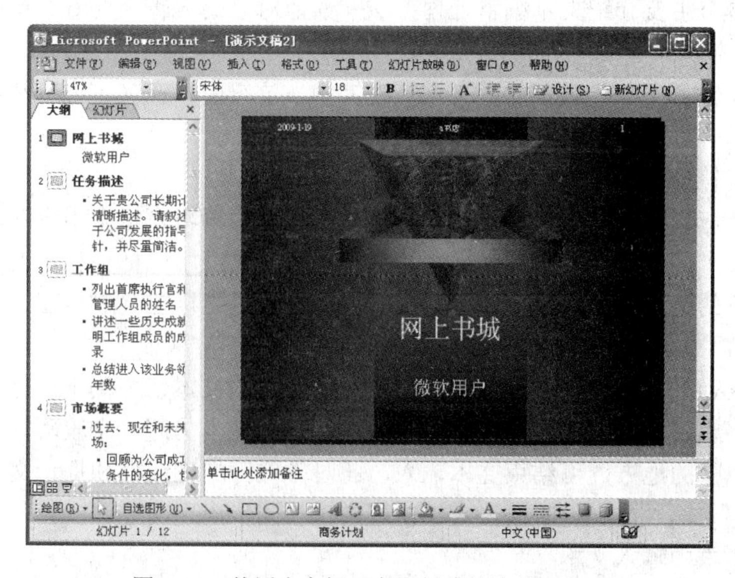

图 6-12　使用内容提示向导创建的演示文稿

4．根据现有演示文稿创建演示文稿

用户在创建一个新的演示文稿时，如果认为他人制作的或者是自己曾经创作过的演示文稿可以拿来借鉴，那么就可以利用这些已有的演示文稿来创建新的演示文稿。

根据现有演示文稿创建新演示文稿的操作步骤如下：

① 在“新建演示文稿”任务窗格的“新建”栏中，单击“根据现有演示文稿”超链接，打开“根据现有演示文稿新建”对话框，如图 6-13 所示。

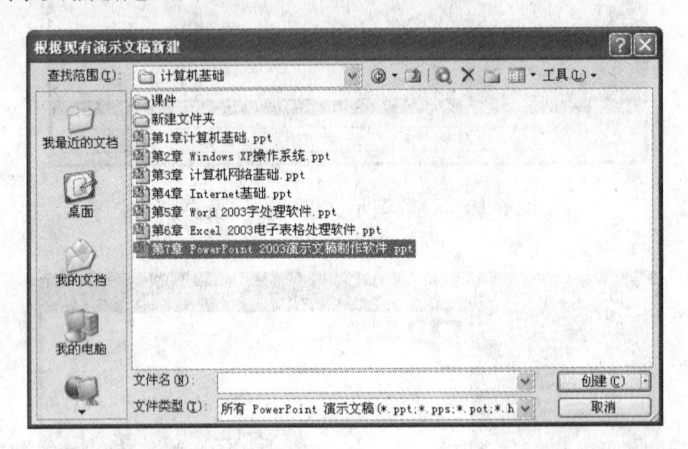

图 6-13　“根据现有演示文稿新建”对话框

② 选择现有的演示文稿，单击“创建”按钮，即可为选中的演示文稿创建一个副本；将不需要的内容删除掉，并添加新的内容，通过逐步修改就可以制作出新的演示文稿。直接利用现有的演示文稿创建新的演示文稿过程中，不会改变已有的演示文稿的内容。

6.2.2　幻灯片的编辑

建立新的演示文稿后，就要开始编辑幻灯片。在幻灯片上，用户可以输入文字，添加图片、表格等。本节主要介绍文本编辑处理方法，其他对象的编辑将在 6.3 节中介绍。

1．输入文本

在幻灯片中输入文本一般有 3 种方法：在文本占位符中、在文本框中和在大纲窗格中输入文本。

（1）在占位符中输入文本

占位符是指应用幻灯片版式创建新幻灯片时在幻灯片编辑窗格中出现的虚线方框。当幻灯片中包含了文本占位符（标题、副标题和文本）时，只需用鼠标在相应的文本占位符中单击一下，占位符的虚线方框就会变成粗边线的方框，同时光标也会显示在占位符内，表示可以输入文本内容。

输入时，PowerPoint 2003 会自动将超出占位符宽度的文本切换到下一行，用户也可以按 Shift＋Enter 组合键进行人工换行。而按 Enter 键则表示文本另起一个段落。完成输入后，单击文本占位符以外的地方，可结束文本输入，此时占位符的虚线框和提示文字也会消失。在幻灯片编辑窗格中输入文字的时候，大纲窗格中也会同步出现文字。

（2）在文本框中输入文本

通常情况下，幻灯片版式的结构不一定符合用户要求，如果用户想要在没有占位符的地方输入文本，可以通过插入文本框来输入文字。用户只要单击“绘图”工具栏上的“文本框”

按钮（或单击“插入”→“文本框”→“水平”命令），在幻灯片上要放置文字的地方按下鼠标左键不动，此时鼠标指针会变为“+”字形，拖曳鼠标，即可显示出表示文本框大小的虚线框。调整文本框到合适的大小，然后释放鼠标。接下来即可在文本框中输入或粘贴文本。

（3）在大纲窗格中输入文本

在大纲窗格中可以方便地对文本内容进行编辑。在大纲窗格中将光标置于幻灯片图标之后，就可以输入文本，新输入的文本同时也会出现在幻灯片编辑窗格的占位符中，但是在文本框中输入的文本在大纲窗格中是看不到的。

2．选择文本

（1）选择文本

在 PowerPoint 2003 中，除了用鼠标拖动的方法选定文本外，还可以使用一些更快捷的方法来快速选定要编辑的文本。现将这些常用的操作列在表 6-1 中。

表 6-1　选定文本的快捷操作

选 定 内 容	对 应 操 作
一个词	用鼠标双击该词
一个段落	在该段落中的任意位置用鼠标单击 3 次
单张幻灯片中的所有文本	单击大纲窗格中该幻灯片的图标
一个占位符或文本框中的所有文本	按 Ctrl＋A 组合键
某一级及其下属各级文本	单击该级文本的项目符号或编号

（2）选择占位符或文本框

如果处理对象包含占位符或文本框中的全部内容，那么将占位符或文本框作为一个整体来处理必将提高编辑效率。选择占位符或文本框的操作方法如下：

① 单击要选择的占位符或文本框中的任意位置，此时，占位符或文本框框体为斜线组成，如图 6-14 所示。

② 单击占位符或文本框的框体，占位符或文本框中的内容全部被选中。此时，占位符或文本框框体为点组成，如图 6-15 所示。

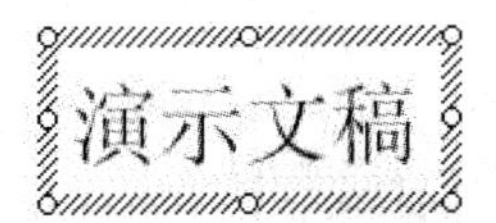

图 6-14　占位符或文本框框体

图 6-15　被选中的占位符或文本框框体

文本的复制、移动、删除及替换与查找与 Word 的操作类似，此处不再赘述。

6.2.3　幻灯片格式的设置

1．设置文字格式

① 先在大纲/幻灯片窗格中单击要设置格式的文字所在的幻灯片，然后在幻灯片编辑窗格中选定要设置格式的文字。

② 单击“格式”→“字体”命令，打开“字体”对话框，如图 6-16 所示。

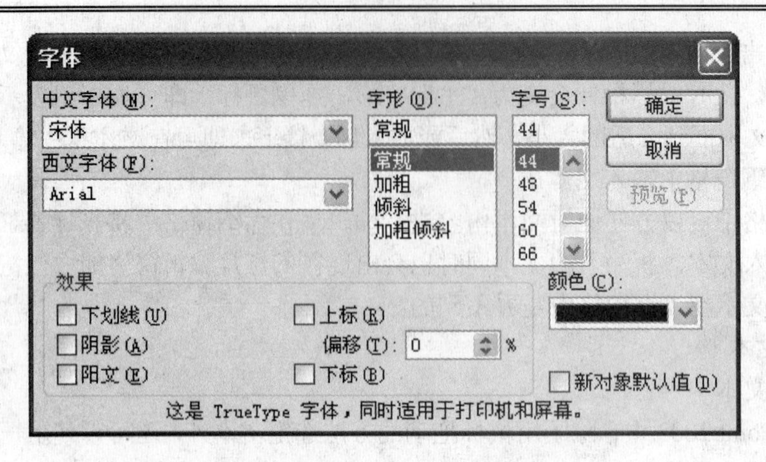

图 6-16　“字体”对话框

③ 在“字体”对话框中，设置文字的字体、字形、字号、特殊效果，以及字的颜色等。最后单击“确定”按钮完成文字格式的设置。

2．设置段落格式

段落是指在文本的末尾带有回车符号的文本，段落格式设置包括行/段间距、对齐方式和文本缩进的设置。

（1）设置行距、段间距

在 PowerPoint 2003 中，用户可以对系统默认的行距和段间距进行调整，这样在文本内容太多或太少时，就可以相应地减少或增加行距或段间距，以确保幻灯片的美观。其操作方法如下：

① 选定需要调整行距或段间距的段落。

② 单击“格式”→“行距”命令，打开“行距”对话框，如图 6-17 所示。

图 6-17　“行距”对话框

③ 在“行距”文本框中选择或输入新的行距，在“段前”或“段后”文本框中选择或输入新的段间距。

④ 单击“预览”按钮预览设置的效果。如果对设置的效果满意，则单击“确定”按钮退出，否则单击“取消”按钮。

（2）设置对齐方式

在 PowerPoint 中共有 5 种文本对齐方式：左对齐、右对齐、居中、两端对齐和分散对齐。系统默认的文本对齐方式为左对齐，用户可以单击“格式”→“对齐方式”子菜单下的命令来设置文本的对齐方式。

（3）设置文本缩进

为了使幻灯片的内容更有层次，可以添加段落的缩进。PowerPoint 提供了 3 种类型的缩进方式：首行缩进、悬挂缩进和左缩进。设置文本缩进需要使用标尺。如果界面中没有标尺，可单击“视图”→“标尺”命令（或在幻灯片空白处单击鼠标右键，在弹出的快捷菜单中选择“标尺”），标尺上显示有“首行缩进”、“悬挂缩进”和“左缩进”按钮。选中需要设置缩进的段落，拖曳各个按钮来设置相应的缩进方式即可。

3．设置项目符号和编号

项目符号和编号一般用在层次小标题的开头位置，用以突出演示内容所包含的要点，使文本内容的层次关系更清晰，更具有条理性。为文本添加或修改项目符号或编号的操作步骤如下：

① 选定文本，单击“格式”→“项目符号和编号”命令，打开“项目符号和编号”对话框，如图 6-18 所示。

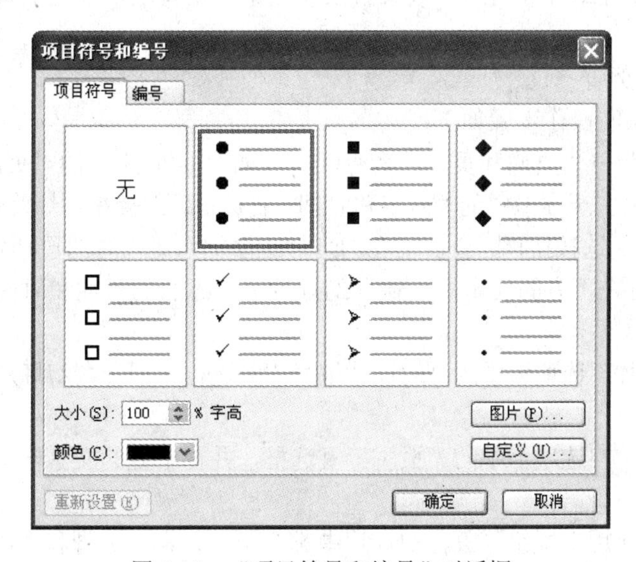

图 6-18　“项目符号和编号”对话框

② 若要给文本设置项目符号，可选择“项目符号”选项卡，在项目符号列表框中选择需要的项目符号，在“大小”文本框中设置项目符号相对于字符的大小比例，在“颜色”下拉列表中选取项目符号的颜色；如果用户对于列表框中的项目符号感到不满意，可以单击“自定义”按钮，在打开的“符号”对话框中选择自己所需要的符号；如果用户想采用剪贴画作为项目符号，则可以单击“图片”按钮，在打开的“图片项目符号”对话框中选取需要的图片；如果用户不希望采用项目符号，而希望对文本进行编号，则在“项目符号和编号”对话框中选择“编号”选项卡，在“编号样式”列表框中选取需要的样式即可。

③ 单击“确定”按钮结束设置。

4．设置幻灯片的背景

用户可以为幻灯片设置不同的颜色、图案或者纹理等背景，也可以使用图片作为幻灯片背景。设置幻灯片背景的操作步骤如下：

① 单击“格式”→“背景”命令，打开“背景”对话框，如图 6-19 所示。

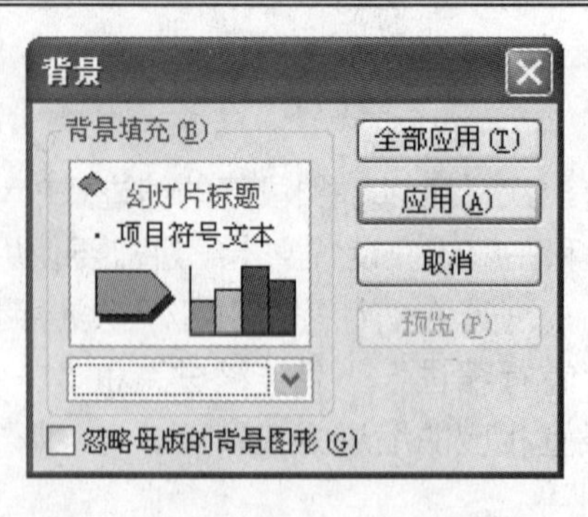

图 6-19　“背景”对话框

② 在“背景填充”栏下方的下拉列表框中，选择幻灯片的背景颜色。若对所提供的颜色不满意，可单击“其他颜色”命令，在弹出的“颜色”对话框中选择自己所需要的颜色。

③ 在“背景填充”栏下方的下拉列表框中，单击“填充效果”命令，在弹出的“填充效果”对话框中，可设置幻灯片的渐变效果背景、图案效果背景、纹理效果背景和图片效果背景。

5．设置页眉和页脚

设置页眉和页脚的操作步骤如下：

① 单击“视图”→“页眉和页脚”命令，打开如图 6-20 所示的“页眉和页脚”对话框。

② 单击“幻灯片”选项卡中的“日期和时间”复选框，则会在幻灯片上出现日期和时间。若选中“自动更新”单选按钮，则会自动在幻灯片上添加系统当时的日期和时间；若选中“固定”单选按钮，则可在下方的文本框中输入幻灯片需要添加的日期和时间，且该日期和时间是不可更新的。

③ 单击“幻灯片”选项卡中的“幻灯片编号”复选框，则会在幻灯片上添加幻灯片的页码。

④ 单击“幻灯片”选项卡中的“页脚”复选框，并在下方的文本框中输入页脚内容，即可完成页脚的设置。

⑤ 单击“全部应用”按钮，所有幻灯片中都会出现日期、页脚和页码等信息；单击“应用”按钮，则只对当前幻灯片设置页眉和页脚。

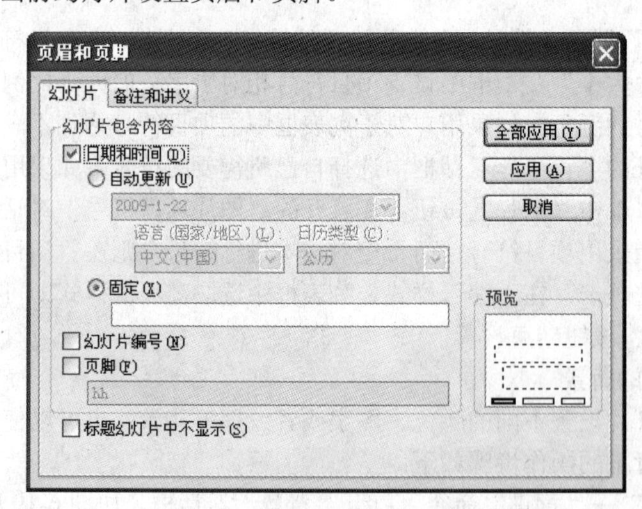

图 6-20　“页眉和页脚”对话框

6. 设置页面

设置演示文稿页面的操作步骤如下：

① 单击“文件”→“页面设置”命令，打开“页面设置”对话框，如图 6-21 所示。

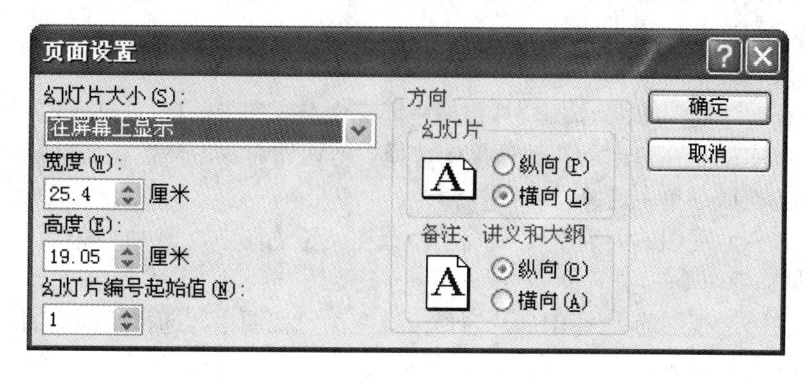

图 6-21　“页面设置”对话框

② 在“幻灯片大小”下拉列表框中可选择幻灯片的尺寸；在“幻灯片编号起始值”文本框中可设置演示文稿第一张幻灯片的编号；在“方向”栏中可设置幻灯片、备注、讲义和大纲的打印方向。

6.2.4　幻灯片的操作

幻灯片的操作主要包括插入幻灯片、删除幻灯片、复制幻灯片和移动幻灯片。

1. 插入幻灯片

插入新幻灯片的方法有 4 种：

方法一：单击“插入”→“新幻灯片”命令（或按快捷键 Ctrl+M）。

方法二：单击“格式”工具栏中的“新幻灯片”按钮 新幻灯片(N)。

方法三：在大纲/幻灯片窗格中选中一张幻灯片，然后按下 Enter 键。

方法四：在普通视图的大纲/幻灯片窗格中或浏览视图中，单击鼠标右键，在弹出的快捷菜单中选择“新建幻灯片”命令。

2. 删除幻灯片

删除多余幻灯片的方法有两种：

方法一：在普通视图的大纲/幻灯片窗格中或在浏览视图中，选取一张或多张要删除的幻灯片，单击“编辑”→“删除幻灯片”命令（或按 Delete 键）。

方法二：在普通视图的大纲/幻灯片窗格中或在浏览视图中，选取一张或多张要删除的幻灯片，单击鼠标右键，在弹出的快捷菜单中选择“删除幻灯片”命令。

3. 复制幻灯片

复制幻灯片的方法有 3 种：

方法一：在普通视图的大纲/幻灯片窗格中或在浏览视图中，选取一张或多张要复制的幻灯片，单击鼠标右键，在弹出的快捷菜单中选择“复制”命令，然后在要粘贴到的目标位置右击，在弹出的快捷菜单中选择“粘贴”命令。

方法二：在普通视图的大纲/幻灯片窗格中或在浏览视图中，选取一张或多张要复制的幻灯片，单击“插入”→“幻灯片副本”命令。

方法三：在普通视图的大纲/幻灯片窗格中或在浏览视图中，选取一张或多张要复制的幻灯片，单击“编辑”→“复制”命令，然后在要粘贴到的目标位置单击，并单击“编辑”→“粘贴”命令。

4．移动幻灯片

移动幻灯片的方法有 3 种：

方法一：在普通视图的大纲/幻灯片窗格中或在浏览视图中，选取一张或多张要移动的幻灯片，单击鼠标右键，在弹出的快捷菜单中选择“剪切”命令，然后在要粘贴到的目标位置右击，在弹出的快捷菜单中选择“粘贴”命令。

方法二：在普通视图的大纲/幻灯片窗格中或在浏览视图中，使用“编辑”→“剪切”和“编辑”→“粘贴”命令。

方法三：在普通视图的大纲/幻灯片窗格中或在浏览视图中，选择要移动的幻灯片，按住鼠标左键拖动到目标位置。

6.3 在幻灯片上添加对象

6.3.1 插入文本框

用户可以通过文本框在幻灯片上随意添加文字。插入文本框的操作步骤如下：

① 单击“插入”→“文本框”→“水平”命令（或单击“绘图”工具栏上的“文本框”按钮）实现插入横排文字，单击“插入”→“文本框”→“垂直”命令（或单击“绘图”工具栏上的“竖排文本框”按钮）实现插入竖排文字。

② 在幻灯片上要放置文字的地方按下鼠标左键并向右下角拖动即可。

③ 在文本框边框上双击，弹出“设置文本框格式”对话框，如图 6-22 所示，通过该对话框可以设置文本框的大小、背景、内部格式等。

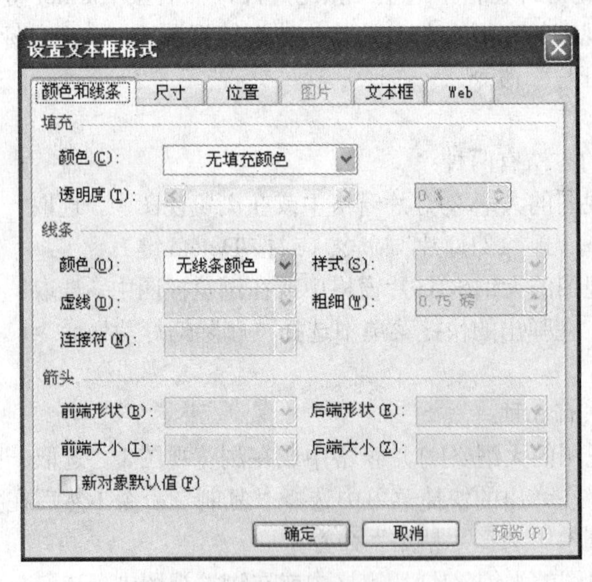

图 6-22 “设置文本框格式”对话框

6.3.2　插入艺术字和图片

1. 插入艺术字

插入艺术字的操作步骤如下：

① 单击“插入”→“图片”→“艺术字”命令，打开“艺术字库”对话框。

② 选择艺术字样式后，单击“确定”按钮，打开“编辑‘艺术字’文字”对话框，输入文字，设置文字字体和字号等，然后单击“确定”按钮插入所需的艺术字。

2. 插入剪贴画

（1）通过剪贴画占位符插入剪贴画

① 在“幻灯片版式”窗格中选择带有剪贴画占位符的版式。例如，选择“内容”版式，如图 6-23 所示。

② 单击剪贴画占位符图标，如图 6-24 所示，打开“选择图片”对话框，如图 6-25 所示。

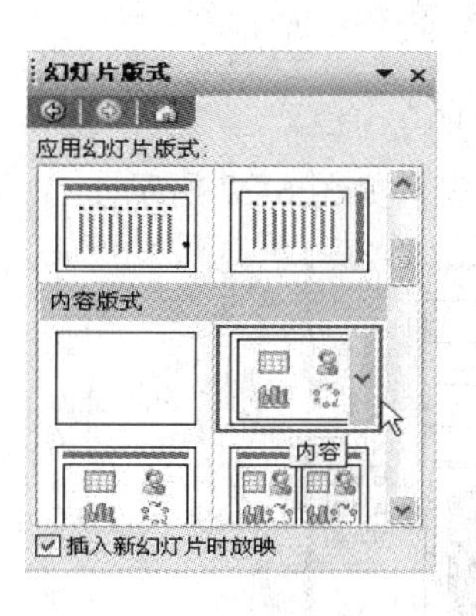

图 6-23　内容版式

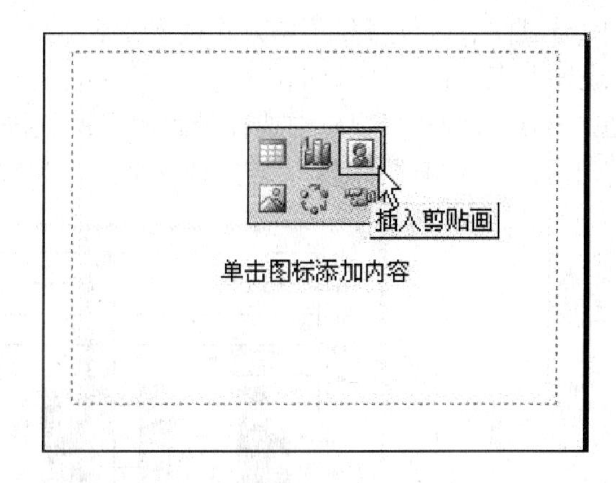

图 6-24　通过剪贴画占位符插入剪贴画

③ 单击所需的剪贴画，然后单击“确定”按钮即可将其插入到幻灯片中，如图 6-26 所示。

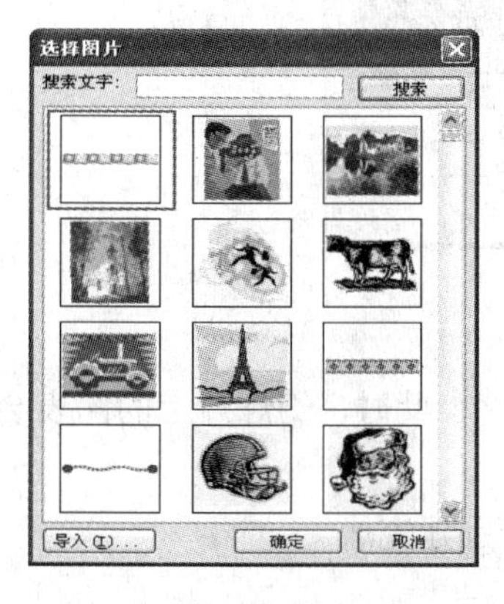

图 6-25　“选择图片”对话框

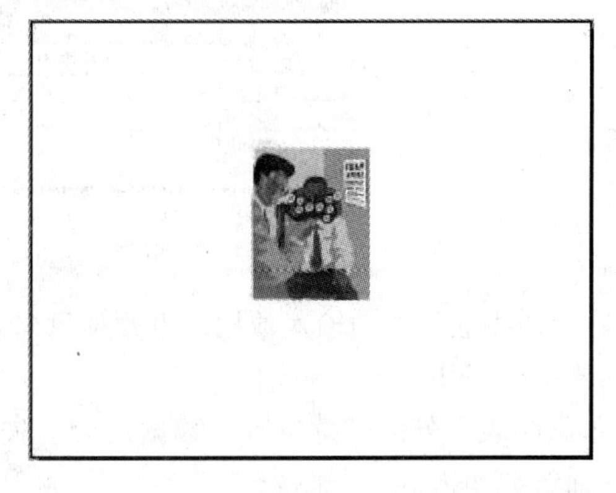

图 6-26　幻灯片上添加的剪贴画

（2）通过菜单方式插入剪贴画

① 单击“插入”→“图片”→“剪贴画”命令（或单击“绘图”工具栏中的“插入剪贴画”按钮），打开“剪贴画”任务窗格。

② 单击选定的剪贴画，该剪贴画便会出现在幻灯片的中央位置。

3．插入图片文件

除了可以使用“Microsoft 剪辑库”中的剪贴画外，用户还可以将自己喜欢的图片插入到幻灯片中。插入图片文件的操作步骤如下：

① 单击“插入”→“图片”→“来自文件”命令（或单击“绘图”工具栏中的“插入图片”按钮），弹出“插入图片”对话框。

② 选择要插入的图片文件，单击“插入”按钮即可将图片插入到选定的幻灯片中。

艺术字、剪贴画和图片文件插入幻灯片之后，都可以通过“图片”工具栏对其进行格式设置。

6.3.3　插入图表

图表是以图形方式来显示数据的工具，它可以更直观地表示数字之间的关系和变化趋势。除了可以利用剪贴板将在 Excel 中制作的图表插入到幻灯片中之外，PowerPoint 2003 还允许在幻灯片中通过图表占位符和菜单方式插入图表。

（1）通过图表占位符插入图表

① 在“幻灯片版式”窗格中选择带有图表占位符的版式。

② 单击图表占位符图标，会打开一个图表和数据表，如图 6-27 所示。

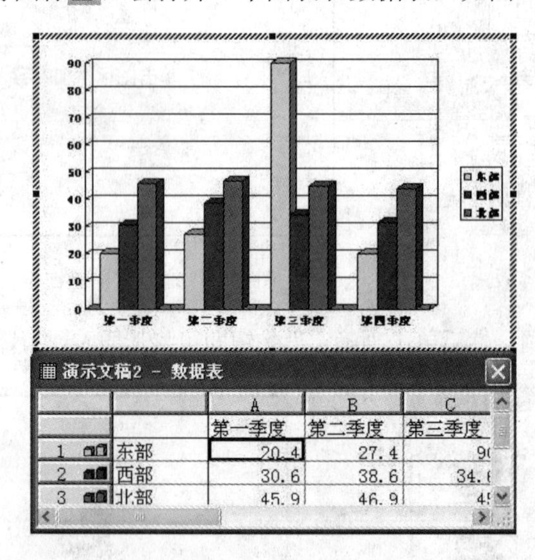

图 6-27　插入图表

③ 在“数据表”栏中输入数据，更改项目名和数据名。此时，幻灯片上的图表会随着输入数据的不同而发生相应的变化。

④ 单击图表之外的任意位置，数据表会消失，图表创建完成。

（2）通过菜单方式插入图表

① 单击“插入”→“图表”命令（或单击“常用”工具栏中的“插入图表”按钮），打开一个图表和数据表。

② 修改数据表中的数据，单击图表外的任意位置，即可完成图表的创建。

如果用户需要修改图表，可以双击图表对象，使其处于编辑状态。单击“图表”→“图表类型”命令，打开“图表类型”对话框，在对话框的图表类型列表中选择图表类型即可。对图表的操作与 Excel 类似，此处不再赘述。

6.3.4　插入声音和影片

1. 插入剪辑库中的声音文件

插入剪辑库中的声音文件的操作步骤如下：

① 单击“插入”→“影片和声音”→“剪辑管理器中的声音”命令，在窗口右边会出现“剪贴画”任务窗格，显示可供插入的声音文件。

② 单击选取的声音文件图标，将该声音文件插入到幻灯片中，此时系统会弹出如图 6-28 所示的对话框，用来选择声音的播放方式。单击“自动”按钮，放映此幻灯片时就自动播放声音；单击“在单击时”按钮表示幻灯片放映时需要单击喇叭状图标 才播放声音。

③ 选择声音播放方式后，幻灯片上出现喇叭状图标，表示声音文件已经插入到幻灯片中，双击喇叭图标可以预听声音。

若要在幻灯片中编辑声音，则只需选中喇叭图标，单击鼠标右键弹出快捷菜单，选择“编辑声音对象”命令，打开“声音选项”对话框，如图 6-29 所示。选中“循环播放，直到停止”复选框，则可以不断重复播放此声音；在“声音选项”对话框中，还可以设置播放声音文件的音量、放映时是否隐藏声音图标等。如果要删除插入的声音文件，则选中喇叭图标，按 Delete 键即可。

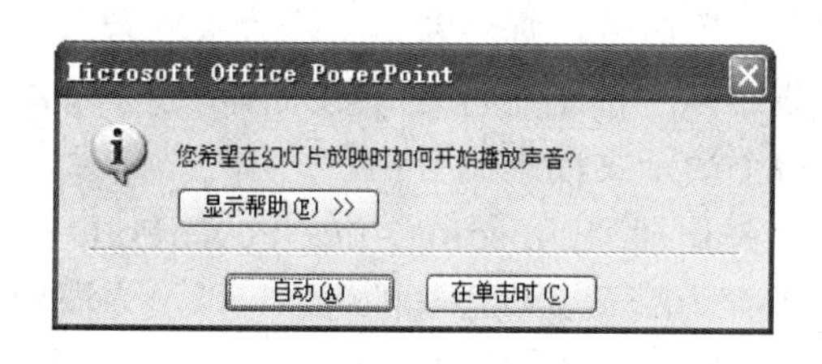

图 6-28　设置如何播放声音

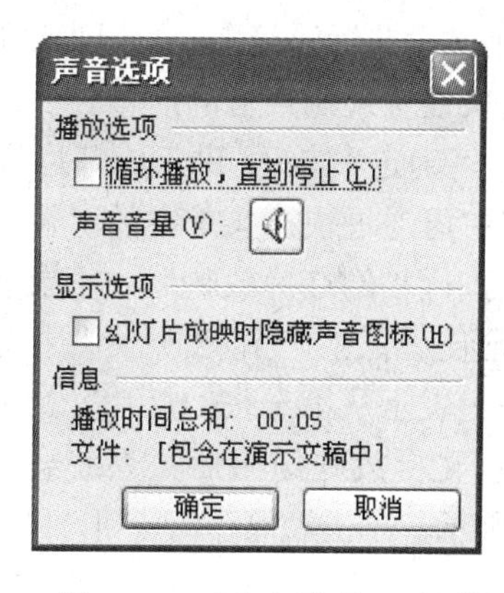

图 6-29　“声音选项”对话框

2. 插入其他声音文件

除了可以插入剪贴库中的声音文件外，用户也可以在幻灯片上添加自己喜欢的声音文件。具体的操作步骤如下：

① 单击“插入”→“影片和声音”→“文件中的声音”命令，打开“插入声音”对话框。

② 在“插入声音”对话框中，选取要插入的声音文件，单击“确定”按钮。系统也会弹出如图 6-28 所示的对话框，用来选择声音的播放方式。

③ 选择声音播放方式后，幻灯片上出现喇叭状图标，表示声音文件已经插入到幻灯片中。

3. 录音

在制作演示文稿的过程中，除了可以添加已有的声音之外，还可以添加自己录制的声音。这样在幻灯片放映时，可以播放自己针对幻灯片内容录制的旁白，对幻灯片进行解释说明。

（1）为单张幻灯片录制声音

① 单击“插入”→“影片和声音”→“录制声音”命令，打开“录音”对话框，如图 6-30 所示。

② 在“名称”文本框中输入录音的名称，单击“录音”按钮●，即可开始通过麦克风录制声音。录制完成后单击“停止”按钮■结束录音。

图 6-30　“录音”对话框

③ 单击“播放”按钮▶播放刚刚录制的声音。如果感到满意，则单击“确定”按钮，此时幻灯片上会出现一个小喇叭图标，表示声音录制成功；如果不满意，则单击“取消”按钮放弃刚才的录音。

（2）为整个演示文稿录制旁白

① 单击“幻灯片放映”→“录制旁白”命令，打开“录制旁白”对话框，如图 6-31 所示。计算机根据硬盘的大小与录音质量会计算出可记录旁白的最长时间。

② 单击“设置话筒级别”按钮来设置话筒音量及检查话筒是否可正常工作，单击“更改质量”按钮来设置录制声音的质量。

③ 单击“确定”按钮，进入幻灯片放映视图，此时可以通过麦克风为演示文稿添加旁白，在录制过程中可通过快捷菜单中的“暂停旁白”或“继续旁白”命令控制。如果不是在第一张幻灯片上执行“幻灯片放映”→“录制旁白”命令，则会弹出另一“录制旁白”对话框，如图 6-32 所示。单击“当前幻灯片”按钮表示从当前幻灯片处开始录制旁白；单击“第一张幻灯片”按钮表示从第一张幻灯片开始为整个演示文稿录制旁白。

④ 演示文稿放映结束后，系统会自动弹出“Microsoft Office PowerPoint”对话框，如图 6-33 所示。单击“保存”按钮，则可保存为演示文稿添加的旁白，以及为演示文稿设置的排练时间，此后每张幻灯片的右下角都会出现一个声音图标。

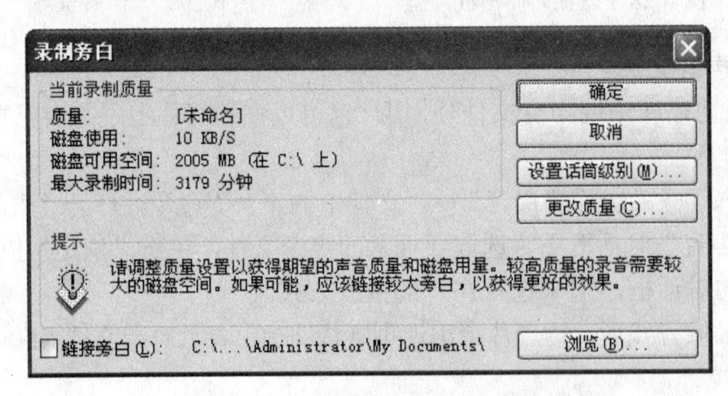

图 6-31　“录制旁白”对话框

图 6-32　选择录制旁白的位置

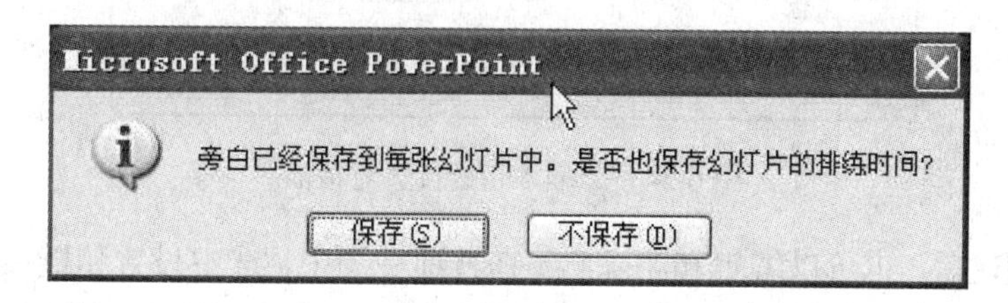

图 6-33　“Microsoft Office PowerPoint”对话框

4．插入影片

PowerPoint 支持的影片文件有 Windows Media 文件（asf）、Windows 视频文件（avi）和电影文件（mpeg）等。插入影片文件的步骤如下：

① 单击“插入”→“影片和声音”→“文件中的影片”命令，打开“插入影片”对话框。

② 在“插入影片”对话框中，选取要插入的电影文件，单击“确定”按钮，系统会弹出对话框让用户选择电影的播放方式。

③ 选择电影播放方式后，电影文件的第一帧会出现在视图中。

6.3.5　插入超链接

幻灯片一般都是按建立时的先后顺序从第一张放映到最后一张，用户也可以通过建立超链接来改变其放映顺序。在幻灯片中建立超链接的操作步骤如下：

① 在幻灯片中选择要设置超链接的文本或对象。

② 单击“插入”→“超链接”命令（或单击“常用”工具栏上的“插入超链接”按钮），打开“插入超链接”对话框，如图 6-34 所示。

③ 单击“链接到”列表框中“本文档中的位置”选项，在“请选择文档中的位置”列表框中选择要跳转到的幻灯片标题或自定义放映，在“幻灯片预览”区域就会显示要链接到的目标幻灯片。根据选择类型的不同，对话框中右面的窗口也有所不同。选择“原有文件或网页”选项，可以链接到某个已有的文件或网页；选择“新建文档”选项，在“新建文档名称”文本框中输入新文档的名称，指定新文档的路径，并选择是否立即打开新文件进行编辑，可以链接到某个尚未创建的文件中；选择“电子邮件地址”选项，在“电子邮件地址”文本框中输入收件人的电子邮件地址，可以链接到指定的电子邮件地址中。

④ 单击“确定”按钮，则超链接创建成功。放映演示文稿时，当鼠标移到建立了超链接的文本或对象上时，鼠标的指针会变为手形，单击即可放映所链接的幻灯片。

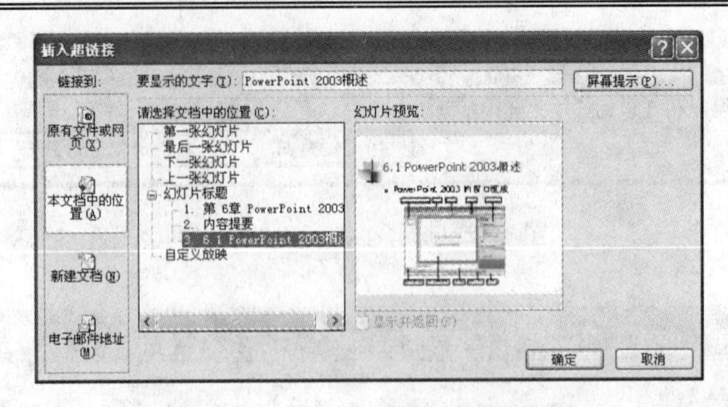

图 6-34　“插入超链接”对话框

在超链接创建后，也可以编辑和删除它。在普通视图中，选中设置超链接的文本或对象，单击鼠标右键，在弹出的快捷菜单中选择“编辑超链接”命令，打开“编辑超链接”对话框即可对超链接进行编辑；选择“删除超链接”命令可删除超链接。

6.3.6　插入动作按钮

在幻灯片上除了插入超链接外，还可以插入动作按钮，通过单击动作按钮来控制幻灯片的放映顺序，使幻灯片能够按照用户的想法和意愿播放。在幻灯片上插入动作按钮的操作步骤如下：

① 单击“幻灯片放映”→“动作按钮”命令，打开子菜单，选择要插入的动作按钮。

② 在幻灯片上确定动作按钮的放置位置，按住鼠标指针不放，拖动鼠标到合适的大小，释放鼠标后则会弹出“动作设置”对话框，如图 6-35 所示。

③ 单击“单击鼠标”选项卡，如果单击动作按钮是要链接到其他幻灯片、网页或自定义放映等，则选中“超链接到”单选按钮，在下拉列表中选择要链接的目标；单击“运行程序”单选按钮时则表示单击动作按钮时要运行程序。

④ 选择“播放声音”复选框，可决定在单击动作按钮时是否要播放声音。

⑤ 单击“确定”按钮，则会在幻灯片上插入一个动作按钮。

如果要删除动作按钮，只需选中该动作按钮，按 Delete 键即可。也可以先选中动作按钮，然后单击鼠标右键，在弹出的快捷菜单中选中“编辑超链接”和“删除超链接”命令来完成动作按钮所包含超链接的编辑和删除工作。

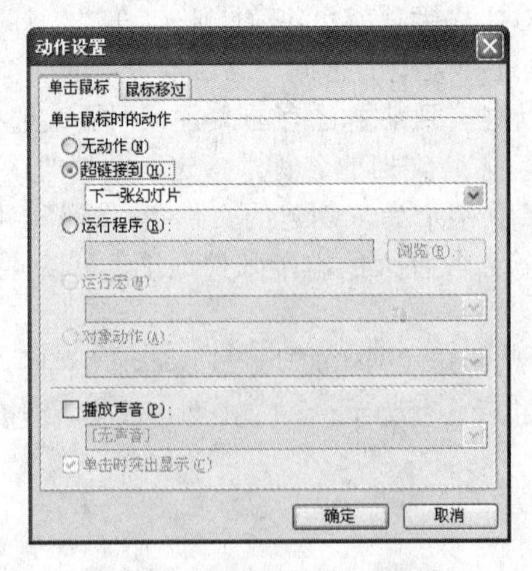

图 6-35　“动作设置”对话框

6.4　幻灯片的美化

通过 PowerPoint 2003 提供的设计模板、配色方案和母版等功能，可以有效控制幻灯片的外观，使演示文稿的风格与讲演内容更贴切，更具有吸引力。

6.4.1　应用设计模板

所谓设计模板指的是包含演示文稿样式的文件，包括项目符号、文本的字体和字号、占位符大小和位置、背景设计、配色方案等，演示文稿设计模板文件的扩展名是“.pot”。PowerPoint 提供了 30 种设计模板，以便为演示文稿设计完整、专业的外观。在演示文稿中选择使用某种模板后，则该演示文稿中使用此模板的每一张幻灯片都会具有统一的颜色配置和布局风格。

1. 使用设计模板

在演示文稿的制作中应用设计模板的操作步骤如下：

① 单击“格式”→“幻灯片设计”命令（或在任务窗格中选择“幻灯片设计”选项），打开“幻灯片设计”任务窗格。

② 在“幻灯片设计”任务窗格中，单击需要应用的设计模板缩略图，则当前选取的所有幻灯片都会采用这一设计模板；如果想为所有幻灯片应用统一的设计模板，可单击设计模板缩略图右侧的下拉按钮，在下拉菜单中选择“应用于所有幻灯片”选项；如果用户不想使用系统提供的设计模板，可单击“浏览”按钮，打开“应用设计模板”对话框，在该对话框中选取需要应用的模板文件，然后单击“应用”按钮，则选定的模板会应用于所有幻灯片。

2. 创建自己的设计模板

用户可以将已创建的任何演示文稿保存为新的设计模板，并且以后可以直接使用该模板。创建设计模板的操作步骤如下：

① 打开现有的演示文稿，或者根据设计模板创建新的演示文稿。

② 修改演示文稿以符合自己的需要，如删除不需要的文本、更改背景颜色及字体格式等。

③ 单击“文件”→“另存为”命令，选择保存类型为“演示文稿设计模板(*.pot)”，在“文件名”文本框中输入新模板的名字，然后选择保存位置。

④ 单击“保存”按钮，即可保存该模板。

6.4.2　编辑配色方案

配色方案是指一组可以预设背景、文本、线条、阴影、标题文本、填充、强调和超链接的色彩组合。PowerPoint 可以为指定的幻灯片选取一个配色方案，也可以为整个演示文稿的所有幻灯片应用同一种配色方案。演示文稿的配色方案是由用户使用的设计模板确定的，但是用户也可以自己更改配色方案。

1. 使用配色方案

使用配色方案的操作步骤如下：

① 单击“格式”→“幻灯片设计”命令（或在任务窗格中选择“幻灯片设计-配色方案”选项），打开“幻灯片设计”任务窗格。

② 单击“幻灯片设计”任务窗格中的“配色方案”超链接，在“应用配色方案”列表框中选择一种合适的配色方案，单击选择配色方案的缩略图，当前选取的所有幻灯片即采用这一配色方案；如果想为所有幻灯片应用统一的配色方案，可单击该配色方案缩略图右侧的下拉按钮，在下拉菜单中选择“应用于所有幻灯片”选项。

2. 创建自定义配色方案

如果用户对系统提供的配色方案感到不满意，也可以自定义配色方案。创建自定义配色方案的操作步骤如下：

① 单击“幻灯片设计”任务窗格下的“编辑配色方案”超链接，打开“编辑配色方案”对话框，如图 6-36 所示。

② 选择“编辑配色方案”对话框的“自定义”选项卡，在“配色方案颜色”栏中选取要改变颜色的元素，如单击“背景”，然后单击“更改颜色”按钮，打开“背景色”对话框，选择所需要的颜色，最后单击“确定”按钮返回“编辑配色方案”对话框。单击“添加为标准配色方案”按钮可将自定义的配色方案设置为标准配色方案，并添加到模板的“应用配色方案”中。

③ 单击“应用”按钮，关闭“编辑配色方案”对话框，即可将该方案应用于所有幻灯片，并在“幻灯片设计”任务窗格的“应用配色方案”中增加一种配色方案。

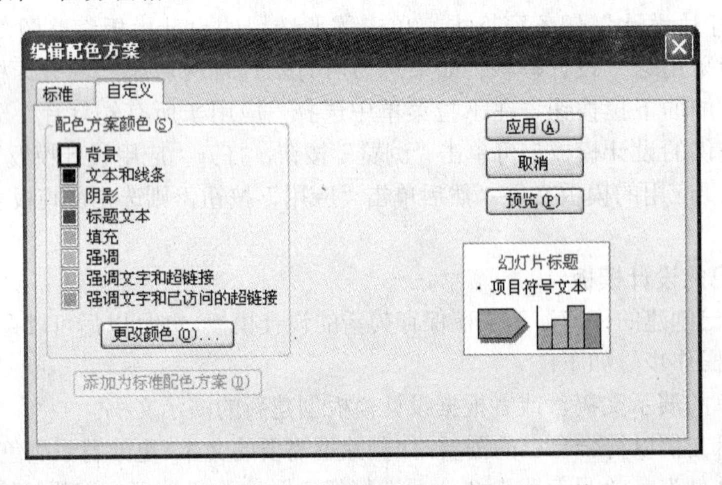

图 6-36 “编辑配色方案”对话框

如果要删除已经应用的配色方案，可选择“编辑配色方案”对话框中的“标准”选项卡。在该选项卡中，单击要删除的配色方案，然后单击“删除配色方案”按钮，最后单击“应用”按钮即可将该配色方案删除。

6.4.3 使用母版

可以把母版看成是含有特定格式的一类幻灯片的模板，它包含了字体、占位符的大小和位置、背景设计等信息。如果更改母版中的某些信息，那么会影响采用该母版的演示文稿中的所有幻灯片的外观。PowerPoint 2003 有 3 种母版：幻灯片母版、讲义母版和备注母版，分别用于控制演示文稿中的幻灯片、讲义页和备注页的格式。

1. 幻灯片母版

幻灯片母版是最常用的母版，可在幻灯片母版上更改字体或项目符号、插入图片等。设置幻灯片母版的操作步骤如下：

① 单击“视图”→“母版”→“幻灯片母版”命令，即可进入幻灯片母版视图，同时显示“幻灯片母版视图”工具栏，如图 6-37 所示。

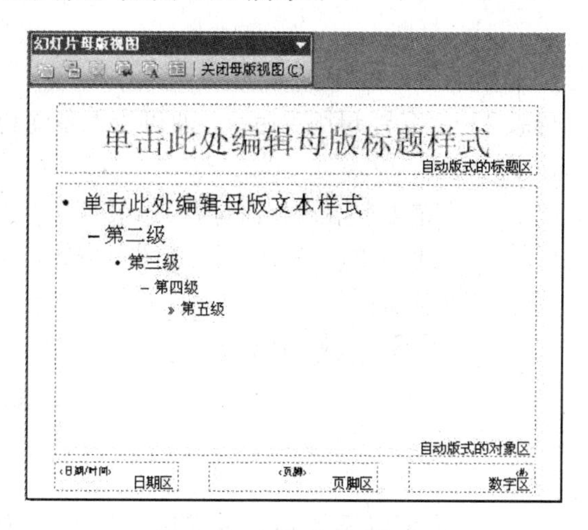

图 6-37　幻灯片母版视图

② 单击“自动版式的标题区”占位符，执行“格式”→“字体”命令，然后在系统弹出的“字体”对话框中设置标题的字体、字形、字号、颜色及效果等；执行“格式”→“占位符”命令，打开“设置自选图形格式”对话框，可以设置标题区的填充颜色、线条颜色以及尺寸大小等。

③ 单击“自动版式的对象区”占位符中的文本，执行“格式”→“字体”命令设置字体格式，执行“格式”→“项目符号和编号”命令设置项目符号的样式，执行“格式”→“占位符”命令设置占位符格式。

④ 单击底部的“日期区”、“页脚区”或“数字区”，可为每张幻灯片添加日期、文本或页码等内容，并设置相应的格式。

⑤ 类似于普通的幻灯片，用户也可以在幻灯片母版上添加文本、插入图片等。

⑥ 完成幻灯片母版的设置后，单击“幻灯片母版视图”工具栏中的“关闭母版视图”按钮，切换到原来的视图方式，母版上的改动就会反映在每张幻灯片上。若某张幻灯片不想使用母版的背景，可单击“格式”→“背景”命令，打开“背景”对话框，选中“忽略母版背景”复选框，则此幻灯片不再应用母版背景，而其他幻灯片在样式上仍会与母版保持一致的风格。

2．讲义母版

讲义母版决定每页打印的幻灯片张数。设置讲义母版的操作步骤如下：

① 单击“视图”→“母版”→“讲义母版”命令，即可进入讲义母版视图，同时显示“讲义母版视图”工具栏，如图 6-38 所示。

图 6-38　“讲义母版视图”工具栏

② 单击“讲义母版视图”工具栏上的前 6 个按钮之一，即可设置每页讲义上显示的幻灯片张数。

③ 单击“讲义母版视图”工具栏上的“关闭母版视图”按钮，完成讲义母版的设置。

3．备注母版

设置备注母版的操作步骤如下：

① 单击“视图”→“母版”→“备注母版”命令，即可进入备注母版视图，同时显示“备注母版视图”工具栏。

② 单击“备注文本区”，可设置文本格式和占位符格式。

③ 单击“备注母版视图”工具栏上的“关闭母版视图”按钮，完成备注母版的设置。

6.5　放映幻灯片

6.5.1　设置动画效果

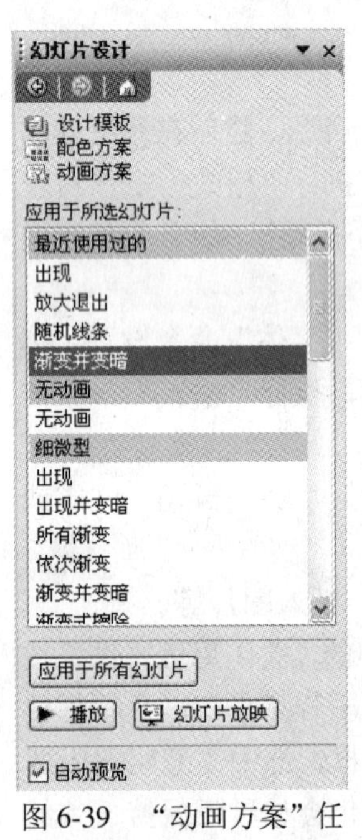

图 6-39　“动画方案”任务窗格

动画是可以添加到文本或其他对象（如图形或图片）的特殊视觉或声音效果。如果人们习惯于从左到右进行阅读，那么可以将幻灯片的动画设计成从左边飞入，而在强调重点时，改为从右边飞入。这种变换可以突出重点、控制信息流，并增加演示文稿的趣味性。

设置动画有“预设动画方案”和“自定义动画”两种方法。动画方案中的动画效果只对幻灯片的标题和正文有效，如果用户要为文本框、图表等对象添加动画效果，则需要使用“自定义动画”方法。

1．使用动画方案

利用 PowerPoint 2003 提供的动画方案，可将预设的动画效果快速地应用于幻灯片中，使演示文稿动起来。使用动画方案的操作步骤如下：

① 选中要添加动画方案的幻灯片。

② 单击“幻灯片放映”→“动画方案”命令，打开“幻灯片设计”的“动画方案”任务窗格，如图 6-39 所示。

③ 在“应用于所选幻灯片”列表中，单击一个动画方案，如果选中任务窗格底部的“自动预览”复选框，则该动画方案只应用于所选的幻灯片，且在幻灯片编辑窗格中会自动演示一次动画效果。

④ 单击“应用于所有幻灯片”按钮，可以将该动画方案应用到所有的幻灯片上。

2．自定义动画

如果对预设的动画方案不满意，用户可以利用自定义动画更灵活地为一张幻灯片中的各个对象设置动画效果，安排动画的出现顺序，以及设置激活动画的方式等。自定义动画的操作步骤如下：

① 在幻灯片中选择需要动画显示的对象。

② 单击“幻灯片放映”→“自定义动画”命令，打开“自定义动画”任务窗格，如图 6-40 所示。

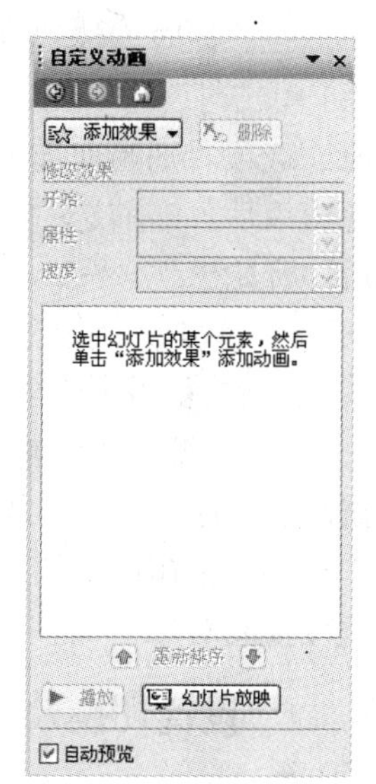

图 6-40　“自定义动画”任务窗格

③ 单击“添加效果”按钮，出现动画效果菜单，如图 6-41 所示。“进入”菜单项设置对象从无到出现的动画效果；“强调”菜单项是对已出现的对象，以动画效果再次显示，起到突出和强调的作用；“退出”菜单项设置对象从有到消失的动画效果；“动作路径”菜单项给对象添加某种效果以使其按照指定的模式移动。

④ 指向菜单中的任意一项，在弹出的下一级级联菜单中选择一种动画方案。例如，选中“强调”菜单项中的“更改字号”动画方案。

⑤ 添加动画效果后，在“自定义动画”任务窗格中会出现带有编号的对象。

⑥ 选中带编号的对象，单击“自定义动画”任务窗格中的“更改”按钮可以修改动画效果；单击“自定义动画”任务窗格中的“删除”按钮可以删除动画效果。

⑦ 单击带编号的对象右侧的下拉箭头，可打开下拉菜单，如图 6-42 所示。单击“效果选项”菜单项，会弹出“更改字号”对话框（对话框名称与步骤 4 有关），如图 6-43 所示。

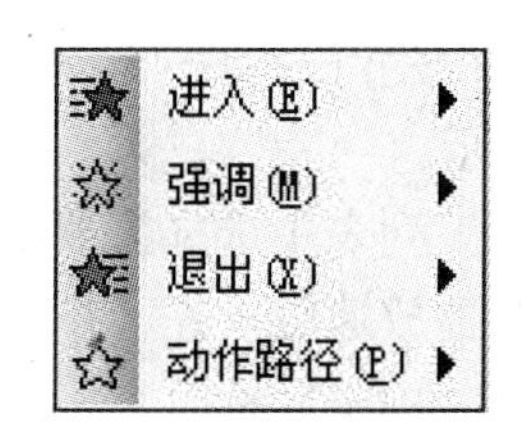

如图 6-41　动画效果菜单

图 6-42　“设置动画”下拉菜单

在“效果”选项卡中，可设置动画播放时是否发出声音、动画播放后是否变暗；如果设置的动画对象是文本，则可以设置该文字是“整批发送”、“按字/词”还是“按字母”播放。选择“整批发送”，则文本以段落作为一个整体播放动画；选择“按字/词”，则文本按词语播放动画；选择“按字母”，则英文按字母（中文按字）播放动画。

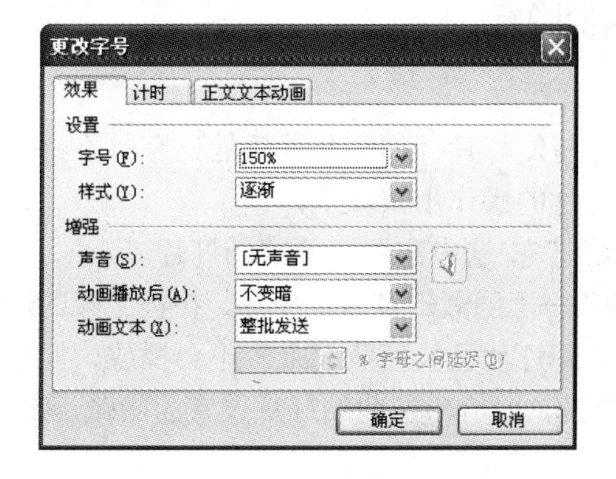

图 6-43　“更改字号”对话框

在“计时”选项卡中，可以设定动画播放开始、完成的时间。在“开始”下拉列表中选择“单击时”选项，则鼠标单击之后对象会按设定的动画效果在幻灯片中开始出现；选择“之前”选项，则当前选中的对象与上一个对象一起出现；选择“之后”选项，则上一个对象出现结束后，当前选中的对象才开始出现。在“延迟”选项中可设置当前对象在多少时间间隔后才开始出现。

⑧ 单击“确定”按钮完成效果选项的设定。

⑨ 重复以上步骤可继续为对象添加动画效果。

⑩ 系统按照设置动画的先后次序，依次为各个对象标注编号。放映幻灯片时，各对象根据编号顺序，依次播放动画，用户也可以在“自定义动画”任务窗格中修改对象的播放顺序。单击“重新排序”的上移箭头或下移箭头，可调整对象的播放顺序，也可以在列表框中直接拖动对象以调整播放顺序。

6.5.2 设置切换效果

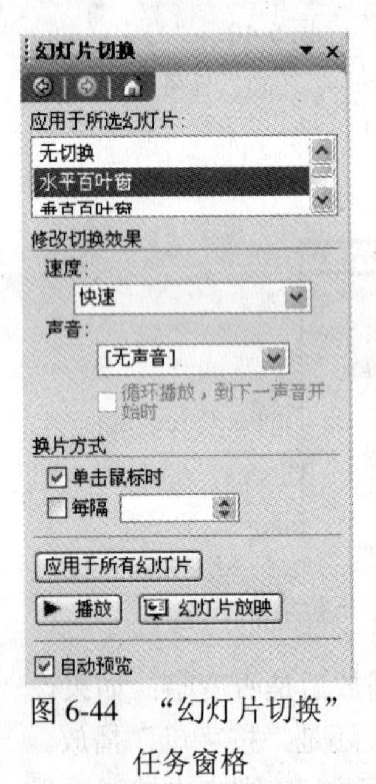

图 6-44 “幻灯片切换”任务窗格

幻灯片的切换效果是指在幻灯片的放映过程中为幻灯片切换而设置的特殊效果。既可以为一组幻灯片设置一种切换效果，也可以为每一张幻灯片设置不同的切换效果。设置幻灯片切换效果的操作步骤如下：

① 在普通视图或幻灯片浏览视图中，选择要设置切换效果的幻灯片。

② 单击“幻灯片放映”→“幻灯片切换”命令，打开“幻灯片切换”任务窗格，如图 6-44 所示。

③ 在“应用于所选幻灯片”列表中选择需要的切换效果，并在“速度”下拉列表中选择合适的播放速度，在“声音”下拉列表中选择切换时发出的声音。如果选中“单击鼠标时”复选框，则在放映时，每单击一次鼠标，就切换一次幻灯片。如果选中“每隔”复选框，并在数值框中输入时间，则在放映时，幻灯片在指定的时间间隔内播放，然后自动切换到下一张幻灯片。

④ 如需在所有幻灯片中都使用此切换效果，可选择“应用于所有幻灯片”按钮，完成设置。

6.5.3 隐藏幻灯片和取消隐藏

1. 隐藏幻灯片

在制作演示文稿时，某些幻灯片（如注释性质的）有时不希望被观众看到，此时用户可以将其隐藏起来。隐藏幻灯片的操作步骤如下：

① 在“幻灯片浏览视图”中选中需要隐藏的幻灯片。

② 单击“幻灯片放映”→“隐藏幻灯片”命令，在被隐藏的幻灯片编号上会出现一个被划掉的符号，如2，表示该幻灯片已被隐藏起来，不会播放。但是如果使用“从当前幻灯片开始幻灯片放映”播放幻灯片，而恰巧当前幻灯片设置为隐藏，则该幻灯片也会被放映出来。

2. 取消隐藏

取消隐藏幻灯片的操作步骤如下：

① 在“幻灯片浏览视图”中选中需要取消隐藏的幻灯片。

② 单击“幻灯片放映”→“隐藏幻灯片”命令，即可取消隐藏。

6.5.4 设置放映方式

PowerPoint 2003 提供了 3 种放映演示文稿的方式，用户可以根据演讲时的实际放映环境采用不同的放映方式。设置放映方式的操作步骤如下：

① 单击“幻灯片放映”→“设置放映方式”命令，打开“设置放映方式”对话框，如图 6-45 所示。

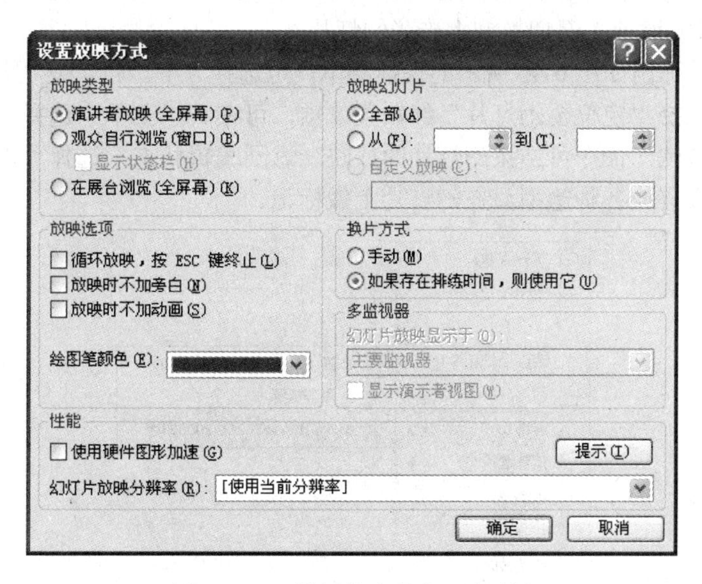

图 6-45　“设置放映方式”对话框

② 在“放映类型”栏中有 3 种放映方式，用户可以根据需要做出选择。

- “演讲者放映（全屏幕）”：以全屏幕显示幻灯片，是系统默认的放映类型，也是最常用的方式。在此放映方式下，由演讲者控制幻灯片的放映过程，演讲者可决定放映速度和切换幻灯片的时间，或将演示文稿暂停，添加会议细节或即席反应等。
- “观众自行浏览（窗口）”：在屏幕上的一个窗口内显示幻灯片，观众可通过窗口菜单进行翻页、编辑、复制和打印等，但不能单击鼠标按键进行播放。
- “在展台浏览（全屏幕）”：以全屏幕方式自动、循环播放幻灯片，在放映过程中除了能使用鼠标单击超链接和动作按钮外，大多数控制都失效，观众无法随意改动演示文稿。

③ 在“放映选项”栏中，还可以设置是否循环放映、放映时是否加旁白及放映时是否加动画等。

④ 在“放映幻灯片”栏中，用户可以指定放映全部幻灯片，或者指定从第几张幻灯片开始放映到第几张结束，还可以在“自定义放映”下拉列表中选择自定义的放映方案。

⑤ 在“换片方式”栏中，如果选中“手动”单选按钮，则放映时通过单击鼠标或快捷菜单来切换幻灯片；如果选中“如果存在排练时间，则使用它”单选按钮，则放映时按排练时间进行自动放映。

⑥ 设置完毕，单击“确定”按钮即可。

6.5.5 控制幻灯片的放映

幻灯片设计制作完毕后，执行“幻灯片放映”→“观看放映”命令，或单击“视图”→“幻灯片放映”命令，即可放映幻灯片，也可单击“从当前幻灯片开始幻灯片放映”按钮放映幻灯片。幻灯片放映时，可以通过鼠标或键盘操作来控制每张幻灯片的放映，也可以通过自定义放映和设置放映时间来控制幻灯片的放映。

1．通过鼠标或键盘控制幻灯片的放映

可通过单击鼠标左键，或按空格键、Enter 键、PageDown 键或↓键等方法切换到下一张幻灯片，用 PageUp 键或↑键切换到上一张幻灯片。

按鼠标右键，弹出如图 6-46 所示的快捷菜单，可选择“下一张”或“上一张”菜单命令来切换幻灯片；选择“定位至幻灯片”级联菜单项，可在其子菜单中选择需要切换到的幻灯片；选择“结束放映”命令可结束幻灯片的放映，返回编辑状态；选择“指针选项”级联菜单项可以把鼠标设置成各种笔型，在幻灯片上做标记。

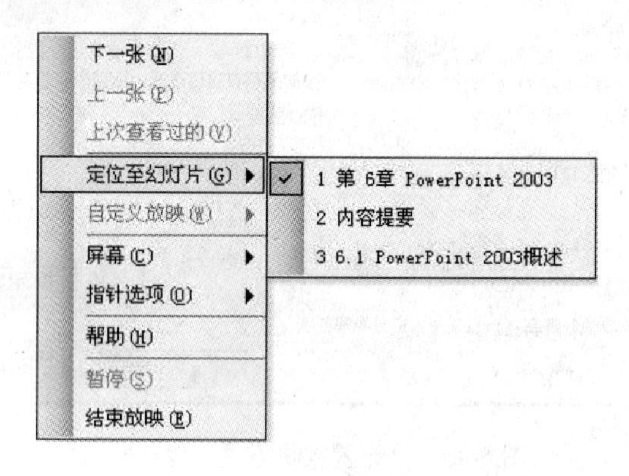

图 6-46 快捷菜单

2．自定义放映

自定义放映功能可以将同一个演示文稿针对不同观众编排成多种不同的演示方案，而不必再花费精力另外制作演示文稿。例如，一部分观众只能看到编号为 6～10 的幻灯片，而另一部分观众只能看到编号为 20～30 的幻灯片，并且还可以设置放映的顺序。自定义放映的操作步骤如下：

① 单击“幻灯片放映”→“自定义放映”命令，打开“自定义放映”对话框。

② 单击“新建”按钮，打开“定义自定义放映”对话框，如图 6-47 所示。

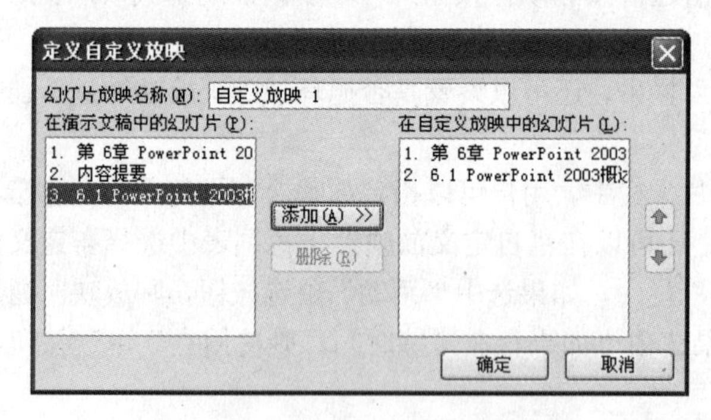

图 6-47 “定义自定义放映”对话框

③ 在“幻灯片放映名称”文本框中输入自定义放映的名称，在“在演示文稿中的幻灯片”列表框中选择要添加到自定义放映的幻灯片，然后单击“添加”按钮，添加到右边的列表框中，可通过↑和↓按钮调整幻灯片播放的顺序。如果要选择多张幻灯片，可在选择幻灯片时按下 Ctrl 键，再单击要选择的幻灯片。

④ 单击“确定”按钮回到“自定义放映”对话框，单击“关闭”按钮，完成定义；播放自定义的幻灯片时，只要打开“自定义放映”对话框，在“自定义放映”列表框中选中定义好的方案名称，然后单击“放映”按钮即可放映；如果要删除整个幻灯片放映，可以在“自定义放映”列表框中选中定义好的方案名称，然后单击“删除”按钮，则自定义放映被删除，但实际的幻灯片仍保留在演示文稿中。

3. 设置放映时间

排练计时是指演讲者模拟演讲的过程，系统会将每张幻灯片的播放时间记录下来，放映时就根据设置的排练计时时间自动进行放映。设置排练计时的操作步骤如下：

① 单击“幻灯片放映”→“排练计时”命令。

② 幻灯片立即进入全屏幕放映状态，并在屏幕左上角出现“预演”工具栏，如图 6-48 所示。在“幻灯片放映时间”文本框中显示了当前幻灯片的放映时间，在右侧的“总放映时间”栏中显示当前整个幻灯片的放映时间；“下一项”按钮可以播放下一张幻灯片，同时“幻灯片放映时间”文本框中重新计时；“暂停”按钮可以暂停计时；“重复”按钮可以重新设置排练时间。

图 6-48　“预演”工具栏

③ 排练放映结束后，会弹出确认对话框，单击“是”按钮可保存排可练计时，单击“否”则取消本次排练计时。

④ 如果要将设置的计时应用到幻灯片放映中，可单击“幻灯片放映”→“设置放映方式”命令，打开“设置放映方式”对话框，在“换片方式”中选中“如果存在排练时间，则使用它”单选按钮。最后执行放映命令，即可观看到按设置好的排练计时放映的效果。

6.5.6　演示文稿的打包

在工作中，用户可能会将演示文稿拿到另一台计算机上去演示，此时通常需要将制作好的演示文稿及有关的文件一起打包带走。将演示文稿打包的操作步骤如下：

① 打开需要打包的演示文稿。

② 单击“文件”→“打包成 CD”命令，打开“打包成 CD”对话框，如图 6-49 所示。

③ 如果要更改打包后的文件名，可在“将 CD 命名为：”文本框中输入新的名称。

④ 如果要添加其他演示文稿，单击“添加文件”按钮，打开“添加文件”对话框，选择需要一起打包的文件，然后单击“添加”按钮，会打开新的“打包成 CD”对话框，如图 6-50 所示。通过单击↑和↓按钮可调整播放的顺序，通过单击“添加”或“删除”按钮可添加或删除演示文稿。

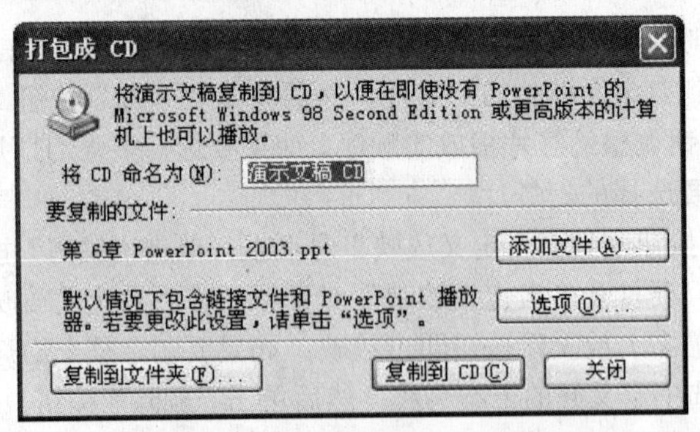

图 6-49　“打包成 CD”对话框

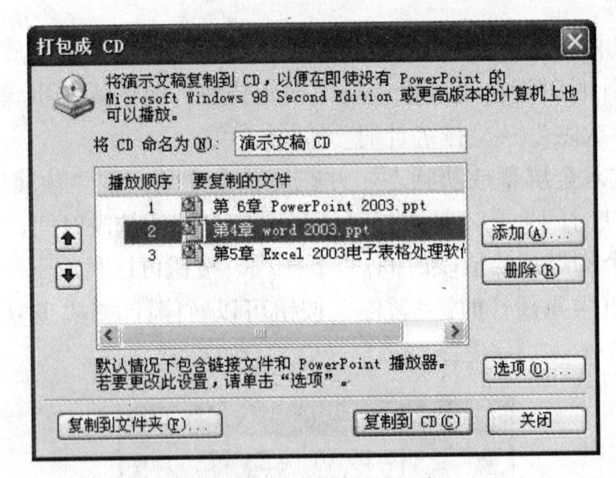

图 6-50　添加演示文稿

⑤ 如果要对打包的演示文稿进行一些设置，可单击“选项”按钮，打开“选项”对话框，如图 6-51 所示。选中“PowerPoint 播放器”复选框并选择演示文稿在播放器中的播放方式，以便能在未安装 PowerPoint 软件的计算机上运行打包的演示文稿；选中“链接的文件”复选框，以便将演示文稿中链接的文件也一起打包；选中“嵌入的 TrueType 字体”复选框，以便演示文稿带有所需的字体；也可以设置打开或修改打包文件的密码。设置完成后，单击“确定”按钮返回“打包成 CD”对话框。

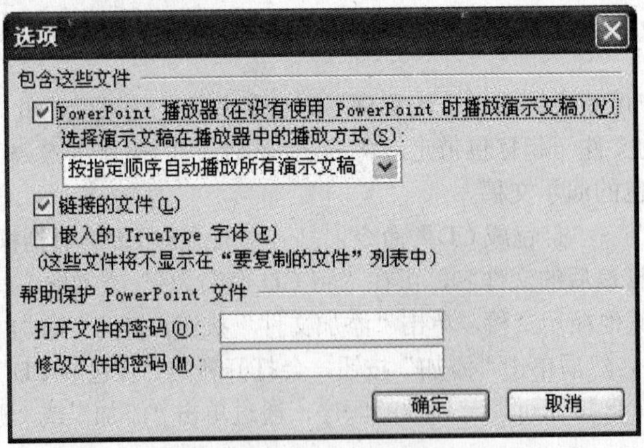

选项
包含这些文件
PowerPoint 播放器(在没有使用 PowerPoint 时播放演示文稿)(V)
选择演示文稿在播放器中的播放方式(S):
按指定顺序自动播放所有演示文稿
链接的文件(L)
嵌入的 TrueType 字体(E)
(这些文件将不显示在“要复制的文件”列表中)
帮助保护 PowerPoint 文件
打开文件的密码(O):
修改文件的密码(M):
确定　取消

图 6-51　“选项”对话框

⑥ 单击“复制到文件夹”按钮，打开“复制到文件夹”对话框。指定打包文件的目标文件夹名称和保存路径，然后单击“确定”按钮，即可将演示文稿打包到某个文件夹中。

⑦ 单击“复制到 CD”按钮，即可将演示文稿打包并刻录到 CD。

制作完成打包演示文稿后，在另一台计算机中找到打包的演示文稿的位置，双击 play.bat 文件或 PowerPoint 播放器程序 pptview.exe 文件，即可播放打包的演示文稿。

6.6 本章小结

本章介绍了 PowerPoint 2003 的基本操作，主要使用多种方法创建演示文稿，幻灯片的编辑，幻灯片的格式设置及幻灯片的添加、复制、移动和删除等操作；在制作幻灯片中介绍了插入文本框、艺术字和图片、声音和影片、超链接和动作按钮；在幻灯片的美化中介绍了应用设计模板、编辑配色方案和使用母版；最后在幻灯片放映中介绍了设置动画效果、设置切换效果、隐藏幻灯片和取消隐藏、设置放映方式及演示文稿的打包等操作。

6.7 思考与练习

1. 选择题

（1）PowerPoint 中默认的新建文件名是________。

A．.sheet1　　B．演示文稿 1

C．book1　　D．文档 1

（2）PowerPoint 演示文稿的默认扩展名是________。

A．.ppt　　B．.pot

C．.dot　　D．.ppz

（3）在 PowerPoint 中，若想设置幻灯片中对象的动画效果，应选择________。

A．普通视图　　B．浏览视图

C．幻灯片放映视图　　D．以上均可

（4）为所有幻灯片设置统一的、特有的外观风格，应使用________。

A．母版　　B．配色方案

C．自动版式　　D．幻灯片切换

（5）当在交易会进行广告片的放映时，应该选择________放映方式。

A．演讲者放映　　B．观众自行放映

C．在展台浏览　　D．需要时按下某键

（6）如果要求幻灯片能够在无人操作的环境下自动播放，应事先对演示文稿________。

A．设置动画　　B．排练计时

C．存盘　　D．打包

（7）下列叙述中，错误的是________。

A．用演示文稿的超链接可以跳转到其他演示文稿

B．幻灯片中动画的顺序由幻灯片中文字或图片出现的顺序决定

C．幻灯片可以设置展台播放方式

D．利用“应用设计模板”可以快速地为演示文稿选择统一的背景图案和配色方案

（8）在一张“空白”版式的幻灯片中，不可以直接插入________。

A．图片　　B．艺术字　　C．文字　　D．表格

（9）如果要终止幻灯片的放映，可直接按________键。

A．Ctrl＋C　　B．Esc　　C．End　　D．Alt＋F4

（10）对于演示文稿中不准备放映的幻灯片，可用________下拉菜单中的“隐藏幻灯片”命令隐藏。

A．工具　　B．视图　　C．幻灯片放映　　D．编辑

（11）在幻灯片母版视图下________可以反映在幻灯片的实际放映中。

A．设置的标题颜色　　B．绘制的图形

C．插入的剪贴画　　D．以上均可

（12）关于演示文稿的叙述，不正确的是________。

A．演示文稿设计模板一旦选定，就不能再更改

B．同一演示文稿中，允许使用多种母版格式

C．同一演示文稿中，不同幻灯片的配色方案可以不同

D．同一演示文稿中，不同幻灯片的背景可以不同

（13）下列关于占位符的叙述中，正确的是________。

A．不能删除占位符

B．单击文本占位符即可在其中添加文字

C．单击图表占位符可以添加图形

D．不能移动占位符的位置

（14）下列叙述中，错误的是________。

A．插入幻灯片中的图片是不能改变其大小尺寸的

B．打包时可以将与演示文稿相关的文件一起打包

C．在幻灯片放映视图中，用鼠标右键单击屏幕上的任意位置，可以打开放映控制菜单

D．在幻灯片放映过程中，可以使用绘图笔在幻灯片上书写或绘画

（15）下列关于 PowerPoint 页眉与页脚的叙述中，错误的是________。

A．可以插入时间和日期

B．可以自定义内容

C．页眉与页脚的内容在各种视图下都能看到

D．在编辑页眉与页脚时，可以对幻灯片正文内容进行操作

（16）PowerPoint 的“超链接”命令可实现________。

A．幻灯片之间的跳转

B．演示文稿幻灯片的移动

C．中断幻灯片的放映

D．在演示文稿中插入幻灯片

（17）PowerPoint 的“设计模板”包含________。

A．预定义的幻灯片版式

B．预定义的幻灯片背景颜色

C．预定义的幻灯片配色方案

D．预定义的幻灯片样式和配色方案

（18）在“幻灯片切换”对话框中，可以设置的选项是________。

A．效果　　B．声音

C．换页速度　　D．以上均可

（19）在幻灯片“动作设置”对话框中设置的超链接，其对象不能是________。

A．下一张幻灯片　　B．上一张幻灯片

C．其他演示文稿　　D．幻灯片中的某一对象

（20）幻灯片声音的播放方式是________。

A．执行到该幻灯片时自动播放

B．执行到该幻灯片时不会自动播放，须双击该声音图标才能播放

C．执行到该幻灯片时不会自动播放，须单击该声音图标才能播放

D．由插入声音图标时的设定决定播放方式

2．填空题

（1）在 PowerPoint2003 中，可以使用__________、__________、__________和__________等方法创建演示文稿。

（2）在 PowerPoint 2003 中，删除幻灯片的菜单命令为__________。

（3）要在幻灯片中添加文本，除了利用文本占位符以外，还可以通过__________实现。

（4）幻灯片的放映有 3 种类型：__________、__________和__________。

（5）当需要将演示文稿转移至其他计算机上放映时，最好的方法是__________。

3．问答题

（1）在幻灯片中输入文本，常用的有哪 3 种方法？

（2）如何在幻灯片中插入剪辑库中的影片？

（3）幻灯片版式和演示文稿的设计模板有何不同？

（4）如何给幻灯片添加页眉、页脚和编号？

第7章 计算机网络与 Internet

现代计算机技术、通信技术的迅速发展，形成了信息技术的革命，其中一个非常重要的方面，就是计算机网络技术的产生和发展。计算机网络利用通信技术将各个具有自主功能的计算机连接起来，人们通过计算机网络可以在全世界范围内获取和处理信息。随着经济和信息的全球化趋势，以 Internet 为代表的信息网络正成为一个国家最重要的基础设施之一。

本章主要内容

- 计算机网络概述
- Internet 基础知识
- 基本上网操作
- 邮箱的申请和电子邮件的使用

7.1 计算机网络概述

7.1.1 计算机网络的形成与发展

计算机网络是计算机技术与通信技术结合的产物。按照资源共享的观点，将计算机网络定义为：计算机网络是通过各种通信设备和传输介质，将处于不同位置的多台独立计算机连接起来，并在相应网络软件的管理下，实现多台计算机之间信息传递和资源共享的系统。

可以从以下几个方面理解这个定义：

- 至少两台计算机才能构成网络，并且，这些计算机是独立的。
- 这些计算机之间要用一些通信设备和传输介质连接起来。
- 要有相应的软件进行管理。
- 联网后这些计算机就可以共享资源和互相通信了。例如，网络中的多台计算机共用一台打印机等。

计算机网络的发展过程就是计算机技术与通信技术融合的过程。计算机网络的产生与发展过程主要包括面向终端的计算机网络、计算机通信网络、计算机互联网络和高速互联网络 4 个阶段。

1．第一代——面向终端分布的计算机系统

第一代计算机网络实际上是以中心计算机系统为核心的远程联机系统，是面向终端的计算机网络。这类系统除了一台中心计算机外，其余的终端都没有自主处理能力，还不能算做真正的计算机网络。因此，面向终端的计算机网络也被称为联机系统。但它提出并使用了计算机通信的许多基本技术，而这种系统本身也成为后来发展起来的计算机网络的组成部分。

2．第二代——分组交换数据网

20 世纪 70 年代，以美国国防部高级研究计划局 DARPA 的 ARPANET 网络为代表，ARPANET 网络采用崭新的“存储转发－分组交换”原理实现数据通信。它的产生标志着计算机网络的兴起。

20 世纪 70 年代中期，由于微电子和微处理机技术的发展，以及在短距离局部地理范围内的计算机进行高速通信需求的增长，计算机局域网应运而生。进入 20 世纪 80 年代，随着办公自动化、管理信息系统、工厂自动化系统等各种应用需求的扩大，局域网获得蓬勃发展。

第二代计算机网络的大量出现，极大地促进了计算机网络的发展和应用。但由于这些网络大多是由研究单位、大学或计算机公司各自研发和使用的，没有统一的网络体系结构。因此，如果要在更大的范围内，把这些网络互联起来，实现信息交换和资源共享，存在着很大的困难。

3．第三代——开放式标准化网络

20 世纪 70 年代中后期，各种各样的商业网络纷纷建立，并提出各自的网络体系结构。比较著名的有 IBM 公司于 1974 年公布的系统网络体系结构 SNA（System Network Architecture），美国 DEC 公司于 1975 年公布的分布式网络体系结构 DNA（Distributing Network Architecture）。这些不断出现的按照不同概念设计的网络，有力地推动了计算机网络的发展和广泛使用。同一体系结构的网络产品互连非常容易，但不同体系结构的产品却很难实现互连。为此，国际标准化组织（International Standards Organization，ISO）成立了一个专门机构，研究和开发新一代的计算机网络。经过几年的努力，于 1984 年正式颁布了一个称为“开放系统互连基本参考模型”（Open System Interconnection Basic Reference Model，OSI）的国际标准 ISO/OSI 7498。自此，计算机网络开始了走向国际标准化的时代。一般把从确立基于开放标准的计算机网络体系结构到因特网的诞生这段时间，称为第三代计算机网络。

4．第四代——高速互联网络

第四代计算机网络又称高速互联网络（或称高速 Internet），这是一个智能化、全球化、高速化和个性化的网络阶段。通常意义上的计算机互联网络，是通过数据通信网络实现数据的通信和共享，此时的计算机网络基本上以电信网作为信息的载体，即计算机通过电信网络中的 X.25 网、DDN 网、帧中继网等传输信息。

随着互联网的迅猛发展，人们对远程教学、远程医疗、视频会议等多媒体应用的需求大幅度增加。基于传统电信网络为信息载体的计算机互联网络已经不能满足人们对网络速度的要求，这就促使网络由低速向高速、由共享到交换、由窄带向宽带方向迅速发展，即由传统的计算机互联网络向高速互联网络发展。目前对于互联网的主干网来说，各种宽带组网技术日益成熟和完善，波分复用系统的带宽已达 400Gb/s，IP over ATM、IP Over SDH、IP over WDM（DWDM）等技术已经开始投入使用，并提出建立全优化光学主干网络，可以说主干网已经为承载各种高速业务做好了准备。

如今，以 IP 技术为核心的计算机网络将成为网络的主体。网络技术将整个 Internet 整合成一个巨大的超级计算机，实现计算资源、存储资源、数据资源、信息资源、通信资源、软件资源和知识资源的全面共享。网络也不仅仅只是进行科研和学术交流的地方，它已深入到社会生活的每一个角落，改变着人们传统的生活和工作方式。

7.1.2　计算机网络的功能

不同的计算机网络是为不同的需求设计和组建的，它们所提供的服务和功能也有所不同。计算机网络可提供的基本功能表现在以下几个方面。

1．数据通信

数据通信是计算机网络最基本的功能。它使不同终端与计算机、计算机与计算机之间能够相互传送数据和交换信息。通过计算机网络，可以对分散在不同地点的计算机进行集中控制和管理，还可以为分布在各地的人们及时传递信息。

2. 资源共享

资源共享是计算机网络最具吸引力的功能。在计算机网络中，有许多昂贵的资源，如大型数据库、巨型计算机等，并非为每一个用户所拥有，所以必须实行资源共享。资源共享既包括硬件资源的共享，也包括软件资源的共享。资源共享可避免重复投资和劳动，从而提高资源的利用率，减少重复劳动。

3. 网络计算

一台计算机的处理能力有限，另外由于种种原因，计算机之间的忙闲程度也不均匀。通过计算机网络，用户可以将一个任务分配到地理位置不同的同一网络内的多台计算机上协同完成。由此可以提高整个系统的处理能力，并使网内各计算机负载均衡。

4. 集中控制

通过计算机网络，可以对地理位置分散的系统进行集中控制，对网络资源进行集中的分配和管理。

5. 提高系统的可靠性和可用性

在计算机网络中，每种资源都可以存放在多个地点，而且用户可以通过多种途径来访问网络内的某个资源，从而避免单点失效给用户带来的影响，提高计算机的可靠性。而当网络中某台计算机的负担过重时，网络可以将任务交给网络中较空闲的计算机，从而均衡负担，提高每台计算机的可用性。

随着计算机网络的不断发展，网络中出现了大量新的应用服务项目。而计算机网络除具有上述功能外，还具有高性价比和易扩充性等优点，使得它在工业、农业、国防及科学研究等各个领域获得了广泛的应用。

7.1.3 计算机网络的拓扑结构

网络中各台计算机连接的形式和方法称为网络的拓扑结构。常见的网络拓扑有总线形拓扑结构、星形拓扑结构、环形拓扑结构、树形拓扑结构等。

1. 总线形拓扑结构

总线形结构由一条称为总线的中央主电缆，将相互之间以线性方式连接的节点连接起来构成网络，如图 7-1 所示。网络中所有的节点都通过总线进行信息的传输。这种结构的优点是结构简单、接入灵活、扩展容易、可靠性高，一个节点失效不影响其他节点的工作，节点的增删不影响全网的运行。其缺点是总线对网络起决定性作用，一旦传输介质出现故障将影响到整个网络，故障也难以定位和监控。而且这样的结构形成了计算机网络的多路访问总线，产生一个访问控制策略问题，如果对各个节点对总线的访问不加以控制，就会在各个节点都要使用总线时造成对总线的争夺。

总线形结构是使用最普遍的一种网络。

2. 星形拓扑结构

星形拓扑结构是以中央节点为中心且与各个节点连接而组成的，如图 7-2 所示。在这种结构中，由中央节点的计算机充当整个网络控制的主控计算机，各节点必须通过中央节点才能实现通信。星形结构的优点是结构清晰、便于控制和管理。其缺点是中央节点负担较重，各个节点相互间没有电缆相连，不能直接通信，必须通过中央节点来转换，一旦中央节点发生故障，整个网络都会瘫痪。

3．环形拓扑结构

环形拓扑结构像一条封闭的呈环状的曲线，每个客户机通过中继器连在环路上，如图 7-3 所示。在环形结构中，每个节点都与两个相邻的节点相连，环中的数据沿着一个方向绕环逐站传输，每个节点需安装中继器，以接收、放大、发送信号。环形拓扑结构可以使用多种传输介质，便于安装，故障诊断方便，但可靠性较差，因为信息在环路中单向传送，两个节点间仅有唯一的通道，一旦某个节点发生了故障，就可能涉及整个网络。

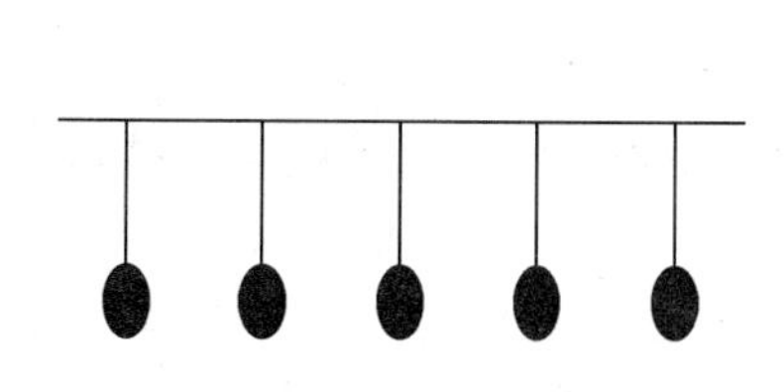

图 7-1　总线形拓扑结构

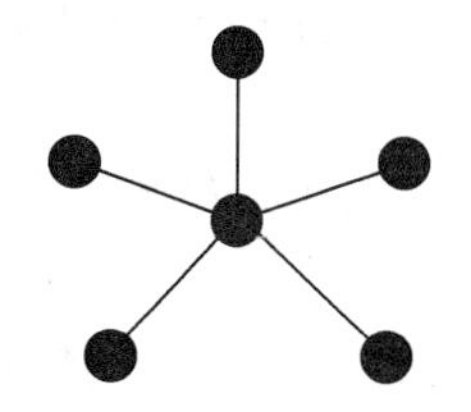

图 7-2　星形拓扑结构

图 7-3　环形拓扑结构

4．树形拓扑结构

树形结构是总线型结构的扩展，它是在总线网上加上分支形成的，其传输介质可有多条分支，但不形成闭合回路。树形拓扑具有层次结构，是一种分层网，网络的最高层是中央处理机，最低层是终端，其他各层可以是多路转换器、集线器或部门用计算机。其结构可以对称，联系固定，具有一定的容错能力，一般一个分支节点的故障不影响另一分支节点的工作，任何一个节点送出的信息都由根接收后重新发送到所有的节点，也是广播式网络。Internet 大多采用树形结构。

在实际组网中，采用的拓扑结构不一定是单一固定的，通常是几种拓扑结构的混合。

7.1.4　计算机网络的分类

计算机网络种类繁多，按照不同的分类标准，可以有多种分类方法。

1．按照网络的覆盖范围分类

按照网络的覆盖范围分类是目前网络分类最常用的方法，它将网络分为局域网、城域网和广域网。

（1）局域网

局域网（Local Area Network，LAN）是指在某一较小范围内由多台计算机互连成的计算机组。“某一较小范围”指的是同一办公室、同一建筑物、同一公司或同一学校等，网络直径一般小于几公里。一个局域网可以容纳几台至几千台计算机。局域网可以实现文件管理、应用软件共享、打印机共享等功能。由于不同的局域网采用不同传输能力的传输媒介，因此局域网的传输距离也不同。局域网的特点是覆盖范围小，传输速度通常可以很高，网络出现故障的概率较小。局域网按照采用的技术、应用范围和协议标准的不同，可以分为共享局域网和交换局域网。目前局域网最快的速率要数现在的 10G 以太网。

（2）城域网

城域网（Metropolitan Area Network，MAN）的覆盖范围通常约为 10km（网络直径）。这种网络一般是将在一个城市内但不在同一地理小区范围内的计算机进行互连。城域网采用的是 IEEE 802.6 标准。城域网和局域网的区别在于其服务范围不同。城域网服务于整个城市，而局域网则服务于某个部门。城域网与局域网相比，扩展的距离更长，连接的计算机数量更多，在地理范围上可以说是局域网的延伸。在一个大型城市，一个城域网通常连接着多个局域网。

（3）广域网

广域网（Wide Area Network，WAN）所覆盖的范围比城域网更广，可以从几百公里到几千公里，可以是一个地区、一个国家，甚至是全球。因为距离较远，广域网的信息衰减比较严重，所以这种网络一般要租用专线。广域网因为所连接的用户多，总出口带宽有限，所以用户的终端连接速率一般较低，通常为9.6kb/s～45Mb/s。

2．按照传输技术分类

网络所采用的传输技术决定了网络的主要技术特点，因此根据网络所采用的传输技术对网络进行划分是一种很重要的分类方法。

在通信技术中，通信信道的类型有两种：广播通信（Broadcast）信道与点到点通信（Point-to-Point）信道。在广播通信信道中，多个节点共享一个物理通信信道，一个节点广播信息，其他节点都必须接收这个广播信息。而在点到点通信信道中，一条通信信道只能连接一对节点，如果两个节点之间没有直接连接的线路，那么它们只能通过中间节点转接。显然，网络要通过通信信道完成数据传输任务，因此网络所采用的传输技术也只可能有两类，即广播方式和点到点方式。这样，相应的计算机网络也可以分为两类。

（1）广播式网络

广播式网络中的广播是指网络中所有连网的计算机都共享一个公共通信信道，当一台计算机A利用共享通信信道发送报文分组时，所有其他计算机都会接收并处理这个分组。由于发送的分组中带有源地址A与目的地址B，网络中所有接收到该分组的计算机将检查目的地址B是否与本节点的地址相同。如果被接收报文分组的目的地址B与本节点地址相同，则接收该分组，否则将收到的分组丢弃。其工作原理如图7-4所示。

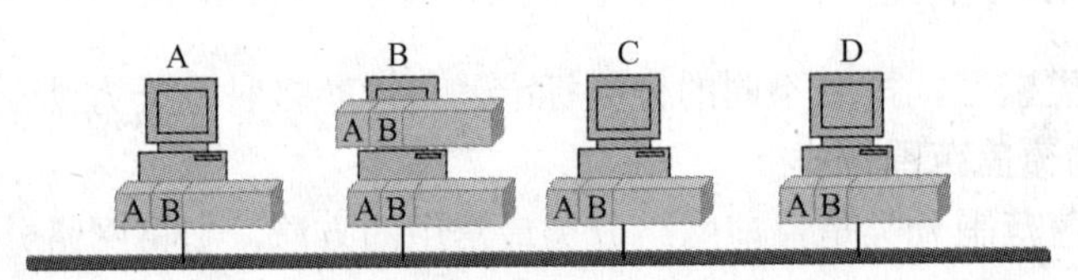

图7-4　广播式网络工作原理

在广播式网络中，若分组是发送给网络中的某些计算机的，则被称为多点播送或组播；若分组只发送给网络中的某一台计算机，则称为单播。在广播式网络中，由于信道共享可能引起信道访问错误，因此信道访问控制是要解决的关键问题。

（2）点到点式网络

点到点式网络中每两个节点之间都存在一条物理信道，即每条物理线路连接一对计算机。某台计算机A沿某信道发送数据给计算机B，确定无疑地只有信道另一端的B可以接收到。假如两台计算机之间没有直接连接的线路，那么它们之间的分组传输就要通过中间节点的接收、存储、转发，直至目的节点。其工作原理如图7-5所示。由于连接多台计算机之间的线路结构可能是复杂的，因此从源节点到目的节点可能存在多条路由，决定分组从通信子网的源节点到达目的节点的路由需要有路由选择算法。采用分组存储转发是点到点式网络与广播式网络的重要区别之一。

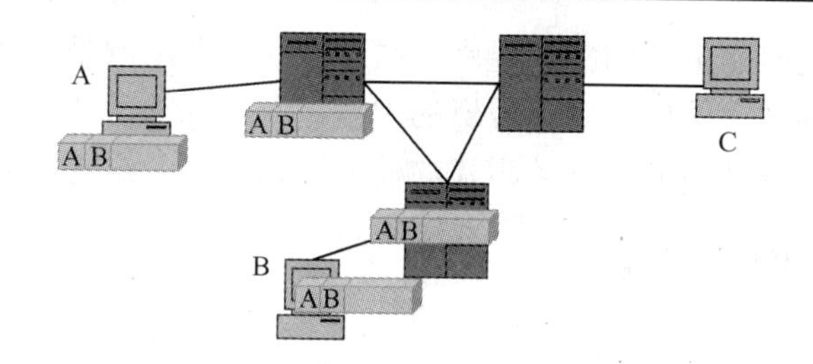

图 7-5　点到点式网络工作原理

在这种点到点的网络结构中，没有信道竞争，几乎不存在介质访问控制问题。点到点信道无疑可能浪费一些带宽，因为在长距离信道上一旦发生信道访问冲突，控制起来相当困难，所以广域网都采用点到点信道，用带宽来换取信道访问控制的简化。

3．按照传输介质分类

传输介质是指数据传输系统中发送装置和接收装置间的物理媒体，按其物理形态可以将网络划分为有线网络和无线网络两大类。

（1）有线网络

传输介质采用有线介质连接的网络称为有线网络。有线网又分为两种，一种是采用双绞线和同轴电缆等铜缆连成的网络，另一种是采用光导纤维做传输介质的网络。

双绞线是由两根绝缘金属线互相缠绕而成，这样的一对线作为一条通信线路，由四对双绞线构成双绞线电缆。双绞线点到点的通信距离一般不能超过 100m。目前，计算机网络上使用的双绞线按其传输速率分为三类线、五类线、六类线、七类线，传输速率在 10～600Mb/s 之间，双绞线电缆的连接器一般为 RJ-45。

同轴电缆由内、外两个导体组成，内导体可以由单股或多股线组成，外导体一般由金属编织网组成。内、外导体之间有绝缘材料，其阻抗为 50Ω。同轴电缆分为粗缆和细缆，粗缆用 DB-15 连接器，细缆用 BNC 和 T 连接器。

光缆由两层折射率不同的材料组成，内层是具有高折射率的玻璃单根纤维体，外层包一层折射率较低的材料。光缆的传输形式分为单模传输和多模传输，单模传输的性能优于多模传输。所以，光缆分为单模光缆和多模光缆，单模光缆的传送距离为几十公里，多模光缆为几公里。光缆的传输速率可达到每秒几百兆位。光缆的优点是不会受到电磁的干扰，传输的距离也比电缆远，传输速率高，安全性好。但光缆的安装和维护比较困难，需要专用的设备。

（2）无线网络

采用无线介质连接的网络称为无线网络。目前无线网主要采用三种技术：微波通信、红外线通信和激光通信。这三种技术都是以大气为介质的，其中微波通信用途最广，目前的卫星网就是一种特殊形式的微波通信，它利用地球同步卫星作中继站来转发微波信号，一个同步卫星可以覆盖地球 1/3 以上的表面，三个同步卫星就可以覆盖地球上的全部通信区域。

4．其他分类方式

除了以上的分类方式以外，计算机网络还可以按照网络的拓扑结构分为总线型网络、星型网络、环型网络和树型网络等，按照信息传输交换方式分为电路交换网络、报文交换网络和分组交换网络，按照网络的组建属性分为公用网和专用网。

公用网由国家电信部门或其他提供通信服务的经营部门组建、经营管理和提供公众服务。公用网内的传输和转接装置可供任何部门和个人使用。公用网常用于广域网络的构造，支持用户的远程通信，如我国的电信网、广电网、联通网等。专用网是由用户部门组建经营的网络，不容许其他用户和部门使用。由于投资的因素，专用网常为局域网或者是通过租借电信部门的线路而组建的广域网，如由学校组建的校园网、由企业组建的企业网等。

7.1.5 计算机网络的体系结构

1. 网络体系结构的基本概念

一个功能完善的计算机网络是一个复杂的结构，网络上的多个节点间不断地交换着数据信息和控制信息。在交换信息时，网络中的每个节点都必须遵守一些事先约定好的共同的规则，这些规则精确地规定了所有交换数据的格式和时序。这些为网络数据交换而制定的规则、约定和标准统称为网络协议（Protocol）。一个网络协议主要由以下三个要素组成。

- 语法：用户数据与控制信息的结构和格式。
- 语义：需要发出何种控制信息，以及完成的动作与做出的响应。
- 时序：对操作执行顺序的详细说明。

网络协议是计算机网络不可缺少的部分。很多经验和实践表明，对于非常复杂的计算机网络协议，其结构最好采用层次式的，也就是将其分为若干层。这样分层的好处在于：每一层都实现相对独立的功能，因而可以将一个难以处理的复杂问题分解为若干个较容易处理的小问题。每层只关心本层内容的实现，进而为上一层提供服务，向下一层请求服务，而不用知道其他层如何实现。

一个完善的网络需要一系列网络协议构成一套完备的网络协议集。大多数网络在设计时是将网络划分为若干个相互联系而又各自独立的层次，然后针对每个层次及层次间的关系制定相应的协议，这样可以减少协议设计的复杂性。像这样的计算机网络层次结构模型及各层协议的集合称为计算机网络体系结构（Network Architecture），也就是网络及其部件所应完成功能的精确定义。

层次结构中的每一层都是建立在前一层基础上的，低层为高层提供服务，上一层在实现本层功能时会充分利用下一层提供的服务。但各层之间是相对独立的，高层无须知道低层是如何实现的，仅需知道低层通过层间接口所提供的服务即可。当任何一层因技术进步发生变化时，只要接口保持不变，其他各层都不会受到影响。当某层提供的服务不再需要时，甚至可以将这一层取消。

2. 网络协议的标准化

世界上第一个网络体系结构是美国 IBM 公司于 1974 年提出的，它取名为系统网络体系结构 SNA（System Network Architecture）。凡是遵循 SNA 的设备就称为 SNA 设备。这些 SNA 设备可以很方便地进行互连。在此之后，很多公司也纷纷建立自己的网络体系结构。这些体系结构大同小异，都采用了层次技术，但各有其特点以适合本公司生产的计算机组成网络。这些体系结构也有其特殊的名称，使用不同体系结构的厂家设备是不可以相互连接的，这就妨碍了实现异种计算机互连以达到信息交换、资源共享、分布处理和分布应用的需求。客观需求迫使计算机网络体系结构由封闭式走向开放式。

在此背景下，国际标准化组织 ISO 经过多年努力，于 1984 年提出了开放系统互联基本参考模型“ISO/OSI”，从此开始了有组织、有计划地制定一系列网络国际标准。

3. ISO/OSI 参考模型

OSI 参考基本模型是由国际化标准组织 ISO 制定的标准化开放式计算机网络层次结构模

型，又称为 ISO/OSI 参考模型。它从逻辑上把每个开放系统划分成功能上相对独立的七层：物理层、数据链路层、网络层、传输层、会话层、表示层和应用层。每一层均有自己的一套功能集，并与紧邻的上层和下层交互作用。在顶层，应用层与用户使用的软件进行交互。在 OSI 模型的底端是携带信号的网络电缆和连接器。总地说来，在顶层与底层之间的每一层均能确保数据以一种可读、无错、排序正确的格式被发送。

ISO/OSI 参考模型的逻辑结构如图 7-6 所示。最低 3 层是依赖网络的，涉及将两台通信计算机连接在一起所使用的数据通信网的相关协议，实现通信子网功能。最高 3 层是面向应用的，涉及允许两个终端用户应用进程交互作用的协议，通常是由本地操作系统提供的一套服务，实现资源子网功能。中间的传输层为面向应用的上 3 层遮蔽了与网络有关的下 3 层的详细操作。从实质上讲，传输层建立在由下 3 层提供服务的基础上，为面向应用的上 3 层提供与网络无关的信息交换服务。

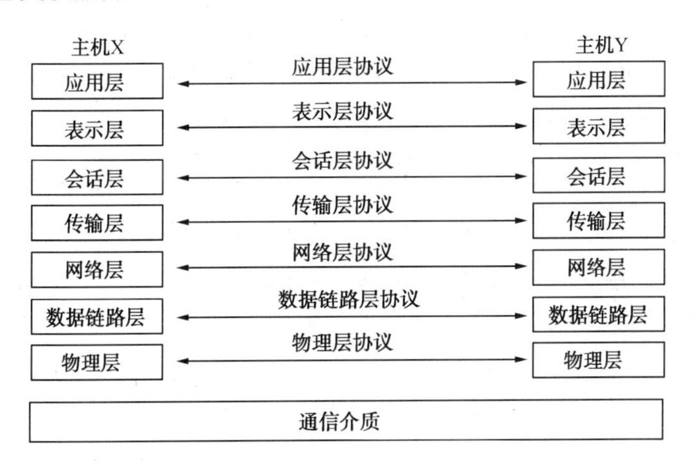

图 7-6　ISO/OSI 参考模型的逻辑结构

- 物理层（Physical layer）：是 OSI 模型中的最低层，它的数据格式是二进制比特流。物理层的主要功能是利用物理传输介质为数据链路层提供连接，以透明地传输比特流。
- 数据链路层（Data-link layer）：在通信的实体间建立数据链路连接，传送以帧（Frame）为单位的数据，并采用相应方法使有差错的物理线路变成无差错的数据链路。
- 网络层（Network layer）：传送的数据称为包或分组（Package），其功能是进行路由选择、阻塞控制与网络互联等。
- 传输层（Transport layer）：传送的数据称为报文，其功能是向用户提供可靠的端到端服务，透明地传送报文，是关键的一层。
- 会话层（Session layer）：其功能是组织两个会话进程间的通信，并管理数据的交换。
- 表示层（Presentation layer）：主要用于处理两个通信系统中交换信息的表示方式，包括数据格式变换、数据加密、数据压缩与恢复等功能。
- 应用层（Application layer）：是 OSI 参考模型中的最高层。应用层确定进程之间通信的性质，以满足用户的需要，它在提供应用进程所需要的信息交换和远程操作的同时，还要作为应用进程的用户代理，来完成一些为进行信息交换所必需的功能。

7.2 Internet 基础

7.2.1 Internet 介绍

计算机网络技术在 20 世纪 60 年代问世后，曾出现过各种各样以不同的网络技术组建起来的局域网和广域网。将各种不同的网络互连起来的可能解决方案有两个：一是选择一种网络技术，然后以强制方式让所有非使用这种网络技术的组织拆除其原有网络而重新组建新的网络；一是允许各个部门和组织根据各自的需求和经济预算选择自己的网络，然后再寻求一种方法将所有类型的网络互连起来。第一种方法听起来要简单易行些，但实际上却是不可能做到的。第二种方法就是 Internet，已经被实践证明是一种很好的方法。

在 20 世纪 60 年代，美国军方为寻求将其所属各军方网络互联的方法，由国防部下属的高级计划研究署（Advanced Research Project Agent，ARPA）出资赞助大学的研究人员开展网络互联技术的研究。研究人员最初在四所大学之间组建了一个实验性的网络，可以经得起包括战争破坏在内的故障而正常工作，被称为 ARPANET。

随后，深入的研究导致 TCP/IP 协议的出现与发展。为了推广 TCP/IP 协议，在美国军方的赞助下，加州大学伯克利分校将 TCP/IP 协议嵌入到当时很多大学使用的网络操作系统 BSD UNIX 中，促成了 TCP/IP 协议的研究开发与推广应用。1983 年初，美国军方正式将其所有军事基地的各子网都联到 ARPANET 上，并全部采用 TCP/IP 协议。这标志着 Internet 的正式诞生。

ARPANET 实际上是一个网际网，网际网的英文单词 Internet Work 被当时的研究人员简称为 Internet，同时，开发人员用 Internet 这一称呼来特指为研究建立的网络原型，这一称呼被沿袭至今。作为 Internet 的第一代主干网，ARPANET 虽然今天已经退役，但它的技术对网络技术的发展产生了重要的影响。

从技术角度来看，Internet 包括各种计算机网络，从小型的局域网、城域网到大规模的广域网。计算机主机包括 PC、工作站、小型机、中型机和大型机。这些网络和计算机通过电话线、高速专用线、微波、卫星和光缆连接在一起，在全球范围内构成了一个四通八达的“网间网”。

从应用角度来看，Internet 是一个世界规模的巨大的信息和服务资源网络，它能够为每一个 Internet 用户提供有价值的信息和其他相关的服务。也就是说，通过使用 Internet，世界范围的人们既可以互通信息、交流思想，又可以从中获取各方面的知识、经验和相关资源。

我国第一次与国外通过计算机和网络进行通信始于 1983 年，这一年，中国高能物理研究所通过商用电话线，与美国建立了电子通信连接，实现了两个节点间电子邮件的传输，从此拉开了中国 Internet 的帷幕。

7.2.2 Internet 的分层结构

1. TCP/IP 协议模型

前面讲述了 OSI 七层参考模型，但是在实际中完全遵从 OSI 参考模型的协议几乎没有。尽管如此，OSI 模型为人们考查其他协议各部分间的工作方式提供了框架和评估基础。

Internet 上所使用的网络协议是 TCP/IP（Transmission Control Protocol/Internet Protocol,

传输控制协议/网络互连协议)。TCP/IP 协议是美国国防部高级计划研究局 DARPA 为实现 ARPANET 互联网而开发的,也是很多大学及研究所多年的研究及商业化的结果。目前,众多的网络产品厂家都支持 TCP/IP 协议,TCP/IP 已成为一个事实上的工业标准。

TCP/IP 以其两个主要协议传输控制协议(TCP)和网络互连协议(IP)而得名,实际上是由一组具有不同功能且互为关联的协议构成。由于 TCP/IP 可以看做是多个独立定义的协议集合,因此也被称为 TCP/IP 协议簇。

TCP/IP 参考模型与 ISO 的 OSI 七层参考模型的对应关系如图 7-7 所示。TCP/IP 协议模型从更实用的角度出发,形成了高效的 4 层体系结构,即网络接口层、网际层、传输层和应用层。

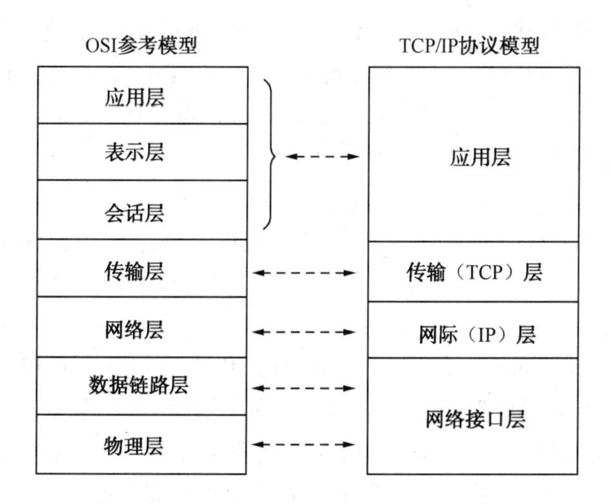

图 7-7　OSI 与 TCP/IP 的对应关系

2. 各层服务概述

(1)网络接口层

这是 TCP/IP 协议的最低一层,包括多种逻辑链路控制和媒体访问协议。TCP/IP 参考模型并未对这一层做具体的描述,只指出主机必须通过某种协议连接到网络,才能发送 IP 分组,该层中所使用的协议大多是各通信子网固有的协议。

网络接口层负责接收从网际层转来的 IP 数据报,并将 IP 数据报通过低层物理网络发送出去,或者从低层物理网络上接收物理帧,抽取出 IP 数据报交给网际层。网络接口有两种类型:第一种是设备驱动程序,如局域网的网络接口;第二种是含自身数据链路协议的复杂子系统。TCP/IP 未定义数据链路层,是因为在 TCP/IP 最初的设计中已经使其可以使用包括以太网、令牌环网、FDDI 网、ISDN 和 X.25 在内的多种数据链路层协议。

TCP/IP 可使用于多种传输介质。例如,在以太网中,TCP/IP 可支持同轴电缆、双绞线和光纤;TCP/IP 在 X.25 上的应用可以支持微波传输或电话线路。

(2)网际层

网际层也称为 IP 层或网络互连层,是 TCP/IP 模型的关键部分。该层的主要功能是负责相同或不同网络中计算机之间的通信,主要处理数据报和路由。

IP 层的主要功能包括三个方面。第一,处理来自传输层的分组发送请求:将分组装入 IP 数据报,填充报头,选择去往目的节点的路径,然后将数据报发往适当的网络接口。第二,处理输入数据报:首先检查数据报的合法性,然后进行路由选择,假如该数据报已到达目的节点，则去掉报头，将 IP 报文的数据部分交给相应的传输层协议；假如该数据报尚未到达目的节点，则转发该数据报。第三，处理 ICMP 报文：即处理网络的路由选择、流量控制和拥塞控制等问题。TCP/IP 网络模型的 IP 层在功能上非常类似于 OSI 参考模型中的网络层。

IP 层是网络互连的基础，提供无连接的分组交换服务，它是对大多数分组交换网所提供服务的抽象。其任务是允许主机将分组放到网上，让每个分组独立地到达目的地。分组到达的顺序可能不同于分组发送的顺序，由高层协议负责对分组重新进行排序。与避免拥挤一样，分组的路由选择是本层的主要工作。

在 TCP/IP 网络环境下，每个主机都分配一个 32 位的 IP 地址，又称为互联网地址，这是在国际范围内标识主机的一种逻辑地址。另外，为了让报文能够在物理网络上传送，还必须知道彼此的物理地址。IP 层中，ARP（Address Resolution Protocol，地址转换协议）用于将 IP 地址转换成物理地址，RARP（Reverse Address Resolution Protocol，反向地址转换协议）用于将物理地址转换成 IP 地址，ICMP（Internet Control Message Protocol，互联网控制报文协议）用于报告差错和传送控制信息。

（3）传输层

传输层的作用是在源节点和目的节点的两个进程实体之间提供可靠的端到端的数据传输。为了保证数据传输的可靠性，传输层协议规定接收端必须发回确认，并且假定分组丢失，必须重新发送。

该层提供 TCP（Transmission Control Protocol，传输控制协议）和 UDP（User Datagram Protocol，用户数据报协议）两个协议，它们都建立在 IP 协议的基础上。TCP 协议是一个可靠的、面向连接的传输层协议，它将某节点的数据以字节流形式无差错传送到互联网的任何一台机器上。发送方的 TCP 将用户交来的字节流划分成独立的报文，并交给 IP 层进行发送，而接收方的 TCP 将接收的报文重新组装交给接收用户。UDP 协议是一个不可靠的、无连接的传输层协议，提供简单的无连接服务。

（4）应用层

TCP/IP 参考模型中没有会话层与表示层。OSI 模型的实践发现，大部分的应用程序不涉及这两层，故 TCP/IP 参考模型不予考虑。在传输层之上就是应用层，它包含所有的高层协议。早期的高层协议包括远程登录（Telnet）、文件传输协议（FTP）、电子邮件传输协议（SMTP）。

Telnet 允许用户登录到远程机器并在其上工作，FTP 提供有效地将数据从一台机器传送到另一台机器的机制。早期的电子邮件仅仅是文件传送，后来为它开发了专门的协议 SMTP。现在，应用层又加入了许多其他协议，如域名服务（DNS）用于将主机名映射到其网络地址，Web 服务（HTTP）是用于搜索 WWW 上超文本的协议等。

7.2.3　IP 地址与域名

Internet 由许多小网络组成，要传输的数据通过共同的 TCP/IP 协议进行传输。传输的一个重要问题就是传输路径的选择，也就是路由选择。简单地说，通信双方需要知道由谁发出数据及要传送给谁，网际协议地址（IP 地址）解决了这一问题。

1. 主机 IP 地址

Internet 上的每一台计算机都被赋予了一个唯一的 32 位 Internet 地址，简称 IP 地址，这一地址可用于与该计算机有关的全部通信。

（1）IP 地址组成

IP 地址由两部分组成，如图 7-8 所示。其中，网络地址用来标识该计算机属于哪个网络，主机地址用来标识该网络上的计算机。

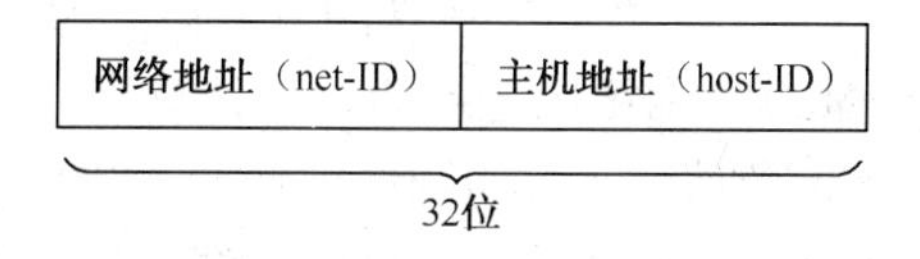

图 7-8　IP 地址的结构

一个 IP 地址由 4 个字节、共 32 位的二进制数字串组成，这 4 个字节通常用圆点分成 4 组。为了便于记忆，通常把 IP 地址写成 4 组用小数点隔开的十进制整数。例如，某台主机的 IP 地址为 11010010.00101010.10111111.00000100，用十进制表示就是 210.42.159.4。

为了便于对 IP 地址进行管理，充分利用 IP 地址以适应主机数目不同的各种网络，对 IP 地址进行了分类，共分为 A、B、C、D、E 五类地址，如表 7-1 所示。

表 7-1　IP 地址的分类说明

位	0	1	2	3	4	5	6	7	8 15	16 23	24 31
A 类	0	网络 ID，占 7 位							主机 ID，占 24 位		
B 类	1	0	网络 ID，占 14 位							主机 ID，占 16 位	
C 类	1	1	0	网络 ID，占 21 位							占 8 位
D 类	1	1	1	0	多点广播地址，占 28 位						
E 类	1	1	1	1	0	留作实验或将来使用					

A 类地址由 1 个字节的网络地址和 3 个字节主机地址组成，网络地址的最高位必须是“0”。B 类地址由 2 个字节的网络地址和 2 个字节的主机地址组成，网络地址的最高两位必须是“10”。C 类地址由 3 个字节的网络地址和 1 个字节的主机地址组成，网络地址的最高三位必须是“110”。D 类地址被称为组播地址，以“1110”开头。E 类地址是保留地址，以“11110”开头，主要为将来使用保留。目前在互联网中大量使用的是 A、B、C 类三种。

将 IP 地址表示为十进制后，其取值范围为 0.0.0.0～255.255.255.255，A、B、C 类地址的取值范围如表 7-2 所示。

表 7-2　IP 地址的取值范围

地 址 类 别	取 值 范 围
A 类	0.0.0.0～127.255.255.255
B 类	128.0.0.0～191.255.255.255
C 类	192.0.0.0～233.255.255.255

除了上面的地址划分外，TCP/IP 还规定了几种特殊的地址，这些地址具有一定的特殊用途。

- IP 地址主机 ID 设置为全“1”的地址称为广播地址，用于对应网络的广播通信。
- IP 地址主机 ID 设置为全“0”的表示是该计算机所在的网络，称为网络地址。
- A 类网络地址 127 是一个保留地址，用于网络软件测试及本地进程间的通信，称为回送地址。

例如，某台计算机的 IP 地址为 210.42.150.226，从 IP 地址可以知道这是一个 C 类地址，其对应的网络ID占24位，是210.42.150.0，主机ID占8位，是226，广播地址为210.42.150.255。也就是说，这台计算机是连接到Internet上代号为210.42.150.0的小网络中的，计算机在该小网络中的代号为226，并且如果某一个数据中包含的目的地址为210.42.150.255，则该数据将以广播的形式发送给210.42.150.0号网络所连接的所有计算机。

A类网络地址127是一个保留地址，称为回送地址。无论什么程序，一旦使用回送地址发送数据，协议软件立即将其返回，不进行任何网络传输。TCP/IP协议规定：含网络号127的分组不能出现在任何网络上，同时主机和网关不能为该地址广播任何路由信息。

现在的网络地址使用32位表示，称为IPv4地址。由于网络的迅速发展，连入网络的计算机数目增加很快，现有的IP地址已经不能满足需要。因此，新一代Internet采用128位来表示IP地址，称为IPv6地址。

（2）私有地址

IP地址按使用用途可分为私有地址和公有地址两种。所谓私有地址就是只能在局域网内使用，广域网中不能使用，私有地址有以下几类。

A类：10.0.0.1到10.255.255.254。

B类：172.16.0.1到172.31.255.254。

C类：192.168.0.1到192.168.255.254。

所谓公有地址是在广域网内使用的地址，但其在局域网内也同样可以使用。私有地址以外的地址都是公有地址。

2. 子网掩码

Internet上32位二进制数的IP地址所表示的网络数是有限的，在实际编码方案中，会遇到网络数不够的问题。事实上，一个有几千、几万台主机的大规模的单一物理网络几乎是不存在的。解决的方法是采用子网寻址技术，即将一个物理网络从逻辑上划分成若干个小的子网。

这样一来，IP地址的主机部分再次划分为子网号和主机号两部分。如何划分子网号和主机号的位数，主要依据实际需要多少个子网而定。IP地址划分为“网络－子网－主机”三部分，用IP地址的网络地址部分和主机部分的子网号一起来进行网络标识的标识。

为了进行子网划分，引入了子网掩码的概念。子网掩码和 IP 地址一样，也是一个 32位的二进制数，用圆点分隔成4组。子网掩码规定，将IP地址的网络标识和子网标识部分用二进制数1表示，主机标识部分用二进制数0表示。利用IP地址与子网掩码进行对应位的逻辑“与”运算，即可方便地得到网络地址。通过网络地址可以在互联网中找到目的计算机所在的网络，进而完成对计算机的寻址。A、B、C类地址对应的默认子网掩码如表7-3所示。

表7-3　默认子网掩码

地 址 类 别	子网掩码的二进制形式	十进制形式
A类	11111111.00000000.00000000.00000000	255.0.0.0
B类	1111111.11111111.00000000.00000000	255.255.0.0
C类	1111111.11111111.11111111.00000000	255.255.255.0

有时会看到这样的地址：210.42.150.226/24，这里的24指的是子网掩码中二进制数1的个数是24，一般写成210.42.150.226 255.255.255.0。也就是说，这个地址的网络ID位数占了

24 位，这个地址的网络号就是 210.42.150.0。有时也会发现这样的地址：210.42.150.1/26，这里多出的 2 位做了子网掩码，也就涉及了子网划分。

例如，某公司申请了一个 C 类的网络 210.42.150.226，子网掩码为 255.255.255.0，如果要把这个网段划分为 4 个子网，应该怎么做呢？首先，利用子网划分公式 2^m-2，其结果就是要划分的子网数目，m 是要借的主机位数。如果要将 210.42.150.0 划分为 4 个子网，那么就应该借 3 个主机位，对应的子网掩码为：

255.255.255.224（即 11111111.1111111.11111111.11100000）

3．域名地址

尽管 IP 地址能够唯一地标识网络上的计算机，但 IP 地址是数字型的，用户记忆这类数字十分不方便。为了便于记忆和表达，又引入了另一套字符型的地址方案，即域名地址。

域名即站点的名字，从技术上讲，域名只是 Internet 中用于解决地址对应问题的一种方法。域名采用层次结构，每一层构成一个子域名，子域名之间用圆点隔开。域名的一般格式为：

主机名.机构名称.组织结构.国家或地区代码

例如，在 www.scuec.edu.cn 域名地址中，自右往左说明了这个主机是中国、教育机构、中南民族大学的名为 www 的计算机。

顶级域名通常具有最普通的含义，部分顶级域名如表 7-4 所示。

表 7-4　部分顶级域名

域　名	组织机构	域　名	国家代码
edu	教育机构	cn	中国
com	商业机构	fr	法国
gov	政府机构	tw	中国台湾
int	国际性组织	jp	日本
mil	军事单位	uk	英国
net	网络管理机构	au	澳大利亚
org	其他机构	hk	中国香港

IP 地址和域名是一一对应的，域名地址的信息存放在域名服务器（Domain Name Server，DNS）上。为了提高系统的可靠性，每个区的域名至少由两台域名服务器来保存。当用户输入主机的域名时，负责管理的计算机把它送到 DNS 上，由 DNS 把域名翻译成相应的 IP 地址。

7.2.4　与 Internet 的连接

目前常见的计算机接入 Internet 的方式主要有三种：电话拨号接入、局域网接入和 ADSL 接入。

1．电话拨号接入

电话拨号接入 Internet 是最简单的一种方式，只需要一根电话线、一台计算机、一个调制解调器（MODEM）就可以了。其接入过程分为以下几个步骤。

（1）MODEM 的安装

按照 MODEM 与计算机主机的位置关系，通常分为内置 MODEM 和外置 MODEM 两种，分别如图 7-9 和图 7-10 所示。

图 7-9 内置 MODEM

图 7-10 外置 MODEM

内置 MODEM 的安装比较麻烦，需要打开机箱，并且在主板上找一个空闲的 PCI 插槽，然后将 MODEM 插入到 PCI 插槽中，并用螺钉固定好。外置 MODEM 则是放在计算机主机的外部：关闭计算机电源后，将电话线插入 MODEM 的 Line 端口；然后使用一根电话线连接电话和 MODEM 的 Phone 端口；使用一根 RS-232 连接线从 MODEM 的串口端连接到计算机的串口端；最后将 MODEM 直流稳压电源的直流端插入 MODEM 的电源插口。

（2）MODEM 驱动程序的安装

安装好 MODEM 后，计算机第一次启动时会报告发现了新的硬件。现在多数 MODEM 都是即插即用的，因此计算机通常会自动安装相应的驱动程序。

（3）拨号网络的设置

打开控制面板，在控制面板窗口中双击“网络连接”图标，在打开的窗口中单击“创建一个新的连接”，打开“新建连接向导”对话框，在对话框中按照提示完成拨号网络的设置。

（4）网络连接设置

由于采用电话线作为传输线路，需要为当前的连接设置 PPP 协议，同时在设置 TCP/IP 协议时必须选择“自动获得 IP 地址”单选按钮。

2. 局域网接入

使用局域网来接入 Internet，可以避免传统的拨号上网无法接听电话的弊端，还可以节省大量的电话费。采用局域网接入 Internet 也非常简单，只要有一台计算机、一块网卡、一根网线，然后再通过网络管理员获得一个 IP 地址就可以了。

（1）TCP/IP 协议的安装

在桌面上右击“网上邻居”图标，在弹出的快捷菜单中选择“属性”命令，打开“网络连接”窗口；右击窗口中的“本地连接”图标，在弹出的快捷菜单中选择“属性”命令，打开“本地连接属性”对话框。

在对话框中单击“安装”按钮，打开“选择网络组件类型”对话框；选择“协议”选项并单击“添加”按钮。

在出现的“选择网络协议”对话框中选择“Internet 协议（TCP/IP）”，并单击“确定”按钮进行协议安装。

（2）TCP/IP 协议的配置

TCP/IP 协议安装完成后，就可以在“本地连接属性”对话框的“本连接使用下列项目”列表框中找到“Internet 协议（TCP/IP）”，选定并单击“属性”按钮，进行 TCP/IP 协议的配置，配置界面如图 7-11 所示。

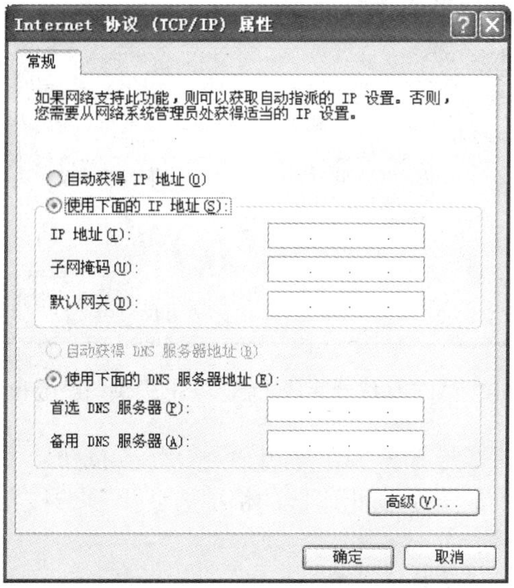

图 7-11　TCP/IP 配置界面

在进行协议配置之前，必须先从网络管理员那里获取以下信息：分配给该计算机的 IP 地址、计算机 IP 地址的子网掩码、默认网关地址及本地局域网的 DNS 服务器地址。

上述内容配置好后，单击“确定”按钮，系统会提示重启计算机。待系统重启后，TCP/IP 协议配置就完成了。

3. ADSL 接入

ADSL 是目前较有应用前景的接入手段之一，传输速率高是它最大的特点。

ADSL 接入 Internet 有虚拟拨号和专线接入两种方式。所谓虚拟拨号是指用 ADSL 接入 Internet 时，需要输入用户名和密码，而采用专线接入的用户只要开机就可以接入 Internet。

下面以虚拟拨号方式下的 ADSL 接入为例，做简单的步骤说明。

首先要到本地电信营业厅申请一个 ADSL 账号，然后将 ADSL MODEM 安装好。

打开计算机后，右击桌面上的“网上邻居”图标，在弹出的快捷菜单中选择“属性”命令，打开“网络连接”窗口；单击窗口中的“创建一个新的连接”，打开“新建连接向导”对话框。

单击“下一步”按钮，选择“连接到 Internet”单选按钮，再单击“下一步”按钮。

选择“手动设置我的连接”单选按钮，单击“下一步”按钮。

选择“用要求用户名和密码的宽带连接来连接”单选按钮，单击“下一步”按钮。

在文本框中输入 ISP 名称，如“ADSL”，单击“下一步”按钮，出现如图 7-12 所示界面。

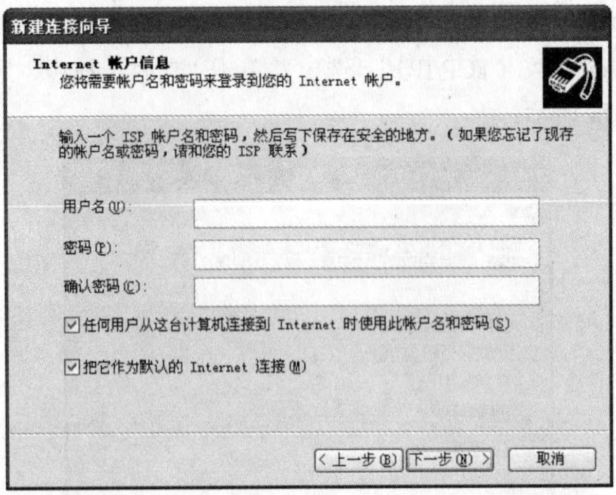

新建连接向导

Internet 帐户信息
您将需要帐户名和密码来登录到您的 Internet 帐户。

输入一个 ISP 帐户名和密码，然后写下保存在安全的地方。（如果您忘记了现存的帐户名或密码，请和您的 ISP 联系）

用户名(U):

密码(P):

确认密码(C):

☑任何用户从这台计算机连接到 Internet 时使用此帐户名和密码(S)

☑把它作为默认的 Internet 连接(M)

< 上一步(B)　下一步(N) >　取消

图 7-12　ADSL 拨号连接之输入 ISP 提供的账号和密码

在图中输入 ISP 提供的账号和密码，单击“下一步”按钮。

选择“在我的桌面上添加一个到此连接的快捷方式”复选按钮，单击“完成”按钮，桌面上就出现了图标。

双击此图标，就会出现“连接 ADSL”窗口，单击“连接”按钮开始 ADSL 拨号连接，当连接成功后就可以上网了。

这里需要注意的是，网络协议同样是使用 TCP/IP 协议，并且不需要设置固定的 IP 地址，使用系统的默认配置即可。

7.2.5　Internet 的基本服务

Internet 是一个庞大的互联系统，它通过全球的信息资源和入网国家的数百万个网点，向人们提供各种信息资源。由于 Internet 本身的开放性、广泛性和自发性，可以说，Internet 上的信息资源是无限的。

人们可以在 Internet 上迅速而方便地与远方的朋友交流信息，可以把远在千里之外的一台计算机上的资料瞬间复制到自己的计算机上，可以在网上直接访问有关领域的专家，针对感兴趣的问题与他们进行讨论。人们还可以在网上漫游，访问和搜索各种类型的信息库。很多人在网上建立自己的个人主页，定期发布自己的信息。所有这些都应该归功于 Internet 所提供的各种各样的服务。

互联网主要提供以下几种类型的服务来帮助用户完成相关任务。

1. WWW 服务

万维网（World Wide Web，WWW）简称 Web，是全球网络资源。Web 最初是欧洲核子物理研究中心开发的，是近年来 Internet 取得的最为激动人心的成就。Web 最主要的两项功能是读取超文本（Hypertext）文件和访问 Internet 资源。

（1）读取超文本文件

Web 将全球信息资源通过关键字方式建立链接，使信息不仅可按线性方式搜索，而且可按交叉方式访问。在一个文档中选中某关键字，即可进入与该关键字链接的另一个文档，它可能与前一个文档在同一台计算机上，也可能在 Internet 的其他主机上。

在超文本文件世界中，用超媒体（Hypermedia）一词来指代非文本类型的数据文件，如声音、图像等。Web 是一个交互式超媒体系统，它由链接方式相互连接的多媒体文件组成。用户只要选中一个连接，就可以访问相关的多媒体文件。

（2）访问 Internet 资源

Web 的第二项功能是，它可连接任何一种 Internet 资源。例如，当 Web 连接到 Telnet，便会自动启动远程登录；若连接到 Usenet，Web 将以简明的超文本格式让用户阅读专题文章。总之，Web 将 Internet 的一切资源组织成超文本文件，然后通过连接让用户方便地访问它们。

2. FTP 服务

FTP（File Transport Protocol，文件传输协议）是在 Internet 上把文件准确无误地从一个地址传输到另一个地址。除此之外，FTP 还提供登录、目录查询、文件操作、命令执行及其他会话控制功能。利用 Internet 进行交流时，经常需要传输大量的数据或信息，所以文件传输是 Internet 的主要用途之一。

3. 电子邮件服务

电子邮件又称电子信箱，是一种以计算机网络为载体的信息传输方式。电子邮件与普通邮政系统传递信件的方式类似，如果用户想给朋友发送一封邮件，首先，要在邮件客户端写好信件内容，然后写上朋友的邮件地址，最后发送。发送的过程中，可能要经过 Internet 中的多个邮件服务器进行转发，最终会到达朋友信箱的邮件服务器中。电子邮件不仅可以发送文本信息，而且可以发送图形图像、声音、动画等各种数据。

虽然不同的电子邮件程序使用的方法会稍有不同，但地址格式是统一的。Internet 统一使用 DNS 来编定信息的地址，因而 Internet 中所有的邮件地址均具有相同的格式：

用户名称@主机名称

如 favto@163.com，其中“favto”是用户名，而“163.com”是主机名。

4. Telnet 远程登录

Telnet 的主要作用是实现在一端管理另一端。它可以使用户坐在已上网的计算机前，通过网络进入另一台已上网的计算机，使它们互相连通。这种连通可以发生在同一房间里的计算机，或是在世界各范围内已上网的计算机。习惯上来说，被连通并为网络上所有用户提供服务的计算机称为服务器（Servers），而用户使用的计算机称为客户机（Client）。一旦连通后，客户机可以享有服务器所提供的一切服务。

使用 Telnet 的最简单的方法是在命令行输入：

Telnet　远程主机名

7.3　上网操作

Internet 为用户提供了各种各样的服务，进入 Internet 后，可以利用它里面无穷无尽的资源，同世界各地的人们自由通信和交换信息。

下面简单介绍几种比较常用的上网操作。

7.3.1　IE 浏览器的使用

Internet Explorer（IE）浏览器是 Microsoft 公司开发的 WWW 浏览器软件，内置于 Windows 操作系统中，是目前的主流浏览器软件之一。使用 IE 浏览器可以实现网页浏览、文件下载、电子邮件收发等。

1．网页浏览操作

如果想要打开某个网页，双击 Windows 桌面上的 IE 浏览器图标即可打开一张空白网页，如图 7-13 所示。在地址栏中输入想要访问网页的网址，按下 Enter 键，就可以打开相应的网页。

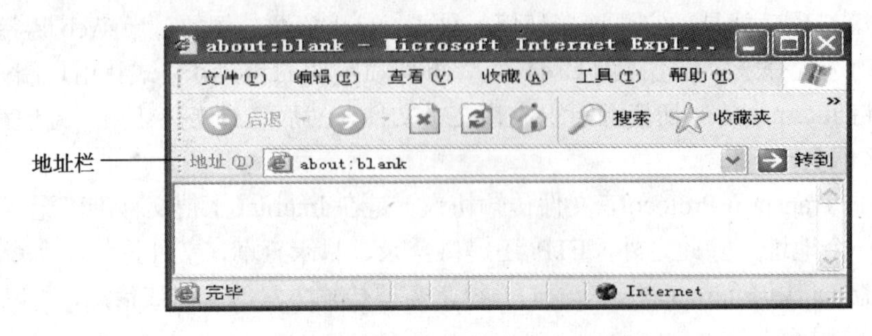

图 7-13　IE 浏览器空白网页窗口

在浏览网页时，光标在超链接所在位置会由箭头变为手形，此时单击鼠标左键就可以通过超链接跳转到相应的新页面。在浏览页面时，如果找到所需要的资料，可以简单地通过鼠标选定相应内容，利用“复制”、“粘贴”操作实现信息的获取。

如果在浏览页面时想要保存页面中的某张图片，可将鼠标移至该图片，单击鼠标右键，在弹出的快捷菜单里选择“图片另存为”命令，打开“保存图片”对话框，选择图片的保存位置、文件名、保存类型，就可以完成图片的获取。

2．工具栏功能

IE 浏览器的工具栏如图 7-14 所示，其常用的功能按钮说明如下。

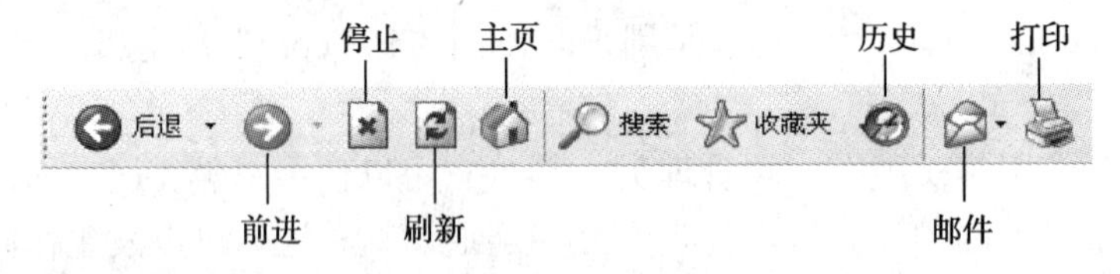

图 7-14　IE 浏览器工具栏

- 后退：打开浏览器已链接过的前一个页面。
- 前进：打开浏览器已链接过的后一个页面。
- 停止：停止当前浏览器的页面传输。
- 刷新：重新将当前页面从页面所在 WWW 服务器传输到浏览器。
- 主页：打开浏览器设置的每次运行时自动打开的默认主页。
- 搜索：在浏览器打开的当前页面中进行字符串搜索。
- 收藏夹：将浏览器打开的当前页面的 URL 保存到收藏夹。
- 历史：打开浏览器所记录的页面浏览历史。
- 邮件：启动 Outlook Express 服务。
- 打印：打印浏览器当前页面的内容。

对于一些经常浏览的页面，每次打开它们都需要在地址栏中输入相应的网址，比较麻烦。通过“收藏夹”按钮，或是菜单栏的“收藏”→“添加到收藏夹”命令，可以将这些页面的网址保存到浏览器的“收藏夹”中。以后想要再次访问该页面时，只需单击“收藏夹”按钮或“收藏”菜单选择该网页地址即可。

3．浏览器设置

选择菜单栏“工具”→“Internet 选项”，可以打开如图 7-15 所示的“Internet 选项”对话框。该对话框有多个选项卡，可以对 IE 浏览器的运行环境进行一些设置。在“常规”选项卡中，设置内容说明如下。

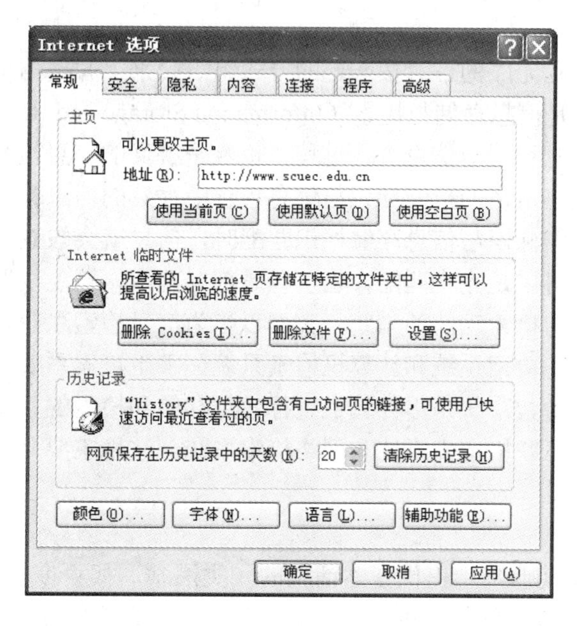

图 7-15　“Internet 选项”对话框

（1）主页

用来设置浏览器每次运行时自动打开的主页地址。有三种设置方式：“使用当前页”是按照用户在地址栏中所输入的主页地址运行，“使用默认页”是将 Microsoft 公司的主页作为默认主页，“使用空白页”则每次运行浏览器打开的都是一个空白页面。

（2）Internet 临时文件

Cookie 是那些用户访问过的网页留在计算机上的小记录，它能在用户下次访问该网页时将用户识别出来。例如，当用户进入某个网站，而其又在该站点有账号时，站点就会立刻知道用户是谁，自动载入其个人参数。IE 浏览器的 Cookie 控制能力很差：它不允许有选择地阻断一些进来的 Cookie，而只能“全保留”或者“全删除”。如果想要把它们全部删除掉，单击“删除 Cookies”按钮即可。

浏览器会自动将用户访问过的主页保存到本地硬盘的专用临时文件夹中，这样，当再次访问该主页时，由于它已经在临时文件夹中，就可以直接读取页面内容而无须重新下载。但它们会占用大量的硬盘空间，可以通过单击“删除文件”按钮，来删除临时文件夹中的内容，节约硬盘空间。

单击“设置”按钮，可以将 Internet 临时文件占用的磁盘空间设置在一个可以接受的范围内，同时，还可以将临时文件夹移至另一个分区，以减少对系统分区磁盘的占用量。

（3）历史记录

浏览器同样会自动保存用户所访问过的网址记录，系统默认设置为保存用户 20 天的访问记录。单击“清除历史记录”按钮，就会删除所有历史记录。

4．网页的保存

在浏览网页时，可以将所需要的页面保存到本机硬盘，实现离线浏览。保存的方法是：

待要保存的页面显示完成后，选择菜单栏“文件”→“另存为”，在弹出的“保存页面”对话框中，选定该文件保存的位置、文件名和保存类型，然后单击“保存”按钮，就可以完成页面的存储。

7.3.2 信息检索

信息检索是指将杂乱无序的信息按一定的方式组织起来，并根据用户的需要找出有关信息的过程和技术，全称是信息存储与检索（Information Storage and Retrieval）。通常人们所说的信息检索主要指后一过程，即信息查找过程，也就是狭义的信息检索。

信息检索的实质是将用户的检索标识与信息集合中存储的信息标识进行比较和选择，也称为匹配，当用户的检索标识与信息存储标识匹配时，信息就会被查找出来，否则就查不出来。匹配有多种形式，可以是完全匹配，也可以是部分匹配，这主要取决于用户的需要。

任何具有信息存储与检索功能的系统，都可以称为信息检索系统。检索系统按照检索的手段分类，可以分为手工检索系统和计算机检索系统。手工检索系统是以手工方式存储和检索信息的系统，计算机检索系统是用计算机进行信息存储和检索的系统。计算机检索系统又可细分为光盘检索系统、联机检索系统和网络检索系统。这里主要介绍两种网络信息检索系统的使用。

1．百度搜索引擎

搜索引擎是专门为其他网站提供搜索帮助的一类网站，如百度 www.baidu.com 和谷歌 www.google.com 就是比较大型的搜索引擎。下面具体介绍百度的使用方法。

在网页的地址栏输入 www.baidu.com 后，进入百度主页，如图 7-16 所示。页面中间的空白栏就是用户输入检索关键字的地方。

图 7-16　百度主页

从百度的主页上可以看到，用户可以搜索新闻、网页、MP3、图片和视频等。

（1）搜索网页

例如，在文本框内输入“2009 公务员考试”，再单击“百度一下”按钮，搜索结果如图 7-17 所示。显示内容主体分为以下几个部分。

网页标题：目标网页的标题。

网页内容简介：指网页上含有搜索关键字的内容的前几行。

网页地址：目标网页的地址。可以简单看出本网页的地址、大小和建立时间。

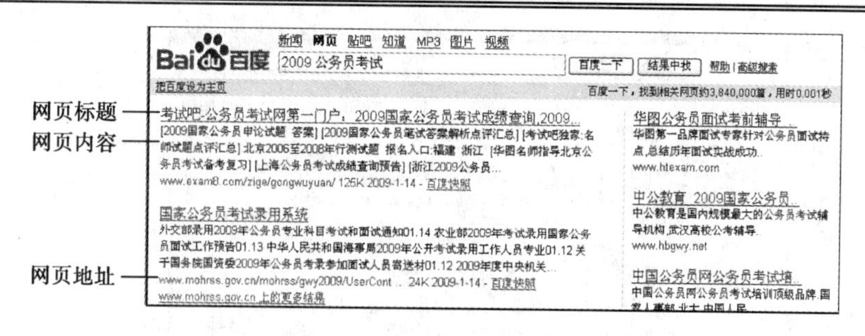

图 7-17　“2009 公务员考试”网页搜索结果

通过分析搜索结果可以看到，在搜索结果中可能包含大量信息，这些信息有的与用户的要求有关，但更多是与用户要求无关的。对一个最终的用户而言，无关的网页越多，寻找有价值的网页就越困难。如果认为某个页面有价值，只需单击链接文字，就可进入该页面。

（2）搜索新闻

如果要搜索关于“汶川地震”的新闻，首先单击“新闻”，然后在文本框内输入“汶川地震”。在文本框下方有两个选项：“新闻全文”和“新闻标题”，可以根据需要选择，然后单击“百度一下”按钮，即可搜索出相关结果。

（3）搜索音乐

首先单击“MP3”，会发现在文本框下方有很多选项，如图 7-18 所示。可以根据需要选择，在文本框中输入想要搜索的歌曲名，然后单击“百度一下”按钮，即可出现搜索结果。搜索图片和视频的方法与此类似。

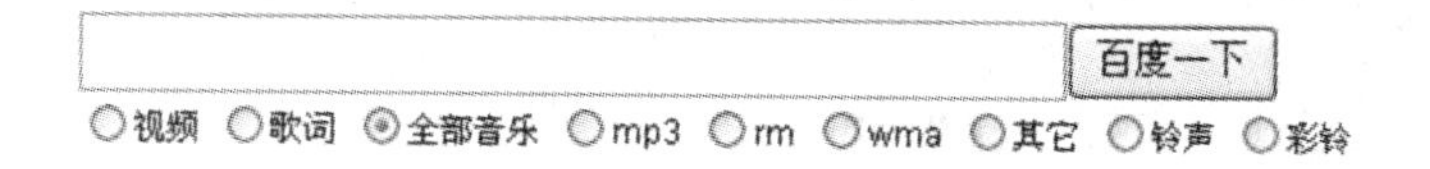

图 7-18　搜索音乐选项

（4）百度贴吧、百度知道

百度贴吧是各个特定主题的论坛，在里面可以发表新主题或留言回复，还可以根据帖子内容或帖子作者进行帖子搜索。百度知道是提问和回答的地方，在里面可以提出自己的问题，或是帮别人解答问题。

2．中国知网（CNKI）

中国知网（http://www.cnki.net/index.htm）是中国知识基础设施工程（China National Knowledge Infrastructure，CNKI）的一个重要组成部分。其数据库主要有中国期刊全文数据库、中国优秀硕士学位论文全文数据库、中国博士学位论文全文数据库、中国重要会议论文全文数据库等。

CNKI 是付费站点，用户必须先购买账号和密码，才能进入使用。对于没有相应账号与密码的用户，可以浏览摘要等免费信息，但不能浏览或下载文献全文。大部分高校图书馆采用集中购买方式，并通过控制 IP 地址供校园网内用户使用。

假如用户现在位于中南民族大学校园网内，可以先在浏览器中输入网址 http://www.lib.scuec.edu.cn，进入中南民族大学图书馆网站。然后用鼠标单击网页中的“中国知网”超链接，进入如图 7-19 所示的检索界面。

图 7-19　中国知网检索界面

在中国知网的检索界面中，可以看到检索有初级检索、高级检索、专业检索三种。初级检索是最简单的一种检索，只能设定一个检索条件。专业检索是使用“专业检索语法表”中的运算符构造表达式，这里主要介绍高级检索，其界面如图 7-20 所示。

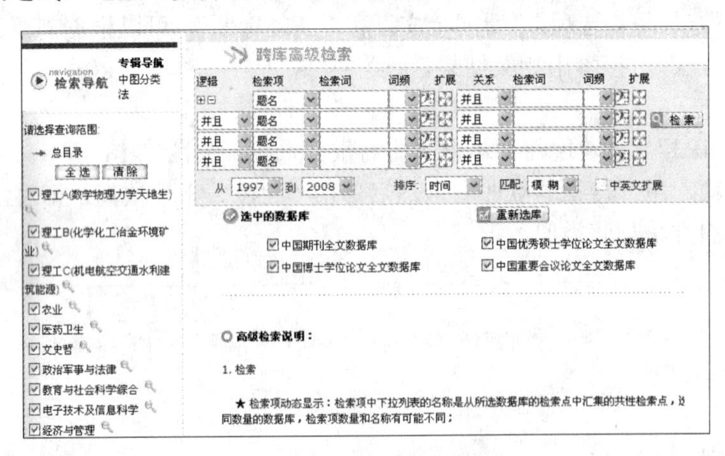

图 7-20　跨库高级检索界面

（1）检索条件

- 检索项：用来针对文献的不同部分进行检索，包括题名、关键词、摘要、全文、作者、第一作者、作者单位、来源、主题、基金、参考文献。
- 检索词：输入用户自定义的检索关键字。
- 逻辑：所有检索项按“并且”、“或者”、“不包含”三种逻辑关系进行组合检索。
- 词频：指检索词在相应检索项中出现的频次。词频为空，表示至少出现 1 次，如果为数字，如 3，则表示至少出现 3 次，以此类推。
- 时间范围：提供从 1997 年至今的文献。
- 排序：包括“时间”和“相关度”两种排序方式。
- 匹配：包括“精确匹配”和“模糊匹配”两种。

（2）查询范围

查询范围包括理工 A、理工 B 等 10 大类。对于特定的用户，其需要检索的文献一般包含在一个或几个特定的专栏中，为了节省查找时间并保证检索结果的较强针对性，可以不选择全部的专栏。

如果想要查找“中南民族大学”有关“克隆”的文献，图 7-21 显示了用户的输入内容与选择项，图 7-22 显示检索结果。

逻辑	检索项	检索词	词频	扩展	关系	检索词	词频	扩展
⊞⊟	题名	克隆			并且			
并且	作者单位	中南民族大学			并且			

图 7-21　检索条件

共有记录7条　上页　下页

序号	题名	来源	年期	来源数据库
1	网格计算中基于并行克隆遗传算法的任务分配与调度	计算机工程与应用	2008/26	中国期刊全文数据库
2	一个烟草葡糖基转移酶基因启动子的克隆与诱导表达	华中农业大学学报	2007/03	中国期刊全文数据库
3	血吸虫膜相关抗原基因的克隆	中南民族大学学报(自然科学版)	2007/03	中国期刊全文数据库
4	计算机免疫中基于真值空间的克隆选择算法	中国科技信息	2006/15	中国期刊全文数据库
5	人工免疫中克隆选择算法的改进	中南民族大学学报(自然科学版)	2006/03	中国期刊全文数据库
6	受MeJA诱导的烟草GTs基因启动子的克隆及转化	湖北农业科学	2006/06	中国期刊全文数据库
7	网络克隆在计算机机房的应用	电脑知识与技术	2005/33	中国期刊全文数据库

共有记录7条　上页　下页

图 7-22　检索结果

从图 7-22 可以看到，显示的每条记录中都包含下列信息。

➢ 题名：即文献的题目。本项为超级链接，单击题名，则会打开一个新的网页，里面包含了该文献相关的很多信息。
➢ 来源：刊登本文献的期刊名称。
➢ 年期：文献发表年份和刊登本文献期刊的期数。
➢ 来源数据库。

如果检索结果的记录数多于一页可显示的条数，可采用分页的方式。在页面上部有命中的总条数和当前页码数，用户可以选择“上页”、“下页”进行翻页。

如果在当前页中发现自己满意的文献，单击文献名称就可以打开一个新网页，如图 7-23 所示。如果觉得有必要下载到本地计算机进行阅读，可以通过选择相应的链接进行。如果选择“CAJ 下载”，系统将自动完成保存过程。

将文献保存到本地计算机上后，双击该文献图标，系统会自动调用 CAJViewer 软件打开该文献。

【篇名】	网格计算中基于并行克隆遗传算法的任务分配与调度 推荐 CAJ下载 PDF下载
【英文篇名】	Tasks matching and scheduling of grid computing using parallel clone genetic algorithm
【作者】	马景奕; 舒万能; 屈玉贵;
【英文作者】	MA Jing-yi1; 2; SHU Wan-neng3; QU Yu-gui1 1.School of Information Science and Technology; University of Science and Technology of China; Hefei 230027; China 2.Gansu Province Meteorological Bureau Training Center; Lanzhou 730020; China 3.College of Computer Science; South-Central University for Nationalities; Wuhan 430074; China;
【作者单位】	中国科学技术大学信息科学技术学院; 中南民族大学计算机科学学院;
【刊名】	计算机工程与应用 , Computer Engineering and Applications, 编辑部邮箱 2008年 26期 期刊荣誉：中文核心期刊要目总览 ASPT来源刊 中国期刊方阵 CJFD收录刊
【关键词】	网格计算; 任务调度; 遗传算法; 并行克隆遗传算法;
【英文关键词】	grid computing; task scheduling; genetic algorithm; parallel clone genetic algorithm;
【摘要】	实现网格计算的一个重要目的在于实现地理分布、异构资源的统一描述方法,提供用户虚拟的统一资源界面,并将用户提出的服务要求透明、动态地分配给最适应的资源上执行。针对目前任务调度的应用现状,提出了一种既能使资源负载均衡又能充分利用系统资源的并行克隆遗传算法,该启发式算法能显著地降低资源最优分配中的计算复杂度,使其能满足实时调度的需要。实验结果表明这种算法优于其他调度算法。
【英文摘要】	An important aspect in implementing grid computing is the implement of unified description method for the geographically distributed,heterogeneous resource,so that the grid system can give users the virtual unified resource interface and execute the task scheduling by the users on the fittest resource node dynamically.Aiming at the conditions and characteristic of application of task scheduling,a parallel clone genetic algorithm is introduced.Application of the algorithm dramatically reduces the computing c...

图 7-23　文献相关内容

7.3.3　文件传输及下载

因特网上使用最广泛的文件传输协议就是 FTP 协议。FTP 的主要作用是让用户连接到一台远程计算机上，查看远程计算机上有哪些文件，然后将文件从远程计算机上复制到本地计算机上，或者把本地计算机上的文件传输到远程计算机上，也就是通常所说的“下载”和“上传”。

下面，利用 IE 浏览器作为 FTP 客户端程序，以某匿名 FTP 服务器的访问为例，说明 FTP 服务器的访问过程。启动 IE 浏览器，在地址栏输入 ftp://166.111.30.161，如图 7-24 所示。在浏览器窗口中显示的不是 Web 页面，而是该 FTP 服务器上的目录结构。此时，如同使用本地计算机一样，可以将此服务器中的文件下载到本地计算机中；同时，如果拥有足够的访问权限，也可以将本地计算机的文件上传到服务器中。

目前，大部分文件下载软件如 FlashGet、NetAnt 等，都可以提供简单的 FTP 方式的文件下载操作。

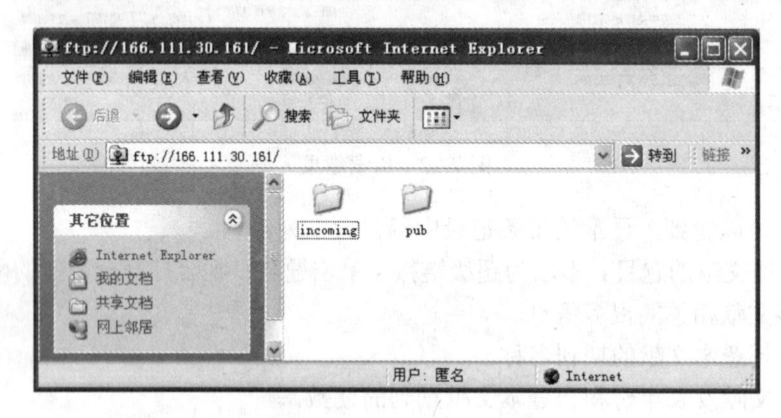

图 7-24　利用 IE 浏览器访问 FTP 服务器

7.3.4　Internet 的其他应用

在 Internet 中，除了上面介绍的上网操作外，还有一些其他的常用服务，下面简单介绍几种。

1．电子商务

电子商务（Electronic Commerce）通常是指在因特网开放的网络环境下，基于浏览器/服务器应用方式，买卖双方不用见面就可以进行各种商贸活动，实现消费者的网上购物、商户之间的网上交易和在线电子支付，以及各种商务活动、交易活动、金融活动和相关的综合服务活动的一种新型的商业运营模式。

几乎所有的专家都预测在未来的几年内，电子商务会飞速发展。而在国内，电子商务也吸引了越来越多的用户。国内比较著名的电子商务网站有淘宝（http://www.taobao.com）、易趣（http://www.eachnet.com）等。

2．网上聊天

由于 Internet 的迅猛发展，为人们提供了一个不受时空限制的交流平台。通过网络，人们可以自由地表达自己的思想，对任何问题发表自己的言论，而网上聊天更是为人们相互交流信息提供了一个手段。现在比较常用的网上聊天工具，如腾讯公司的 QQ 和微软公司的 MSN 等，使用都非常简单，当然首先要申请一个账号。

3. 网络社区

网络社区是指以 BBS 为主，包含讨论组、聊天室、Blog 等形式在内的网上交流空间，同一主题的网络社区里集中了具有共同兴趣的访问者，由于有众多用户的参与，不仅具备交流的功能，实际上也成为一种营销场所。

BBS（Bulletin Board Service，公告牌服务）是 Internet 上的一种电子信息服务系统。它提供一块互联网上的公共电子白板，每个用户都可以在上面书写，可发布信息或提出看法，通常称 BBS 为电子公告板。但是经过多年的发展，现在的 BBS 已经不是原来的 BBS 了，它已经由一个简单的电子公告板变成了一个网络社区软件。国内比较著名的 BBS 有“水木清华”（http://bbs.tsinghua.edu.cn）、上海交大的“饮水思源”（http://bbs.sjtu.edu.cn）等。

Blog 的全名是 Web Log，中文意思是网络日志，后来缩写为 Blog。博客（Blogger）就是写 Blog 的人，但后来逐渐把它用做 Blog 的中文称呼。从理解上讲，Blog 是一种表达个人思想、生活故事、思想历程、闪现的灵感，按照时间顺序排列，并不断更新的出版方式。

一个 Blog 就是一个网页，它通常是由简短、经常更新的文章构成，这些张贴的文章都按照年份和日期排列。Blog 的内容和目的有很大的不同，从对其他网站的评论、有关个人的构想，到日记、照片、诗歌、散文，甚至科幻小说的发表或张贴都有。

博客现象始于 1998 年，但到了 2000 年才真正开始流行。在中国，博客中国（http://www.blogchina.com）于 2002 年率先引入博客理念。至今，各类博客网站已经发展到很多个。

7.4　电 子 邮 件

7.4.1　申请邮箱

要收发电子邮件，首先需要有一个电子邮箱。目前不少网站都提供电子邮箱的申请服务。下面以 126 免费邮箱的申请为例，简单介绍如何在 Internet 上申请电子邮箱。

① 打开 IE 浏览器，在地址栏输入 http://www.126.com，进入 126 电子邮箱的首页，如图 7-25 所示。

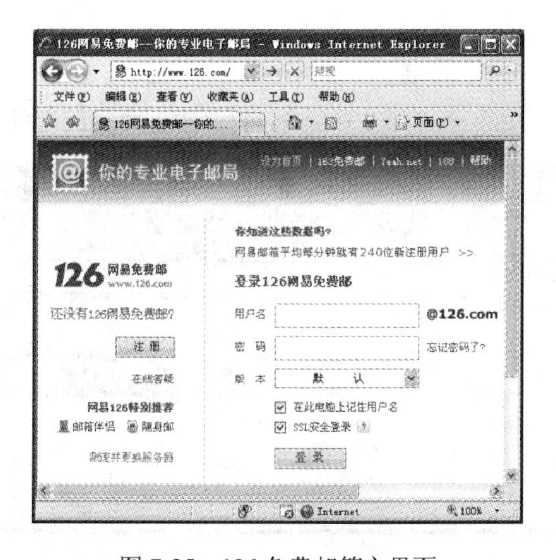

图 7-25　126 免费邮箱主界面

② 单击页面上的“注册”按钮。

③ 在“用户名”文本框中填入所希望使用的用户名。要注意用户名的选择不要违反网站上关于用户名的规定。然后在“出生日期”文本框内填入正确的出生日期。由于这里填写的出生日期将会是拿回邮箱密码的重要凭证，所以要谨慎填写。填写完毕后，单击“下一步”按钮。如果选择的用户名已经被别人用过，系统会提示该用户名已经被注册，需在当前页面重新输入一个用户名，直到所选择的用户名尚未被注册为止。

④ 选择好用户名后，还需要进行密码设置、密码保护设置、个人资料的填写，并且需要单击“我接受下面的条款，并创建账号”按钮，出现注册成功的页面，邮箱申请成功，接下来就可以登录邮箱进行邮件的收发了。

7.4.2　Outlook Express 的使用

Outlook Express 简称 OE，是微软公司出品的一款电子邮件客户端。

1. Outlook Express 的设置

首先需要申请一个电子邮箱，如 126，然后按照以下步骤，手动配置客户端。

① 打开 Outlook Express，单击菜单栏中的“工具”菜单，选择“电子邮件账户”。

② 在打开的“电子邮件账户”窗口中，选择“添加新电子邮件账户”，单击“下一步”按钮。

③ 选择新建电子邮件账户的服务器类型，单击“下一步”按钮。

④ 输入用户信息、登录信息和服务器信息后，单击“下一步”按钮。这里要注意的是服务器信息的输入。

- 接收邮件服务器 POP3：这是按具体邮件服务器设置，在申请邮箱的网站能够看到，如 126 的就输入 pop3.126.com。
- 发送邮件服务器 SMTP：这也是按具体邮件服务器设置，如 126 的就输入 smtp.126.com。

⑤ 单击“完成”按钮，完成设置。

2. 邮件的收发

当用户正确设置了 Outlook Express 后，就可以进行邮件的收发了。

（1）编写电子邮件

编写电子邮件，可执行以下步骤。

① 选择“文件”→“新建”→“邮件”命令，打开“未命名的邮件”窗口，如图 7-26 所示。

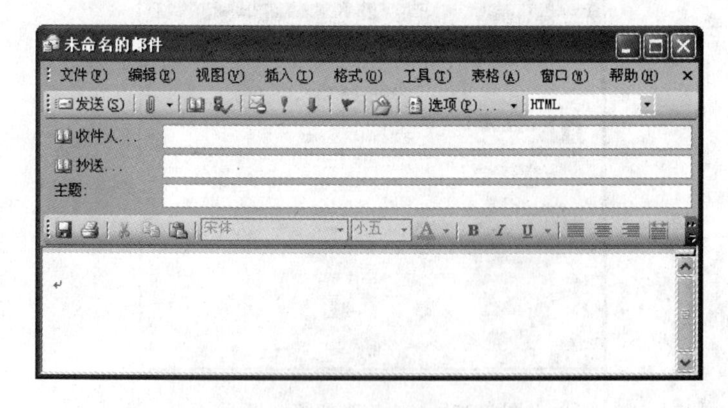

图 7-26　“未命名的邮件”窗口

② 在该窗口的“收件人”文本框中，输入收件人的名称，如果收件人不止一个，可用分号或逗号分隔；在“抄送”文本框中可输入要抄送给的其他人的名称；在“主题”文本框中可输入该邮件的主题。

③ 单击邮件内容编辑区，在其中输入邮件内容即可。还可以单击格式栏中相应的按钮，对编写的邮件进行设置。

④ 如果想在邮件中发送图片、声音或其他多媒体文件，可单击工具栏上的“插入文件”按钮，插入文件。

⑤ 在弹出的“插入文件”对话框里，选择要作为附件发送的文件，单击“插入”按钮即可。这时在“未命名的邮件”窗口的“主题”下将出现“附件”文本框，其中显示了要发送的附件的名称。

⑥ 编写完毕后，单击“发送”按钮，即可立即发送邮件。

（2）阅读电子邮件

启动 Outlook Express 后，在左边的“邮件”窗格中单击“收件箱”文件夹，打开“收件箱”窗格，选择要阅读的邮件。

（3）回复电子邮件

在收到电子邮件后，如果需要给发件人回复邮件，可执行下列操作。

① 打开要回复的电子邮件。

② 单击工具栏上的“答复发件人”按钮，打开“Re:　”窗口。

③ 在“收件人”文本框中显示了收件人的电子邮件地址，单击邮件编辑区，编写邮件即可。

④ 编写完毕后，单击工具栏上的“发送”按钮即可将其回复给发件人。

7.5　计算机与信息的安全

现代信息社会的飞速发展，是以计算机及计算机网络的飞速发展为标志的。计算机和计算机网络为人们的生活和工作提供了越来越丰富的信息资源。但同时，人们所面对的信息环境也越来越复杂。现代计算机系统、网络系统的安全性和抵抗攻击的能力不断受到挑战。这种情况一方面需要新的安全技术出现，另一方面也要求计算机用户能够树立信息安全意识，了解必要的信息安全知识和掌握常规的安全操作手段。

7.5.1　计算机安全设置

对于广大的个人计算机用户而言，如何在当前的网络环境中有效地保护好自己的重要信息是很重要的。解决这个问题应该从三方面加以控制。其一是对所使用的操作系统进行相关的安全设置，使其能最大限度地发挥安全保护作用；其二是对网络环境严密控制网络的出入信息；其三是通过最新的防病毒软件，查杀发现的计算机病毒。

1．操作系统的安全设置

（1）删除多余用户

打开控制面板→管理工具→计算机管理→本地用户和组→用户，只保留 Administrator 用户，将其余用户全部删除。这里注意一定要使用不易破解的密码。

（2）关闭共享文件和目录

Windows 的“网上邻居”在给用户带来方便的同时也带来了安全隐患，一些特殊的软件可以搜索到网上的“共享”目录而直接访问对方的硬盘，从而使别有用心的人可以控制用户的机器。因此，应该关闭共享文件和目录。如果用户必须使用共享服务，那么就不要把整个驱动器共享，而是仅将那些有必要共享的文件设为共享。

（3）及时安装操作系统补丁

任何一种软件都在不停地进行升级，这是因为软件都有不完善之处，包括存在一些安全漏洞。因此，安装软件开发商提供的补丁程序是十分必要的。具体过程是在桌面上右击“我的电脑”图标，在弹出的快捷菜单中选择“属性”，打开“系统属性”对话框，选择“自动更新”选项卡，单击“Windows Update 网站”，就可以及时得到最新的系统和浏览器安全补丁程序。

（4）禁用某些服务

在默认设置下，系统往往允许使用很多不必要而且可能暴露安全漏洞的端口、服务和协议。为确保安全，可以在浏览器的 Internet 设置上，禁止 Cookie 控件。具体过程是打开 IE 浏览器，选择“工具”菜单下的“Internet 选项”，打开“Internet 选项”对话框，单击“隐私”选项卡，将滑块上移到最顶端，选择“阻止所有 Cookie”，此时系统将阻止所有网站的 Cookie，而且网站不能读取计算机上已有的 Cookie。如果发现机器开启了一些很奇怪的服务，如 r_server，必须马上停止该服务，因为这完全有可能是黑客使用控制程序的服务端。

（5）关闭 3389

3389 指计算机的 3389 端口，因为它属于 Windows 远程桌面的初始端口，所以一般被用来代指远程桌面。微软的远程桌面是为了方便广大计算机管理员远程管理自己的计算机而设定的，但是只要有管理密码，3389 就可以为任何有管理密码的人提供服务。为防止别人利用 3389 登录计算机，最好关闭该端口。关闭的方法是在桌面上右击“我的电脑”图标，在弹出的快捷菜单中选择“属性”，打开“系统属性”对话框，选择“远程”选项卡，将里面的远程协助和远程桌面两个选项框里的“√”去掉。

2. 控制出入网络的数据

为了保护网络的信息安全，可以在计算机里安装个人版的防火墙软件，如天网防火墙。通过防火墙，可以设置一些相应的包过滤规则，并且关闭一些不必要的端口。

3. 查杀计算机病毒

安装防病毒软件，更新病毒信息，升级防病毒功能，全面查杀病毒。如瑞星杀毒软件、卡巴斯基等，都是比较好的防病毒软件。

7.5.2 计算机病毒及防范

计算机病毒是一种人为制造的、在计算机运行中对计算机信息或系统起破坏作用的程序。这种程序隐蔽在其他可执行程序之中，轻则影响计算机的运行速度，重则使计算机完全瘫痪，给用户带来不可估量的损失。

1. 计算机病毒的特点

- 寄生性：计算机病毒寄生在其他程序之中，当执行这个程序时，病毒起破坏作用，而在启动这个程序前，它是不易被发觉的。
- 传染性：一旦病毒被复制或产生变种，其速度之快让人难以置信。
- 潜伏性：有些病毒的发作是按照预先设定好的时间，如 CIH 病毒，在每年的 4 月 26

日都会发作，而它的某个变种是每月的 26 日都会发作。

- 隐蔽性：计算机病毒具有很强的隐蔽性，有的可以通过病毒软件检查出来，有的根本就查不出来。

2．计算机病毒的表现形式

- 机器不能正常启动：开机后机器根本不能启动，或者可以启动，但启动所需的时间比原来长。
- 运行速度降低：计算机运行比平常迟钝，反应变得相当缓慢并经常出现莫名其妙的蓝屏或死机。
- 系统内存或磁盘空间忽然迅速变小：有些病毒会消耗可观的内存或硬盘容量，曾经执行过的程序，再次执行时，突然告诉用户没有足够的内存可以利用，或者硬盘空间突然变小。
- 文件内容和长度有所变化：正常情况下，这些程序应该维持固定的大小，但有些病毒会增加程序文件的大小，使文件内容加上一些奇怪的资料。
- 经常出现“死机”现象：正常的操作是不会造成死机的，如果计算机经常死机，那可能是系统被病毒感染了。
- 外部设备工作异常。
- 出现意外的声音、画面或提示信息及不寻常的错误信息和乱码：当这种信息频繁出现时，即表示系统可能已中毒。

3．计算机病毒的预防

首先要培养良好的病毒预防意识，并充分发挥杀毒软件的防护能力，便完全可以将大部分病毒拒之门外。

- 安装防毒软件：首次安装时，一定要对计算机做一次彻底的病毒扫描，确保系统尚未受过病毒感染。另外，要及时升级防病毒软件，因为最新的防病毒软件才是最有效的。还要养成定期查杀病毒的好习惯。
- 凡是从外来的存储设备上向机器中复制信息，都应该先对存储设备进行杀毒，若有病毒必须清除。
- 下载一定要从比较可靠的站点进行，而且对于 Internet 上的文档与电子邮件，下载后也需要做病毒扫描。

7.5.3　网络及信息安全

信息安全是向合法的服务对象提供准确、及时、可靠的信息服务，而对其他人员都要保持最大限度的信息不透明性、不可获取性、不可干扰性和不可破坏性。现在人们对信息安全问题的讨论，通常是指依附于网络系统环境的信息安全问题，也就是网络安全问题。从广义来说，凡是涉及网络上信息的保密性、完整性、可用性、真实性和可控性的相关技术和理论，都是网络安全的研究领域。

1．信息安全威胁

给网络安全带来威胁的主要因素并不是黑客攻击或计算机病毒，而是自然灾害（地震、火灾、水灾）、电磁辐射、操作失误等物理安全缺陷，操作系统的安全缺陷，网络协议的安全缺陷，应用软件的实现缺陷，用户使用的缺陷等方面。

2. 信息安全需求

- 完整性：保证数据的一致性，防止数据被非法用户篡改。
- 可用性：保证合法用户对信息和资源的使用不会被不正当地拒绝。
- 保密性：保证机密信息不被窃听，或窃听者不能了解信息的真实含义。
- 可控性：对信息的传播及内容具有控制能力。
- 不可否认性：指信息用户要对自己的信息行为负责，不能抵赖自己曾经给某用户发送过某个信息，也不能否认曾经接收过对方的信息。

3. 信息安全技术

目前，在市场上比较流行而又能代表未来发展方向的安全产品，大致有以下几类。

- 防火墙：防火墙是一种系统保护措施，它在内部网络与不安全的外部网络之间设置障碍，阻止外界对内部资源的非法访问，防止内部对外部的不安全访问。防火墙能够较为有效地防止黑客利用不安全的服务对内部网络的攻击，提高内部网络的安全性。
- 虚拟专用网（VPN）：虚拟专用网是在公共数据网络上，通过采用数据加密技术和访问控制技术，实现两个或多个可信内部网之间的互联。虚拟专用网的构筑通常都要求采用具有加密功能的路由器或防火墙，以实现数据在公共信道上的可信传递。
- 入侵检测系统（IDS）：入侵检测是传统保护机制（如访问控制、身份识别等）的有效补充，形成了信息系统中不可缺少的反馈链。
- 入侵防御系统（IPS）：入侵防御系统是入侵检测系统的很好补充，是信息安全发展过程中占重要位置的计算机网络硬件。
- 安全操作系统：为系统中的关键服务器提供安全运行平台，构成安全 WWW 服务、安全 FTP 服务、安全 SMTP 服务等，并确保这些安全产品的自身安全。
- DG 图文档加密：能够智能识别计算机所运行的涉密数据，并自动强制对所有涉密数据进行加密操作，而不需要人的参与，从根源解决了信息泄密。

7.6 本 章 小 结

本章从计算机网络的基本概念出发，主要介绍计算机网络的基本工作原理和计算机网络体系结构的分层模型，并针对 Internet，介绍 TCP/IP 协议的相关知识及 Internet 上提供的各种应用服务。本章还说明了计算机安全设置方法，计算机病毒的特点和防治方法，最后介绍了信息安全的一些基本概念。

7.7 思考与练习

1. 选择题

（1）下列 IP 地址合法的是________。

A. 202:14:4:9　　B. 202.14.4.9　　C. 202.14.256.9　　D. 202,14,4,9

（2）C 类 IP 地址可以容纳________台主机。

A. 254　　B. 255　　C. 256　　D. 258

（3）下列合法的域名是________。

A. www.163.com　　B. www,163,com　　C. 202.210.4.5　　D. book@163.com

（4）下列 IP 地址中，________是 A 类地址。

A．127.255.1.2　　B．127.255.255.256

C．128.123.1.4　　D．194.3.2.22

（5）IP 地址的主机号设置为全________，表示的是该计算机所在的网络，称为网络地址。

A．0　　B．1　　C．2　　D．3

（6）FTP 是指________。

A．超文本传输协议　　B．文件传输协议　C．邮件传输协议　　D．传输控制协议

（7）在 TCP/IP 协议簇中，UDP 协议所对应的 OSI 参考模型协议为________。

A．数据链路层　　B．传输层　　C．应用层　　D．网络层

（8）IP 地址 191.202.3.5 所属的类型是________。

A．A 类地址　　B．B 类地址　　C．C 类地址　　D．D 类地址

（9）校园网与外界的连接器应采用________。

A．中继器　　B．网桥　　C．24 网关　　D．路由器

（10）在拨号上网时，不需要的硬件是________。

A．计算机　　B．调制解调器　C．电话线　　D．网卡

（11）在局域网环境下，用来延长网络距离的最简单最廉价的互连设备是________。

A．网桥　　B．路由器　　C．中继器　　D．交换机

（12）IPv6 中地址是用________位二进制位数表示的。

A．32　　B．128　　C．64　　D．256

2．填空题

（1）按照网络的覆盖范围分类，网络可以分为__________、__________和__________。

（2）OSI 参考模型分为七层，分别是__________、__________、__________、__________、__________、__________和__________。

（3）网络的拓扑结构有__________、__________、__________和__________。

（4）Internet 上的计算机使用的是__________协议。

（5）一个 IP 地址分为两部分，前一部分是__________地址，后一部分是__________地址。

（6）子网掩码的长度为__________位（二进制）。

（7）IP 地址 202.114.15.60 所对应的子网掩码为__________。

（8）在因特网的顶层域名中，政府部门用的是__________。

（9）计算机病毒的特点有__________、__________、__________和__________。

（10）在 Internet 中，顶级域名包括两大类：________域名和地理性域名，如.com 表示__________，.cn 表示__________。

（11）从寄生方式和传染对象来讲，计算机病毒可分为__________和__________。

3．问答题

（1）简单说明星形网络的结构及其优、缺点。

（2）简述 OSI 参考模型各层的主要功能。

（3）Internet 具有哪些主要功能？提供的主要信息服务有哪些？

（4）IP 地址是如何定义、分类的？什么是子网掩码？二者的关系是什么？

（5）Internet 的顶级域名有哪些？请说出域名 www.scuec.edu.cn 的含义。

第 8 章　多媒体基础及软件应用

多媒体是融合多种媒体的一种人—机交互式信息交流和传播媒体，使用的媒体包括文字、图形、图像、声音、动画和视频。多媒体是超媒体系统中的一个子集，超媒体系统是使用超链接构成的全球信息系统，全球信息系统是因特网上使用 TCP/IP 协议和 UDP/IP 协议的应用系统。二维的多媒体网页使用 HTML 编写，而三维的多媒体网页使用 VRML 编写。目前许多多媒体作品使用光盘存储器发行，将来多媒体作品将更多地使用网络发行。

本章主要内容

- 多媒体基础知识
- 图像处理
- 声音处理
- 动画处理
- 视频处理

8.1　多媒体基础知识

8.1.1　多媒体技术的特性

1. 信息载体的多样性

信息载体的多样性是多媒体的主要特征之一，也是多媒体研究需要解决的关键问题。多媒体技术的多样性体现在信息采集、生成、传输、存储、处理和显现的过程中，涉及多种感知媒体、表示媒体、传输媒体、存储媒体、呈现媒体，或者多个信源、信宿的交互作用。这种多样性，当然不是指简单的数量或功能上的增加，而是质的变化。例如，多媒体计算机不但具备文字编辑、图像处理、动画制作及通过电话线路（经由调制解调器）或网络（经由网络接口卡）收发电子函件（E-mail）等功能，而且有处理、存储、随机地读取包括伴音在内的电视图像的功能，能够将多种技术、多种业务集合在一起。

信息载体的多样化使计算机所能处理的信息空间范围扩展和放大，而不再局限于数值、文本或特殊对待的图形和图像，这是计算机变得更加人性化必须具备的条件。人类对于信息的接收和产生主要在视觉、听觉、触觉、嗅觉和味觉五个感觉空间内，其中前三种占了 95% 的信息量。借助于这些多感觉形式的信息交流，人类对于信息的处理可以说是得心应手。然而，计算机以及与之相类似的设备都远远没有达到人类的水平，在信息交互方面与人的感官空间相差更远。多媒体就是要把机器处理的信息多维化，通过信息的捕获、处理与展现，使交互过程中具有更加广阔和更加自由的空间，满足人类感官空间全方位的多媒体信息要求。

2. 交互性

多媒体的第二个关键特性是交互性。所谓交互就是通过各种媒体信息，使发送方与接收方都可以进行编辑、控制和传递。交互性在于使用者对信息处理的全过程能进行完全有效的控制，并把结果综合地表现出来，而不是单一数据、文字、图形、图像或声音的处理。多媒体系统一般具有如下功能：捕捉、操作、编辑、存储、显现和通信，用户能够随意控制声音、影像，实现用户与用户之间、用户与计算机之间的数据双向交流的操作环境，以及多样性、多变性的学习和展示环境。

交互性向用户提供更加有效的控制和使用信息的手段和方法，同时也为应用开辟了更加广阔的领域。交互可做到自由地控制和干预信息的处理，增加对信息的注意力和理解，延长信息的保留时间。当交互性引入时，活动（Activity）本身作为一种媒体便介入了信息转变为知识的过程。借助于活动，用户可以获得更多的信息。媒体信息的简单检索与显示，是多媒体的初级交互应用；通过交互特性使用户介入到信息的活动过程中，才达到了交互应用的中级水平；当用户完全进入到一个与信息环境一体化的虚拟信息空间自由遨游时，这才是交互应用的高级阶段，但这还有待于虚拟现实（Virtual Reality，又译做灵境技术）的进一步研究和发展。

3. 协同性

每一种媒体都有其自身规律，各种媒体之间必须有机地配合才能协调一致。多种媒体之间的协调及时间、空间和内容方面的协调是多媒体的关键技术之一。

4. 实时性

所谓实时性是指在多媒体系统中多种媒体间无论在时间上还是在空间上都存在着紧密的联系，是具有同步性和协调性的群体。例如，声音及活动图像是强实时的（hard real time），多媒体系统提供同步和实时处理的能力。这样，在人的感官系统允许的情况下，进行多媒体交互，就好像面对面（Face-To-Face）一样，图像和声音都是连续的。实时多媒体分布系统是把计算机的交互性、通信的分布性和电视的真实性有机地结合在一起。

5. 集成性

多媒体技术是多种媒体的有机集成。它集文字、文本、图形、图像、视频、语音等多种媒体信息于一体。它像人的感官系统一样，从眼、耳、口、鼻、脸部表情、手势等多种信息渠道接收信息，并送入大脑，然后通过大脑综合分析、判断，去伪存真，从而获得准确的信息。目前，还在进一步研究多种媒体，如触觉、味觉、嗅觉媒体。多种媒体的集成是多媒体技术的一个重要特点，但要想完全像人一样从多种渠道获取信息，还有相当的距离。

所谓集成性，除了声音、文字、图像、视频等媒体信息的集成，另一方面还包括传输、存储和呈现媒体设备的集成。多媒体系统一般不仅包括计算机本身，而且包括像电视、音响、录像机、激光唱机等设备。

8.1.2　多媒体信息的类型

目前，多媒体技术的应用领域主要体现在以下几个方面。

1. 多媒体在通信系统中的应用

多媒体通信是 20 世纪 90 年代迅速发展起来的一项技术。一方面，多媒体技术使计算机能同时处理视频、音频和文本等多种信息，提高了信息的多样性；另一方面，网络通信技术打消了人们之间的地域限制，提高了信息的瞬时性。二者结合所产生的多媒体通信技术把计算机的交互性、通信的分布性及电视的真实性有效地融为一体，成为当前信息社会的一个重要标志。

多媒体通信的概念形成于 20 世纪 80 年代。80 年代后期，国外一些著名的研究机构开始进行有关多媒体通信的研究和开发工作，并在实验室内研制了一些雏形系统。近几年来，随着多媒体技术的迅速发展，多媒体通信相关产业的发展呈一日千里之势。尽管多媒体通信引人注目，但由于它涉及的技术层面广泛，包括人机界面、数字信号处理、大容量存储装置、数据库管理系统、计算机结构、多媒体操作系统、高速网络、通信协议、网络管理及相关的各种软件工程技术，因此要想普及到一般用户，还有待上述各种技术的进一步发展。尤其各种软件工程技术的综合，是充分发挥整体效果的关键。目前，多媒体通信仍处于起步阶段，主要应用于可视电话、视频会议、修改文件与图表、检索计算机中的多媒体信息资源、多媒体邮件，以及传播知识等。

今后，随着微电子技术、光通信技术和信息处理技术的发展，必将产生物美价廉的、真正集成化的多媒体通信终端；多媒体通信系统产品将日趋标准化，PC 型多媒体通信系统将成为产品的主流，多媒体通信将日趋普及。

2．多媒体在编著系统中的应用

多媒体编著系统用计算机综合处理文字、图形、影像、动画和音频等信息，使之在不同的界面上流通，并具有传送、转换及同步化功能。目前，市场上的多媒体编著系统很多，主要应用于以下两个领域。

（1）多媒体电子出版物

多媒体电子出版物是 20 世纪 80 年代发展起来的新兴产业。近年来，发达国家和地区相继涌现出一批电子出版公司，出版物有百科全书、字/词典、技术手册、书刊及情报资料检索等。

（2）软件出版

采用 CD-ROM 存储软件，可以显著降低成本，对大型软件和发行量大的软件效果尤为明显。目前，著名软件如 Windows NT、NetWare、AutoCAD 等都有 CD-ROM 的版本。此外，还包括其他各领域专用的多媒体应用软件等。

3．多媒体在工业领域中的应用

多媒体在家用 PC 市场掀起风暴后，又开始进军工业应用领域。一些大公司通过应用多媒体 PC 来开拓市场、培训雇员，以降低生产成本、提高产品质量、增强市场竞争能力。现代化企业的综合信息管理、生产过程的自动化控制，都离不开对多媒体信息的采集、监视、存储、传输，以及综合分析处理和管理。应用多媒体技术来综合处理多种信息，可以做到信息处理的综合化、智能化，从而提高工业生产和管理的自动化水平。多媒体技术在工业生产实时监控系统中，尤其在生产现场设备故障诊断和生产过程参数监测等方面有着非常重大的实际应用价值。特别在一些责任重大的危险环境中，多媒体实时监控系统将起到越来越重要的作用。尽管目前多媒体技术在工业应用中还未形成一定的市场规模，但由于工业生产在整个国民经济中的重要作用和多媒体技术本身的综合优势，可以预见，在今后几年中，多媒体技术、特别是分布式多媒体系统在工业监控系统中一定会得到普遍重视。

4．多媒体在医疗影像诊断系统中的应用

现代先进的医疗诊断技术的共同特点是，以现代物理技术为基础，借助于计算机技术，对医疗影像进行数字化和重建处理。计算机在成像过程中起着至关重要的作用。随着临床要求的不断提高，以及多媒体技术的发展，出现了新一代具有多媒体处理功能的医疗诊断系统。多媒体医疗影像系统在媒体种类、媒体介质、媒体存储及管理方式、诊断辅助信息、直观性和实时性等方面都使传统诊断技术相形见绌。这必将引起医疗领域的一场革命。事实上，在医疗诊断中经常采用的实时动态视频扫描、声影处理等技术都是多媒体技术成功应用的例证。多媒体数据库技术从根本上解决了医疗影像的另一关键问题——影像存储管理问题。多媒体和网络技术的应用，还使远程医疗从理想变成现实。当前，多媒体医疗影像系统的研究方兴未艾，各种先进的系统层出不穷。这必将极大地改善人类的医疗条件，提高医疗水平。

5．多媒体在教学中的应用

目前，传统的教师主讲的教学模式正受到多媒体教学模式的极大冲击。因为后者能使教学内容更充实、更形象、更有吸引力，从而提高学生的学习热情和学习效率。近几年来，美国的一些大学已经开始使用多媒体技术来指导学生的学习过程。如美国 Rnsselaer 学院的物理课利用 IBM PS/2 学生工作站运行 CUPLE 综合统一的物理学习环境程序，实现网络上的视、听、图形、文本和动画功能，包括一个以计算机为基础的实验室系统，以及可进行数据采集分析与可视化的功能强大的联机工具。这种多媒体教学手段已完全不同于传统的教学模式。目前，该学院有 9 个以多媒体为基础的项目正在开发中。现在，美国越来越多的学校意识到交互式、多种感官应用在学习中的作用，多媒体技术已在美国中学教育中占据主导地位。可以预见，今后多媒体技术必将越来越多地应用于现代教学实践中，并将推动整个教育事业的发展。

8.2　图 像 处 理

8.2.1　图像处理基础知识

1．什么是图像

图像是人对视觉感知的物质再现。图像可以由光学设备获取，如照相机、镜子、望远镜、显微镜等；也可以人为创作，如手工绘画。图像可以记录、保存在纸质媒介、胶片等对光信号敏感的介质上。随着数字采集技术和信号处理理论的发展，越来越多的图像以数字形式存储。因而，有些情况下“图像”一词实际上是指数字图像。

2．数字图像及其分类

数字图像，又称数码图像或数位图像，是二维图像用有限数字数值像素的表示。

通常，像素在计算机中保存为二维整数数组的光栅图像，这些值经常用压缩格式进行传输和存储。每个图像的像素通常对应于二维空间中一个特定的“位置”，并且由一个或者多个与该点相关的采样值组成数值。根据这些采样数目及特性的不同，数字图像可以划分为以下几类。

① 二值图像（Binary Image）：图像中每个像素的亮度值 Intensity 仅可以取自 0 到 1 的图像，因此也称为 1-bit 图像。

② 灰度图像（Gray Scale Image），也称为灰阶图像：图像中每个像素可以由 0（黑）到 255（白）的亮度值表示。0～255 之间表示不同的灰度级。

③ 彩色图像（Color Image）：彩色图像主要分为两种类型，RGB 和 CMYK。其中 RGB 的彩色图像由三种不同颜色成分组合而成——红色、绿色和蓝色；而 CMYK 类型的图像则由四个颜色成分组成——青（C）、品（M）、黄（Y）、黑（K）。CMYK 类型的图像主要用于印刷行业。

3．图像处理原理

图像处理，是对图像进行分析、加工和处理，使其满足视觉、心理及其他要求的技术。图像处理是信号处理在图像域上的一个应用。目前大多数的图像是以数字形式存储的，因而图像处理很多情况下指数字图像处理。此外，基于光学理论的处理方法依然占有重要的地位。

图像处理是信号处理的子类，另外，其与计算机科学、人工智能等领域也有密切的关系。

传统的一维信号处理的方法和概念很多仍然可以直接应用在图像处理上，如降噪、量化等。然而，图像属于二维信号，和一维信号相比，它有自己特殊的一面，处理的方式和角度也有所不同。

数字图像可以由许多不同的输入设备和技术生成，如数码相机、扫描仪、坐标测量机、地震剖面仪像、机载雷达系统等；也可以从任意的非图像数据合成得到，如数学函数或三维几何模型，三维几何模型是计算机图形学的一个主要分支。数字图像处理领域就是研究它们的变换算法。

4．常见数字图像格式

目前比较流行的图像格式包括光栅图像格式 BMP、GIF、JPEG、PNG 等，以及矢量图像格式 WMF、SVG 等。大多数浏览器都支持 GIF、JPEG 及 PNG 图像的直接显示。SVG 格式作为 W3C 的标准格式在网络上的应用越来越广。

8.2.2 常用图像处理软件的使用

1．Photoshop 图像处理软件的简介

Photoshop 是迄今为止世界上最畅销的图像编辑软件，它已成为许多涉及图像处理的行业的标准。

Photoshop 是 Adobe 公司的王牌产品，它在图形图像处理领域拥有毋庸置疑的权威。无论平面广告设计、室内装潢，还是处理个人照片，Photoshop 都已经成为不可或缺的工具。随着近年来个人计算机的普及，使用 Photoshop 的家庭用户也多了起来。目前 Photoshop 已经发展成为家庭计算机的必装软件之一。以下列出 Photoshop 的一些实用功能。

➢ 功能强大的选择工具

Photoshop 拥有多种选择工具，极大地方便了用户的不同要求，而且多种选择工具还可以结合起来选择较为复杂的图像。

➢ 制定多种文字效果

利用 Photoshop 不仅可以制作精美的文字造型，而且还可以对文字进行复杂的变换。

➢ 多姿多彩的滤镜

Photoshop 不仅拥有多种内置滤镜可供用户选择使用，而且还支持第三方的滤镜。这样，Photoshop 就拥有“取之不尽，用之不竭”的滤镜。

➢ 易学易用，用途广泛

Photoshop 虽然功能强大，但是也易学易用，适用于不同水平的用户。

Photoshop 的用户界面如图 8-1 所示，以下是其各部分的组成。

（1）标题栏

标题栏显示软件的名称和图标，以及最小化、还原和最大化按钮。

（2）菜单栏

菜单栏包括软件的全部操作，分为“文件”、“编辑”、“图像”、“图层”、“选择”、“滤镜”、“分析”、“视图”、“窗口”和“帮助”10 个子菜单。

图 8-1　Photoshop 的用户界面

（3）工具箱

工具箱列出了 Photoshop 常用工具的图标。单击工具箱中的图标，可以选择相应的工具；用鼠标左键按住图标不放，可以显示该系列的全部工具。

（4）属性栏

当在工具栏中选择不同按钮时，会显示出不同的属性栏，通过属性栏，可以对所选择的工具进行属性设置。

（5）图像编辑窗口

图像编辑窗口是对图像进行加工、处理的工作窗口。在 Photoshop 软件中，可以同时打开多个图像文件进行编辑操作。

（6）控制面板

通过控制面板可对图像相关的属性、参数，如图层、通道、路径、颜色信息、历史记录等进行监控和设置。

（7）状态栏

状态栏显示当前打开图像的信息和当前操作的提示信息。

2．Photoshop 的基本应用

1）图像的形状和大小的处理

图像的形状处理包括图像大小的改变、图像的裁剪、图像的变形等。

（1）图像大小的改变

改变图像大小的处理中，软件会根据放大/缩小的比例对原图按算法进行计算。放大图像时进行插值，减小算法是去除部分信息。

具体方法是选择“图像”菜单下的“图像大小”命令，在弹出的“图像大小”对话框中，可以对源图像的长度和宽度进行人工输入设定，如图 8-2 所示。改变图像大小后单击“确定”按钮，图像的尺寸被改变。其中要注意的是放大和缩小图像尺寸对原始图像的质量是有影响的，因而此操作一般放到处理的最后一步进行。

（2）图像的裁剪

选择工具栏中的裁剪工具，在当前图像中画一个矩形框，确定裁剪图的大小，如图 8-3 所示。如果需要，可以移动裁剪框控点来改变裁剪图的大小。按 Enter 键，可以确认裁剪图像；按 Esc 键，则取消裁剪操作。裁剪后的图像就是矩形框所包围的图像。

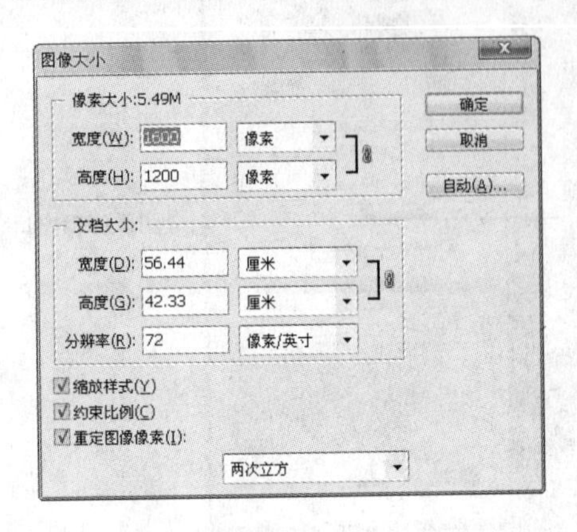

图 8-2　“图像大小”对话框

图 8-3　裁剪图像

（3）图像的变形

首先选择所要变形的图像范围，选择“编辑”菜单下的“变换”命令，在如图 8-4 所示的下级菜单中按下述情况进行图像变形操作的选择。

① 改变图像大小：在子菜单中选择“缩放”命令，用鼠标拖动控制点，可以改变所选图像的大小；按下 Shift 键的同时拖动控制点，可以等比例地改变图像的大小。

② 旋转图像：在子菜单中选择“旋转”命令，将光标置于控制点外侧，就会出现旋转光标，在旋转光标状态下拖动鼠标，可使图像产生旋转。

③ 任意变形图像：在子菜单中选择“扭曲”命令，按下 Ctrl 键的同时拖动四角控制点，可使图像任意变形。

④ 对称变形图像：在子菜单中选择“水平翻转”或“垂直翻转”命令，可对图像进行对称变形。

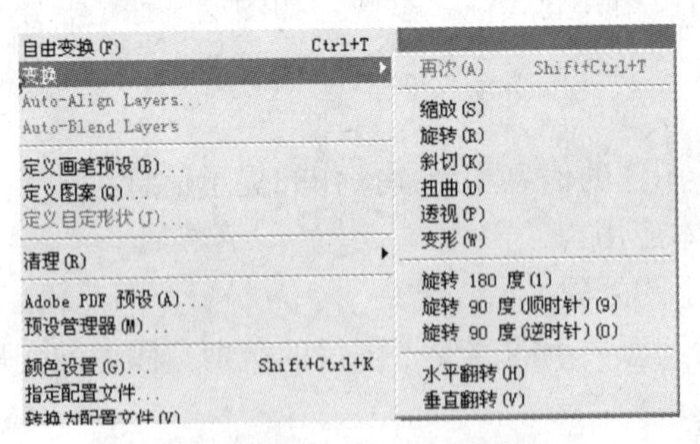

图 8-4　图像变换子菜单

2）图像的色调调整

Photoshop 对色彩的管理功能非常强大，除了对各种色彩模式有很好的兼容以外，用户还可以选择“图像”菜单下“调整”子菜单中的命令，以多种方式来调整图像的色彩，如图 8-5 所示。

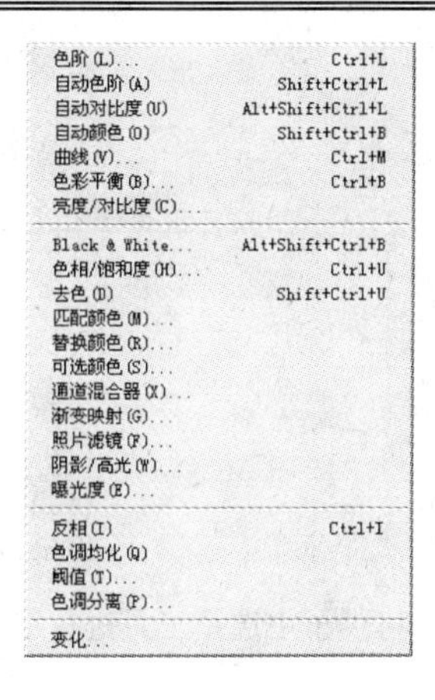

图 8-5　“调整”子菜单

例如，通过色彩曲线调整图片的亮度，原始图片和“曲线”对话框如图 8-6 所示。

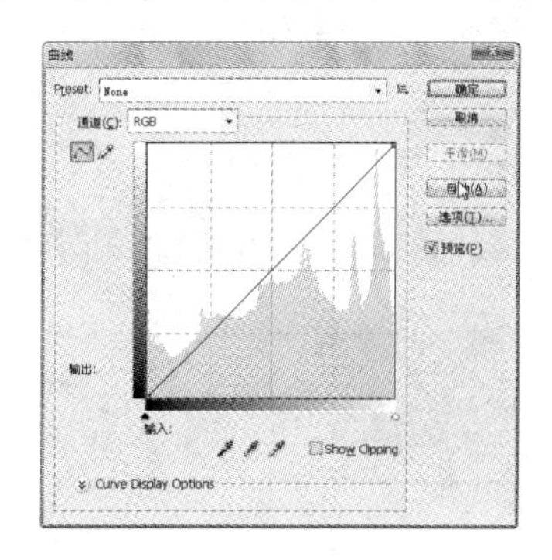

图 8-6　用色彩曲线设定原始效果

调整曲线将整个画面调亮，结果如图 8-7 所示。

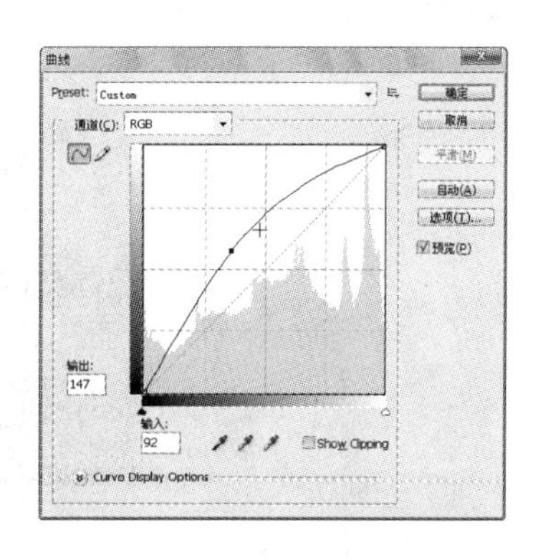

图 8-7　色彩曲线设定调整后的效果

3）图像的合成处理

图像合成是指将多张原始素材图片上的内容集中在一幅图片上，处理后达到特殊的效果，常用于艺术作品、平面广告中。在 Photoshop 中进行图像合成主要是以图层的操作来实现的。

图像合成的实例如下所示。

① 打开多幅原始素材，如本例中的草原和狮子，并从狮子的图片中把狮子单独用选择工

具选择出来，如图 8-8 所示。

图 8-8　将狮子用选择工具进行选择出来

② 打开背景图片，在图层窗口中单击“新建图层”按钮，新建一个图层并命名为“狮子”，如图 8-9 所示。

图 8-9　新建一个“狮子”图层

③ 将选择的狮子复制到“狮子”图层，并调整狮子图层的色调，使其与背景图片协调，完成合成工作，如图 8-10 所示。

图 8-10　合成最终效果图

④ 保存图像。Photoshop 可用多种格式保存图像，除了 PSD 格式以外，以其他格式保存图像之前，必须拼合图层。

保存文件选择“文件”菜单下的“存储”命令，选择所需要的格式单击“保存”按钮即可，如果存为 JPEG 压缩格式还要进行图片压缩质量的选择。

8.3　声 音 处 理

8.3.1　数字音频处理基础知识

数字音频信号是多媒体技术经常采用的一种形式，它的主要表现形式是语音、自然声音和音乐。通过这些媒介，能烘托主题和气氛。在多媒体系统和多媒体广告、视频特技等领域，数字音频信号非常重要。

数字音频信号的处理主要表现在数据采样和编辑加工两个方面。其中，数据采样的作用是把自然声音信号转换成计算机能够处理的数据音频信号；对数字音频信号的编辑加工表现在剪辑、合成、静音、混响、调整频率等方面。

数字音频文件常见的数字音频格式主要有以下几种。

1. CD 格式

CD 格式是目前音质最好的音频文件格式，被誉为天籁之音。标准的 CD 格式采用 44.1kHz 采样频率和 16 位采样精度、88K/s 速率。CD 音轨近似无损，CD 的声音也基本上是原声。

2. WAV 格式

WAV 格式是微软公司开发的一种音频文件格式，标准的 WAV 格式音频文件质量和 CD 相差无几，也是采用 44.1kHz 频率、16 位采样精度和 88K/s 速率，并且 WAV 格式还支持多种采用频率、采样精度和声道。几乎所有的音频编辑软件都认识 WAV 格式，WAV 是目前计算机上广为流行的音频文件格式。

3. MP3 格式

MP3 格式在 20 世纪 80 年代最先产生于德国。所谓 MP3 指的是 MPEG 标准中的音频部分。MP3 具有 10∶1～12∶1 的高压缩率，同样长度的声音文件，用 MP3 格式存放一般只有 WAV 格式的 1/10，但其音质次于 CD 格式和 WAV 格式。由于 MP3 格式文件所占存储空间小，音质又较好，因此在问世之初一时间无人能与之抗衡，成为网络上绝对的主流音频格式。

4. WMA 格式

WMA 与 WAV 一样，也来自于微软。首先，它的音质要强于 MP3，更加胜于 RA 格式，与 MP3 相比，它达到了更高的压缩率，一般 WMA 格式的压缩率可达到 18∶1 左右。其次，WMA 格式内置了版权保护技术，可以限制播放时间、播放次数甚至播放的机器，同时，WMA 格式还支持音频流技术，适合在网络上在线播放。在 Windows XP 中，WMA 格式已经作为默认的编码格式。

5. RealAudio 格式

RealAudio 格式主要适用于网络上的在线音乐欣赏，它的音质并非很好，但所占存储空间极小。Real 文件格式可以根据 MODEM 的速度分为 RA、RM、RMX 等几种，这些文件格式随网络带宽的不同而改变声音的质量，使带宽富裕的用户能获得较好的音质。

8.3.2　常用音频处理软件的使用

GoldWave 这个音频编辑软件是由 Chris Craig 先生于 1997 年开始开发的，在历经了数次版本升级之后逐步完善，无论从功能上还是界面上都比以前的版本有了巨大的提高，可以说是一个真正成熟、出色的音频编辑软件。

GoldWave 是标准的绿色软件，不需要安装，且体积小巧，将压缩包的几个文件释放到硬盘下的任意目录里，直接双击 GoldWave.exe 就开始运行了。选择“文件”菜单的“打开”命令，指定一个将要进行编辑的文件，然后回车。GoldWave 显示出这个文件的波形状态和软件运行主界面，如图 8-11 所示。整个主界面从上到下分为 3 个大部分，最上面是菜单命令和快捷工具栏，中间是波形显示，下面是文件属性。用户的主要操作集中在占屏幕比例最大的波形显示区域内，如果是立体声文件则分为上、下两个声道，可以分别或统一对它们进行操作。

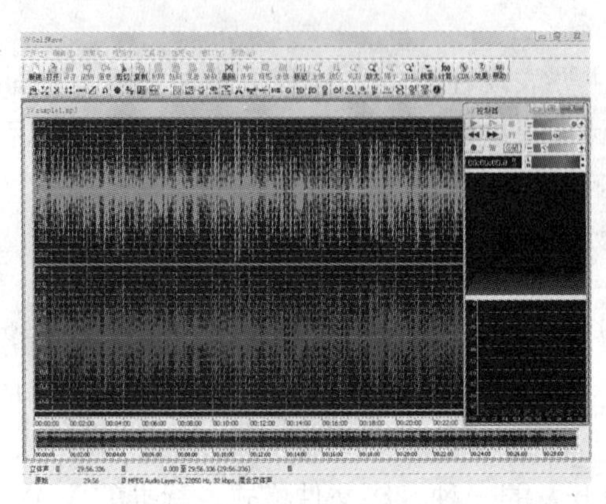

图 8-11　GoldWave 软件运行界面

1．选择音频事件

在对文件进行各种音频处理之前，必须先从中选择一段出来，选择的部分称为一段音频事件。GoldWave 的选择方法很简单，在某一位置单击鼠标左键就确定了选择部分的起始点，在另一位置单击鼠标右键就确定了选择部分的终止点。选择的音频事件将以高亮度显示，如图 8-12 所示，所有操作都只会对这个高亮度区域进行，其他的阴影部分不会受到影响。如果选择位置有误或要更换选择区域，可以使用编辑菜单下的“选择查看”命令或使用快捷键 Ctrl＋W，然后重新进行音频事件的选择。

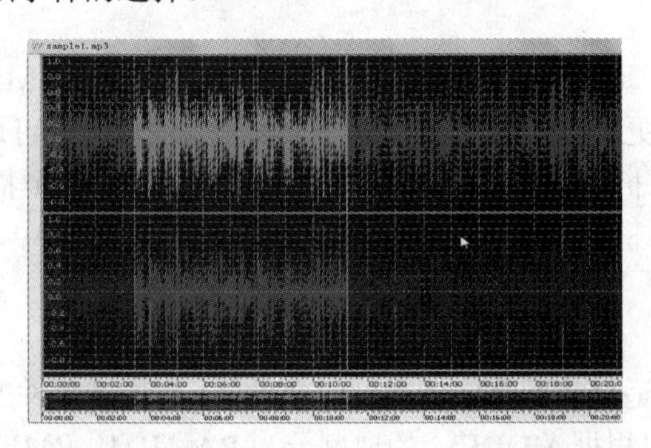

图 8-12　音频选择部分的高亮度显示

2．剪切、复制、粘贴、删除

音频编辑与 Windows 其他应用软件一样，其操作中也大量使用剪切、复制、粘贴、删除等基础操作命令，因此牢固掌握这些命令能更有助于用户的快速入门。GoldWave 的这些常用操作命令实现起来十分容易，除了使用“编辑”菜单下的命令选项外，快捷键也和其他 Windows 应用软件差不多。例如，要进行一段音频事件的剪切，首先选择要剪切的部分，然后按 Ctrl

＋X 就可以了，等待处理完毕之后，这段高亮度的选择部分就消失了，只剩下其他未被选择的阴影部分。用“选择查看”命令并重新设定指针的位置到将要粘贴的地方，用 Ctrl＋V 键就能将刚才剪掉的部分还原出来，和普通软件的使用方法完全相同。同理，可用 Ctrl＋C 键进行复制、用 Del 键进行删除。如果在删除或其他操作中出现了失误，用 Ctrl＋Z 键能够进行恢复。

3．时间标尺和显示缩放

在波形显示区域的下方有一个指示音频文件时间长度的标尺，如图 8-13 所示。它以秒为单位，清晰显示出任何位置的时间情况，这对用户了解、掌握音频处理时间、音频编辑长短有很大的帮助，因此一定要在实际操作中养成参照标尺的习惯。其实打开一个音频文件之后，立即会在标尺下方显示出音频文件的格式及它的时间长短，这就给用户提供了准确的时间量化参数，根据这个时间长短来计划进行各种音频处理，往往会减少很多不必要的操作过程。有的音频文件太长，一个屏幕不能显示完，一种方法是用横向的滚动条进行拖放显示，另一种方法是改变显示的比例。在 GoldWave 中，改变显示比例的方法很简单，用“查看”菜单下的“放大”、“缩小”命令就可以完成。更方便的是用快捷键“Shift＋↑”放大和“Shift＋↓”缩小。如果想更详细地观测波形振幅的变化，那么可以加大纵向的显示比例，方法同横向一样，用“查看”菜单下的“垂直放大”、“垂直缩小”或使用“Ctrl＋↑”、“Ctrl＋↓”即可，这时会看到出现纵向滚动条，拖动它就可以进行细致的观测。

图 8-13　音频时间长度标尺

4．声道选择

对于立体声音频文件来说，在 GoldWave 中的显示是以平行的水平形式分别进行的，有时在编辑中只想对其中一个声道进行处理，另一个声道要保持原样不变化，可以使用“编辑”菜单的“声道”命令，直接选择将要进行作用的声道即可，上方表示左声道，下方表示右声道。所有操作只会对当前选择的声道起作用，而另一个声道会以深色表示，并不受到任何影响。

5．插入空白区域

在指定的位置插入一定时间的空白区域也是音频编辑中常用的一项处理方法。选择“编辑”菜单下的“插入静音”命令，在弹出的对话框中输入插入的时间，然后单击 OK 按钮，这时就可以在指针停留的地方看到这段空白的区域。

8.3.3　音频特效制作

在 GoldWave 的“效果”菜单中提供了十多种常用的音频特效命令，包括压缩、延迟、回声等，每一种特效都是日常音频应用领域广泛采用的效果，掌握它们的使用能够更方便用户在多媒体制作、音效合成方面进行操作，得到令人满意的效果。需要说明的是，这个汉化版本中效果菜单的某些命令的中文翻译不太恰当，所以这里另以更准确的用词进行解释。

1．回声效果

回声是指声音发出后经过一定的时间再返回被我们听到，就像在旷野上面对高山呼喊一样。回声效果在很多影视剪辑、配音中被广泛采用。GoldWave 的回声效果制作方法十分简单，选择“效果”菜单下的“回声”命令，在弹出的对话框中输入延迟时间、音量大小并打开混响选框就可以了。延迟时间值越大，声音持续时间越长，回声反复的次数越多，效果就越明显。而“音量控制”是指返回声音的音量大小，这个值不宜过大，否则回声效果会显得不真实。打开混响效果之后，声音听上去更润泽、更具有空间感，所以建议一般都将它选中。

2. 压缩效果

在唱歌的录音中，往往录制出来的效果不那么令人满意，究其原因很大程度上是由于唱歌时气息、力度的掌握不当造成的。有的语句发音过强、用力过大，几乎造成过载失真；有的语句却“轻言细语”，造成信号微弱。对这些录音后的音频数据使用压缩效果会在很大程度上减少这种情况的发生。压缩效果利用“高的压下来，低的提上去”的原理，对声音的力度起到均衡的作用。在 GoldWave 中，可以点选扩展压缩图标。

3. 镶边效果

使用镶边效果能在原来音色的基础上给声音再加上一道独特的“边缘”，使其听上去更有趣、更具变化性。选择 GoldWave“效果”菜单下的“边缘（Flange）”命令或单击镶边按钮，其作用效果主要依靠深度和频率两项参数决定，试着改变它们各自的不同取值就可以得很多意想不到的奇特效果。如果想要加强作用后的效果比例，只需将混合音量增大就可以了。

4. 改变音高

由于音频文件属于模拟信号，因此要想改变音高是一件十分费劲的事情，而且改变后的效果不一定理想。GoldWave 能够合理的改善这个问题，只需要使用它提供的音高变化命令就能够轻松实现。选择“效果”菜单中的高音选项进入改变音高设置对话框，进行参数设置。

5. 均衡器

均衡调节也是音频编辑中一项十分重要的处理方法，它能够合理改善音频文件的频率结构，达到理想的声音效果。选择“效果”菜单的“均衡器”，就能打开 GoldWave 的 10 段参数均衡器对话框。均衡器最简单快捷的调节方法是直接拖动代表不同频段的数字标识到一个指定的大小位置，注意声音每一段的增益（Gain）不能过大，以免造成过载失真。

6. 音量效果

GoldWave 的音量效果中包含改变选择部分音量大小、淡出淡入效果、音量最大化、音量包络线等命令，可以满足用户对各种音量变化的需求。改变音量大小命令是直接以百分比的形式对音量进行提升或降低的，其取值不宜过大。如果既不想出现过载，又需要在最大范围内提升音量，可以使用音量最大化命令。它是 GoldWave 提供的最方便、实用的命令之一，一般在歌曲刻录 CD 之前都要做一次音量最大化处理。淡出淡入效果的制作也十分容易，直接选择相应命令并输入一个起始（或结束）的音量百分比就可以了。

7. 降噪效果

降噪效果指的是对音频文件特定频段的噪声进行过滤，可通过快捷工具栏上的降噪按钮来实现。这个功能对录制的语音进行后期处理特别实用，它能有效降低录制环境的背景噪声影响，对降噪力度也可以通过参数或者预设模式调节。

8.3.4 GoldWave 的其他实用功能

GoldWave 除了提供丰富的音频效果制作命令外，还具有 CD 抓音轨、批量格式转换、多种媒体格式支持等非常实用的功能。

1. CD 抓音轨

如果用户要编辑的音频素材在一张 CD 中，则无须再使用其他的抓音轨软件在各种格式之间转换，直接选择 GoldWave“工具”菜单下的“CD 读取器”命令就能够一步完成。在“CD 读取器”对话框中选择音轨之后按下“保存”按钮，如图 8-14 所示，再输入保存的文件名称和路径即可。

2. 批量格式转换

GoldWave 中的批量格式转换也是一个十分有用的功能，它能同时打开多个它所支持格式的文件，并转换为其他各种音频格式，其运行速度快，转化效果好，很多用户对这项功能一直情有独钟。选择“文件”菜单下的“批量处理”命令，在如图 8-15 所示的“批量处理”对话框中添加要转换的多个文件，并选择转换后的格式和路径，然后单击“开始”按钮。稍事等待之后，就会在设置的路径下找到这些新生成的音频格式文件。

图 8-14　“CD 读取器”对话框

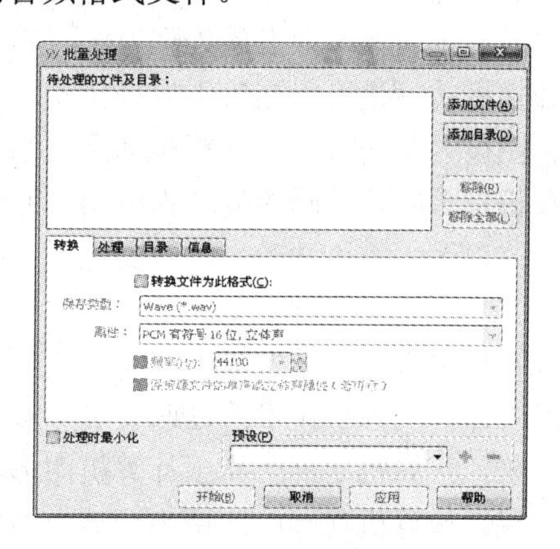

图 8-15　“批量处理”对话框

3. 支持多种媒体格式

在 GoldWave 的打开对话框，除了支持最基础的 WAV 格式外，还可以直接编辑 MP3 格式、苹果机的 AIF 格式，甚至是视频 MPG 格式的音频文件，这给用户带来了很大的方便。GoldWave 的多种媒体格式支持将带给用户更高的工作效率。

GoldWave 还有很多其他的功能，限于篇幅不再一一叙述。以上内容是基础，在实际运用中总结更多的方法、技巧，就能达到各种音频编辑的目的。

8.4　动画处理

8.4.1　动画处理基础知识

1. 什么是动画

据说动画片一词是希腊语 Animal（动物）和拉丁语 Anima（生命）两个词组合而成的，即通过特殊的技术方法处理，赋予无生命的东西生命，使之能像生物一样移动。和“记录片”、“剧情片”一样，“动画片”是电影的类型之一。广义的动画片包含“剪纸片”、“木偶片”等艺术形式。在中国它们也被称为“美术片”或“卡通片”。动画片最重要的特征有两点：

① 其影像是用电影胶片或录影带以逐格记录的方式制作出来的。

② 这些影像的“动作”是幻觉创造出来的，而不是原本就存在、再被摄影机记录下来的。

这种幻觉就是“视觉暂留”现象。当人们看到一件物体时，即使它马上消失了，在人的视觉中也还会停留大约 1/10 秒的时间。这非常重要——当投影机以每秒 24 格的速度投射在银幕上，或录像机以每秒 30 格的扫描方式在电视荧光屏上呈现影像时，它会把每格不同的画面连接起来，从而在人们脑中产生物体在“运动”的印象。所以动画大师诺曼·麦克拉伦说：动画不是“会动的画”的艺术，而是“画出来的运动”的艺术。

2．计算机动画的概念、发展和应用

（1）计算机动画

动画与运动是分不开的，可以说运动是动画的本质，动画是运动的艺术。从传统意义上说，动画是一门通过在连续多格的胶片上拍摄一系列单个画面，从而产生动态视觉的技术和艺术，这种视觉是通过将胶片以一定的速率放映的形式体现出来的。一般来说，动画是一种动态生成一系列相关画面的处理方法，其中的每一幅与前一幅略有不同。

计算机动画是采用连续播放静止图像的方法产生景物运动的效果，也即使用计算机产生图形、图像运动的技术。计算机动画的原理与传统动画基本相同，只是在传统动画的基础上把计算机技术用于动画的处理和应用，并可以达到传统动画所达不到的效果。由于采用数字处理方式，动画的运动效果、画面色调、纹理、光影效果等可以不断改变，输出方式也多种多样。

（2）计算机动画的发展

随着计算机图形技术的迅速发展，从 20 世纪 60 年代起，计算机动画技术也很快发展和应用起来。计算机动画区别于计算机图形、图像的重要标志是动画使静态图形、图像产生了运动效果。计算机动画的应用小到一个多媒体软件中某个对象、物体或字幕的运动，大到一段动画演示、光盘出版物片头/片尾的设计制作，甚至到电视片的片头/片尾、电视广告，直至计算机动画片如“狮子王”等。

（3）计算机动画的特点

从制作的角度看，计算机动画可能相对较简单，如一行字幕从屏幕的左边移入，然后从屏幕的右边移出，这一功能通过简单的编程就能实现。

3．常用的动画制作软件

动画制作软件非常多，不同的动画软件用来制作不同的动画，目前平面二维动画中较为流行的是 Adobe 公司的 Flash 动画制作软件。三维动画制作软件中常见的有 Autodesk 公司的 3D Studio 系列和 MAYA 系列。当然专业的图形工作站上还有更为专业的软件支持。

8.4.2　动画处理软件 Flash 的使用

1．什么是 Flash

Flash 是美国的 Macromedia 公司于 1999 年 6 月推出的优秀网页动画设计软件。它是一种交互式动画设计工具，利用它可以将音乐、声效、动画及富有新意的界面融合在一起，以制作出高品质的网页动态效果。Adobe Flash，前称 Shockwave Flash，简称 Flash，前身 FutureSplash，既指 Adobe Flash Professional 多媒体创作程序，也指 Adobe Flash Player。Adobe 公司于 2005 年 12 月 3 日收购 Macromedia 公司，因此 Flash 成了 Adobe 公司的软件。

Flash 格式通常包括以下内容。

① SWF：SWF 在发布时可以选择保护功能，如果没有选择，很容易被别人输入到其源

文件中使用。然而保护功能依然阻挡不了为数众多的破解软件，有不少闪客专门以此来学习别人的代码和设计方式。

② FLA：Flash 的源文件，只能用 Adobe Flash 打开编辑。

③ AS：ActionScript 的缩写，是一种编程语言的简单文本文件。FLA 文件能直接包含 ActionScript，但是也可以将其存成 AS 档，作为外部链接文件。若定义 ActionScript 类，则必须写在 AS 文件里，再通过 Import 加入类，以方便共同工作和更高级的程序修改。

④ SWC：是一种供 Flash 使用的库格式，可以粗略地理解为 Flash 用的 dll，无法被编辑。

⑤ FLV：是 Flash Video 的简称，FLV 流式媒体格式是一种视频格式，它的出现有效地解决了视频文件导入 Flash 后，使导出的 SWF 文件体积庞大、不能在网络上有效使用等缺点。

2. Flash 的特点

① 使用矢量图形和流式播放技术。与位图图形不同的是，矢量图形可以任意缩放尺寸而不影响图形的质量；流式播放技术使得动画可以边播放边下载，从而缓解了网页浏览者焦急等待的情绪。

② 通过使用关键帧和图符使得所生成的动画 SWF 文件非常小，几 K 字节的动画文件已经可以实现许多令人心动的动画效果，用在网页设计上不仅可以使网页更加生动，而且小巧玲珑、下载迅速，使得动画可以在打开网页很短的时间里就得以播放。

③ 把音乐、动画、声效、交互方式融合在一起，越来越多的人已经把 Flash 作为网页动画设计的首选工具，并且创作出了许多令人叹为观止的动画电影效果；而且在 Flash 中已经可以支持 MP3 的音乐格式，这使得加入音乐的动画文件也能保持“小巧的身材”。

④ 强大的动画编辑功能使得设计者可以随心所欲地设计出高品质的动画，通过 Action 和 Fscommand 可以实现交互性，使 Flash 具有更大的设计自由度；另外，它与当今最流行的网页设计工具 Dreamweaver 配合默契，可以直接嵌入网页的任意位置，非常方便。

3. Flash 软件的工作环境

图 8-16 所示为 Flash 软件的进行界面。

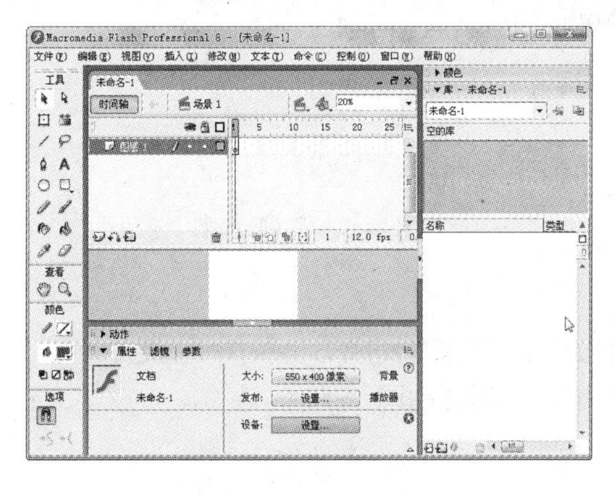

图 8-16　Flash 软件运行界面

（1）舞台 Stage

就是工作区，最主要的可编辑区域。在这里可以直接绘图，或者导入外部图形文件进行编辑，再把各个独立的帧合成在一起，以生成电影作品。

（2）时间轴窗口 Timeline

用它可以调整电影的播放速度，并将不同的图形作品放在不同图层的相应帧里，以安排电影内容播放的顺序。

（3）绘图工具栏 Drawing Toolbar

放置了可供图形和文本编辑的各种工具，用这些工具可以绘图、选取、喷涂、修改及编排文字，还有些工具可以改变查看工作区的方式。当选择了某一工具时，其所对应的修改器 Modifier 也会在工具条下面的位置出现，修改器的作用是改变相应工具对图形处理的效果。

（4）标准工具栏 Standard Toolbar

列出了大部分最常用的文件操作、打印、剪贴板、撤销和重做、修改器及控制舞台放大比例的图标和选项，便于进行更为快捷的操作。

（5）图库窗口 Library Window

用以存放可以重复使用的称为符号的元素。符号的类型包括图片 Graphics、按钮 Button 和电影片断 Movie Clip。其调用的快捷键为 Ctrl＋L。

（6）面板 Controller

控制电影播放操作的工具集合，一般不大常用，处于隐藏状态。

4．制作 Flash 动画

使用 Flash 可以制作出各种复杂的动画，其中基本的动画制作方式有 3 类：逐帧动画、形变动画、运动动画。

（1）逐帧动画

逐帧动画的每个帧都是关键帧，由动画的制作人一帧帧地绘制，如图 8-17 所示。逐帧动画可以表现非常细微复杂的变化和动作。它的缺点是制作人必须绘制所有帧，绘制工作量大，效率低下。

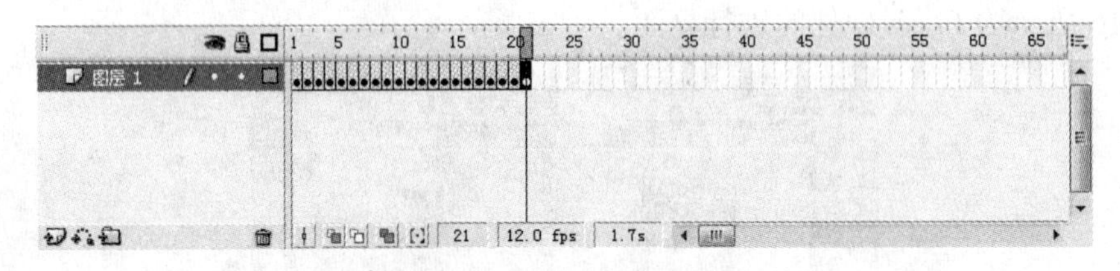

图 8-17　逐帧动画

（2）形变动画

形变动画的效果是由一种图形状态变成另一种图形状态。

实例：制作由圆形到矩形的形变动画。

操作步骤：

① 新建一个影片。

② 调出影片属性，设定影片的背景和宽度、高度，为 640×480 像素。

③ 在工具箱中选择圆形工具，在工作区中画一个圆形，如图 8-18 所示。如果同时按住 Shift 键，就会画一个正圆形。

④ 在时间轴的第 20 帧单击鼠标右键，在快捷菜单中选择“插入空白关键帧”命令，或按 F6 键，在 20 帧插入空白关键帧，如图 8-19 所示。

⑤ 在工作区中画一个矩形，这个矩形在第 20 帧。

⑥ 在时间轴上，将鼠标移到第 1 帧至第 20 帧之间，单击左键。

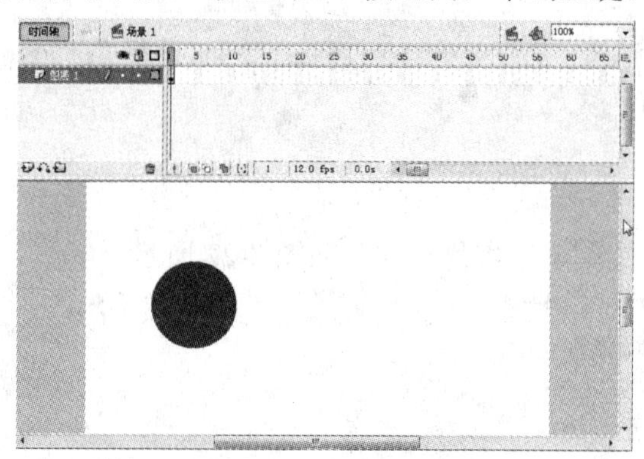

图 8-18　在工作区绘制圆形

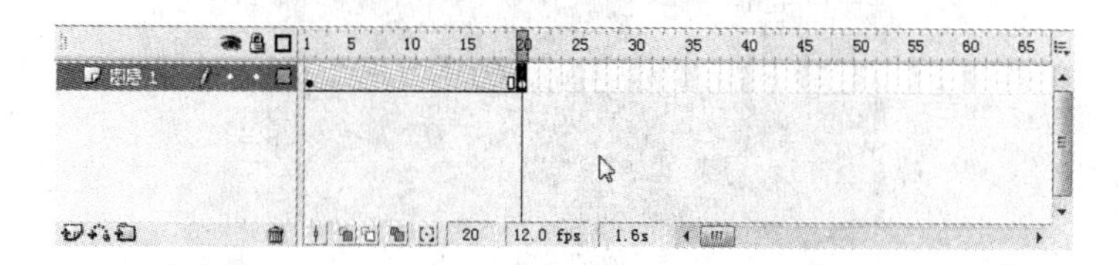

图 8-19　插入空白关键帧

⑦ 在帧面板中的“补间”项中选取“形状”，即可在第 1 帧至第 20 帧之间创建形变动画，如图 8-20 所示。此时时间轴上 1～20 帧之间出现黑色箭头，并且底色变为绿色。

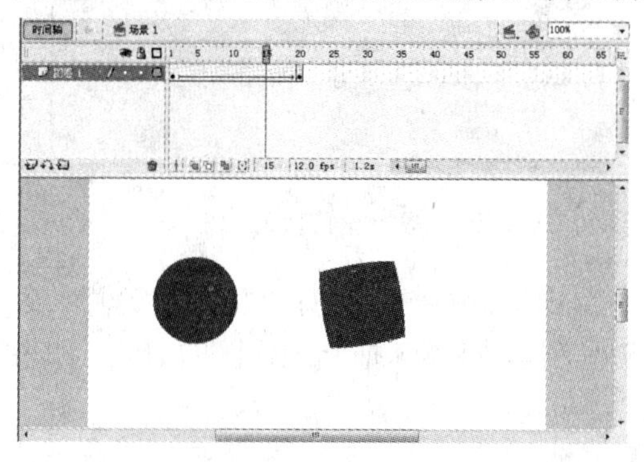

图 8-20　创建形状动画

⑧ 按 Enter 键测试影片。

⑨ 保存影片。按快捷键 Ctrl＋S 或单击“文件”菜单下的“保存”命令。注意，这样保存的文件扩展名为.FLA，这是 Flash 的源文件。

（3）运动动画

运动动画是指图形的位置、大小、颜色等渐变的动画。动画制作者制作出第一帧和最后一帧，中间帧由 Flash 软件自动生成。

实例：制作一个运动的小球。

操作步骤：

① 启动 Flash。

② 按要求设定影片的属性，大小为 550×400 像素，背景颜色为蓝色，如图 8-21 所示。

图 8-21　设定影片大小和背景颜色

③ 在工作区的左侧绘制一个红色小球，如图 8-22 所示。

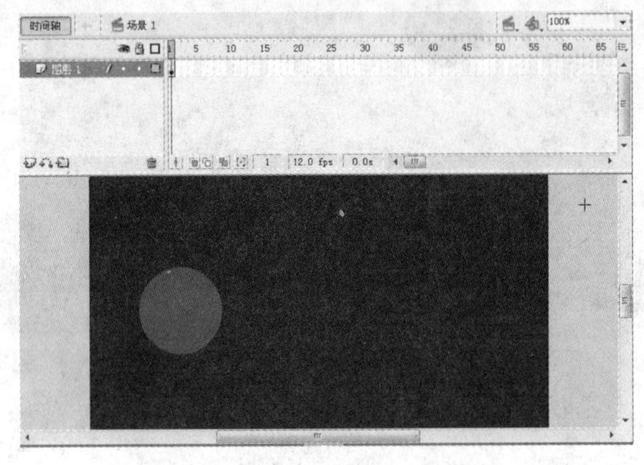

图 8-22　绘制红色小球

④ 按 F8 键将红色小球转换成图形元件，命名为“ball”，如图 8-23 所示。

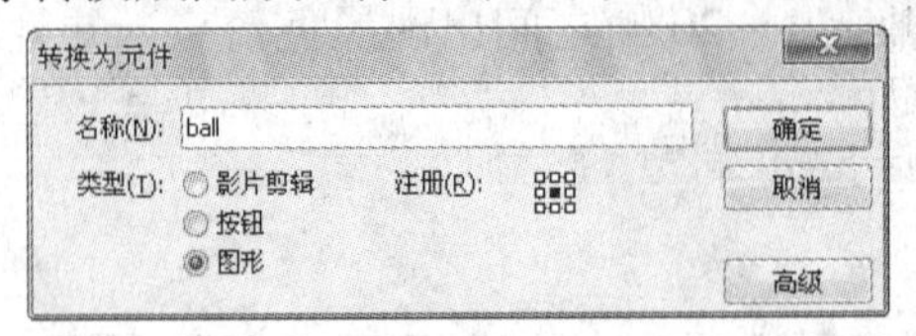

图 8-23　将小球转换为元件并命名

⑤ 在时间轴第 20 帧上单击鼠标右键、选择“插入关键帧”命令，插入关键帧。

⑥ 点取工具箱中的移动工具，将小球拖到工作区的右侧，如果拖动的同时按住 Shift 键，则小球就会平移，如图 8-24 所示。

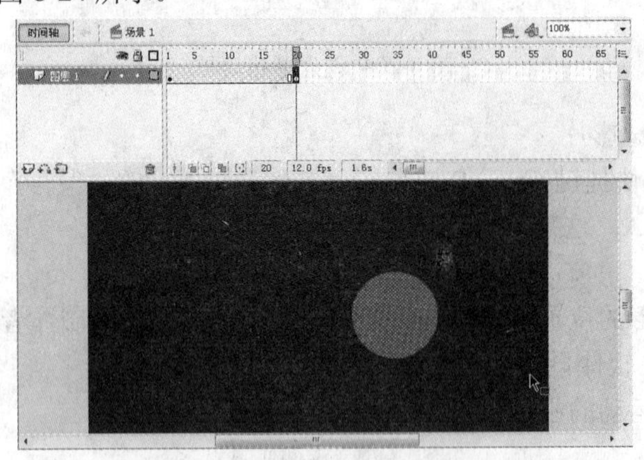

图 8-24　将小球平移到工作区右侧

⑦ 在时间轴上第 1 帧和第 20 帧中的任意位置单击鼠标右键，在屏幕下方属性栏中的“补间”中选取“动画”命令，如图 8-25 所示，则会在 1 和 20 帧之间产生运动动画，1 和 20 帧之间变成浅蓝色底色。

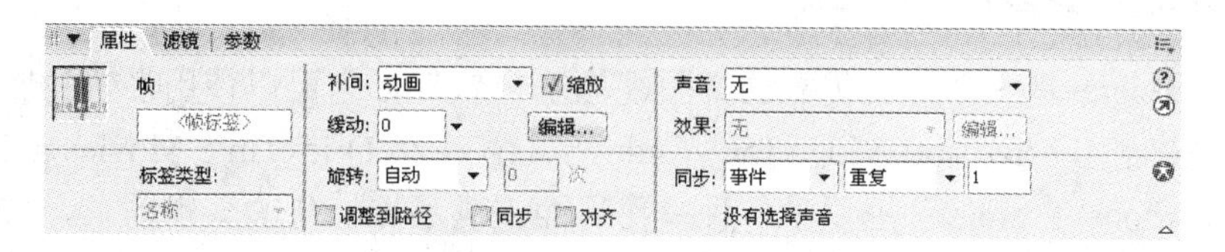

图 8-25　补间动画的设定

⑧ 按 Enter 键测试该动画，会看到小球从工作区的左侧移到工作区的右侧。

⑨ 保存影片。

5．动画的保存和输出

完成动画的制作后可以将动画保存为.FLA 格式，这是 Flash 动画制作软件可编辑的文件格式。选择“文件”菜单下的“另存为”命令，默认的保存格式即为.FLA。输入文件名，单击“保存”按钮即可。

如果动画用于网页发布或影片发布，可选择“文件”菜单下的“导出影片”命令，选择希望保存的格式，.SWF 格式为网页发布 Flash 格式，.AVI 格式为普通影片格式。最后单击“保存”按钮即可。

8.5　视 频 处 理

8.5.1　视频处理基础知识

视频（Video）泛指将一系列的静态影像以电信号方式加以捕捉、纪录、处理、存储、传送与重现的各种技术。视频信息的处理需要专门的工具软件。

1．什么是视频

视频是一组连续画面信息的集合，与加载的同步声音共同呈现动态的视觉和听觉效果。视频用于电影时，采用 24 帧/s 的播放速度，用于电视时，采用 25 帧/s 的播放速度。

视频信息可以采用 AVI 文件格式保存，也可以采用 MPEG 压缩数据格式保存。压缩视频信息具有实时性强、可承载的数据量大、对计算机的处理能力要求很高等特点。

2．常见的视频处理功能

视频处理主要包括以下内容。

① 视频剪辑：剪除不需要的视频片段，连接多段视频信息。在连接时，还可以添加过渡效果。

② 视频叠加：把多个视频影像叠加在一起。

③ 视频和声音同步：在单纯的视频信息上添加声音，并精确定位，保证视频和声音的同步。

④ 添加特殊效果：使用滤镜加工视频影像，使影像具有特殊效果。

3．MPEG 压缩视频标准

MPEG 是 Moving Picture Experts Group 的简称。这个名字本来的含义是指一个研究视频和音频编码标准的小组，现在所说的 MPEG 泛指由该小组制定的一系列视频编码标准。该小组于 1988 年组成，至今已经制定了 MPEG-1、MPEG-2、MPEG-3、MPEG-4 和 MPEG-7 等多个标准。

8.5.2　常用视频处理软件的使用

Adobe Premiere 是一个非常优秀的桌面视频编辑软件，它可以使用多轨的影像与声音作合成与剪辑，来制作 Microsoft Video for Windows（.AVI）、QrickTime Movies（.MOV）等动态影像格式。Adobe Premiere 提供了各种操作界面来满足专业化的剪辑需求。在影视广告后期制作领域中，Adobe Premiere 发挥了举足轻重的作用。无论是由计算机制作的动画影像还是由非线编系统输入的实物影像，都可以在 Adobe Premiere 中加以剪辑、加工，使视频后期编辑在 PC 平台上得以顺利实现。

因为 Adobe Premiere 是用来编辑视频的，处理的数据量很大，因此机器的配置应该高一些。安装完成后，启动 Adobe Premiere，出现如图 8-26 所示的启动界面。

图 8-26　Adobe Premiere 启动界面

Adobe Premiere 窗口右上角的下拉列表中有 5 项有关工程的设置，分别是普通设置、视频设置、音频设置、关键帧和渲染设置、捕捉设置。Premiere5.1 已经做了许多现成的设置，可以通过左边的“装载”按钮进行调用。单击“确定”按钮，则一个新工程建立。图 8-27 显示了编辑时的窗口状态。

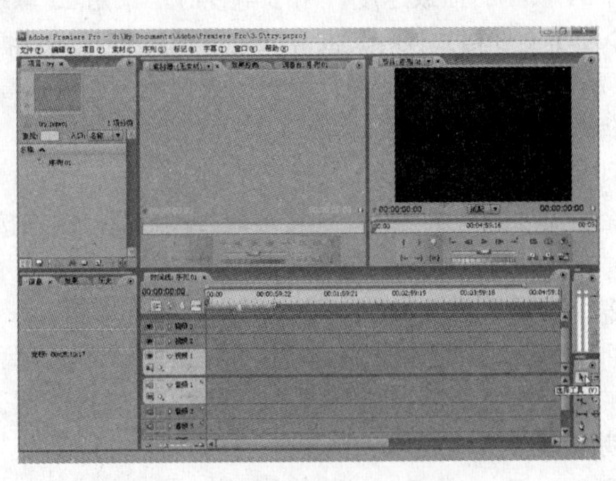

图 8-27　Premiere 的编辑界面

Adobe Premiere 的工具栏功能很强大，时间线窗口左上角有以下两排工具：

① 指定工具：在选择工具按钮上单击左键，则当前工具变为选择工具，在时间轨道上单击素材，则该素材被选中并且在其周围出现虚线框，这时将鼠标移动到素材上并按住鼠标左键，即可将素材拖动到合适的轨道和位置上。需要注意的是，视频和图像只能在视频轨道上拖动，声音只能在声音轨道上拖动。在处理静态图像时，将鼠标移动到静态图像的一端，鼠标变成左右箭头，此时拖动鼠标可以改变静态图像的持续时间。.

声音素材也可以用上述方法改变其持续时间，但是声音的持续时间不是无限延长的，持续时间不会超过素材自身长度。为了节约空间，Adobe Premiere 将几个相似的工具放在一个按钮中，在该按钮上按下鼠标左键并保持一段时间后，将弹出隐藏的其他按钮。

弹出的工具从左到右分别是：范围选择工具、块选择工具、轨道选择工具、轨道复选择工具。

② 范围选择工具：选择该工具后，可以在时间线的轨道上拖动鼠标拉出一个虚线框，所有包含在虚线框里和与虚线框相交的素材都被选中，这样对其中任何一个素材的操作将同样施加到其他被选中的素材上。如果要选择不相邻的素材，则需按住 Shift 键，并单击各个素材进行选择。

③ 块选择工具：选择该工具后，在时间线上，在素材上拖动鼠标拉出虚线块，按下 Alt 键，将选中的块拖到目的位置，注意目的位置的所有轨道上不能有素材，松开鼠标，则被选中的块被复制到目的位置，并且与源素材没有链接关系。如果没有按 Alt 键，则操作为生成虚拟素材，这种操作没有轨道限制，只要目标位置的目标轨道上没有素材占用就可以。虚拟素材作为整体出现，其内部的视频和音频是有链接关系的。

④ 轨道选择工具：选择该工具后，在时间线中的素材上，将鼠标移动到轨道中的某一素材上，单击左键，则该素材和其后的同轨道素材均被选中。被该工具选中的素材，不能移动到其他轨道，只能在自己原来的轨道中移动。如果需要选择多条轨道，可以按 Shift 键同时进行选择。

⑤ 轨道复选择工具：选择该工具后，在时间线上，将鼠标移动到轨道中的某一素材上，单击左键，则该素材和其后的所有轨道素材均被选中。

8.6　本 章 小 结

本章介绍了多媒体基础知识，图像处理理论知识及软件应用，声音处理理论知识及软件应用，动画处理理论知识及软件应用，视频处理理论知识及软件应用等知识。

8.7　思考与练习

1．选择题

（1）多媒体计算机中的媒体信息是指________。

① 文字、音频　② 音频、图形　③ 动画、视频　④ 视频、音频

A．①　　B．②　　C．③　　D．全部

（2）多媒体技术未来发展的方向是________。

① 高分辨率，提高显示质量

② 高速度化，缩短处理时间

③ 简单化，便于操作

④ 智能化，提高信息识别能力

A. ①②③　B. ①②④　C. ①③④　D. 全部

（3）下列采集的波形声音，质量最好的是________。

A. 单声道、8 位量化、22.05kHz 采样频率

B. 双声道、8 位量化、44.1kHz 采样频率

C. 双声道、16 位量化、44.1kHz 采样频率

D. 单声道、16 位量化、22.05kHz 采样频率

（4）MP3 代表的含义是________。

A. 一种视频格式　B. 一种音频格式

C. 一种网络协议　D. 软件的名称

（5）CD-ROM 是指________。

A. 数字音频　B. 只读存储光盘

C. 交互光盘　D. 可写光盘

（6）在计算机内，多媒体数据最终是以________形式存在的。

A. 二进制代码　B. 特殊的压缩码

C. 模拟数据　D. 图形图像、文字、声音

（7）Photoshop 里的________工具可以用做抠图。

A. 画笔工具　B. 渐变工具

C. 磁性套索工具　D. 喷枪工具

（8）Photoshop 默认的文件类型是________。

A. JPEG　B. BMP　C. PPT　D. PSD

（9）Photoshop 里的________工具可以用做选取颜色相似区域。

A. 多边形套索工具　B. 路径工具

C. 魔棒工具　D. 裁剪工具

（10）JPEG 代表的含义是________。

A. 一种视频格式　B. 一种图形格式

C. 一种网络协议　D. 软件的名称

2. 填空题

（1）文本、声音、________、________和________等信息的载体中的两个或多个的组合称为多媒体。

（2）多媒体技术具有________、________、________和高质量等特性。

（3）音频主要分为________、语音和________。

（4）设置帧频就是设置动画的播放速度，帧频越大，播放速度越________，帧频越小，播放速度越________。

（5）帧的类型有 3 种：________、________和关键帧。

第 9 章　软件开发基础

软件开发是指一个软件项目的开发活动及其过程，包括市场调查、需求分析、可行性分析、初步设计、详细设计、形成文档、建立初步模型、编写程序代码、测试修改、发布等若干步骤。程序设计（Programming）是指设计、编制、调试程序的方法和过程。它是目标明确的智力活动。由于程序是软件的主体，软件的质量主要是通过程序的质量来体现的，因此在软件开发过程中，程序设计的工作非常重要，内容涉及有关的基本概念、工具、方法及方法学等。本章主要介绍从程序设计到软件开发的详细概念，并重点介绍对于程序设计而言非常重要的数据结构和算法设计的基本知识，最后介绍数据库相关的基础知识。

本章主要内容

- 程序设计方法
- 软件工程基础
- 数据结构与算法
- 数据库基础

9.1　程序设计方法

9.1.1　结构化程序设计

1．结构化程序设计的概念

当今社会是信息社会，信息社会的灵魂是作为“信息处理机”的电子计算机，从 1946 年第一台计算机 ENIAC 问世到现在，电子计算机的硬件得到突飞猛进的发展，程序设计的方法也随之不断进步。早期的计算机存储器容量非常小，人们设计程序时首先考虑的问题是如何减少存储器开销。硬件的限制不允许人们考虑如何组织数据与逻辑，程序本身短小，逻辑简单，也无须人们考虑程序设计方法问题。与其说程序设计是一项工作，倒不如说它是程序员的个人技艺。但是，随着大容量存储器的出现及计算机技术的广泛应用，应用程序日趋复杂化和大型化，程序的大小以算术基数递增，而程序的逻辑控制难度则以几何基数递增，程序编写越来越困难。传统的软件开发技术难以满足发展的新要求，人们不得不考虑程序设计的方法。

20 世纪 70 年代以前，程序设计方法主要采用流程图。从 1975 年起，研究者们研究了“把非结构化程序转化为结构化程序的方法”、“非结构的种类及其转化”、“结构化与非结构化的概念”、“流程图的分解理论”等问题，结构化程序设计（Structure Programming，SP）思想逐渐成熟，并逐步形成既有理论指导又有切实可行方法的一门独立学科。整个 20 世纪 80 年代，SP 是主要的程序设计方法，其核心是模块化。

SP 方法主张使用顺序、选择、循环三种基本结构来嵌套连接成具有复杂层次的“结构化程序”，严格控制 GOTO 语句的使用。用这样的方法编写出的程序在结构上具有以下效果。

① 以控制结构为单位，只有一个入口、一个出口，所以能独立地理解这一部分。

② 能够以控制结构为单位，从上到下顺序地阅读程序文本。

③ 由于程序的静态描述与执行时的控制流程容易对应，所以能够方便、正确地理解程序的动作。

结构化程序相比于非结构化程序有较好的可靠性、易验证性和可修改性；结构化设计方法的设计思想清晰，符合人们处理问题的习惯，易学易用，模块层次分明，便于分工开发和调试，程序可读性强。其代表性设计语言有 C、FORTRAN、PASCAL 等。

2．结构化程序的基本结构与特点

SP 的基本原则是：“自顶而下，逐步求精”的设计思想，“独立功能，单出、入口”的模块仅用 3 种（顺序、选择、循环）基本控制结构的编码原则。自顶而下的出发点是从问题的总体目标开始，抽象低层的细节，先专心构造高层的结构，然后再一层一层地分解和细化。这使设计者能把握主题，高屋建瓴，避免一开始就陷入复杂的细节中，使复杂的设计过程变得简单、明了，过程的结果也容易做到正确、可靠。独立功能，单出、入口的模块结构减少了模块的相互联系，使模块可作为插件或积木使用，降低程序的复杂性，提高可靠性。程序编写时，所有模块的功能通过相应子程序（函数或过程）的代码来实现。程序的主体是子程序层次库，它与功能模块的抽象层次相对应，编码原则使得程序流程简洁、清晰，增强了可读性。

在 SP 中，划分模块不能随心所欲地把整个程序简单地分解成一个个程序段，而必须按照一定的方法进行。模块的根本特征是“相对独立，功能单一”。换言之，一个好的模块必须具有高度的独立性和相对较强的功能。模块的好坏，通常用“耦合度”和“内聚度”两个指标从不同侧面加以度量。所谓耦合度，是指模块之间相互依赖性大小的度量，耦合度越小，模块的相对独立性越大。所谓内聚度，是指模块内各成分之间相互依赖性大小的度量，内聚度越大，模块各成分之间联系越紧密，其功能越强。因此，在模块划分时应当做到“耦合度尽量小，内聚度尽量大”。

采用结构化程序设计方法编写程序，可使程序结构良好，易读、易理解、易维护。1966 年，Boehm 和 Jacopini 证明了程序设计语言仅仅使用顺序、选择和循环三种基本控制结构就足以表达出各种其他形式的程序设计方法。

（1）顺序结构

顺序结构是一种简单的程序设计，它是最基本、最常用的结构，如图 9-1 所示。顺序结构是顺序执行的结构，所谓顺序执行，就是按照程序语句行的自然顺序，一条语句一条语句地执行程序。

（2）选择结构

选择结构又称为分支结构，它包括简单选择和多分支选择结构。这种结构可以根据设定的条件，判断应该选择哪一条分支来执行相应的语句序列。图 9-2 列出了包含两个分支的简单选择结构。

（3）循环结构

循环结构根据给定的条件，判断是否需要重复执行某一相同或类似的程序段，利用重复结构可简化大量的程序行。在程序设计语言中，重复结构对应两类循环语句，对先判断后执行循环体的称为当型循环结构；如图 9-3 所示，对先执行循环体后判断的称为直到型循环结构，如图 9-4 所示。

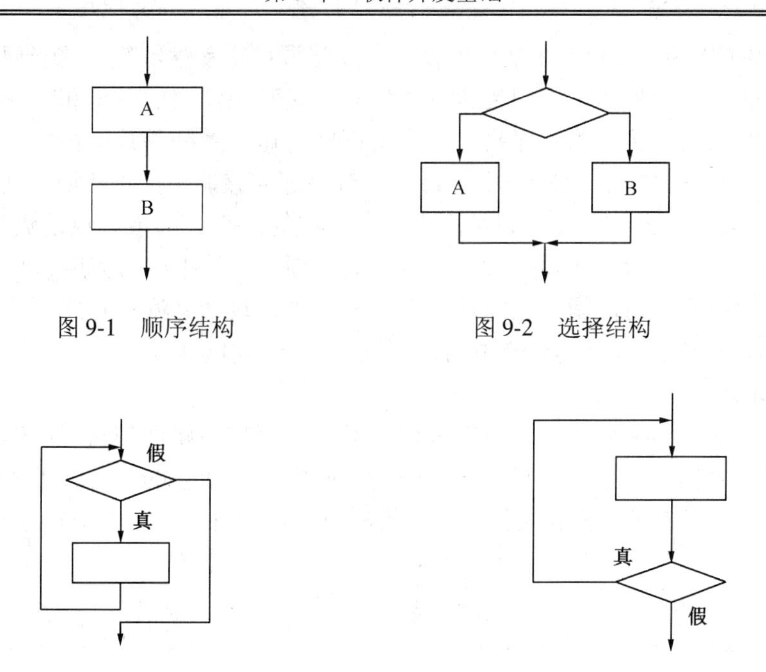

图 9-1　顺序结构　　　　　　　　图 9-2　选择结构

图 9-3　当型循环结构　　　　　　　　图 9-4　直到型循环结构

总之，遵循结构化程序设计原则，按照结构化程序设计方法设计出的程序具有明显的优点。其一，程序易于理解、使用和维护。程序员采用结构化编程方法，便于控制、降低程序的复杂性，因此容易编写程序；便于验证程序的正确性，结构化程序清晰易读，可理解性好，程序员能够进行逐步求精、程序证明和测试，以便保证程序的正确性，程序容易阅读并被人理解，便于用户使用和维护。其二，提高了编程工作的效率，降低了软件开发成本。由于结构化编程方法能够把错误控制到最低限度，因此能够减少调试和查错时间。结构化程序是由一些为数不多的基本结构模块组成的，这些模块甚至可以由计算机自动生成，从而极大地减轻了编程工作量。

9.1.2　面向对象程序设计

20 世纪 80 年代后，面向对象的程序设计（Object Orient Programming，OOP）技术日趋成熟并逐渐为计算机界所理解和接受。面向对象的程序设计方法和技术是目前软件研究和应用开发中最活跃的一个领域。

OOP 具备很好的模拟现实世界环境的能力，它通过向程序中加入扩展语句，把函数“封装”进编程所必需的“对象”中。面向对象的编程语言使得复杂的工作条理清晰、编写容易。OOP 将对象作为程序的基本单元，将程序和数据封装其中，以提高软件的重用性、灵活性和扩展性。当我们提到面向对象时，它不仅指一种程序设计方法，更多意义上是一种程序开发方式。对象（Object）是类（Class）的一个实例（Instance）。如果将对象比做房子，那么类就是房子的设计图纸。所以面向对象程序设计的重点是类的设计，而不是对象的设计。类可以将数据和函数封装在一起，其中函数表示类的行为（或称服务）。类提供关键字 public、protected 和 private，用于声明哪些数据和函数是公有的、受保护的或者是私有的。这样可以达到信息隐藏的目的，即让类仅仅公开必须要让外界知道的内容，而隐藏其他一切内容。

20 世纪 60 年代，程序设计领域面临着一种危机：在软硬件环境逐渐复杂的情况下，软件如何得到良好的维护？OOP 在某种程度上通过强调可重复性解决了这一问题。面向对象程序设计可以被视做一种在程序中包含各种独立而又互相调用的单位和对象的思想，这与传统的思想刚好相反：传统的程序设计主张将程序看做一系列函数的集合，或者直接就是一系列对计算机下达的指令。OOP 中的每一个对象都应该能够接收数据、处理数据并将数据传达给其他对象，因此它们都可以被看做一个小型的“机器”，或者说是负有责任的角色。OOP 推广了程序的灵活性和可维护性，并且在大型项目设计中广为应用。此外，OOP 要比以往的做法更加便于学习，因为它能够让人们更简单地设计并维护程序，使得程序更加便于分析、设计、理解。下面对 OOP 中的一些重要概念加以说明。

1．类（Class）

类定义一件事物的抽象特点。通常来说，类定义事物的属性和它可以做到的（它的行为）。举例来说，“狗”这个类会包含狗的一切基础特征，如它的孕育、毛皮颜色和吠叫的能力。类可以为程序提供模板和结构。一个类的方法和属性被称为“成员”。下面来看一段伪代码：

```
类狗
    开始
    私有成员:
        孕育
        毛皮颜色
    公有成员:
        吠叫()
    结束
```

在这串代码中，声明了一个类，这个类具有一些狗的基本特征。

2．对象（Object）

对象是类的实例。例如，“狗”这个类列举狗的特点，从而使这个类定义了世界上所有的狗。而“莱丝”这个对象则是一条具体的狗，它的属性也是具体的。狗有毛皮颜色，而莱丝的毛皮颜色是棕白色的。因此，莱丝就是狗这个类的一个实例。一个具体对象属性的值被称做它的“状态”(系统给对象分配内存空间，而不会给类分配内存空间，这很好理解，类是抽象的系统，不可能给抽象的东西分配空间，而对象是具体的)。假设已经在上面定义了狗这个类，下面就可以用这个类来定义对象：

```
定义莱丝是狗
莱丝.毛皮颜色=白色
莱丝.吠叫()
```

我们无法让狗这个类去吠叫，但是可以让对象“莱丝”去吠叫，正如狗可以吠叫，但没有具体的狗就无法吠叫一样。

3．方法（Method）

方法是一个类能做的事情，但方法并没有去做这件事。例如，作为一条狗，莱丝是会吠叫的，因此“吠叫()”就是它的一个方法。与此同时，它可能还会有其他方法，如“坐下()”，或者“吃()”。对一个具体对象的方法进行调用并不影响其他对象，正如所有的狗都会叫，但是让一条狗叫不代表所有的狗都叫。如下例：

```
定义莱丝是狗
定义泰尔是狗
莱丝.吠叫()
```

则泰尔是不会吠叫的，因为这里的吠叫只是对对象“莱丝”进行的。

4. 消息传递机制

一个对象通过接收消息、处理消息、传出消息或使用其他类的方法来实现一定功能，这叫做消息传递机制（Message Passing）。

5. 继承性（Inheritance）

继承性（Inheritance）是指，在某种情况下，一个类会有“子类”。子类比原本的类（称为父类）要更加具体化，例如，“狗”这个类可能会有它的子类“牧羊犬”和“吉娃娃犬”。在这种情况下，“莱丝”可能就是牧羊犬的一个实例。子类会继承父类的属性和行为，并且也可包含它们自己的。假设“狗”这个类有一个方法叫做“吠叫()”和一个属性叫做“毛皮颜色”，它的子类（前例中的牧羊犬和吉娃娃犬）会继承这些成员。这意味着程序员只需要将相同的代码写一次。在伪代码中可以这样写：

```
类牧羊犬:继承狗
定义莱丝是牧羊犬
莱丝.吠叫()      /*  调用的是狗这个类的吠叫属性。 */
```

回到前面的例子，“牧羊犬”这个类可以继承“毛皮颜色”这个属性，并指定其为棕白色。而“吉娃娃犬”则可以继承“吠叫()”这个方法，并指定它的音调高于平常。子类也可以加入新的成员，例如，“吉娃娃犬”这个类可以加入一个方法叫做“颤抖()”。设若用“牧羊犬”这个类定义一个实例“莱丝”，那么莱丝就不会颤抖，因为这个方法是属于吉娃娃犬的，而非牧羊犬。事实上，可以把继承理解为“是”。例如，莱丝“是”牧羊犬，牧羊犬“是”狗。因此，莱丝既继承了牧羊犬的属性，又继承了狗的属性。来看伪代码：

```
类吉娃娃犬:继承狗
开始
    公有成员:
结束
类牧羊犬:继承狗
定义莱丝是牧羊犬
莱丝.颤抖()     /* 错误：颤抖是吉娃娃犬的成员方法。 */
```

当一个类从多个父类继承时，称为“多重继承”。多重继承并不总是被支持的，因为它很难理解，又很难被好好使用。

6. 封装性（Encapsulation）

具备封装性的面向对象程序设计隐藏了某一方法的具体执行步骤，取而代之的是通过消息传递机制传送消息给它。因此，举例来说，“狗”这个类有“吠叫()”的方法，这一方法定义了狗具体该通过什么方法吠叫。但是，莱丝的朋友蒂米并不需要知道它到底如何吠叫。来看下面的实例。

一个面向过程的程序会这样写：

```
定义莱丝
```

```
莱丝.设置音调(5)
莱丝.吸气
莱丝.吐气()
```

而当狗的吠叫被封装到类中，任何人都可以简单地使用：

```
定义莱丝是狗
莱丝.吠叫()
```

封装是限制只有特定类的实例可以访问这一特定类的成员，而它通常利用接口实现消息的传入/传出。举个例子，接口能确保幼犬这一特征只能被赋予狗这一类。通常来说，成员会依其访问权限被分为3种：公有成员、私有成员及保护成员。

7．多态性（Polymorphism）

多态性指方法在不同的类中调用可以实现的不同结果。因此，两个甚至更多的类可以对同一消息做出不同的反应。举例来说，狗和鸡都有“叫()”这一方法，但是调用狗的“叫()”，狗会吠叫；调用鸡的“叫()”，鸡则会啼叫。我们将它体现在伪代码上：

```
类狗
开始
    公有成员:
        叫()
    开始
    吠叫()
    结束
结束

类鸡
    开始
    公有成员:
        叫()
    开始
        啼叫()
    结束
    结束

定义莱丝是狗
定义鲁斯特是鸡
莱丝.叫()
鲁斯特.叫()
```

这样，同样是叫，莱丝和鲁斯特做出的反应将大不相同。

8．抽象性（Abstraction）

抽象是简化复杂的现实问题的途径，它可以为具体问题找到最恰当的类定义，并且可以在最恰当的继承级别解释问题。举例说明，莱丝在大多数时候都被当作一条狗，但是如果想要让它做牧羊犬做的事，可以调用牧羊犬的方法。如果狗这个类还有动物的父类，那么可以视莱丝为一个动物。

9.2　软件工程基础

9.2.1　软件工程基本概念

1．软件的概念

软件是计算机系统中与硬件相互依存的另一部分，它是包括程序、数据及其相关文档的完整集合。程序是按事先设计的功能和性能要求编写的指令序列；数据是使程序能正常操纵信息的数据结构；文档是与程序开发、维护和使用有关的图文材料。

软件是一种逻辑实体，其开发过程是人的智力的高度发挥，而不是传统意义上的硬件制造，是一个极为复杂的过程。软件维护与硬件的维修有着本质的差别，软件的开发和运行常常受到计算机系统的限制，对计算机系统有着不同程度的依赖性。软件开发至今尚未完全摆脱手工艺的开发方式，使软件的开发效率受到很大限制，因此成本非常高。

2．软件危机和软件工程

软件工程概念的出现源自软件危机，软件危机产生于 20 世纪 60 年代。所谓软件危机是指在计算机软件开发和维护过程中所遇到的一系列严重问题，几乎所有的软件都不同程度地存在这些问题。主要体现在：

① 对软件开发成本和进度的估计常常很不准确；

② 用户对“已完成的”软件系统不满意的现象经常发生；

③ 软件产品的质量往往靠不住；

④ 软件常常是不可维护的；

⑤ 软件通常没有适当的文档资料；

⑥ 软件成本在计算机系统总成本中所占的比例逐年上升；

⑦ 软件开发生产率提高的速度，既跟不上硬件的发展速度，也远远跟不上计算机应用迅速普及深入的趋势。

在软件开发和维护的过程中存在这么多严重问题，一方面与软件本身的特点有关，另一方面也和软件开发与维护的方法不正确有关。人们逐渐认识到应该对计算机软件有一个正确的认识，推广和使用在实践中总结出来的、开发软件的成功的技术和方法，研究探索更好、更有效的技术和方法，以及开发和使用更好的软件工具。软件工程就是从管理和技术两方面研究如何更好地开发和维护计算机软件的学科。

概括地说，软件工程是指导计算机软件开发和维护的工程学科。采用工程的概念、原理、技术和方法来开发与维护软件，把经过时间考验而证明正确的管理技术和当前能够得到的最好的技术方法结合起来，以经济地开发出高质量的软件并进行有效的维护。

通常把在软件生命周期全过程中使用的一整套技术的集合，称为软件工程方法学。软件工程方法学包括三个要素：方法、工具、过程。其中，软件工程方法是完成软件开发各项任务的技术方法，为软件开发提供了“如何做”的技术；软件工具为软件工程方法提供自动或半自动的软件支撑环境；软件工程的过程是将软件工程的方法和工具综合起来以达到合理、及时地进行计算机软件开发的目的。

3．软件生命周期

软件从开始计划到最后废弃不用的整个阶段称为计算机软件的生命周期，软件生命周期分为三个时期：软件定义、软件开发、软件运行和维护。

（1）软件定义时期

软件定义包括问题定义和可行性研究两方面内容。问题定义是软件生存期的第一个阶段，主要任务是弄清用户要计算机解决的问题是什么。可行性研究的任务是为前一阶段提出的问题寻求一种至数种在技术上可行且在经济上有较高效益的解决方案。

（2）软件开发时期

软件开发时期包括需求分析、设计、编码、测试几个阶段。需求分析是为了弄清用户对软件系统的全部需求，主要是确定目标系统必须具备哪些功能。设计指软件结构设计，即确定程序由哪些模块组成及模块间的关系，以及模块内部的算法结构。编码是指按照选定的编程语言，把模块的过程性描述翻译为源程序。测试的作用是通过各种类型的测试（及相应的调试）使软件达到预定的要求。

（3）软件运行和维护时期

软件运行时期是软件生存周期的最后一个时期。软件人员在这一时期的工作，主要是做好软件维护。维护的目的，是使软件在整个生存周期内保证满足用户的需求和延长软件的使用寿命。

4. 软件过程

软件过程是软件生存周期所涉及的一系列相关过程。它定义了在生产软件产品时执行的一组任务，并规定了完成各项任务的工作步骤。

软件过程应具有如下特征。

① 可理解性：过程定义清楚、明确。

② 可见性：观察过程活动的输出以评估过程进度的能力。

③ 可靠性：过程避免、捕捉、处理错误的能力。

④ 健壮性：发生无法预料的问题过程仍能继续的能力。

⑤ 可维护性：对软件系统进行修改而不带来任何错误的措施。

⑥ 可验证性：是否容易验证过程的属性。

⑦ 快速性：开发过程的灵活性和速度可支持性——过程活动被一组自动工具支持的能力。

⑧ 可接受性：过程可以被工程师团队接受并使用的能力。

⑨ 可改编性：过程被修改以适应开发环境的需求的能力。

典型的过程模型有瀑布模型、快速原型模型、增量模型、螺旋模型等。

9.2.2 软件开发方法

1. 软件开发的概念

软件开发方法（Software Development Method）是指软件开发过程所遵循的办法和步骤。软件开发活动的目的是有效地得到一些工作产物，也就是一个运行的系统及其支持文档，并且满足有关的质量要求。软件开发是一种非常复杂的脑力劳动，所以经常更多讨论的是软件开发方法学，指的是规则、方法和工具的集成，既支持开发，也支持以后的演变过程（交付运行后，系统还会变化，或是为了改错，或是为了功能的增减）。

关于组成软件开发和系统演化的活动有着各种模型，但是典型地都包含了以下的过程或活动：分析、设计、实现、确认（测试验收）、演化（维护）。

有些软件开发方法是专门针对某一开发阶段的，属于局部性的软件开发方法。特别是软件开发的实践表明，在开发的早期阶段多做努力，在后来的测试和维护阶段就会使费用较大地得以缩减。因此，针对分析和设计阶段的软件开发方法特别受重视。其他阶段的方法，从程序设计发展的初期起就是研究的重点，已经发展得比较成熟。除了分阶段的局部性软件开发方法之外，还有覆盖开发全过程的全局性方法，是软件开发方法的重点。

对软件开发方法的一般要求是，当提出一种软件开发方法时，应该考虑许多因素，包括：

① 覆盖开发全过程，并且便于在各阶段间的过渡；

② 便于在开发各阶段中有关人员之间的通信；

③ 支持有效的解决问题的技术；

④ 支持系统设计和开发的各种不同途径；

⑤ 在开发过程中支持软件正确性的校验和验证；

⑥ 便于在系统需求中列入设计、实际和性能的约束；

⑦ 支持设计师和其他技术人员的智力劳动；

⑧ 在系统的整个生存周期都支持它的演化；

⑨ 受自动化工具的支持。

此外，在开发的所有阶段，有关的软件产物都应该是可见和可控的；软件开发方法应该可教学、可转移，还应该是开放的，即可以容纳新的技术、管理方法和新工具，并且与已有的标准相适应。

2．软件开发的步骤

软件开发通常包括以下 6 个步骤。

（1）市场调研

（2）需求分析

在这个阶段生成用户视图、数据词典和用户操作手册。用户视图是该软件用户（包括终端用户和管理用户）所能看到的页面样式，里面包含了很多操作方面的流程和条件。数据词典是指明数据逻辑关系并加以整理的相关内容，数据词典是数据库设计工作的重要部分。用户操作手册是指明操作流程的说明书。

用户操作流程和用户视图是由需求决定的，因此应该在软件设计之前完成。这些为程序研发提供了约束和准绳，保证软件开发的有条不紊和顺利完成。

（3）概要设计

此阶段将系统功能模块初步划分，并给出合理的研发流程和资源要求。作为快速原型设计方法，完成概要设计就可以进入编码阶段，通常采用这种方法是因为涉及的研发任务属于新领域，技术主管人员刚开始无法给出明确的详细设计说明书。但是并不是说详细设计说明书不重要，事实上快速原型法在完成原型代码后，根据评测结果和经验教训的总结，还要重新进行详细设计的步骤。

（4）详细设计

详细设计说明书应当把具体的模块以最透明的方式（黑箱结构）提供给编码者，使系统的整体模块化达到最大；一份好的详细设计说明书，可以使编码的复杂性减到最低。实际上，严格来说详细设计说明书应当把每个函数每个参数的定义都精细地提供出来，从需求分析到概要设计、再到完成详细设计说明书，一个软件项目应当说完成了一半。换言之，一个大型软件系统在完成了一半时，其实还没有开始一行代码编写工作。这也充分说明了软件开发和程序设计本质上的不同（很多人容易混淆软件开发和程序设计，误以为是同一概念）。

（5）编码

在规范化的研发流程中，编码工作在整个项目流程里最多不会超过 1/2，通常在 1/3 的时间，编码过程完成的好坏很大程度取决于设计过程的好坏。设计过程完成得好，编码效率就会极大提高。编码时不同模块之间的进度协调和协作是最需要小心的，也许一个小模块的问题就可能影响了整体进度，让很多程序员因此被迫停下工作等待，这种问题在很多研发过程中都出现过。编码时的相互沟通和应急的解决手段都是相当重要的，对于程序员而言，错误存在是不可避免的，所以必须随时面对这个问题。

（6）测试

测试有很多种，可分类如下：

① 按照测试执行方，可以分为内部测试和外部测试；

② 按照测试范围，可以分为模块测试和整体联调；

③ 按照测试条件，可以分为正常操作情况测试和异常情况测试；

④ 按照测试的输入范围，可以分为全覆盖测试和抽样测试。

总之，测试同样是项目研发中一个相当重要的步骤，对于一个大型软件，三个月到一年的外部测试都是正常的，因为永远都会有不可预料的问题存在。

完成测试后，验收并完成最后的一些帮助文档，整体项目才算告一段落。然后是日后的升级、维护等工作，相关人员要不停地跟踪软件的运营状况并持续修补升级，直到这个软件被彻底淘汰为止。

9.3　算法与数据结构

9.3.1　算法的基本概念

人们使用计算机，就是要利用计算机处理各种不同的问题，而要做到这一点，就必须事先对各类问题进行分析，确定解决问题的具体方法和步骤，再编制好一组让计算机执行的指令即程序，交给计算机，让计算机按人们指定的步骤有效地工作。这些具体的方法和步骤，就是解决一个问题的算法。简单地说，算法就是计算机解题的过程。

1．算法的概念

算法是对特定问题求解步骤的一种描述，它是指令的有限序列，其中每一条指令表示一个或多个操作。在这个过程中，无论形成解题思路还是编写程序，都是在实施某种算法。

一个算法应该具有以下 5 个重要的特征。

① 有穷性：一个算法必须保证执行有限步之后结束。

② 确切性：算法中每一条指令必须有确切的含义，读者理解时不会产生二义性。任何条件下，算法只有唯一的一条执行路径，即对于相同的输入只能得出相同的输出。

③ 输入：一个算法有零个或多个输入，以刻画运算对象的初始情况。

④ 输出：一个算法有一个或多个输出，以反映对输入数据加工后的结果。没有输出的算法是毫无意义的。

⑤ 可行性：一个算法是能实行的，即算法中描述的操作都是可以通过已经实现的基本运算执行有限次来实现的。

根据算法，依据某种语言规则编写计算机执行的命令序列，就是编制程序，而书写时所应遵守的规则，即为某种语言的语法。由此可见，程序设计的关键之一，是解题的方法与步骤，即算法。学习高级语言的重点，就是掌握分析问题、解决问题的方法，就是锻炼分析、分解，最终归纳、整理出算法的能力。所以在高级语言的学习中，一方面应熟练掌握该语言的语法，因为它是算法实现的基础，另一方面必须认识到算法的重要性，加强思维训练，以写出高质量的程序。

下面通过例子来介绍如何设计一个算法。

【例 9-1】输入三个数，然后输出其中最大的数。

首先，得先有个地方装这三个数，我们定义三个变量 A、B、C，将三个数依次输入到 A、B、C 中；另外，再准备一个 MAX 装最大数。由于计算机一次只能比较两个数，我们先把 A 与 B 比较，大的数放入 MAX 中，再把 MAX 与 C 比较，又把大的数放入 MAX 中。最后，把 MAX 输出，此时 MAX 中装的就是 A、B、C 三数中最大的一个数。算法可以表示如下：

① 输入 A、B、C。

② A 与 B 中大的一个放入 MAX 中。

③ 把 C 与 MAX 中大的一个比较，大的放入 MAX 中。

④ 输出 MAX，MAX 即为最大数。

其中的②、③两步仍不明确，无法直接转化为程序语句，可以继续细化：

② 把 A 与 B 中大的一个放入 MAX 中，若 A＞B，则 MAX←A；否则 MAX←B。

③ 把 C 与 MAX 中大的一个放入 MAX 中，若 C＞MAX，则 MAX←C。

于是算法最后可以写成：

① 输入 A、B、C。

② 若 A＞B，则 MAX←A；否则 MAX←B。

③ 若 C＞MAX，则 MAX←C。

④ 输出 MAX，MAX 即为最大数。

这样的算法已经可以很方便地转化为相应的程序语句了。

【例 9-2】判定 2000 年—2500 年中的每一年是否为闰年，将结果输出。

分析某个年份为闰年的条件是：

① 能被 4 整除、但不能被 100 整除的年份；

② 能被 100 整除、又能被 400 整除的年份。

设 y 为被检测的年份，则算法可表示如下。

S1：2000→y。

S2：若 y 不能被 4 整除，则输出 y“不是闰年”，然后转到 S5。

S3：若 y 能被 4 整除，不能被 100 整除，则输出 y“是闰年”，然后转到 S5。

S4：若 y 能被 100 整除，又能被 400 整除，输出 y“是闰年”，否则输出 y“不是闰年”，然后转到 S5。

S5：y+1→y。

S6：当 y≤2500 时，返回 S2 继续执行；否则，结束。

2. 算法的结构化表示

早期的非结构化语言中都有 goto 语句，它允许程序从一个地方直接跳转到另一个地方。这样做的好处是程序设计十分方便灵活，减少了人工复杂度，但其缺点也是十分突出的，一大堆跳转语句使得程序的流程十分复杂紊乱，难以看懂也难以验证程序的正确性，如果有错，定位错误更是十分困难。这种转来转去的流程图所表达的混乱与复杂，正是软件危机中程序人员处境的一个生动写照。而结构化程序设计，就是要把这团乱麻理清。

任何复杂的算法，都可以由顺序结构、选择（分支）结构和循环结构这三种基本结构组成。因此，构造一个算法时，也仅以这三种基本结构作为"建筑单元"，遵守三种基本结构的规范，基本结构之间可以并列、可以相互包含，但不允许交叉，不允许从一个结构直接转到另一个结构的内部去。正因为整个算法都是由三种基本结构组成的，就像用模块构建的一样，所以结构清晰，易于正确性验证，易于纠错，这种方法即为前面介绍的结构化方法，而遵循这种方法的程序设计，就是结构化程序设计。相应地，只要规定好三种基本结构流程图的画法，就可以画出任何算法的流程图了。

3. 算法的描述方法

算法的描述方法有自然语言描述、伪代码、流程图、N-S 图等。

（1）流程图

流程图是一种传统的算法表示法，它利用几何图形的框来代表各种不同性质的操作，用流程线来指示算法的执行方向。由于它简单直观，所以应用广泛，特别是在早期语言阶段，只有通过流程图才能简明地表述算法，流程图成为程序员们交流的重要手段，直到结构化的程序设计语言出现，对流程图的依赖才有所降低。流程图中常见的图形符号如图 9-5 所示。对例 2 的算法可用流程图来表示，如图 9-6 所示。

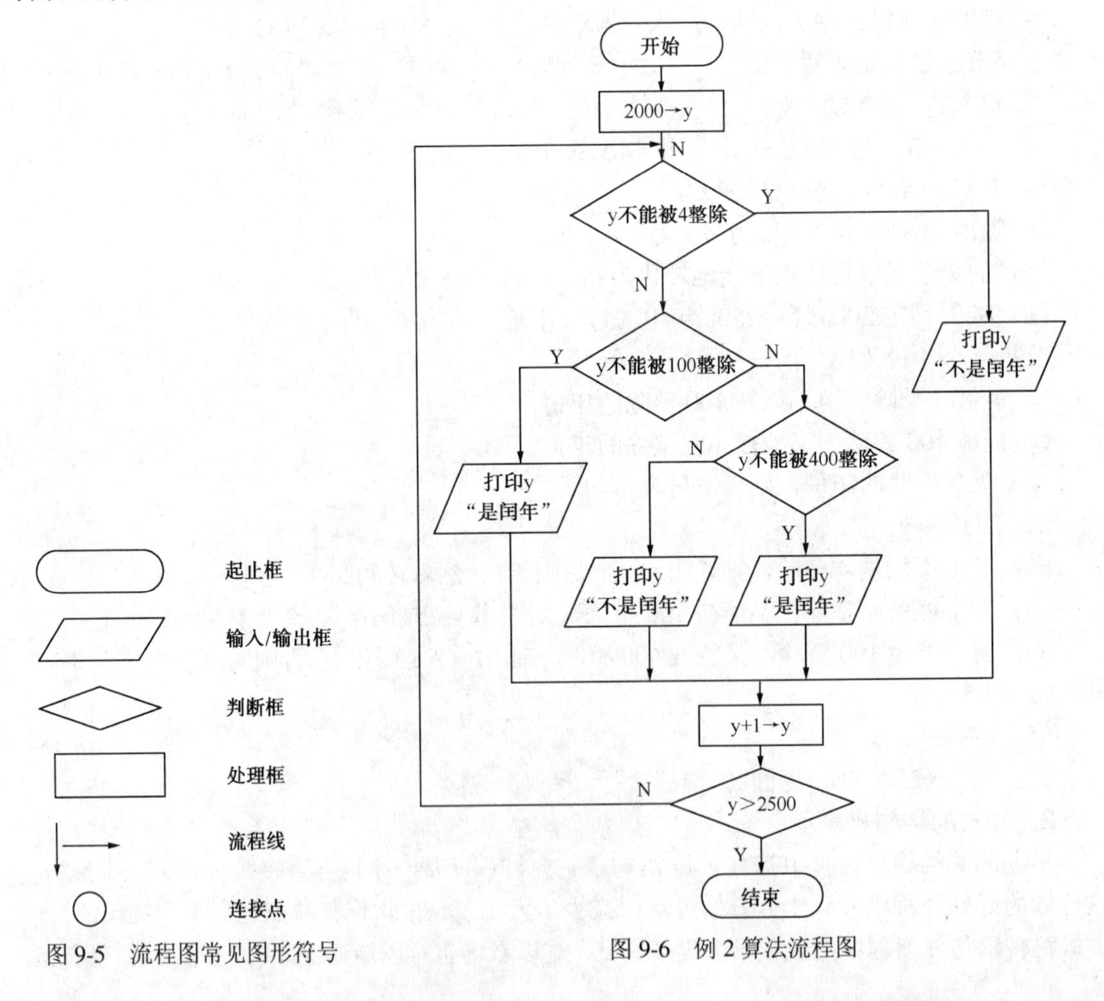

图 9-5　流程图常见图形符号　　图 9-6　例 2 算法流程图

（2）N-S 图

N-S 图是另一种算法表示法，其根据是：既然任何算法都是由前面介绍的三种结构组成的，那么各基本结构之间的流程线就是多余的。因此，N-S 图也是算法的一种结构化描述方法。N-S 图中，一个算法就是一个大矩形框，框内又包含若干基本的框。三种基本结构的 N-S 图描述如下所示。

① 顺序结构如图 9-7 所示，执行顺序先 A 后 B。

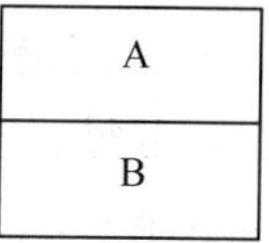

图 9-7　顺序结构 N-S 图

② 选择结构如图 9-8 所示。图 9-8（a）的 N-S 图表示当条件为真时执行 A，条件为假时执行 B。图 9-8（b）的 N-S 图表示当条件为真时执行 A，条件为假时什么都不做。

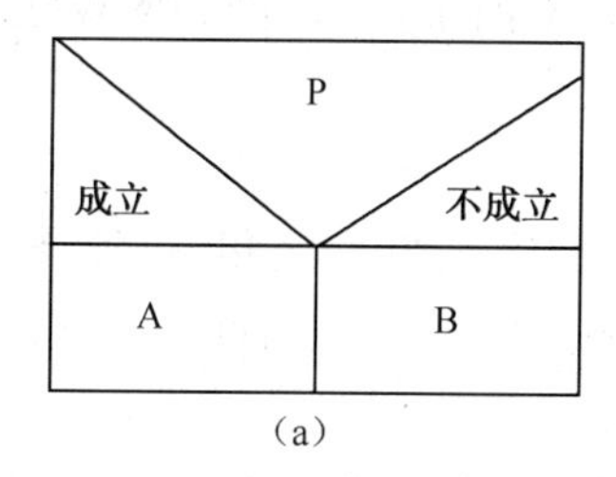

（a）

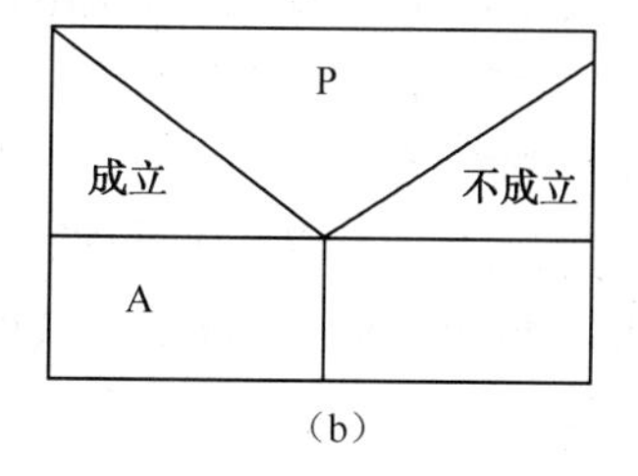

（b）

图 9-8　选择结构 N-S 图

③ 循环结构的 N-S 图如图 9-9 和图 9-10 所示。

如前所述，循环结构有当型循环和直到型循环两种。当型循环的 N-S 图描述如图 9-9 所示，直到型循环的 N-S 图如图 9-10 所示。

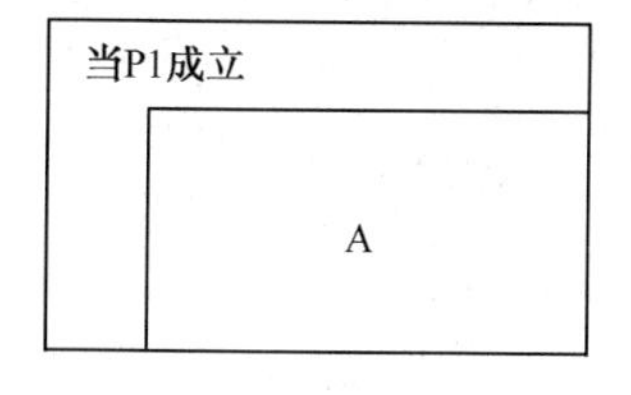

图 9-9　当型循环

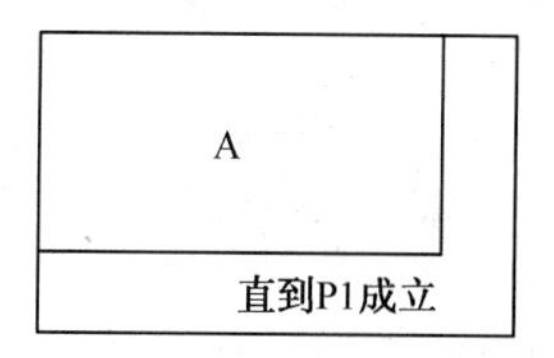

图 9-10　直到型循环

4．算法设计的要求

（1）正确性

算法正确性的 4 个层次是：程序不含语法错误；程序对于几组输入数据能够得出满足规格说明要求的结果；程序对于精心选择的典型、苛刻而带有刁难性的几组输入数据能够得出满足规格说明要求的结果；程序对于一切合法的输入数据都能产生满足规格说明要求的结果。

（2）可读性

（3）健壮性

（4）效率与低存储量需求

效率指的是算法执行时间。对于解决同一问题的多个算法，执行时间短的算法效率高。存储量需求指算法执行过程中所需要的最大存储空间。两者都与问题的规模有关。

5．算法的评估标准

求解同一计算问题可能有许多不同的算法，究竟如何来评价这些算法的好坏、以便从中选出较好的算法呢？选用的算法首先应该是“正确”的。此外，主要考虑如下三点：

① 执行算法所耗费的时间；

② 执行算法所耗费的存储空间，其中主要考虑辅助存储空间；

③ 算法应易于理解、易于编码、易于调试，等等。

一个占存储空间小、运行时间短、其他性能也好的算法是很难做到的。原因是上述要求有时相互抵触：要节约算法的执行时间往往要以牺牲更多的空间为代价；而为了节省空间可能要耗费更多的计算时间。因此只能根据具体情况有所侧重：

① 若该程序使用次数较少，则力求算法简明易懂；

② 对于反复多次使用的程序，应尽可能选用快速的算法；

③ 若待解决的问题数据量极大，机器的存储空间较小，则相应算法主要考虑如何节省空间。

（1）算法的时间性能分析

一个算法所耗费的时间等于算法中每条语句的执行时间之和。每条语句的执行时间=语句的执行次数（即频度，Frequency Count）×语句执行一次所需时间。算法转换为程序后，每条语句执行一次所需的时间取决于机器的指令性能、速度及编译所产生的代码质量等难以确定的因素。若要独立于机器的软、硬件系统来分析算法的时间耗费，则设每条语句执行一次所需的时间均是单位时间，一个算法的时间耗费就是该算法中所有语句的频度之和。

例如，求两个 n 阶方阵的乘积 $C=A\times B$，其算法如下：

```
# define n 100 // n  可根据需要定义，这里假定为 100
void MatrixMultiply(int A[a], int B [n][n], int C[n][n])
{ //右边列为各语句的频度
int i ,j ,k;
(1) for(i=0; i<n;j++)                    //n+1
(2) for (j=0;j<n;j++) {                  //n(n+1)
(3) C[i][j]=0;                           //n2
(4) for (k=0; k<n; k++)                  //n2(n+1)
(5) C[i][j]=C[i][j]+A[i][k]*B[k][j];     // n3
    }
}
```

该算法中所有语句的频度之和（即算法的时间耗费）为：$T(n)=2n^3+3n^2+2n+1$。其分析过程为：语句（1）的循环控制变量 i 要增加到 n，测试到 $i=n$ 成立才会终止，故其频度是 $n+1$。但它的循环体只能执行 n 次。语句（2）作为语句（1）循环体内的语句应该执行 n 次，但语句（2）本身要执行 $n+1$ 次，所以语句（2）的频度是 n（$n+1$）。同理可得语句（3）、（4）和（5）的频度分别是 n^2、n^2（$n+1$）和 n^3。算法 MatrixMultiply 的时间耗费 T（n）是矩阵阶数 n 的函数。

（2）时间复杂度

算法求解问题的输入量称为问题的规模（Size），一般用一个整数表示。通常，算法中基本操作重复执行的次数是问题规模 n 的函数，记为 f（n），算法时间度量可记为 T（n），有 T（n）=O（f（n））。表示随着问题规模 n 的增大，算法执行时间增长率和 f（n）增长率相同，称为算法的时间复杂度。其中“O”的含义是：存在正的常数 C 和 n_0，使得当 $n\geqslant n_0$ 时都满足 $0\leqslant T(n)\leqslant Cf(n)$。通常用算法时间复杂度的数量级（即算法的渐近时间复杂度）评价一个算法的时间性能。有两个算法 A_1 和 A_2 求解同一问题，时间复杂度分别是 $T_1(n)=100n^2$，$T_2(n)=5n^3$。

① 当输入量 $n<20$ 时，有 $T_1(n)>T_2(n)$，后者花费的时间较少。

② 随着问题规模 n 的增大，两个算法的时间开销之比 $5n^3/100n^2=n/20$ 也随着增大。即当问题规模较大时，算法 A_1 比算法 A_2 要有效得多。

它们的渐近时间复杂度 $O(n^2)$ 和 $O(n^3)$ 从宏观上评价了这两个算法在时间方面的质量。在进行算法分析时，往往对算法的时间复杂度和渐近时间复杂度不予区分，而经常是将渐近时间复杂度 T（n）=O（f（n））简称为时间复杂度，其中的 f（n）一般是算法中频度最大的语句频度。下面举例说明如何求算法的时间复杂度。

【例 9-3】交换 i 和 j 的内容。

```
Temp=i;
i=j;
j=temp;
```

以上三条单个语句的频度均为 1，该程序段的执行时间是一个与问题规模 n 无关的常数。算法的时间复杂度为常数阶，记做 T（n）=O（1）。如果算法的执行时间不随着问题规模 n 的增加而增长，即使算法中有上千条语句，其执行时间也不过是一个较大的常数。此类算法的时间复杂度是 O（1）。

【例 9-4】变量计数。

```
（1）x=0;y=0;
（2）for(k=1;k<=n;k++)
（3）x++;
（4）for(i=1;i<=n;i++)
（5）for(j=1;j<=n;j++)
（6）y++;
```

一般情况下，对步进循环语句只需考虑循环体中语句的执行次数，忽略该语句中步长加 1、终值判别、控制转移等成分。因此，以上程序段中频度最大的语句是（6），其频度为 $f(n)=n^2$，所以该程序段的时间复杂度为 $T(n)=O(n^2)$。当有若干个循环语句时，算法的时间复杂度是由嵌套层数最多的循环语句中最内层语句的频度 f（n）决定的。

（3）最坏时间复杂度和平均时间复杂度

最坏情况下的时间复杂度称为最坏时间复杂度。一般不特别说明，讨论的时间复杂度均是最坏情况下的时间复杂度。这样做的原因是：最坏情况下的时间复杂度是算法在任何输入实例上运行时间的上界，这就保证了算法的运行时间不会比任何时候更长。平均时间复杂度是指所有可能的输入实例均以等概率出现的情况下，算法的期望运行时间。

常见的时间复杂度按数量级递增排列依次为：常数 0（1）、对数阶 0（log2n）、线形阶 0（n）、线形对数阶 0（$n\log^2 n$）、平方阶 0（n^2）、立方阶 0（n^3）、…、k 次方阶 0（n^k）、指数阶 0（2^n）。显然，时间复杂度为指数阶 0（2^n）的算法效率极低，当 n 值稍大时就无法应用。

类似于时间复杂度的讨论，一个算法的空间复杂度（Space Complexity）S（n）定义为该算法所耗费的存储空间，它也是问题规模 n 的函数。渐近空间复杂度也常常简称为空间复杂度。算法的时间复杂度和空间复杂度合称为算法的复杂度。

9.3.2 数据结构的基本概念

1. 数据结构常用概念

（1）数据（Data）

数据是信息的载体。它能够被计算机识别、存储和加工处理，是计算机程序加工的“原料”。随着计算机应用领域的扩大，数据的范畴包括整数、实数、字符串、图像和声音等。

（2）数据元素（Data Element）

数据元素是数据的基本单位。数据元素也称元素、节点、顶点、记录。一个数据元素可以由若干个数据项（也可称为字段、域、属性）组成。数据项是具有独立含义的最小标识单位。

（3）数据结构（Data Structure）

数据结构指的是数据之间的相互关系，即数据的组织形式。数据结构一般包括以下三方面内容。

① 数据元素之间的逻辑关系，也称数据的逻辑结构（Logical Structure）。数据的逻辑结构是从逻辑关系上描述数据，与数据的存储无关，是独立于计算机的。数据的逻辑结构可以看做是从具体问题抽象出来的数学模型。

② 数据元素及其关系在计算机存储器内的表示，称为数据的存储结构（Storage Structure）。数据的存储结构是逻辑结构用计算机语言的实现（亦称为映像），它依赖于计算机语言。对机器语言而言，存储结构是具体的。一般只在高级语言的层次上讨论存储结构。

③ 数据的运算，即对数据施加的操作。数据的运算定义在数据的逻辑结构上，每种逻辑结构都有一个运算的集合。最常用的检索、插入、删除、更新、排序等运算实际上只是在抽象的数据上所施加的一系列抽象的操作。所谓抽象的操作，是指用户只知道这些操作是“做什么”，而无须考虑“如何做”。只有确定了存储结构之后，才考虑如何具体实现这些运算。

下面举例来说明有关数据结构的概念，设某班的学生成绩表如表 9-1 所示。

表 9-1　学生成绩表

学　号	姓　名	数　学	物　理	高等代数	平均成绩
980001	张三	90	89	87	98
980002	李四	86	70	80	90
980003	王五	68	87	89	76
980004	赵六	90	81	76	88
980005	陈山	87	79	70	68
…	…	…	…	…	…

对该表进行分析如下。

（1）逻辑结构

表中的每一行是一个数据元素（或记录、节点），它由学号、姓名、各科成绩及平均成绩等数据项组成。表中数据元素之间的逻辑关系是：对表中任一个节点，与它相邻且在它前面的节点［亦称为直接前趋（Immediate Predecessor）］最多只有一个；与表中任一节点相邻且在其后的节点［亦称为直接后继（Immediate Successor）］最多也只有一个。表中只有第一个节点没有直接前趋，故称为开始节点；也只有最后一个节点没有直接后继，故称为终端节点。

例如，表中“李四”所在节点的直接前趋节点是“张三”所在的节点，直接后继节点是“王五”所在的节点，上述节点间的关系构成了这张学生成绩表的逻辑结构。

（2）存储结构

该表的存储结构是指用计算机语言如何表示节点之间的这种关系，即表中的节点是顺序邻接地存储在一片连续的单元之中，还是用指针将这些节点链接在一起。

（3）数据的运算

在上面的学生成绩表中，可能要经常查看某一学生的成绩：当学生退学时要删除相应的节点；进来新学生时要增加节点。究竟如何进行查找、删除、插入，这就是数据的运算问题。

搞清楚了上述三个问题，也就弄清了学生成绩表这个数据结构。

2．数据的逻辑结构及分类

在不产生混淆的前提下，常将数据的逻辑结构简称为数据结构。数据的逻辑结构有两大类。

（1）线性结构

线性结构的逻辑特征是：若结构是非空集，则有且仅有一个开始节点和一个终端节点，并且所有节点都最多只有一个直接前趋和一个直接后继。线性表是一个典型的线性结构，栈、队列、串等都是线性结构。

（2）非线性结构

非线性结构的逻辑特征是：一个节点可能有多个直接前趋和直接后继。数组、广义表、树和图等数据结构都是非线性结构。

3．数据的基本存储方法

（1）顺序存储方法

该方法把逻辑上相邻的节点存储在物理位置上相邻的存储单元里，节点间的逻辑关系由存储单元的邻接关系体现。由此得到的存储表示称为顺序存储结构（Sequential Storage Structure）。该方法主要应用于线性的数据结构，非线性的数据结构也可通过某种线性化的方法实现顺序存储。

（2）链式存储方法

该方法不要求逻辑上相邻的节点在物理位置上也相邻，节点间的逻辑关系由附加的指针字段表示。由此得到的存储表示称为链式存储结构（Linked Storage Structure）。

（3）索引存储方法

该方法通常在存储节点信息的同时，还建立附加的索引表。索引表由若干索引项组成。若每个结点在索引表中都有一个索引项，则该索引表称为稠密索引（Dense Index）；若一组节点在索引表中只对应一个索引项，则该索引表称为稀疏索引（Spare Index）。索引项的一般形式是：（关键字、地址）。

关键字是能唯一标识一个节点的数据项。稠密索引中索引项的地址指示节点所在的存储位置；稀疏索引中索引项的地址指示一组节点的起始存储位置。

（4）散列存储方法

该方法的基本思想是：根据节点的关键字直接计算出该节点的存储地址。

上述四种基本存储方法，既可单独使用，也可组合起来对数据结构进行存储映像。

同一逻辑结构采用不同的存储方法，可以得到不同的存储结构。选择何种存储结构来表示相应的逻辑结构，视具体要求而定，主要考虑运算方便及算法的时间和空间要求。

4. 数据结构三方面的关系

数据的逻辑结构、数据的存储结构及数据的运算这三方面是一个整体，孤立地去理解一个方面，而不注意它们之间的联系是不可取的。存储结构是数据结构不可缺少的一个方面：同一逻辑结构的不同存储结构可冠以不同的数据结构名称来标识。

例如，线性表是一种逻辑结构，若采用顺序方法的存储表示，可称其为顺序表；若采用链式存储方法，则可称为链表；若采用散列存储方法，则可称为散列表。

数据的运算也是数据结构不可分割的一个方面。在给定了数据的逻辑结构和存储结构之后，按定义的运算集合及其运算的性质不同，也可能导致完全不同的数据结构。

例如，若对线性表上的插入、删除运算限制在表的一端进行，则该线性表称为栈；若对插入限制在表的一端进行，而删除限制在表的另一端进行，则该线性表称为队列。更进一步，若线性表采用顺序表或链表作为存储结构，则对插入和删除运算做了上述限制之后，可分别得到顺序栈或链栈、顺序队列或链队列。

5. 抽象数据类型（Abstract Type，ADT）

ADT 是指抽象数据的组织和与之相关的操作，可以看做是数据的逻辑结构及其在逻辑结构上定义的操作。

一个 ADT 可描述为：

```
ADT ADT-Name{
  Data:                //数据说明
  数据元素之间逻辑关系的描述
  Operations:          //操作说明
   Operation1:         //操作 1，它通常可用 C 或 C++的函数原型来描述
   Input:              //对输入数据的说明
   Preconditions:      //执行本操作前系统应满足的状态，可看做初始条件
   Process:            //对数据执行的操作
   Output:             //对返回数据的说明
   Postconditions:     //执行本操作后系统的状态，“系统”可看做某个数据结构
  Operation2:          //操作 2
  …}                   //ADT
```

抽象数据类型可以看做是描述问题的模型，它独立于具体实现。它的优点是将数据和操作封装在一起，使得用户程序只能通过在 ADT 里定义的某些操作来访问其中的数据，从而实现信息隐藏。ADT 是在概念层（或称为抽象层）上描述问题。

6. 常用数据结构

（1）线性表

线性结构是最简单且最常用的数据结构，线性表是一种典型的线性结构。线性表的逻辑定义如下：

线性表（Linear List）是由 n（$n \geq 0$）个数据元素（节点）a_1，a_2，…，a_n 组成的有限序列。数据元素的个数 n 定义为表的长度（$n=0$ 时称为空表），将非空的线性表（$n>0$）记做：（a_1，a_2，…，a_n），数据元素 a_i（$1 \leq i \leq n$）只是个抽象符号，其具体含义在不同情况下可以不同。

例如，英文字母表（A，B，…，Z）是线性表，表中每个字母是一个数据元素（节点）。又如，一副扑克牌的点数（2，3，…，10，J，Q，K，A）也是一个线性表，其中数据元素是每张牌的点数。

线性表的逻辑结构特征如下。

对于非空的线性表：

① 有且仅有一个开始节点 a_1，没有直接前趋，有且仅有一个直接后继 a_2；

② 有且仅有一个终结节点 a_n，没有直接后继，有且仅有一个直接前趋 a_{n-1}；

③ 其余的内部节点 a_i（$2 \leqslant i \leqslant n-1$）都有且仅有一个直接前趋 a_{i-1} 和一个直接后继 a_{i+1}。

常见线性表的基本运算如下。

① InitList（L）：构造一个空的线性表 L，即表的初始化。

② ListLength（L）：求线性表 L 中的节点个数，即求表长。

③ GetNode（L，i）：取线性表 L 中的第 i 个节点，这里要求 $1 \leqslant i \leqslant$ ListLength（L）。

④ LocateNode（L，x）：在 L 中查找值为 x 的节点，并返回该节点在 L 中的位置。若 L 中有多个节点的值和 x 相同，则返回首次找到的节点位置；若 L 中没有节点的值为 x，则返回一个特殊值表示查找失败。

⑤ InsertList（L，x，i）：在线性表 L 的第 i 个位置插入一个值为 x 的新节点，使原编号为 i，$i+1$，…，n 的节点变为编号为 $i+1$，$i+2$，…，$n+1$ 的节点。这里 $1 \leqslant i \leqslant n+1$，$n$ 是原表 L 的长度。插入新节点后，表 L 的长度加 1。

⑥ DeleteList（L，i）：删除线性表 L 的第 i 个节点，使原编号为 $i+1$，$i+2$，…，n 的节点变成编号为 i，$i+1$，…，$n-1$ 的节点。这里 $1 \leqslant i \leqslant n$，$n$ 是原表 L 的长度。删除节点后表 L 的长度减 1。

栈和队列是两种特殊的线性表，它们的逻辑结构和线性表相同，只是其运算规则较线性表有更多的限制，故又称它们为运算受限的线性表。栈和队列被广泛应用于各种程序设计中。

（2）栈

栈（Stack）是限制仅在表的一端进行插入和删除运算的线性表，其示意图如图 9-11 所示。

① 通常称插入、删除的这一端为栈顶（Top），另一端为栈底（Bottom）。

② 当表中没有元素时称为空栈。

③ 栈为后进先出（Last In First Out）的线性表，简称 LIFO 表。

栈的修改是按后进先出的原则进行的。每次删除（退栈）的总是当前栈中“最新”的元素，即最后插入（进栈）的元素，而最先插入的元素被放在栈的底部，要到最后才能删除。

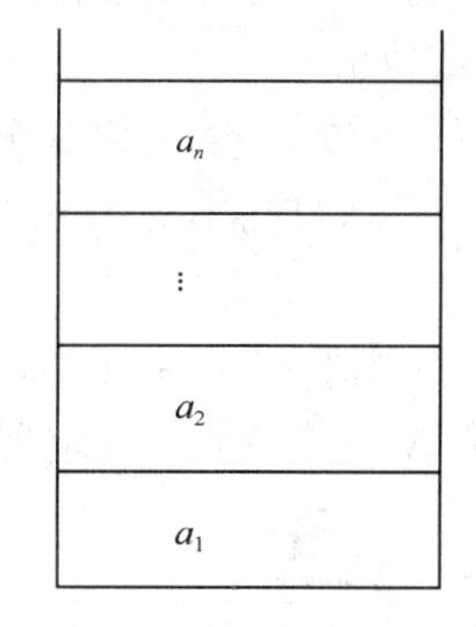

图 9-11 栈示意图

例如，元素是以 a_1，a_2，…，a_n 的顺序进栈的，退栈的次序却是 a_n，a_{n-1}，…，a_1。

栈的基本运算如下。

① InitStack（S）：构造一个空栈 S。

② StackEmpty（S）：判断栈是否为空。若 S 为空栈，则返回 TRUE，否则返回 FALSE。

③ StackFull（S）：判断栈是否满。若 S 为满栈，则返回 TRUE，否则返回 FALSE。该运算只适用于栈的顺序存储结构。

④ Push（S，x）：进栈。若栈 S 不满，则将元素 x 插入 S 的栈顶。

⑤ Pop（S）：退栈。若栈 S 非空，则将 S 的栈顶元素删去，并返回该元素。

⑥ StackTop（S）：取栈顶元素。若栈 S 非空，则返回栈顶元素，但不改变栈的状态。

（3）串

串（String）是零个或多个字符组成的有限序列。串是一种特殊的线性表，它的每个节点仅由一个字符组成。

在早期的程序设计语言中，串仅在输入或输出中以直接量的形式出现，并不参与运算。随着计算机的发展，串在文字编辑、词法扫描、符号处理及定理证明等许多领域得到越来越广泛的应用。在高级语言中开始引入串变量的概念，如同整型、实型变量一样，串变量也可以参加各种运算。一般记为：

$$S="a_1a_2\cdots a_i"$$

其中：

① S 是串名；

② 双引号括起的字符序列是串值；

③ a_i（$1\leqslant i\leqslant n$）可以是字母、数字或其他字符；

④ 串中所包含的字符个数称为该串的长度。

将串值括起来的双引号本身不属于串，它的作用是避免串与常数或标识符混淆。

例如，"123"是数字字符串，它不同于整常数 123

"x_1"是长度为 2 的字符串，而 x_1 通常表示一个标识符。

长度为零的串称为空串（Empty String），它不包含任何字符。仅由一个或多个空格组成的串称为空白串（Blank String）。注意，空串和空白串不同。如" "和" "分别表示长度为 1 的空白串和长度为 0 的空串。

串中任意个连续字符组成的子序列称为该串的子串。包含子串的串相应地称为主串。通常将子串在主串中首次出现时该子串首字符对应主串中的序号定义为子串在主串中的序号（或位置）。

例如，设 A 和 B 分别如下。

A="This is a string"

B="is"

则 B 是 A 的子串，B 在 A 中出现了两次。其中首次出现对应的主串位置是 3，因此称 B 在 A 中的序号（或位置）是 3。

注意

（1）空串是任意串的子串。

（2）任意串是其自身的子串。

（4）树

树是一类重要的非线性结构。树形结构是节点之间有分支并具有层次关系的结构，它非常类似于自然界中的树。树形结构在客观世界中是大量存在的，如家谱、行政组织机构等，都可用树形象地表示。

树在计算机领域中也有着广泛的应用，如在编译程序中，用树来表示源程序的语法结构；在数据库系统中，用树来组织信息；在分析算法的行为时，用树来描述其执行过程。

下面重点讨论二叉树的存储表示及其各种运算，并研究一般树和森林与二叉树的转换关系，最后介绍树的应用实例。

在现实生活中，有如下血统关系的家族可用树形图表示（以下为举例说明，若有雷同，纯属巧合）：张源有三个孩子张明、张亮和张丽，张明有两个孩子张林和张维，张亮有三个孩子张平、张华和张群，张平有两个孩子张晶和张磊，树形图如图 9-12 所示。

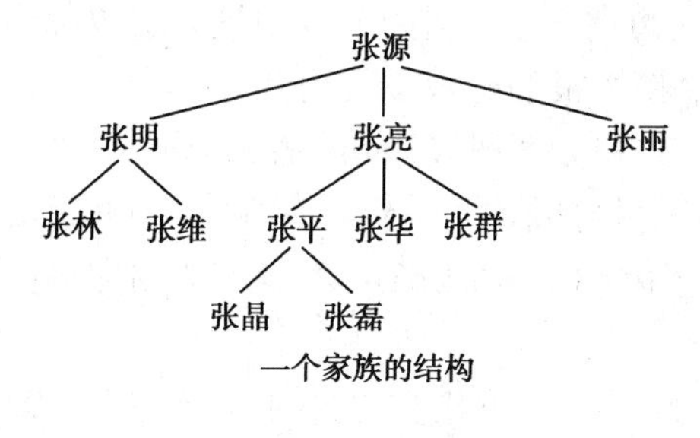

图 9-12　树形图

以上表示很像一棵倒画的树，其中“树根”是张源，树的“分支点”是张明、张亮和张平，该家族的其余成员均是“树叶”，而树枝（即图中的线段）则描述了家族成员之间的关系。显然，以张源为根的树是一个大家庭，它可以分成以张明、张亮和张丽为根的三个小家庭，每个小家庭又都是一个树形结构。

树（Tree）是 n（$n\geqslant 0$）个节点的有限集 T，T 为空时称为空树，否则它满足如下两个条件：

① 有且仅有一个特定的称为根（Root）的节点；

② 其余的节点可分为 m（$m\geqslant 0$）个互不相交的子集 T_1，T_2，…，T_m，其中每个子集本身又是一棵树，并称为根的子树（Subree）。

树的递归定义刻画了树的固有特性：一棵非空树是由若干棵子树构成的，而子树又可由若干棵更小的子树构成。

树形结构的基本术语如下。

➢ 节点的度（Degree）

树中的一个节点拥有的子树数称为该节点的度（Degree）。一棵树的度是指该树中节点的最大度数。度为零的节点称为叶子（Leaf）或终端节点。度不为零的节点称为分支节点或非终端节点。除根节点之外的分支节点统称为内部节点。根节点又称为开始节点。

➢ 孩子（Child）和双亲（Parents）

树中某个节点的子树之根称为该节点的孩子（Child）或儿子，相应地，该节点称为孩子的双亲（Parents）或父亲。同一个双亲的孩子称为兄弟（Sibling）。

➢ 祖先（Ancestor）和子孙（Descendant）

➢ 路径（Path）

若树中存在一个节点序列 k_1，k_2，…，k_i，使得 k_i 是 k_{i+1} 的双亲（$1\leqslant I<j$），则称该节点序列是从 k_1 到 k_j 的一条路径（Path）或道路。路径的长度指路径所经过的边（即连接两个节点的线段）的数目，等于 $j-1$。注意：若一个节点序列是路径，则在树的树形图表示中，该节点序列“自上而下”地通过路径上的每条边。从树的根节点到树中其余的节点均存在一条唯一的路径。

➢ 祖先（Ancestor）和子孙（Descendant）

若树中节点 k 到 k_s 存在一条路径，则称 k 是 k_s 的祖先（Ancestor），k_s 是 k 的子孙（Descendant）。一个节点的祖先是从根节点到该节点路径上所经过的所有节点，而一个节点的子孙则是以该节点为根的子树中的所有节点。节点 k 的祖先和子孙不包含节点 k 本身。

➢ 节点的层数（Level）和树的高度（Height）

节点的层数（Level）从根算起：根的层数为 1，其余节点的层数等于其双亲节点的层数加 1。双亲在同一层的节点互为堂兄弟。树中节点的最大层数称为树的高度（Height）或深度（Depth）。注意，很多文献中将树根的层数定义为 0。

➢ 有序树（OrderedTree）和无序树（UnorderedTree）

若将树中每个节点的各子树看成是从左到右有次序的（即不能互换），则称该树为有序树（OrderedTree）；否则称为无序树（UnorderedTree）。若不特别指明，一般讨论的树都是有序树。

➢ 森林（Forest）

森林（Forest）是 m（$m \geq 0$）棵互不相交的树的集合。树和森林的概念相近。删去一棵树的根，就得到一个森林；反之，加上一个节点作树根，森林就变为一棵树。

树形结构的逻辑特征可用树中节点之间的父子关系来描述：树中任一节点都可以有零个或多个直接后继（即孩子）节点，但至多只能有一个直接前趋（即双亲）节点。树中只有根节点无前趋，它是开始节点；叶节点无后继，它们是终端节点。

祖先与子孙的关系是对父子关系的延拓，它定义了树中节点之间的纵向次序。有序树中，同一组兄弟节点从左到右有长幼之分。

对这一关系加以延拓，规定若 k_1 和 k_2 是兄弟，且 k_1 在 k_2 的左边，则 k_1 的任一子孙都在 k_2 任一子孙的左边，如此就定义了树中节点之间的横向次序。

9.4 数据库基础

9.4.1 数据库基础知识

对现实世界的抽象最终表现为形形色色的数据，当用计算机处理这些数据时，需要对它们进行分类、组织、编码、存储、检索和维护，即进行数据管理。数据管理是十分必要的，可以提高办事效率，特别是在数据量大时，数据库管理就显得尤为突出。

1．数据库常用术语和概念

（1）数据

数据是一种物理符号序列，用来记录事物的情况。

（2）信息

信息是经过加工的数据。所有的信息都是数据，而只有经过提炼和抽象之后具有使用价值的数据才能称为信息。经过加工所得到的信息仍然以数据的形式出现，此时的数据是信息的载体，是人们认识信息的一种媒介。

（3）数据处理

数据处理是指对各种类型的数据进行收集、存储、分类、计算、加工、检索和传输的过程。数据处理的目的就是根据人们的需要，从大量的数据中抽取出对于特定的人们来说有意义、有价值的数据，借以作为决策和行动的依据。数据处理通常也称为信息处理。

（4）数据库

数据库，顾名思义，是存放数据的“仓库”。这个“仓库”存放在计算机的存储设备上，而且数据是按照一定的格式存放的。人们收集一个应用所需要的大量数据之后，应将其保存起来以供进一步加工和处理、进一步抽取有用信息。所谓数据库是指长期存储在计算机内的、有组织的、可共享的数据集合。数据库中的数据按一定的数据模型组织、描述和存储，具有较小的冗余度、较高的数据独立性和易扩展性，并可为各种用户共享。

（5）数据库管理系统（DBMS）

数据库管理系统是位于用户和操作系统之间的一层数据管理软件，它是数据库系统的一个重要组成部分。它的主要功能包括以下几个方面：

① 数据定义功能。DBMS 提供数据定义语言（DDL），用户通过它可以方便地对数据库中的数据对象进行定义。

② 数据库操纵功能。DBMS 还提供数据操纵语言（DML），用户可以使用 DML 操纵数据库、实现对数据库的基本操作，如查询、插入、删除和修改等。

③ 数据库的运行管理。数据库在建立、运用和维护时由数据库管理系统统一管理、统一控制，以保证数据的安全性、完整性、多用户对数据库的并发使用及发生故障后的系统恢复。

④ 数据库的建立和维护。包括数据库初始数据的输入、转换功能，数据库的转储、恢复功能，数据库的重要组织功能和性能监视、分析功能。这些功能通常是由一些实用程序完成的。

2．数据管理技术的发展

数据管理技术的发展按照时间划分可分为三个阶段：人工管理阶段、文件管理阶段、数据库系统管理阶段。

20 世纪 50 年代中期以前，数据管理主要由人工完成。该阶段的计算机系统主要应用于科学计算，还没有应用于数据的管理。在该阶段的程序设计中，不仅需要规定数据的逻辑结构，而且还要通过代码实现数据的物理结构（包括存储结构、存取方法等）。当数据的物理组织或存储设备改变时，应用程序必须重新编制，因此对数据的管理不具有独立性。数据的组织是面向应用的，但应用程序间却无法共享数据资源，存在大量的重复数据，难以维护应用程序之间的数据一致性。

20 世纪 50 年代后期到 60 年代中期，计算机的软、硬件水平都有了很大的提高，出现磁盘、磁鼓等直接存取设备，并且操作系统也得到发展，产生了依附于操作系统的专门数据管理系统——文件系统。该阶段的计算机系统由统一的软件管理数据存取，该软件称为文件系统或存取方法。程序和数据是分离的，数据可长期保存在外设上，以多种文件形式（如顺序、索引文件、随机文件等）组织。数据逻辑结构（指呈现在用户面前的数据结构）与数据的存储结构（指数据在物理设备上的结构）之间可以有一定的独立性。在该阶段，实现了以文件为单位的数据共享，但未能实现以记录或数据项为单位的数据共享，数据的逻辑组织还是面向应用的，因此在应用之间还存在大量的冗余数据。

20 世纪 60 年代后期，进入数据管理阶段。该阶段的计算机系统广泛应用于企业管理，需要有更高的数据共享能力，程序和数据必须具有更高的独立性，从而减少应用程序研制和维护的费用。数据库系统是在操作系统的文件系统基础上发展起来的，它将一个单位或一个部分所需的数据综合地组织在一起，构成数据库。由数据库管理系统（DBMS）软件实现对数据库的定义、操作和管理。

数据库系统阶段的数据管理主要有下列特征。

（1）数据结构化

这是数据库与文件系统的根本区别。对于文件系统，每种类型都有自己的文件存储结构。对于数据库管理系统，则实现的是整体数据结构化，即在该系统中，数据不应只针对某一应用，而应该面向整个组织。数据库管理系统的数据存取方式也很灵活，可以对数据库中的任一数据库项、数据组、一个记录或一组数据进行存取。在文件系统中，数据的最小存取单位是记录，不能细到数据项。

（2）数据的共享性好、冗余度低

数据库管理系统是从整体角度看待数据及其描述的，数据与数据之间是有关系的，它不是面向某个应用而是面向整个系统，因此数据可以被多个用户使用或被多个应用程序共享使用。这种共享可以大量减少数据的冗余，节省磁盘空间。数据共享还可以避免数据之间的不相容性和不一致性。

（3）数据独立性好

数据的独立性包括数据的物理独立性和逻辑独立性。物理独立性是指用户的应用程序与存储在磁盘上数据库中的数据是相互独立的。应用程序主要控制数据的逻辑结构，即使数据的物理存储变化，应用程序也不用改变。逻辑的独立性是指用户的应用程序与数据库的逻辑结构相互独立，即使数据的逻辑结构改变了，用户的应用程序也可以不变。

（4）数据由 DBMS 统一管理和控制

数据库中的数据是由 DBMS 管理和控制的，DBMS 提供了数据的案例性保护、完整性检查、并发控制及数据库恢复等功能。

3. 数据库系统的组成

数据库系统（DBS）是一个采用数据库技术，具有管理数据库功能，由硬件、软件、数据库及各类人员组成的计算机系统。

（1）数据库（DB）

数据库是以一定的组织方式存放于计算机外存储器中相互关联的数据集合，它是数据库系统的核心和管理对象，其数据是集成的、共享的，以及冗余最小的。

（2）数据库管理系统（DBMS）

数据库管理系统是维护和管理数据库的软件，是数据库与用户之间的界面。其作为数据库的核心软件，提供建立、操作、维护数据库的命令和方法。

（3）应用程序

应用程序是对数据库中的数据进行各种处理的程序，由用户编写。

（4）计算机软件

计算机软件包括数据库系统软件和应用软件。

（5）计算机硬件

计算机硬件包括 CPU、内存、磁盘等。要求有足够大的内存来存放操作系统、数据库管理系统的核心模块及数据库缓冲；有足够大的磁盘能够直接存取和备份数据；有较强的通道能力；支持联网，实现数据共享。

（6）各类人员

各类人员包括数据库使用人员、数据库管理员等。

9.4.2　数据模型

现实世界是存在于人脑之外的客观世界，事物及其相互联系就处于现实世界之中。信息世界是现实世界在人们头脑中的反映。由于计算机不可能直接处理现实世界中的具体事务，因此人们必须事先把具体事物转换成计算机能够处理的数据。在数据库中，用数据模型来抽象、表示和处理现实世界中的数据与信息。

1. 数据模型的构成要素

数据模型是一组严格定义的概念的集合。这些概念精确地描述了系统的静态特性、动态特性和完整性约束条件。数据模型通常由数据结构、数据操作、完整性约束组成。

（1）数据结构

数据结构是所研究的对象类型的集合，是对数据库系统的静态描述。数据结构是刻画一个数据模型性质的最重要方面。在数据库系统中，人们通常按照数据结构的类型来命名数据模型，如层次模型、网状模型、关系模型等。

（2）数据操作

数据操作是指对数据库中各种对象的实例允许执行的操作的集合，包括操作及有关的操作规则。数据库主要有检索和更新（插入、删除、修改）两大类操作。数据模型必须定义这些操作的确切含义、操作符号、操作规则及实现操作的语言。数据操作是对系统动态特性的描述。

（3）数据约束条件

数据约束条件是一组完整性规则的集合。完整性规则是给定的数据模型中数据及其联系所具有的制约和依存规则，用以限定符合数据模型的数据库状态及状态的变化，以保证数据的正确、有效、相容。

2. 数据模型常用概念

（1）实体（Entity）

客观事物在信息世界中称为实体。实体可以是具体的，如一个学生、一本书，也可以是抽象的事件，如一些足球比赛。实体用类型（Type）和值（Value）表示，如学生是一个实体，而具体的学生王明、张立是实体值。

（2）实体集（Entity Set）

性质相同的同类实体的集合称为实体集，如一个班的学生、一批书籍。

（3）属性（Attribute）

实体有许多特性，每一个特性在信息世界中都称为属性。每个属性都有一个值，值的类型可以是整数、实数或字符型，如学生的姓名、年龄都是学生这个实体的属性，姓名的类型为字符型，年龄的类型为整数。属性用类型和值表示，如学号、姓名、年龄是属性的类型，而具体的数值 08012001、张三、19 是属性值。

（4）实体联系（Relationship）

① 一对一联系（1∶1）。如果 A 中的任意一个属性至多对应 B 中的一个属性，且 B 中的任意一个属性至多对应 A 中的一个属性，则称 A 与 B 是一对一联系。例如，电影院中观众与座位之间、乘客与车票之间、病人与病床之间都是一对一联系。

② 一对多联系（1∶N）。如果 A 中至少有一个属性对应 B 中一个以上属性，且 B 中任意一个属性至少对应 A 中一个属性，则称 A 与 B 是一对多联系。例如，学校对系、班级对学生等都是一对多联系。

③ 多对多联系（M∶N）。如果 A 中至少有一个属性对应 B 中一个以上属性，且 B 中也至少有一个属性对应 A 中一个以上属性，则称 A 与 B 是多对多联系。例如，学生与课程、工厂与产品、商店与顾客都是多对多联系。

3. 关系数据模型

数据结构、数据操作和完整性约束条件三个方面的内容完整地描述了一个数据模型。目前数据库领域中最常用的数据模型有 4 种，分别是层次模型、网状模型、关系模型、面向对象模型。其中层次模型和网状模型统称为非关系模型。关系模型是目前最重要的一种数据类型。

（1）关系模型数据结构

关系模型建立在严格的数学概念基础上。对用户而言，关系模型中数据的逻辑结构是一张二维表，它由行和列组成。下面介绍关系模型中的常用术语。

① 关系（Relation）：一个关系对应通常所说的一张表。

② 元组（Tuple）：表中的一行即为一个元组。

③ 属性（Attribute）：表中的一列即为一个属性，给每一个属性起一个名称即为属性名。

④ 主关键字（Key）：表中的某个属性组，若它可以唯一确定一个元组，则可成为本关系的主关键字。

⑤ 域（Domain）：属性的取值范围，如人的年龄一般在1～80之间，性别的域是（男，女），系别的域是一个学校所有系名的集合。

⑥ 分量：元组中的一个属性值。

⑦ 关系模式：对关系的描述。一般表示为：关系名（属性1，属性2，…，属性 *n*）。

例如，学生关系可表示为：学生（学号，姓名，年龄，性别，院系）。

在关系模型中，实体及实体间的联系都是用关系表示的。例如，学生、课程、学生与课程之间的多对多联系在关系模型中可以表示如下：

学生（学号，姓名，年龄，性别，院系）

课程（课程号，课程名，学分）

选修（学号，课程号，成绩）

关系模型要求关系必须是规范化的，即要求关系必须满足一定的规范化条件，这些规范化条件中最基本的一条就是，关系的每一个分量必须是一个不可再分的数据项。

（2）关系数据模型的操作与完整性约束

关系数据模型的主要操作包括查询、插入、删除和修改数据。这些操作必须满足关系的完整性约束条件。关系的完整性约束条件包括三大类：实体完整性、参照完整性和用户自定义完整性。

关系数据模型的操作是集合操作，操作对象和操作结果都是关系，即若干元组的集合，而非关系数据模型中是单记录操作方式。关系模型的存取路径对于用户来说是透明的，用户只要指出做什么，不必详细说明怎么做，从而大大提高了数据的独立性，提高了工作效率。

（3）关系数据模型的存储结构

在关系数据模型中，实体及实体间的联系都用表来表示。在数据库的物理组织中，表以文件形式存储，有的系统一个表对应一个操作系统文件，有的系统则自己设计文件结构。

9.4.3 关系数据库

关系数据库是基于关系数据模型的数据库系统，目前使用的数据库大多是关系数据库。几乎所有数据库管理系统都支持关系模型，如现在广泛使用的小型数据库管理系统 Visual Foxpro、Access，大型数据库管理系统 Oracle、SQL Server、Informix、Sybase 等。

1. 关系数据库的存储结构

关系型数据库使用的存储结构是多个二维表格，即反映事物及其联系的数据描述是以平面表格形式体现的。在每个二维表中，每一行称为一条记录，用来描述一个对象的信息；每一列称为一个字段，用来描述对象的一个属性。数据表之间存在相应的关联，这些关联用来查询相关的数据。

数据表如表 9-2 所示。说明如下：

① 数据表通常是一个由行和列组成的二维表，每一个数据表分别说明数据库中某一特定的方面或部分的对象极其属性；

② 数据表中的行通常叫做记录或元组，它代表众多具有相同属性的对象中的一个；

③ 数据表中的列通常叫做字段或属性，它代表相应数据库中存储对象的共有的属性。

表 9-2　数据表

学　号	姓　名	性　别	年　龄	入学日期	所学专业	家庭住址
0001	王芳	女	18	2008 年 9 月	计算机网络	中山路 188 号
0002	林强	男	17	2008 年 9 月	计算机软件	大桥路 236 号
0003	张丽	男	19	2008 年 9 月	会计电算化	东湖路 123 号
…	…	…	…	…	…	…

一个关系表必须符合下列条件，才能成为关系模型的一部分。

① 信息原则。存储在单元中的数据必须是原始的，每个单元只能存储一条数据。

② 存储在某列的数据必须具有相同的数据类型。

③ 每行数据是唯一的。

④ 列没有顺序。

⑤ 行没有顺序。

⑥ 列有一个唯一性的名称。

⑦ 实体完整性原则（主键保证），不能为空。其中主键是能唯一标识行的一列或一组列的属性集合。

⑧ 引用完整性原则（外键），不能为空。其中外键是一个表中的一列或一组列，它们在其他表中作为主键而存在。一个表中的外键被认为是对另外一个表中主键的引用。主键是数据表中具有唯一性的字段，也就是说数据表中任意两条记录都不可能拥有相同的主键字段。一个数据表将使用该数据表中的外键连接到其他的数据表，而这个外键字段在其他的数据表中将作为主键字段出现。

2. 关系数据库操作

关系模型用二维表表示关系，直观易懂。关系数据则以关系为单位，每次操作的对象和操作结果都是关系。关系数据操作包括存储操作和查询操作两大类，以查询操作为主要内容。关系数据库关系的运算有 3 种：选择、投影和连接。

① 选择运算用于在关系的水平方向选择符合给定条件的元组。

② 投影运算用于在关系的垂直方向找出含有给定属性全部值的子集。

③ 连接运算用于用给定的条件将两个关系中的所有元组用一切可能的组合方式拼接成一个新的关系。连接运算需要两个关系进行运算，结果生成一个新的关系。

3. 关系数据库规范化理论

关系数据库规范化理论是数据库设计的一种理论指南和基础，它不仅能够作为数据库设计优劣的判断依据，而且还可以预测数据库可能出现的问题。E-R 图方法是一种用来在数据库数据过程中表示数据库系统结构的方法，它的主导思想是使用实体、实体的属性及实体之间的关系来表示数据库系统的结构。

1）范式理论

关系数据库范式理论是在数据库设计过程中将要依据的准则，数据库结构必须满足这些准则，才能确保数据的准确性和可靠性。这些准则被称为规范化形式，即范式。在数据库设计过程中，对数据库进行检查和修改并使其返回范式的过程叫做规范化。

范式按照规范化的级别分为5种：第一范式（1NF）、第二范式（2NF）、第三范式（3NF）、第四范式（4NF）和第五范式（5NF）。在实际的数据库设计过程中，通常需要用到的是前三类范式，下面对它们分别介绍。

（1）第一范式（1NF）

第一范式要求每一个数据项都不能拆分成两个或两个以上的数据项。

例如，在如表9-3所示的员工数据表中，“地址”是由“门牌号”、“街道”、“地区”、“城市”和“邮编”组成的，因此，这个员工数据表不满足第一范式。

表9-3 员工数据表

工　号	姓　名	职　位	地　址				
			门牌号	街道	地区	城市	邮编
2001	陈山	工程师	108	中山路	洪山区	武汉市	430070
…	…	…	…	…	…	…	…

可以将“地址”字段拆分为多个字段，从而使该数据表满足第一范式。

（2）第二范式（2NF）

如果一个数据表已经满足第一范式，而且该数据表中的任何一个非主键字段的数值都依赖于该数据表的主键字段，那么该数据表满足第二范式。

例如，在如表9-4所示的项目数据表中，数据表的主键是“项目编号”，其中“负责人部门”字段完全依赖于“负责人”字段，而不是取决于“项目编号”。因此，该数据表不满足第二范式。

表9-4 项目数据表

项目编号	负责人	负责人部门
P018	张三	技术部
…	…	…

（3）第三范式（3NF）

如果一个数据表已经满足第二范式，而且该数据表中的任何两个非主键字段的数值之间不存在函数依赖关系，那么该数据表满足第三范式。

例如，在如表9-5所示的工资数据表中，“奖金”字段的数值是“工资”字段数值的25%，因此，这两个字段之间存在着函数依赖关系，所以该数据表不满足第三范式。

表 9-5　工资数据表

员 工 号	部　　门	工　　资	奖金（工资*25%）
2001	技术部	3000	750
…	…	…	…

实际上，第三范式就是要求不要在数据库中存储可以通过简单计算得出的数据。这样做不但可以节省存储空间，而且在拥有函数依赖的一方发生变动时，避免了修改成倍数据的麻烦，同时也避免了在这种修改过程中可能造成的人为的错误。

从以上的叙述中可以看出，数据表规范化的程度越高，数据冗余就越少，而且造成人为错误的可能性也越小；同时，规范化的程度越高，在查询检索时需要做出的关联等工作就越多，数据库在操作过程中需要访问的数据库及其之间的关联也就越多。因此，在数据库设计的规范化过程中，要根据数据库需求的实际情况，选择一个折中的规范化程度。

2）数据库设计方法

（1）E-R 图方法

E-R 图方法是一种用来在数据库设计过程中表示数据库系统结构的方法。它的主导思想是使用实体（Entity）、实体的属性（Attribution）及实体之间的关系（Relationship）来表示数据库系统的结构。

在 E-R 图方法中，用矩形表示实体，用椭圆形表示属性，菱形和箭头表示联系。例如，可以将一名员工作为实体表示，如图 9-13 所示。

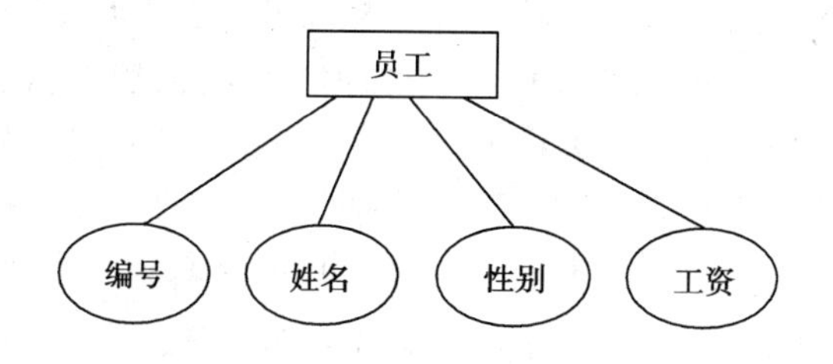

图 9-13　员工实体

另外，还可以用 E-R 图方法来表示实体之间的关系。例如，可以用下面的 E-R 图来表示员工实体和项目实体之间的关系，如图 9-14 所示。

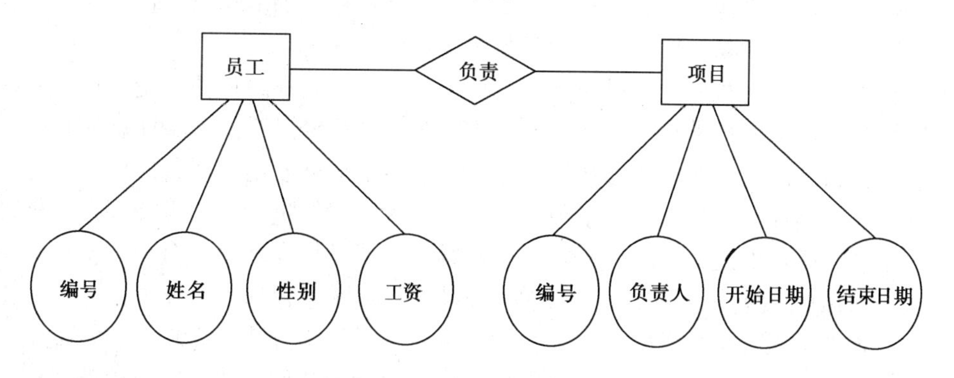

图 9-14　员工实体和项目实体之间的关系

（2）E-R 图转换到数据库

在完成了 E-R 图以后，就可以将 E-R 图转换为真正的数据表结构。在 E-R 图向数据表转换过程中，首先需要将实体转换为一个独立的数据表，然后将实体的属性转换为数据表中的字段，最后根据实体之间的关系建立数据表。

完成 E-R 图设计后，就可以将其转换为对应的数据库了。从 E-R 图转换为数据库时，应遵循以下规则。

① 一个实体转换为一个数据表。实体的属性转换为数据表的字段。

② 一对一、一对多的联系不转换为一个数据表。两个实体对应的数据表依靠外部关键字建立联系。

③ 多对多的联系转换为一个数据表。该数据表的复合关键字为两个实体关键字。

④ 三个或三个以上实体多对多的联系转换为一个数据表。该数据表的复合关键字为各个实体关键字，或引入单一字段（如 ID 号）作为关键字，把各个实体的关键字作为外部关键字。

⑤ 处理三个以上实体的联系时，先画出一对一对应的实体。

⑥ 具有相同关键字的数据表可以合并为一个表。

9.5　本 章 小 结

本章介绍了程序设计的概念和方法，重点讨论了结构化程序设计方法和面向对象程序设计方法。结构化程序设计方法主张使用顺序、选择、循环三种基本结构来嵌套、连接成具有复杂层次的“结构化程序”。遵循结构化程序设计原则，按照结构化程序设计方法设计出的程序具有明显优点。程序员采用结构化编程方法，便于控制、降低程序的复杂性，因此容易编写程序；便于验证程序的正确性，结构化程序清晰易读，可理解性好，程序员能够进行逐步求精、程序证明和测试，以便保证程序的正确性，且程序容易阅读并被人理解，便于用户使用和维护；同时，提高了编程工作的效率，降低了软件开发成本；由于结构化编程方法能够把错误控制到最低限度，因此能减少调试和差错时间，减轻了编程工作量。面向对象是另一种程序设计思想，面向对象的程序设计方法和技术是目前软件研究与应用开发中最活跃的一个领域。面向对象程序设计具备很好的模拟现实世界环境的能力，它通过向程序中加入扩展语句，把函数“封装”进编程所必需的“对象”中；面向对象的编程语言使复杂的工作条理清晰、编写容易。面向对象最核心的概念是封装、继承、多态。

软件危机的产生使得软件工程成为指导人们进行软件开发和设计的理论学科。软件工程采用工程的概念、原理、技术和方法来开发与维护软件，把经过时间考验而证明正确的管理技术和当前能够得到的最好的技术方法结合起来，以经济地开发出高质量的软件并进行有效的维护。软件从开始计划到最后废弃不用的整个阶段称为计算机软件的生命周期，软件生命周期分为三个时期：软件定义、软件开发、软件维护。通常把在软件生命周期全过程中使用的一整套技术的集合，称为软件工程方法学。软件工程方法学包括三个要素：方法、工具、过程。其中，软件工程方法是完成软件开发的各项任务的技术方法，为软件开发提供“如何做”的技术；软件工具为软件工程方法提供自动或半自动的软件支撑环境；软件工程的过程是将软件工程的方法和工具综合起来以达到合理、及时地进行计算机软件开发的目的。软件开发通常包括市场调研、需求分析、概要设计、详细设计、编码、测试等步骤。

算法是对特定问题求解步骤的一种描述，它是指令的有限序列，其中每一条指令表示一个或多个操作。一个算法应该具有有穷性、确切性、输入、输出、可行性五个重要特征。根据结构化的思想，任何复杂的算法，都可以由顺序结构、选择结构和循环结构这三种基本结构组成。算法的描述方法有自然语言描述、伪代码、流程图、N-S 图等。通常用算法的时间复杂度和空间复杂度来衡量算法的好坏。

数据结构是对数据之间相互关系的描述，即数据的组织形式。数据结构一般包括数据的逻辑结构、数据的存储结构、数据的运算三方面内容。数据的逻辑结构可分为线性结构和非线性结构两大类。数据的存储方式主要包括顺序存储、链式存储、索引存储、散列存储方法四种。通常将数据的逻辑结构简称为数据结构，常见的数据结构有线性表、栈、串、树等。

数据库是指长期存储在计算机内的、有组织的、可共享的数据集合。数据库中的数据按一定的数据模型组织、描述和存储，具有较小的冗余度、较高的数据独立性和易扩展性，并可为各种用户共享。数据库管理系统是数据库系统的一个重要组成部分，主要功能有数据定义、数据库操纵、数据库的运行管理、数据库的建立和维护。数据管理技术经历了人工管理、文件管理、数据库系统管理三个发展阶段。在数据库系统管理阶段，数据管理技术主要有数据结构化、数据的共享性好、冗余度低、数据独立性好、数据由 DBMS 统一管理和控制等特点。数据库系统是一个采用数据库技术，具有管理数据库功能，由硬件、软件、数据库及各类人员组成的计算机系统。

在数据库中，用数据模型来抽象、表示和处理现实世界中的数据与信息。数据模型是一组严格定义的概念的集合。这些概念精确地描述了系统的静态特性、动态特性和完整性约束条件。数据模型通常由数据结构、数据操作、完整性约束组成。目前数据库领域中最常用的数据模型有层次模型、网状模型、关系模型、面向对象模型四种。其中层次模型和网状模型统称为非关系模型。数据结构、数据操作和完整性约束条件三个方面的内容完整地描述了一个数据模型。关系模型是目前最重要的一种数据类型。关系数据库是基于关系数据模型的数据库系统，目前使用的数据库大多是关系数据库，几乎所有的数据库管理系统都支持关系模型。关系数据库范式理论是数据库设计的一种理论指南和基础，它不仅能够作为数据库设计优劣的判断依据，而且还可以预测数据库可能出现的问题。E-R 图方法是一种用来在数据库数据过程中表示数据库系统结构的方法，它的主导思想是使用实体、实体的属性及实体之间的关系来表示数据库系统的结构。

9.6　思考与练习

1．选择题

（1）下列叙述中正确的是________。

A．一个逻辑数据结构只能有一种存储结构

B．数据的逻辑结构属于线性结构，存储结构属于非线性结构

C．一个逻辑数据结构可以有多种存储结构，且各种存储结构不影响数据处理的效率

D．一个逻辑数据结构可以有多种存储结构，且各种存储结构影响数据处理的效率

（2）数据的存储结构是指________。

A．存储在外存中的数据　　B．数据所占的存储空间量

C．数据在计算机中的顺序存储方式　　D．数据的逻辑结构在计算机中的表示

（3）算法的时间复杂度是指________。

A．执行算法程序所需要的时间　　B．算法程序的长度

C．算法执行过程中所需要的基本运算次数　　D．算法执行过程中所需要的存储空间

（4）结构化程序设计的 3 种结构是________。

A．顺序结构、选择结构、转移结构　　B．分支结构、等价结构、循环结构

C．多分支结构、赋值结构、等价结构　　D．顺序结构、选择结构、循环结构

（5）以下不属于对象的基本特点的是________。

A．分类性　　B．多态性　　C．继承性　　D．封装性

（6）在数据管理技术的发展过程中，经历了人工管理阶段、文件系统阶段和数据库系统阶段，其中数据独立性最高的阶段是________。

A．数据库系统　　B．文件系统　　C．人工管理　　D．数据项管理

（7）软件工程的出现是由于________。

A．程序设计方法学的影响　　B．软件产业化的需要

C．软件危机的出现　　D．计算机的发展

（8）应用数据库的主要目的是________。

A．解决数据保密问题　　B．解决数据完整性问题

C．解决数据共享问题　　D．解决数据量大的问题

2．填空题

（1）在面向对象的程序设计中，类描述的是具有相似性质的一组__________。

（2）可以把具有相同属性的一些不同对象归于一类，称为__________。

（3）通常，将软件产品从提出、实现、使用维护到停止使用退役的过程称为________。

（4）软件是程序、数据和__________的集合。

（5）数据库管理系统常见的数据模型有层次模型、网状模型和__________。

（6）在关系模型中，把数据看成一个二维表，每个二维表称为一个__________。

（7）算法的复杂度主要包括__________复杂度和空间复杂度。

（8）数据结构包括数据的__________结构和数据的存储结构。

3．问答题

（1）结构化程序设计有哪几种基本结构？各有什么特点？

（2）什么是算法？一个算法应满足什么基本要求？

（3）简述常见数据结构及其特点。

（4）什么是软件工程？为什么要研究软件工程？

（5）什么是数据库技术？数据库技术经历了哪些阶段的发展？各个阶段的特点是什么？